できる®

Windows 11

ウィンドウズ

2024年
改訂3版

Copilot対応

法林岳之・一ケ谷兼乃・清水理史＆できるシリーズ編集部

インプレス

ご購入・ご利用の前に必ずお読みください

本書は、2023年11月現在の情報をもとに「Windows 11」の操作方法について解説しています。本書の発行後に「Windows 11」の機能や操作方法、画面などが変更された場合、本書の掲載内容通りに操作できなくなる可能性があります。本書発行後の情報については、弊社のWebページ（https://book.impress.co.jp/）などで可能な限りお知らせいたしますが、すべての情報の即時掲載ならびに、確実な解決をお約束することはできかねます。また本書の運用により生じる、直接的、または間接的な損害について、著者ならびに弊社では一切の責任を負いかねます。あらかじめご理解、ご了承ください。

本書で紹介している内容のご質問につきましては、できるシリーズの無償電話サポート「できるサポート」にて受け付けております。ただし、本書の発行後に発生した利用手順やサービスの変更に関しては、お答えしかねる場合があります。また、本書の奥付に記載されている初版発行日から1年が経過した場合、もしくは解説する製品やサービスの提供会社がサポートを終了した場合にも、ご質問にお答えしかねる場合があります。できるサポートのサービス内容については333ページの「できるサポートのご案内」をご覧ください。なお、都合により「できるサポート」のサービス内容の変更や「できるサポート」のサービスを終了させていただく場合があります。あらかじめご了承ください。

無料電子版について

本書の購入特典として、気軽に持ち歩ける電子書籍版（PDF）を以下の書籍情報ページからダウンロードできます。PDF閲覧ソフトを使えば、知りたい情報を検索できます。

https://book.impress.co.jp/books/1123101084

動画について

操作を確認できる動画をYouTube動画で参照できます。画面の動きがそのまま見られるので、より理解が深まります。スマートフォンなどからはレッスンタイトル横にあるQRから動画を見られます。パソコンなどQRが読めない場合は、以下の動画一覧ページからご覧ください。

▼動画一覧ページ

https://dekiru.net/win11v3

●本書特典のご利用について

本書の特典はご購入者様向けのサービスとなります。図書館などの貸し出しサービスをご利用の場合は「購入者特典無料電子版」はご利用できません。なお、各レッスンの動画はご利用いただけます。

●用語の使い方

本文中では、「Microsoft® Windows® 11」のことを「Windows 11」または「Windows」、「Microsoft® Windows® 10」のことを「Windows 10」または「Windows」、「Microsoft® Windows® 8.1」のことを「Windows 8.1」または「Windows」、「Microsoft® Windows® 7」のことを「Windows 7」または「Windows」と記述しています。また、本文中で使用している用語は、基本的に実際の画面に表示される名称に則っています。

●本書の前提

本書では、「Windows 11（23H2）」がインストールされているパソコンで、インターネットに常時接続されている環境を前提に画面を再現しています。Copilotは本書に記載されている質問を入力しても、異なる回答や結果を生成することがあります。これはCopilotの特性によるものですので、ご了承ください。一部の画面はハメコミ画像およびWindows Insider Programの環境で再現しています。

まえがき

私たちの生活やビジネスの環境は、「IT（Information Technology ／情報技術）」の活用により、大きく変化してきました。こうしたデジタル社会で欠かせないのがパソコンやスマートフォンの存在であり、そのパソコンと私たちをつなぐのがマイクロソフトの「Windows」です。

Windowsは数十年に渡り、それぞれの時代のニーズに応える形で、進化を遂げてきました。2015年にリリースされた「Windows 10」からは、約半年に一度、大規模なアップデートを重ねることで、機能強化を図るようになりました。2021年にはテレワークやリモートワーク、オンライン授業など、リモートを中心とした利用スタイルに対応するため、「Windows 11」がリリースされました。従来のWindows 10を継承しながら、ビデオ会議やチャット、ウィジェットなど、オンラインサービスとの連携が強化され、自宅やオフィス、リモートなど、どこでも同じように、ビジネスや生活、教育に役立てる環境を整えています。画面デザインも刷新され、誰もがWindows 11を使いこなせるように、ユーザビリティも追求されています。2023年には新たにAIアシスタント「Copilot in Windows」がWindows 11に組み込まれ、対話形式で情報を検索したり、Windowsの動作をコントロールするなど、AIを活用した機能強化をスタートさせています。

本書はWindows 11をより多くの人が快適に使いこなせるように、わかりやすく解説した書籍です。Windows 11の基本から、便利な使い方や環境に合わせたTipsまで、幅広く解説しています。レッスンを読み進めていけば、誰もがWindows 11が持つ可能性を最大限に引き出し、生産性を向上させることができます。

最後に、本書の執筆にあたり、手際良く作業を進めていただいた小野孝行さん、藤原泰之さん、できるシリーズ編集部のみなさん、情報提供などでご協力いただいた日本マイクロソフトのみなさん、本書の制作にご協力いただいたすべてのみなさんに、心からの感謝の意を述べます。本書により、一人でも多くの方が新しい時代の利用スタイルに合わせ、進化を続けるWindows 11を最大限に活用できるようになれば、幸いです。

2023年11月

法林岳之・一ヶ谷兼乃・清水理史

本書の読み方

YouTube動画で見る

パソコンやスマートフォンなどで視聴できる無料の動画です。詳しくは2ページをご参照ください。

レッスンタイトル

やりたいことや知りたいことが探せるタイトルが付いています。

サブタイトル

機能名やサービス名などで調べやすくなっています。

レッスン

82 デスクトップの画面を追加するには

仮想デスクトップ

Windows 11の「仮想デスクトップ」を活用して、ウィンドウを配置するためのデスクトップ領域を追加してみましょう。用途によって、デスクトップを切り替えながら利用できます。

1 新しい仮想デスクトップを作成する

Microsoft Edgeが起動している

1 ここをクリック

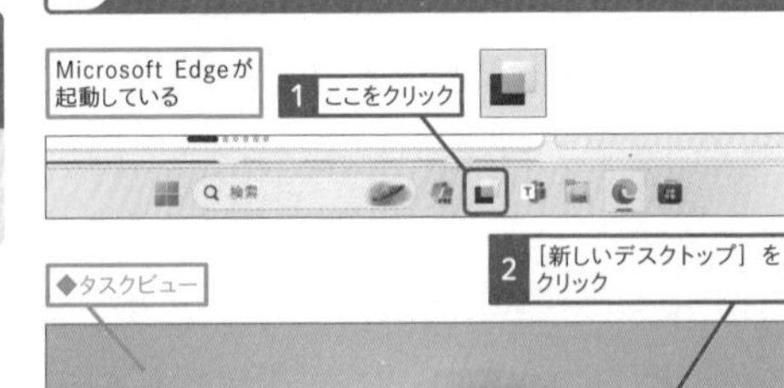

◆タスクビュー

2 ［新しいデスクトップ］をクリック

2 仮想デスクトップを切り替える

新しい仮想デスクトップが作成された

1 ［デスクトップ2］をクリック

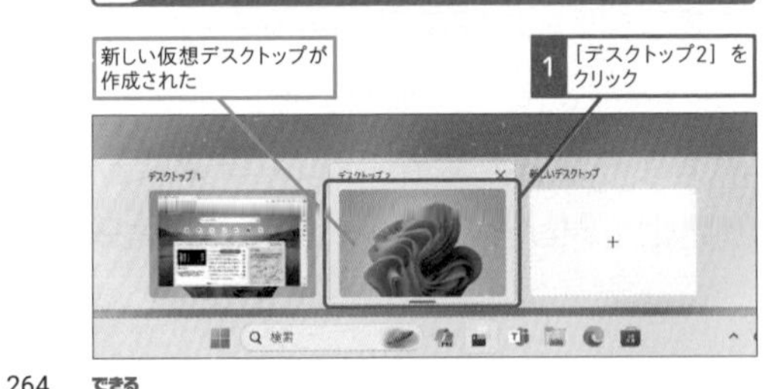

キーワード

タスクビュー	P.327
デスクトップ	P.327

ショートカットキー

仮想デスクトップを移動
⊞+Ctrl+← ／ →

用語解説

仮想デスクトップ

仮想デスクトップは複数のデスクトップ画面を用意し、切り替えながら使えるようにする機能です。デスクトップごとに、配置するアプリを変えることで、たくさんのウィンドウを表示したり、作業ごとにデスクトップを使い分けることができます。

時短ワザ

すばやく仮想デスクトップを切り替えられる

ここではタスクバーの［タスクビュー］ボタンをクリックしていますが、マウスポインターを合わせるだけでも仮想デスクトップを追加したり、切り替えたりできます。

AIアシスタント活用

自動でウィンドウを整列できる

Copilotで「画面を整理して」や「アプリを並べて」と入力することでもウィンドウを整列させることができます。

ここに注意

間違って仮想デスクトップを追加してしまったときは、手順2で仮想デスクトップにマウスポインターを合わせ、右上の☒をクリックして削除できます。

活用編 第10章 Windows 11を使いこなそう

264 できる

操作手順

実際のパソコンの画面を撮影して、操作を丁寧に解説しています。

●手順見出し

1 名前を付けて保存する

操作の内容ごとに見出しが付いています。目次で参照して探すことができます。

●操作説明

1 ［ホーム］をクリック

実際の操作を1つずつ説明しています。番号順に操作することで、一通りの手順を体験できます。

●解説

［ホーム］をクリックしておく　　ファイルが保存される

操作の前提や意味、操作結果について解説しています。

キーワード

レッスンで重要な用語の一覧です。巻末の用語集のページも掲載しています。

3 仮想デスクトップの一覧を表示する

新しいデスクトップが表示された

Microsoft Edgeは起動していない

1 ここをクリック

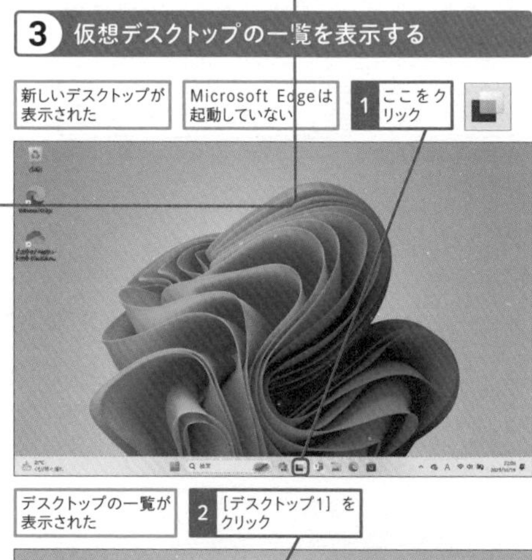

デスクトップの一覧が表示された

2 ［デスクトップ1］をクリック

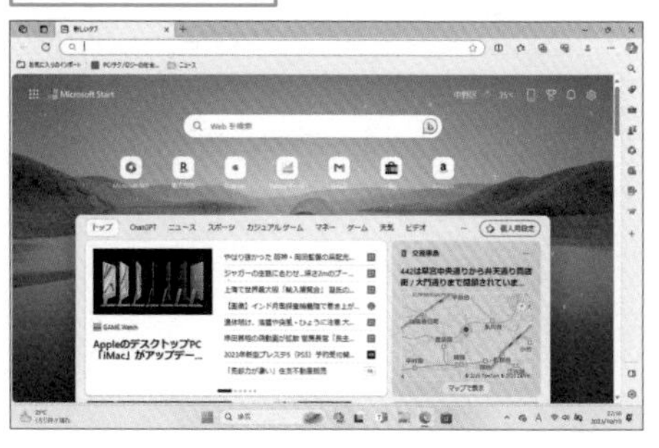

元のデスクトップが表示された

ショートカットキー

仮想デスクトップを終了

⊞+Ctrl+F4

スキルアップ

背景画像を個別に設定できる

用途ごとにデスクトップを使い分けたいときは、デスクトップごとに壁紙を変えるといいでしょう。手順2で画面下の一覧から仮想デスクトップを右クリックし、［背景の選択］から好みの画像を選択できます。仕事用とプライベート用で壁紙を分けるなどすると、間違えにくくなります。

使いこなしのヒント

ウィンドウを別のデスクトップに移動するには

手順3の操作2の画面で、画面上に表示された縮小表示されたアプリのウィンドウを右クリックして、［移動先］から仮想デスクトップ名を選択すると、そのウィンドウを別のデスクトップに移動できます。また、［このウィンドウ（アプリのウィンドウ）をすべてのデスクトップに表示する］を選択すると、どのデスクトップにも共通で選択したウィンドウやアプリを表示できます。

まとめ 作業の効率化や集中に効果的

仮想デスクトップは作業ごとに別々のデスクトップを割り当てられる機能です。たとえば、デスクトップ1は調べ物用のブラウザーとビジネス文書作成用のWord、デスクトップ2は個人的な買い物検討用のブラウザー、デスクトップ3はゲームなど、デスクトップごとに別々のアプリを配置し、切り替えながら作業できます。デスクトップが1つしかないと、こうした別々の用途のアプリが混在し、作業効率が落ちますが、仮想デスクトップを使えば、切り替えが簡単にできるうえ、それぞれのデスクトップで集中して作業できます。

82 仮想デスクトップ

できる 265

※ここに掲載している紙面はイメージです。実際のレッスンページとは異なります。

関連情報

レッスンの操作内容を補足する要素を種類ごとに色分けして掲載しています。

AIアシスタント活用

CopilotなどのAIを活用する方法を紹介しています。

使いこなしのヒント

操作を進める上で役に立つヒントを掲載しています。

ショートカットキー

キーの組み合わせだけで操作する方法を紹介しています。

時短ワザ

手順を短縮できる操作方法を紹介しています。

スキルアップ

一歩進んだテクニックを紹介しています。

用語解説

レッスンで覚えておきたい用語を解説しています。

ここに注意

間違えがちな操作について注意点を紹介しています。

まとめ 起動と終了を覚えよう

レッスンで重要なポイントを簡潔にまとめています。操作を終えてから読むことで理解が深まります。

Windows 10からWindows 11にアップグレードするには

現在、Windows 10（バージョン2004以降）を利用している場合は、Windows Updateから無料でWindows 11にアップグレードできます。準備が整うと、メッセージが表示され、そこからアップグレードできます。データや設定は引き継がれますが、事前にバックアップしてから実行しましょう。

1 アップグレードを開始する

Windows 11へのアップグレードが可能になると、Windows Updateにメッセージが表示される

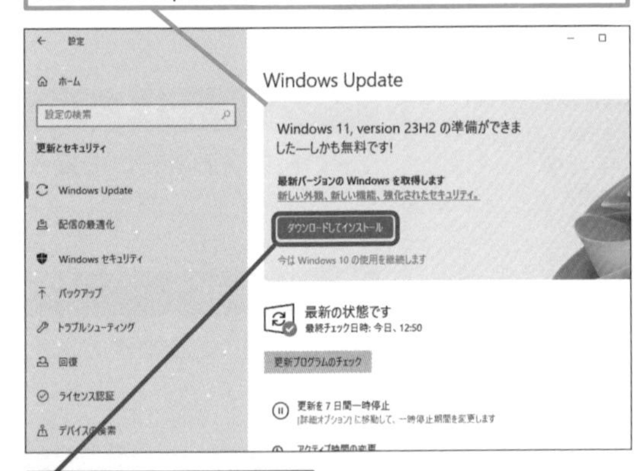

1 ［ダウンロードしてインストール］をクリック

2 ソフトウェアライセンス条項に同意する

［ソフトウェアライセンス条項］の画面が表示された

1 下にスクロールして、ライセンス条項を確認

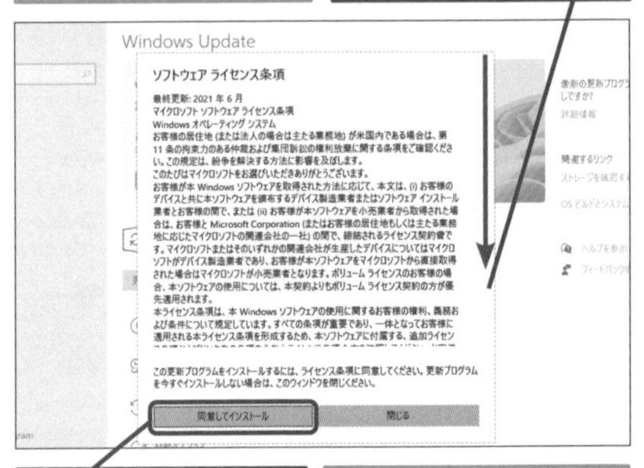

2 ［同意してインストール］をクリック

アップグレードに必要なデータのダウンロードが開始される

3 アップグレードを実行する

データのダウンロードが完了すると、［再起動が必要です］を表示される

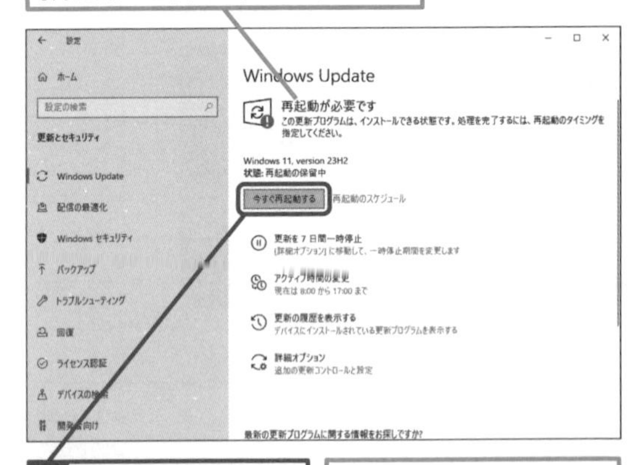

1 ［今すぐ再起動する］をクリック

アップグレードが完了すると、パソコンが自動的に再起動される

ここに注意

アップグレードの画面が表示されないときは、パソコンがWindows 11のシステム要件を満たしているか確認しましょう。以下のURLからダウンロードできる［PC正常性チェックアプリ］を使って確認できます。

▼PC正常性チェックアプリのダウンロードページ
https://www.microsoft.com/ja-jp/windows/windows-11#pchealthcheck

使いこなしのヒント

アップグレード後にWindows 10に戻せるの?

アップグレード後も一定期間内なら、Windows 10に戻すことができます。詳しくは本書のQ&Aをご覧ください。

目次

第2章 Windows 11の基本操作をマスターしよう 59

第5章 メールやビデオ会議でやり取りしよう 149

活用編

第6章 AIアシスタントを使いこなそう 191

第7章 写真や音楽を楽しもう 207

第8章 クラウドサービスを活用しよう 221

第9章 スマートフォンと連携して使いこなそう 235

第10章 Windows 11を使いこなそう 259

マウスやタッチパッドの操作方法

◆マウスポインターを合わせる
マウスやタッチパッド、スティックを動かして、マウスポインターを目的の位置に合わせること

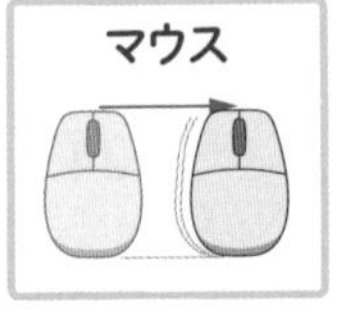

1 アイコンにマウスポインターを合わせる

アイコンの説明が表示された

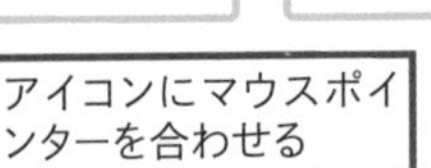
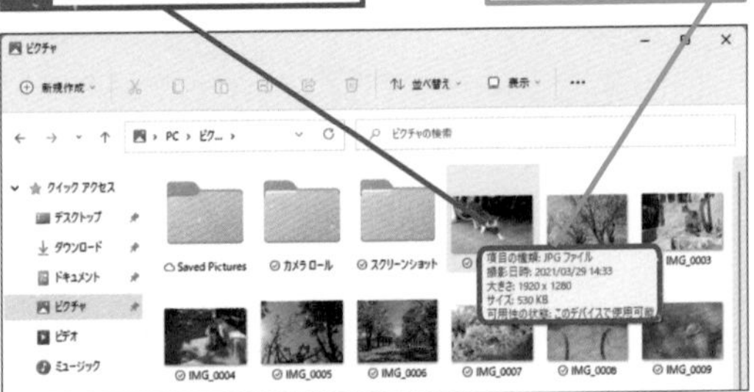

◆ダブルクリック
マウスポインターを目的の位置に合わせて、左ボタンを2回連続で押して、指を離すこと

1 アイコンをダブルクリック

アイコンの内容が表示された

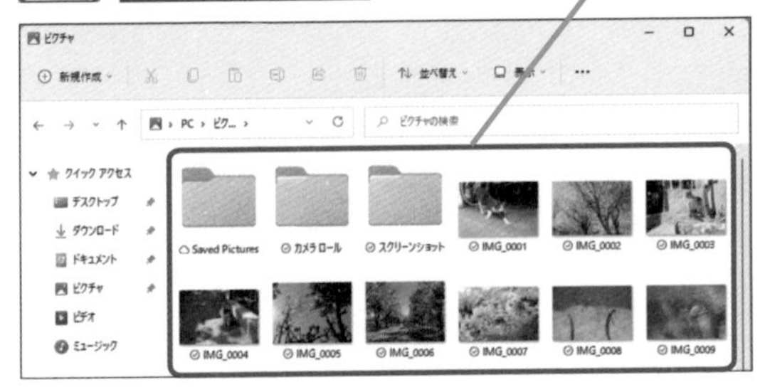

◆クリック
マウスポインターを目的の位置に合わせて、左ボタンを1回押して指を離すこと

1 アイコンをクリック

アイコンが選択された

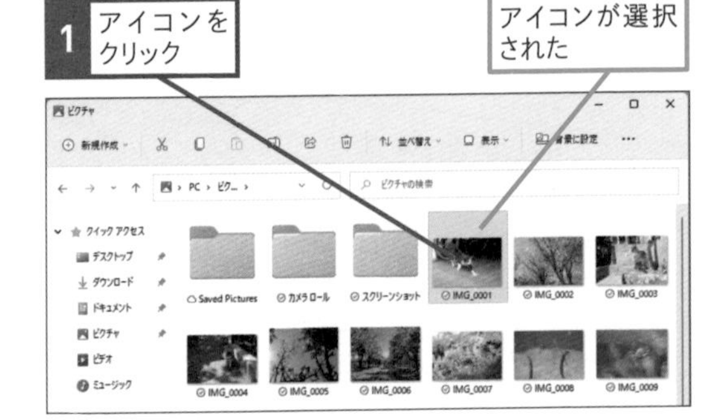

◆右クリック
マウスポインターを目的の位置に合わせて、右ボタンを1回押して指を離すこと

1 ファイルを右クリック

ショートカットメニューが表示された

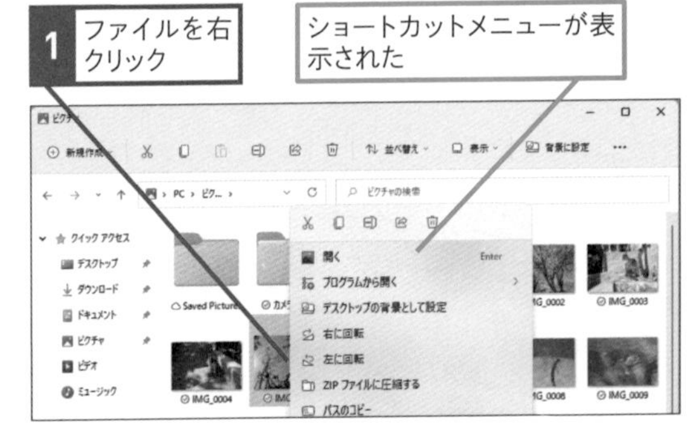

スキルアップ

マウスのホイールを使おう

マウスのホイールを回すと、表示している画面をスクロールできます。ホイールを下に回すと画面が上にスクロールし、隠れていた内容が表示されます。

1 ホイールを下に回す

画面が上にスクロールする

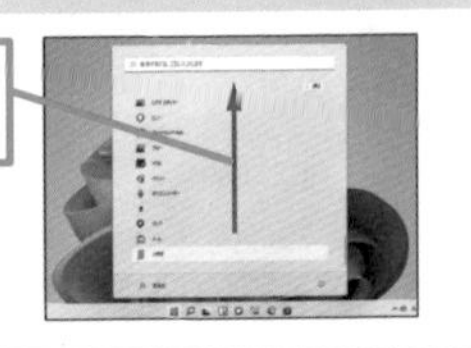

主なキーの使い方

＊下はノートパソコンの例です。機種によってキーの配列や種類、印字などが異なる場合があります。

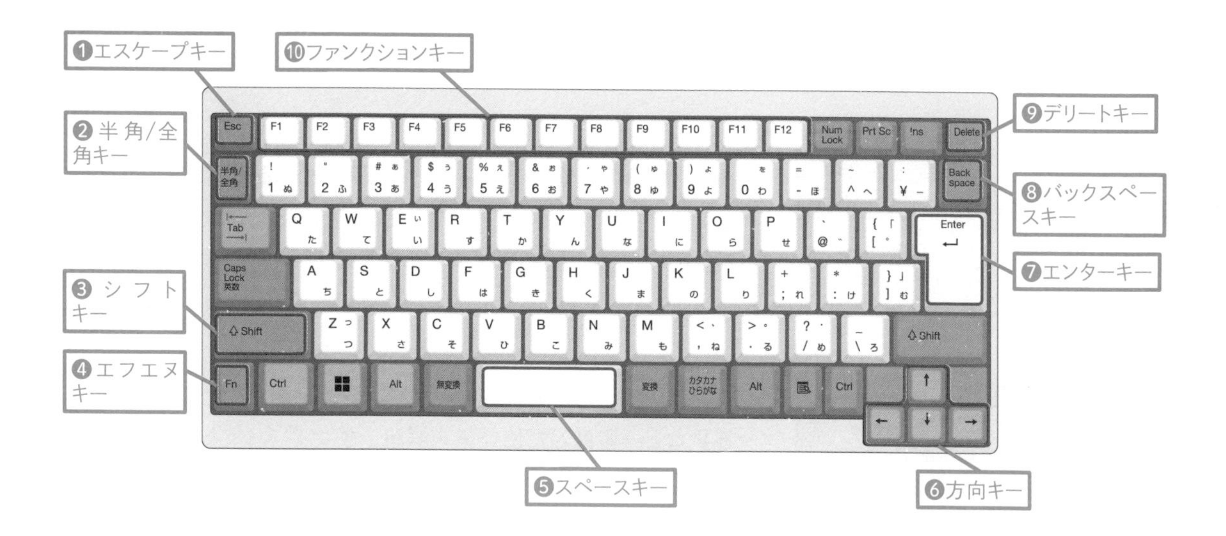

キーの名前	役割
❶エスケープキー Esc	操作を取り消す
❷半角/全角キー 半角/全角	日本語入力モードと半角英数モードを切り替える
❸シフトキー Shift	英字を大文字で入力する際に、英字キーと同時に押して使う
❹エフエヌキー Fn	数字キーまたはファンクションキーと同時に押して使う
❺スペースキー space	空白を入力する。日本語入力時は文字の変換候補を表示する

キーの名前	役割
❻方向キー ←→↑↓	カーソルキーを移動する
❼エンターキー Enter	改行を入力する。文字の変換中は文字を確定する
❽バックスペースキー Back space	カーソルの左側の文字や、選択した図形などを削除する
❾デリートキー Delete	カーソルの右側の文字や、選択した図形などを削除する
❿ファンクションキー F1からF12	アプリごとに割り当てられた機能を実行する

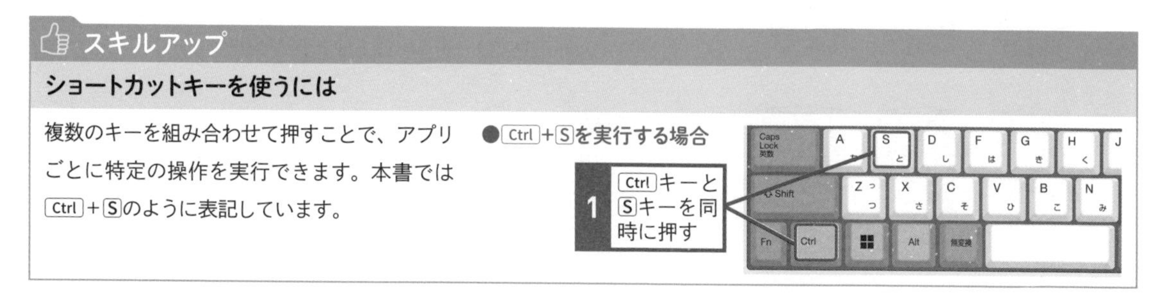

スキルアップ

ショートカットキーを使うには

複数のキーを組み合わせて押すことで、アプリごとに特定の操作を実行できます。本書では Ctrl + S のように表記しています。

● Ctrl + S を実行する場合

本書の構成

本書は手順を1つずつ学べる「基本編」、便利な操作をバリエーション豊かに揃えた「活用編」の2部で、Windows 11の基礎から応用まで無理なく身に付くように構成されています。

基本編
第1章～第5章

Windows 11の基本的な機能や使い方を中心に解説します。セットアップやアプリの基本操作、ファイルやフォルダーの扱い方はもちろん、インターネットやメールなどの使い方が身に付きます。

活用編
第6章～第11章

AIアシスタント「Copilot」やクラウドサービスの活用、スマートフォン連携など一歩進んだ使い方を解説。使いやすくするための細かい設定などもわかります。興味のある部分を拾い読みすることも可能です。

用語集・索引

重要なキーワードを解説した用語集、知りたいことから調べられる索引などを収録。基本編、活用編と連動させることで、Windows 11についての理解がさらに深まります。

登場人物紹介

Windows 11を皆さんと一緒に学ぶ生徒と先生を紹介します。各章の冒頭にある「イントロダクション」、最後にある「この章のまとめ」で登場します。それぞれの章で学ぶ内容や、重要なポイントを説明していますので、ぜひご参照ください。

北島タクミ（きたじまたくみ）
元気が取り柄の若手社会人。うっかりミスが多いが、憎めない性格で周りの人がフォローしてくれる。好きな食べ物はカレーライス。

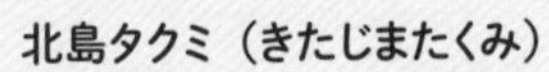

南マヤ（みなみまや）
タクミの同期。しっかり者で周囲の信頼も厚い。 タクミがミスをしたときは、おやつを条件にフォローする。好きなコーヒー豆はマンデリン。

ウィンドウズ先生
Windows誕生当初から使い続け、初心者から上級者まで幅広いユーザーの声に応えてきたWindowsマスター。好きな機能は仮想デスクトップ。

基本編

第1章

Windows 11を はじめよう

現在、もっとも多くのパソコンに搭載されているのが「Windows」です。まず、Windowsがどんなものなのか、何がいいのか、最新のWindows 11は何が違うのかなどを理解したうえで、パソコンでWindowsを使えるようにセットアップをしましょう。続いて、Windowsの画面構成、操作の起点となる[スタートメニュー]を確認して、Windowsの終了やパソコンの電源の切り方などについても説明します。

レッスン

01 Introduction この章で学ぶこと Windowsって何?

パソコンには「Windows 11」というソフトウェアが搭載されています。Windowsは私たちがパソコンを使ううえで、どのような役割を担っているのでしょうか。また、パソコンにはどんな種類があるのでしょうか。

Windowsはパソコンの土台

タクミくんが使っているのはWindows 11が搭載されたパソコンだよね。Windowsが何と呼ばれているかは知っているかな?

ええっ? Windowsは……、Windowsじゃないんですか?

うーん、あらためて聞かれると難しい……。いろいろなアプリが使えるソフトウェアです!

じゃあ、図解して説明しよう。こんなイメージだと、わかりやすいかな。Windowsはパソコンが動作するため土台となる「OS（Operating System)」と呼ばれるソフトウェアで、ユーザーはWindowsを介して、パソコンを操作することになるんだ。ユーザーからの命令（指示）を解釈して、アプリを起動したり、周辺機器をコントロールするなど、重要な機能を担っているんだ。

Windowsが使えるパソコンの種類

タクミくんが使っているのは、いわゆるノートパソコンだよね。

◆ノートパソコン

そうです！　薄くて軽いところが気に入っています。

マヤさんが使っているのは、2 in 1パソコンだね。ディスプレイとキーボードが脱着できて、タブレットのようにも使えるのが特長だよ。

◆2 in 1パソコン

2 in 1パソコンっていうんですね！タッチ操作できるところが気に入ってます。

Windowsはいろいろなパソコンで使えるけど、ほかにも机の上で使うデスクトップパソコンやディスプレイのみのタブレットパソコンなんかもあるよ。

◆デスクトップパソコン

◆タブレットパソコン

ちなみに、Windows 11には主に2つの種類があるんだ。1つは家庭や個人向けの「Windows 11 Home」で、もう1つは企業やビジネス向けの「Windows 11 Pro」だよ。

レッスン

02 Windowsは何がいいの?

Windowsの特長

もっとも多くのパソコンに搭載され、広く利用されているWindowsは、何が優れているのでしょうか? Windowsでできることや特長を確認してみましょう。

Windowsパソコンでできること

パソコンはインターネットを利用したり、音楽や映像を楽しんだりできます。同じデジタルツールの「スマートフォン」と同じようなものだと考えてしまいそうですが、大きく異なる点があります。スマートフォンはさまざまな情報を見たり、聴いたりする機器であるのに対し、パソコンはこれらの用途に加え、アプリを使って、クリエイティブな作業ができます。見やすく大きな画面や入力しやすいキーボード、操作しやすいマウスやタッチパネルなどを使うことで、レポートや文書を作成したり、表計算で業務をこなしたり、POPやチラシの作成、写真や動画の編集、プログラミングなど、新たに何かを作り出すクリエイティブな作業を快適にできる環境が整っています。

使いこなしのヒント

Microsoftアカウントって何?

Windowsではクラウドストレージサービスの「OneDrive」をはじめ、マイクロソフトがインターネットで提供するさまざまなサービスが利用できます。これらのサービスを利用するには、「Microsoftアカウント」が必要です。Microsoftアカウントは Windowsのセットアップ中に無料で取得でき、従来のWindowsで利用してきたMicrosoftアカウントや「Windows Live ID」を継続して、使うこともできます。詳しくはレッスン04を参照してください。

使いこなしのヒント

OneDrive って何?

OneDriveはマイクロソフトが提供するクラウドストレージサービスです。インターネット上に用意された自分専用のストレージ(保存場所)で、パソコンのハードディスクやSSDと同じように、文書やデータ、写真、動画なども保存できます。保存したデータをほかの人と共有することもできます。OneDriveはWindowsにMicrosoftアカウントを設定すれば、特別な設定をしなくても自動的に利用できます。

インターネットのさまざまなサービスと連携できる

Windowsはインターネットで提供されているさまざまなサービスと連携することで、便利にインターネットが利用できます。たとえば、「メール」は送受信した内容をパソコンに保存せず、インターネット上に保存する「Webメール」が利用できます。スケジュールを「カレンダー」に登録しておけば、外出先や移動中にもすぐに予定を確認できます。Windowsではクラウドストレージサービス「OneDrive」が標準で利用できるため、作成した文書やデジタルカメラから取り込んだ写真などを簡単にインターネット上の自分専用のエリアに保存できます。さらに、新たに搭載されたAIにより、今までと違った新しい使い方を体験することもできます。これらのサービスを利用するために、WindowsではMicrosoftアカウントを使います。

●インターネットの各種サービスを利用できる

SNSやクラウドストレージなど、インターネットのいろいろなサービスと連携して、ほかのパソコンやスマートフォンなどからも同じサービスを利用できる

使いこなしのヒント

今までのWindowsと何が違うの？

マイクロソフトのWindowsは、これまでにいくつものバージョンが販売されてきました。古くは1995年発売の「Windows 95」、近年では2009年発売の「Windows 7」などが広く利用され、2015年7月にはWindows 7までの使いやすさとWindows 8/8.1の機能性を融合させた「Windows 10」が発売されました。Windows 10は約半年に一度のアップデートにより、機能強化が図られてきましたが、ここ数年、新しい生活スタイルやワーキングスタイルが求められるようになり、インターネットを活用した新しいサービスも拡大してきました。こうした新しい社会環境や生活スタイルの変化に応えるために登場したのが2021年10月発売の「Windows 11」です。ビデオ会議やチャット、ウィジェットなど、新しい環境に合わせた豊富な機能やシンプルで見やすいデザインなども魅力ですが、より多くの人が多彩な機能を上手に使いこなせるように、一段とユーザビリティが追求されていることも見逃せない点です。「Windows 11」はWindows 10に引き続き、バージョンの表記が西暦下2桁と半期で表わされ、本書では「23H2」がインストールされたパソコンを使って、説明を進めます。

まとめ　クリエイティブに活用できるWindowsパソコン

これまでWindowsは、パソコンの進化と共に、着実に進化を遂げてきました。最近では身近なデジタルツールとして、スマートフォンが広く利用されていますが、文書を作成したり、写真や動画を編集したり、プログラミングをするなど、クリエイティブな作業ができることが大きく違います。また、Windowsはインターネットで提供されるさまざまなサービスと連携することで、一段と効率良く、快適にインターネットが活用できるようになります。

レッスン

03 Windows 11は何が新しいの？

Windows 11の特長

Windows 11は従来のWindows 10からデザインや機能が大きく変更されました。Windows 11には数多くの新機能がありますが、ここではWindows 11ならではの特徴的な新機能をいくつかピックアップして、説明します。

キーワード

Copilot	P.324
タスクバー	P.327
デスクトップ	P.327

デスクトップのデザインが一新！

Windows 11はスタートメニューやスタートボタンの位置が中央に移動し、シンプルで見やすくなりました。表示されるウィンドウも角が丸くなるなど、親しみやすく、洗練されたデザインに一新されました。

● Windows 10

● Windows 11

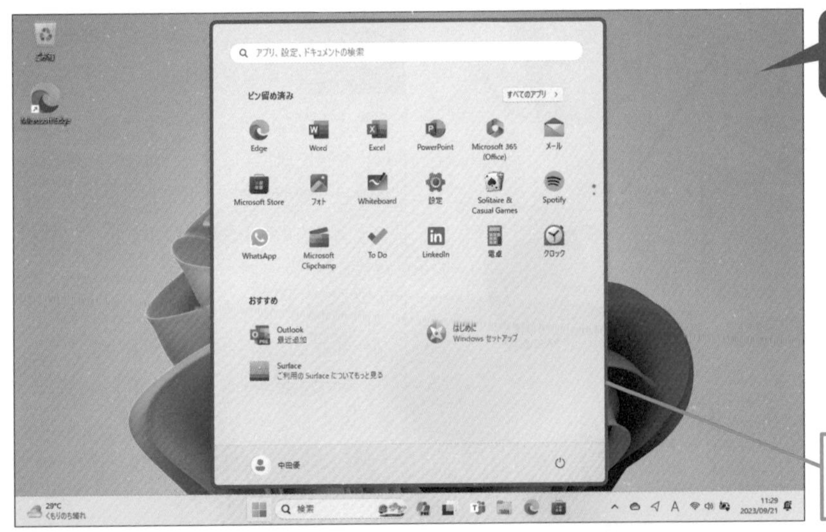

より使いやすく洗練された画面構成に！

［スタート］ボタンと［スタート］メニューは、デスクトップ中央にレイアウトされるようになった

新たにAIアシスタントを搭載！

最近、ITの話題として、「AI」（Artificial intelligence ／人工知能）が注目を集めていますが、Windowsにも新たに「Copilot」と呼ばれる生成AIを利用したアシスタント機能が搭載されました。対話形式でWindowsを操作したり、機能を設定できるほか、ブラウザの「Microsoft Edge」でも検索などに利用できます。

用語解説
Copilot

マイクロソフトが開発したAIアシスタントのプラットフォームで、Windows 11には「Copilot in Windows」として搭載されています。対話形式での操作が可能で、ユーザーの文書作成やデータ生成、翻訳、各機能の操作の手助けをしてくれます。

● Copilot

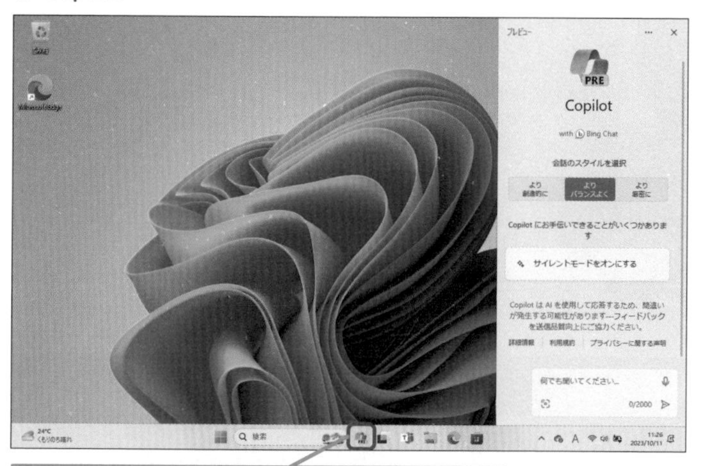

タスクバーにある［Copilot］ボタンをクリックすると、いつでもCopilotを起動できる

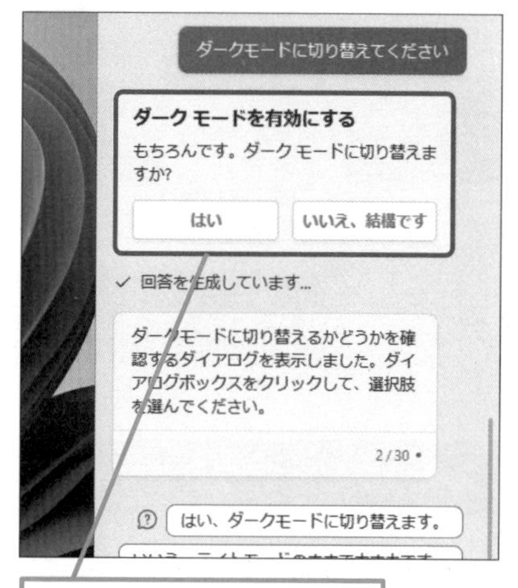

Windows 11の設定を会話をするように実行してもらえる

Windows 11に搭載されたブラウザアプリ「Microsoft Edge」から起動できる

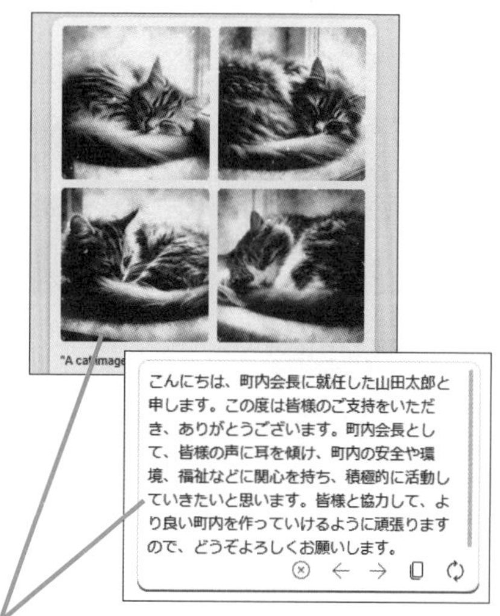

検索だけでなく、画像を生成したり、文章を生成したりできる

次のページに続く

知りたいことがすぐわかる「ウィジェット」

タスクバーの［ウィジェット］ボタンをクリックすると、画面左側に最新のニュースや天気、アプリの更新情報などがワンタッチで表示できます。

用語解説

ウィジェット

「ウィジェット」は最新のニュースや天気予報、株価、アプリの更新情報など、パーソナライズされた情報をすぐに表示できる機能です。

「ウィジェット」には天気やニュースなどが表示され、表示される内容は自分好みにカスタマイズできる

「スナップレイアウト」で作業効率アップ！

Windows 11ではウィンドウ右上の［最大化］ボタンにマウスポインターを合わせるだけで、簡単にウィンドウを整列させられる［スナップレイアウト］を使うことができます。

用語解説

スナップレイアウト

デスクトップに表示されたアプリなどのウィンドウを簡単に整列できる機能です。ウィンドウの［最大化］ボタンにマウスポインターを合わせると、操作できます。

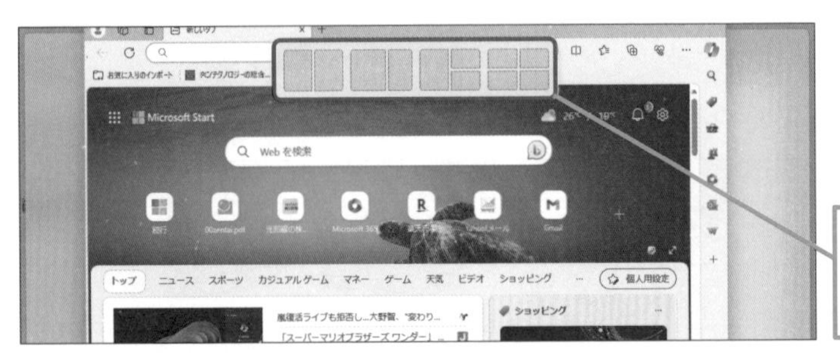

ウィンドウのタイトルバーを画面の上部に移動させると、ウィンドウをどのように整列するかの候補が表示される

使いこなしのヒント

Windows 11で拡がる新しい利用スタイル

現在、私たちの社会環境では、リモートでの利用をはじめとした新しいライフスタイルやワーキングスタイルが求められています。ビジネスではオフィスとリモート環境を組み合わせた「ハイブリッドワーク」が提唱され、教育や習い事などもオンライン授業やオンラインレッスンなどが拡がっています。Windows 11ではこうした新しい利用スタイルを誰もが簡単に実現できる機能が充実しています。自宅やシェアオフィスなどからビデオ会議で打ち合わせに参加したり、サテライトオフィスではノートパソコンに外付けモニターを組み合わせて、効率良く作業を進めたりできます。ビジネスシーンだけでなく、プライベートでも映画や音楽をいつでもどこでも楽しめたり、ビデオ会議を使い、離れたところにいる家族や友だちと画面を通じて、いっしょに時間を過ごすような使い方も実現できます。

スマートフォンのアプリが使える!

Windows 11ではAndroidスマートフォン向けに開発されたアプリが利用することができます。Androidスマートフォン向けの「Google Play」ではなく、Amazonが提供する「Amazonアプリストア」で公開されているものに限られますが、数多くの著名なアプリやゲームが楽しめます。

用語解説

Amazonアプリストア

「Amazonアプリストア」はAndroidプラットフォームをベースにした「Fireタブレット」向けのアプリが公開されています。Windows 11に「Amazonアプリストア」をインストールして、利用します。

Microsoft Storeや「Amazonアプリストア」から対応したAndroidのアプリをインストールできる

エクスプローラーが使いやすく進化!

Windows 11でファイルを扱うときなどに利用する「エクスプローラー」は、これまで1つのウィンドウで1つのフォルダーしか表示できませんでしたが、ブラウザーなどと同じように、タブ機能が追加されています。1つのウィンドウで複数のフォルダーをタブで表示し、切り替えながら、操作することができます。

エクスプローラーにタブが追加され、1つのウィンドウで複数の画面を切り替えられる

まとめ　新しい利用スタイルを可能にするWindows 11

これまでWindowsは、それぞれの時代のニーズや社会情勢に合わせ、着実に進化を遂げてきましたが、ここ数年、私たちの生活や社会は、ビジネスや生活において、新しいスタイルが求められています。Windows 11はこうした社会環境の変化に合わせ、場所にとらわれない働き方、授業や習い事が受けられるリモート環境への対応などが強化されています。より多くの人がこれらツールを最大限に活用できるように、ユーザーインターフェイスやデザインも使いやすさに配慮されるほか、新たにAIを利用したアシスタント機能も搭載しています。

レッスン

04 Windowsのセットアップをするには

電源ボタン、セットアップ

パソコンでWindowsを使えるようにするには、パソコンに電源を入れ、セットアップをする必要があります。Windowsのセットアップについて、説明しましょう。

1 パソコンの電源を入れる

2 言語を選択する

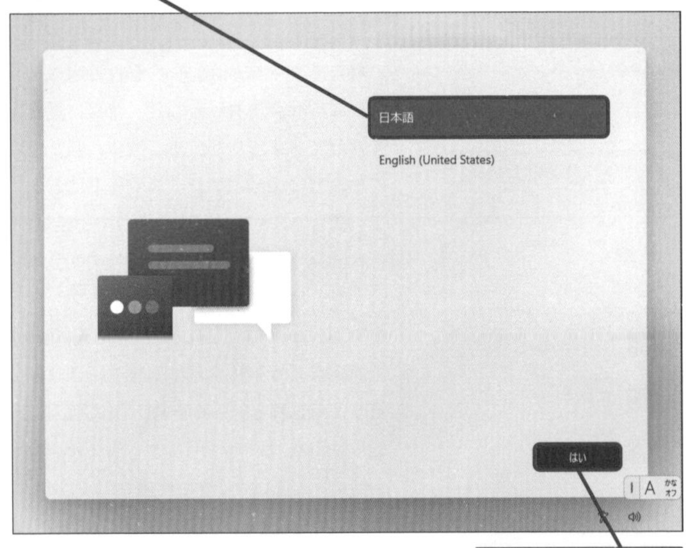

キーワード

使いこなしのヒント

電源ボタンの位置や形はパソコンによって異なる

電源ボタンには押して操作するタイプのほかに、スライドさせて電源を入れるタイプがあります。電源スイッチの位置も本体側面や上面、キーボードの横など、機種によって違います。位置や操作方法は、パソコンの取扱説明書で確認してみましょう。

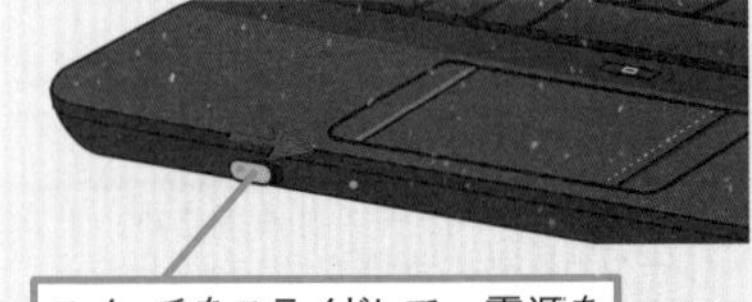

スイッチをスライドして、電源を入れるパソコンもある

ここに注意

手順1で電源ボタンを押してもパソコンの電源が入らないときは、電源ケーブルやACアダプターが電源コンセントに正しく接続されていることを確認しましょう。

3 住んでいる地域を確認する

「国または地域はこれでよろしいですか?」と表示された

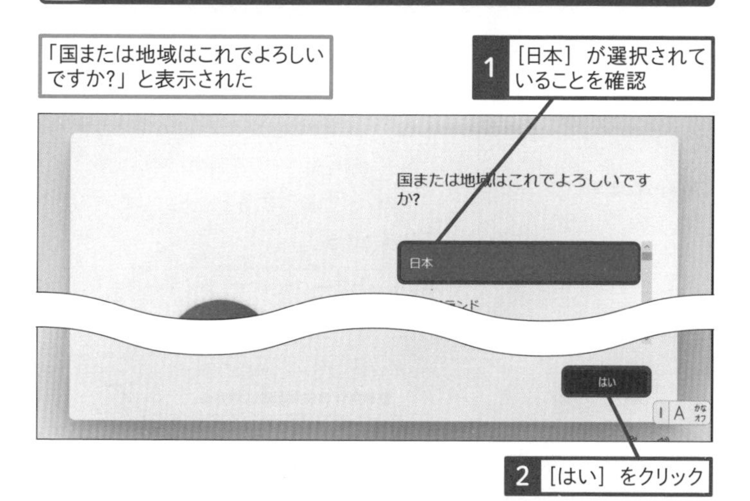

1 [日本] が選択されていることを確認

2 [はい] をクリック

4 キーボードの設定をする

「これは正しいキーボードレイアウトまたは入力方式ですか?」と表示された

ここでは設定を変更せずに進める

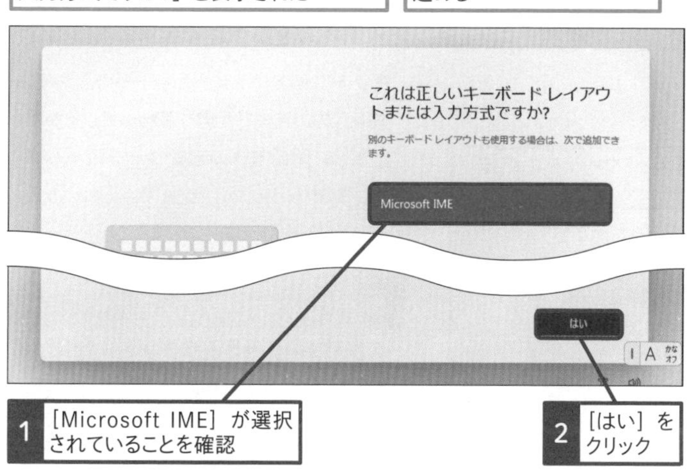

1 [Microsoft IME] が選択されていることを確認

2 [はい] をクリック

「2つ目のキーボードレイアウトを追加しますか?」と表示された

ここではレイアウトを追加せずに進める

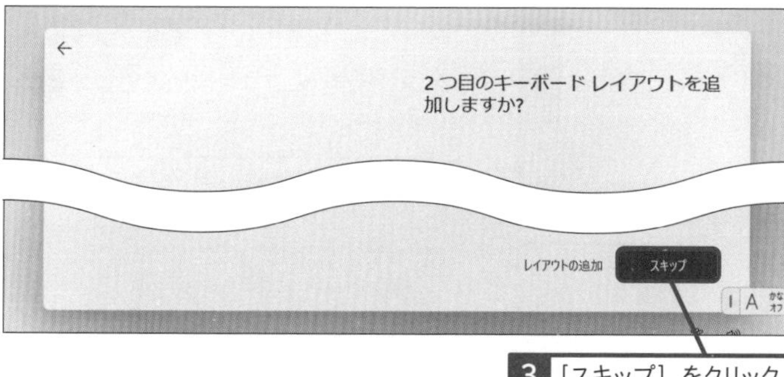

3 [スキップ] をクリック

使いこなしのヒント

キーボードレイアウトって何?

手順4ではキーボードレイアウトを選んでいます。キーボードレイアウトは日本語入力のときのキー割り当てを設定するもので、Windows標準の「Microsoft IME」が選択されています。通常はMicrosoft IMEのままでかまいませんが、他の言語でも使いたいときは自分が使いたいキーボードレイアウトを選びます。

使いこなしのヒント

アクセシビリティを設定するには

Windowsをセットアップするとき、ナレーターを有効にしたり、画面の一部を拡大するなど、アクセシビリティの機能が利用できます。セットアップ時にアクセシビリティの設定を有効にしたいときは、右下の人型のアイコンをクリックします。「ナレーター」や「拡大鏡」をはじめ、「スクリーンキーボード」の表示が設定できます。

使いこなしのヒント

インターネットに接続できないときは

Windows 11のセットアップはインターネットへの接続が求められます。自宅やオフィスなど、インターネットに接続できる環境でセットアップしましょう。

次のページに続く ➡

5 無線LANに接続する

［ネットワークに接続しましょう］の画面が表示された

1 接続するアクセスポイントをクリック

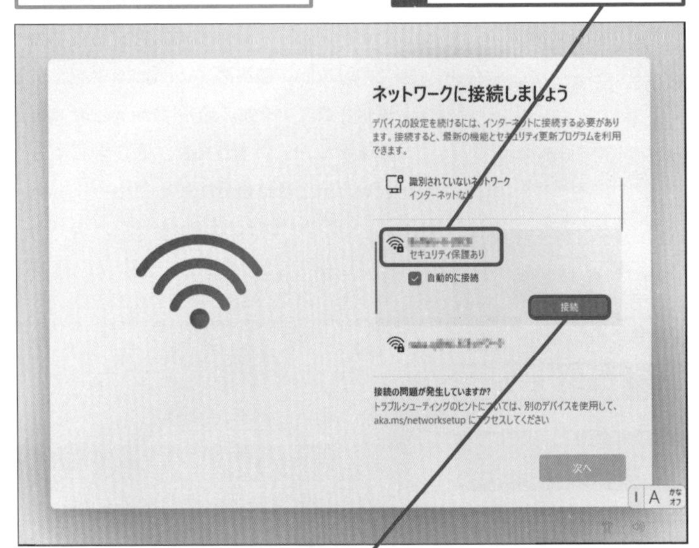

2 ［接続］をクリック

この画面が表示されないときは、手順10に進む

ネットワークセキュリティキーを入力する

ネットワークセキュリティキーを入力する画面が表示された

3 ネットワークセキュリティキーを入力

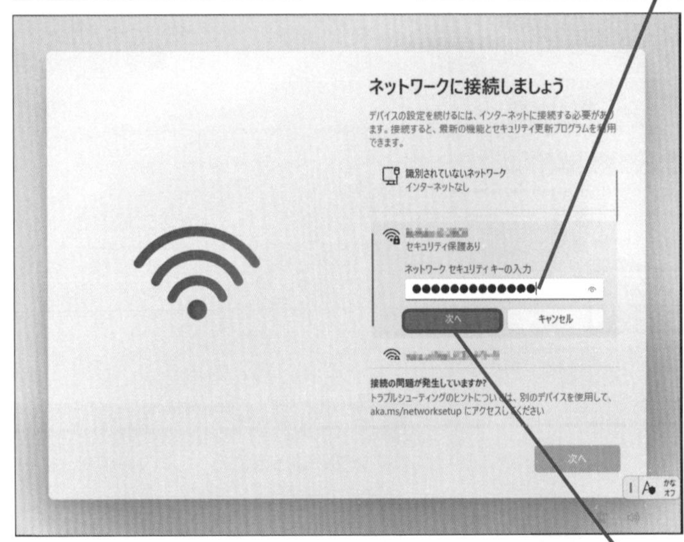

4 ［次へ］をクリック

使いこなしのヒント

入力したネットワークセキュリティキーを確認するには

手順5の画面では、接続する無線LANアクセスポイントのネットワークセキュリティキー（暗号化キー）を入力しています。以下のように操作すると、入力した内容を確認できます。

ネットワークセキュリティキーを入力しておく

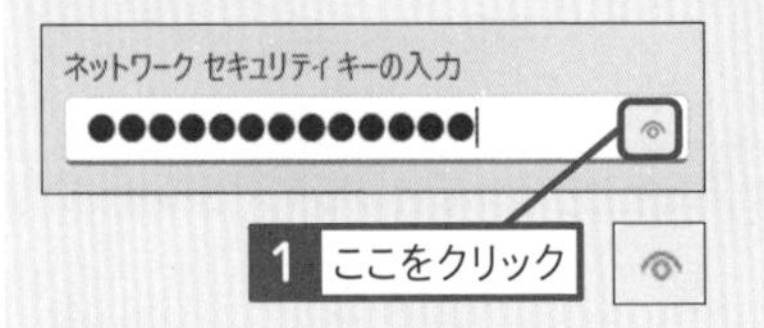

1 ここをクリック

クリックしている間だけ、入力したネットワークセキュリティキーが表示される

使いこなしのヒント

文字入力をボタンで切り替えられる

ネットワークセキュリティキーの入力で、文字入力のモードが切り替わってしまったときは、画面右下の言語バーを確認します。言語バーをクリックして、正しい入力モードに切り替えましょう。

使いこなしのヒント

ネットワークセキュリティキーはどこに書いてあるの？

無線LAN（Wi-Fi）に接続するときに必要なネットワークセキュリティキーは、「暗号化キー」とも呼ばれ、通常、無線LANアクセスポイントの側面や背面に貼られたラベルに記載されています。ラベルが見つからないときは、取扱説明書を参照してください。

暗号化キーは無線LANアクセスポイントの側面や背面に明記されている

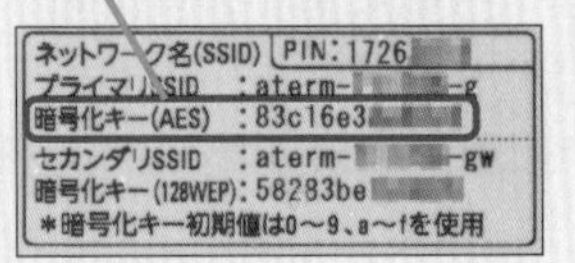

● ネットワークに接続された

無線LANに接続され、「接続済み」と表示された

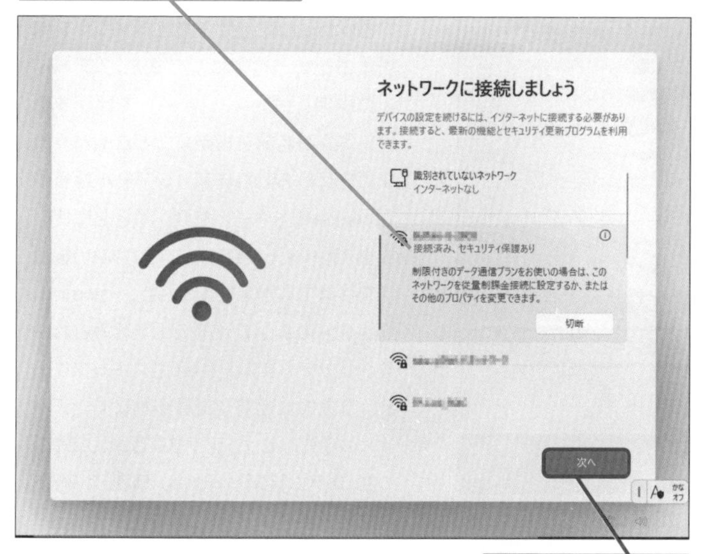

5 ［次へ］をクリック

更新プログラムのインストール画面が表示されたときは、しばらく待つ

「ライセンス契約をご確認ください。」と表示された

ここを下にドラッグしてスクロールし、ソフトウェアライセンス条項を確認しておく

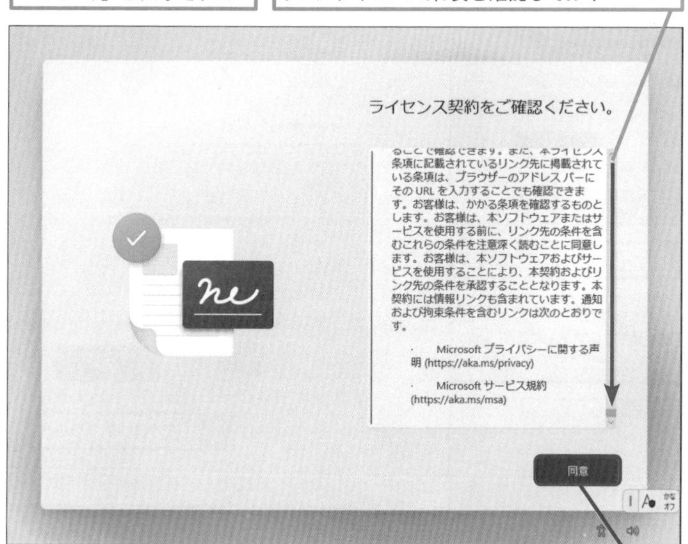

6 ［同意］をクリック

使いこなしのヒント

スマートフォンのテザリングなどで接続したときは

スマートフォンのテザリングや従量課金のモバイルWi-Fiルーターで接続したときは、手順5の画面で［プロパティ］をクリックすると、［従量制課金接続］の設定ができます。［オン］に設定すると、アプリによってはモバイルデータ通信量を節約できます。また、テザリングで接続したときは、セットアップ完了後、スマートフォンのテザリングを忘れずにオフにしましょう。

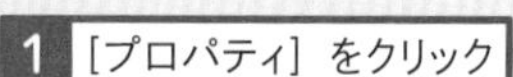

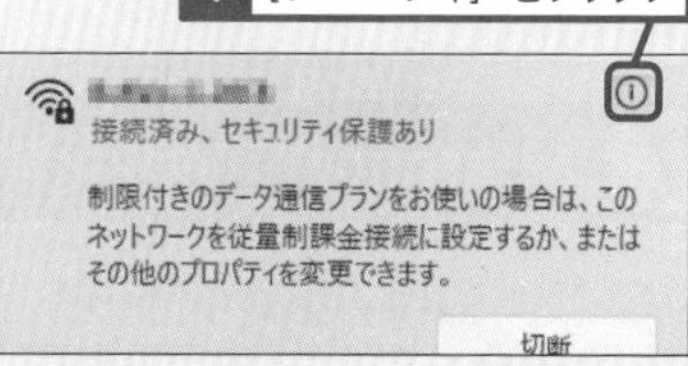

［従量制課金接続として設定する］を［オン］にすると、モバイルデータ通信量を節約できる

従量制課金接続

制限付きのデータ通信プランを使っていて、データの使用量をより細かく制御したい場合は、ネットワークに対してこのオプションを有効にしてください。アプリによっては動作が変わり、データ使用量を減らすことができる場合があります。Windows の一部の更新プログラムは自動的にダウンロードされなくなります。

従量制課金接続として設定する

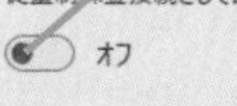

完了

［完了］をクリックすると、操作6の画面が表示される

ここに注意

手順5の操作4で［次へ］をクリックした後、「ネットワーク セキュリティキーが間違っています。もう一度やり直してください」と表示されたときは、手順5の画面で正しいネットワークセキュリティキーを入力し直してください。

次のページに続く➡

6 パソコンの名前を設定する

ここではスキップする

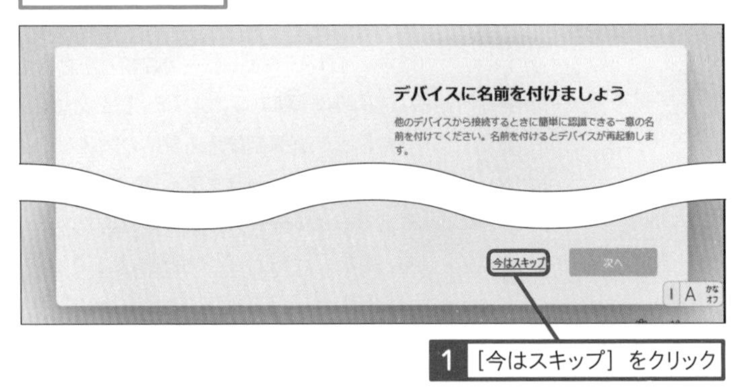

1 [今はスキップ] をクリック

7 Microsoftアカウントを新しく作成する

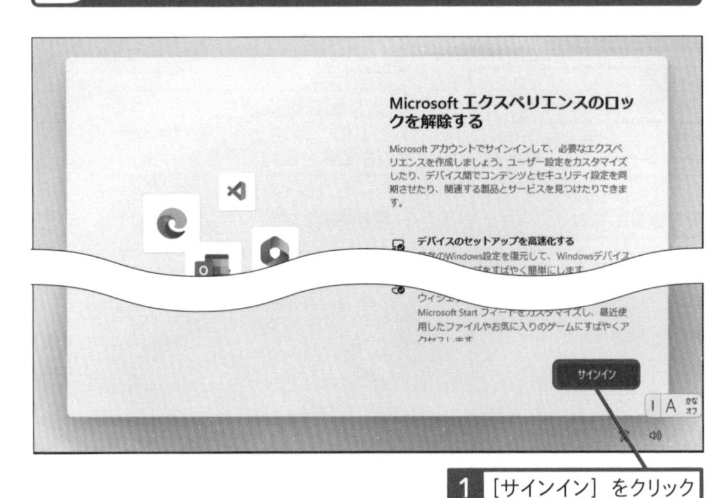

1 [サインイン] をクリック

[Microsoftアカウントを追加しましょう] の画面が表示された

取得済みのMicrosoftアカウントがあれば、そのメールアドレスを入力してもいい

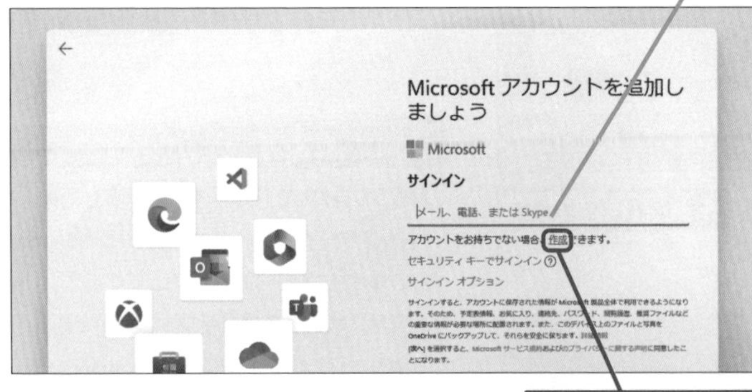

2 [作成] をクリック

使いこなしのヒント

デバイスの名前って何?

手順6で入力する「名前」は、Microsoftアカウントに紐付けられたパソコンを識別するための名前になります。[デバイスの検索](45ページ参照)で検索するパソコンの名前を指定するときやパソコンに紐付けられた情報(シリアル番号やBitLocker暗号キー)を調べるときに使います。デバイスの名前にはパソコンの機種名を付けてもかまいませんし、「shimizu-notepc」のように、名前などを組み合わせることもできます。手順6でスキップすると、自動的に名前が付けられます。デバイスの名前はセットアップ完了後、[設定]の[システム]の[バージョン情報]で確認・変更できます。

1 パソコンの名前を入力

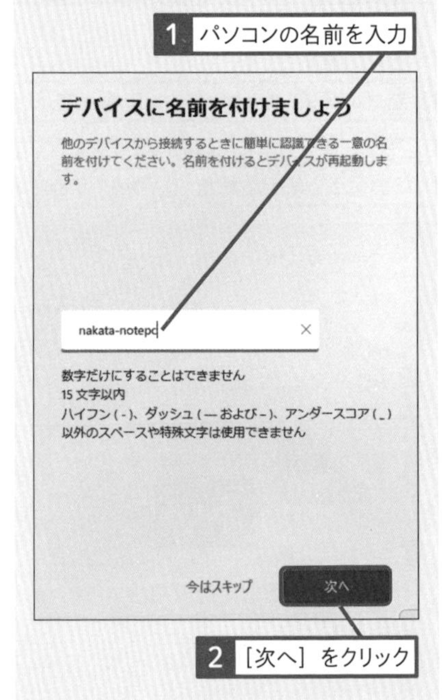

2 [次へ] をクリック

ここに注意

手順6で[今はスキップ]をクリックせず、デバイスの名前を入力し、[次へ]をクリックしたときは、入力した名前が設定されます。入力したデバイスの名前を修正したいときは、セットアップ完了後、変更できるので、そのまま手順を進めてください。

●新しいメールアドレスを取得する

ここでは新しくメールアドレスを取得する

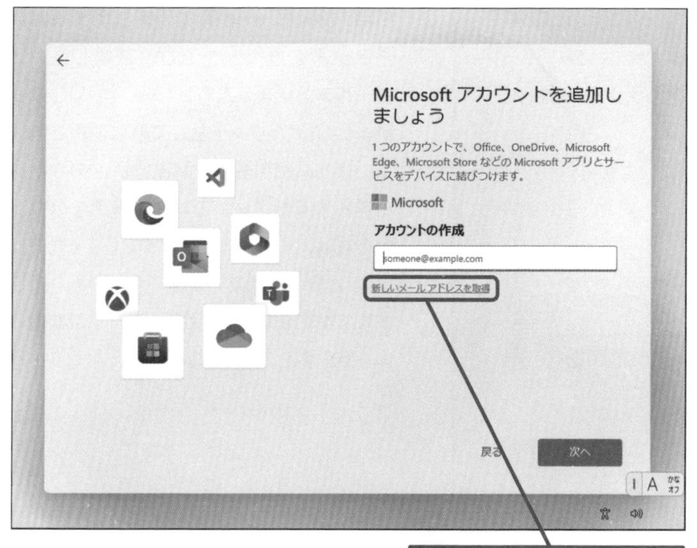

3 ［新しいメールアドレスを取得］をクリック

Microsoftアカウントのユーザー名を入力する

Microsoftアカウントの作成画面が表示された

4 希望するユーザー名を入力

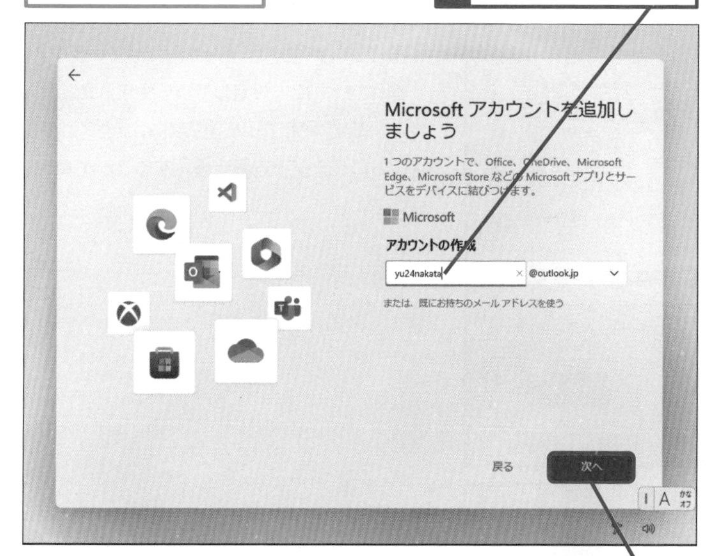

5 ［次へ］をクリック

使いこなしのヒント

［復元するデバイスを選択］画面が表示されたときは

これまで使っていたパソコンで、OneDriveにバックアップをしていたときは、Microsoftアカウントを入力する画面で「復元するデバイスを選択」という画面が表示されることがあります。復元したいときは、対象のデバイスを選択しましょう。

使いこなしのヒント

Microsoftアカウントを持っているときは

すでにMicrosoftアカウントを持っているときは、そのまま同じアカウントを使うことができます。Microsoftアカウントは従来のWindows 10でのサインインやWebメールサービスの「Outlook.com」をはじめ、オンラインでメッセージをやり取りする「Skype」やインターネット上にデータを保存できるクラウドストレージの「OneDrive」などに利用しています。以下の表にあるメールアドレスを使ったことがあるときは、そのメールアドレスでセットアップを進めましょう。

●主なMicrosoftアカウントの種類

○△□@outlook.com/outlook.jp
○△□@hotmail.co.jp/hotmail.com
○△□@live.jp/live.com
○△□@msn.com

使いこなしのヒント

すでに持っているメールアドレスで登録できる

Microsoftアカウントを作成するとき、手順7の操作3の画面で［アカウントの作成］の欄に、普段、自分が使っているメールアドレスを入力して、［次へ］をクリックすると、そのメールアドレスをMicrosoftアカウントとして登録できます。プロバイダーのメールアドレスだけでなく、Gmailのメールアドレスも登録できます。

次のページに続く ➡

● Microsoftアカウントのパスワードを入力する

Microsoftアカウントのパスワードを登録する画面が表示された

6 登録するパスワードを入力

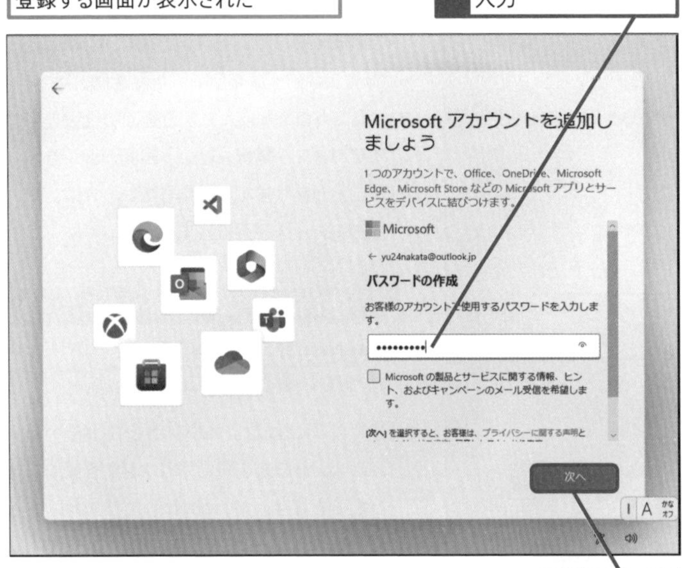

7 ［次へ］をクリック

名前を入力する

Microsoftアカウントを利用するユーザーの名前を入力する

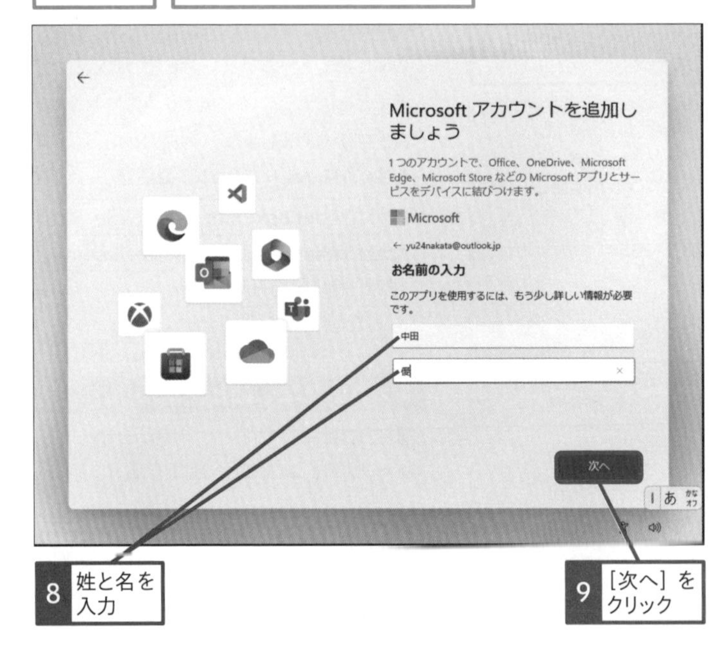

8 姓と名を入力

9 ［次へ］をクリック

使いこなしのヒント

メールアドレスがすでに登録されているときは

手順7の操作3の画面で「新しいメールアドレスを取得」を選び、取得したいメールアドレスを入力した後、「○○○はMicrosoftアカウントとして既に使用されています。別の名前を試すか、次の中から選んでください。これがご使用の名前であれば、そのままサインインしてください。」と表示されたときは、そのメールアドレスがすでに登録されています。ほかのユーザー名を入力しましょう。

使いこなしのヒント

名前は後から変更できる

操作8では「姓」と「名」を入力しています。操作11 ～ 12で設定している生年月日も含め、登録が完了した後、Microsoftアカウントのページで内容を修正することができます。

ここに注意

手順7以降、選択する項目や入力する内容を間違えたときは、画面左上の←や［戻る］をクリックすると、前の画面に戻ることができます。

● 生年月日を入力する

［生年月日の指定］と表示された

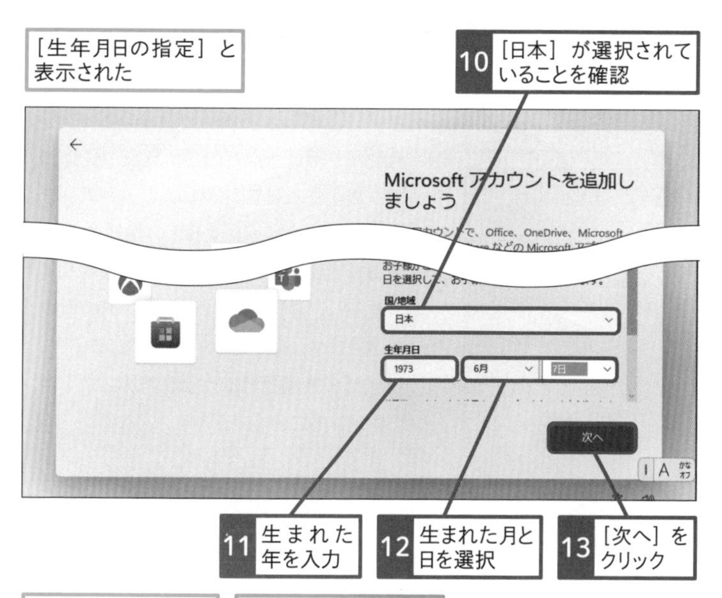

セキュリティ情報を追加する

［セキュリティ情報の追加］と表示された

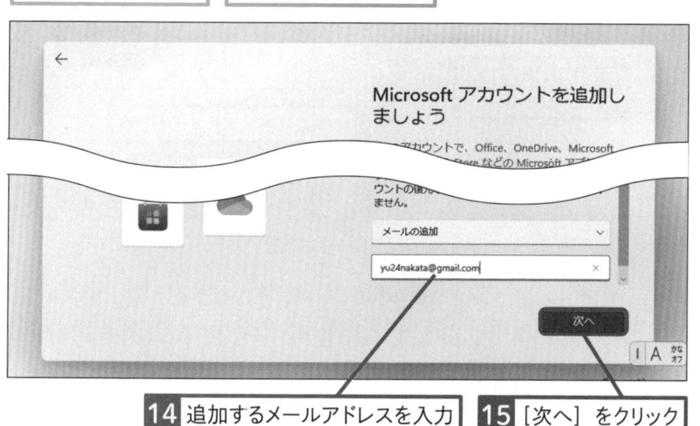

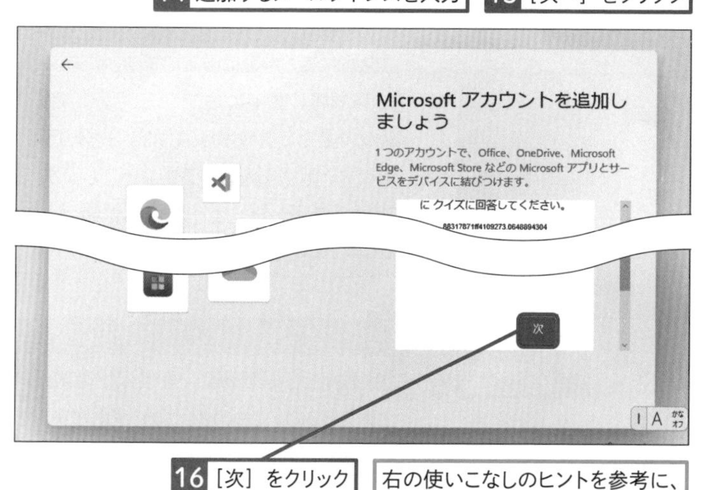

右の使いこなしのヒントを参考に、クイズに回答しておく

使いこなしのヒント

セキュリティ情報って何？

操作14では「セキュリティ情報の追加」として、メールアドレスを入力しています。Microsoftアカウントのパスワードを忘れてしまい、再設定したいときをはじめ、アカウントのハッキング被害の防止やロックされたアカウントの回復などに利用します。プロバイダーのメールアドレスなど、確実に送受信できるメールアドレスを登録しておきましょう。また、メールアドレスの代わりに、自宅の電話番号や携帯電話番号などを登録しておくこともできます。

使いこなしのヒント

クイズに回答するには

操作16の画面では、Microsoftアカウントが機械的に作成されていないことを確かめるため、クイズが表示されます。画面の指示に従って、クイズに答えます。もし、くり返しクイズの画面が表示されるときは、スマートフォンや他のパソコンなどでMicrosoftアカウントを作成し、手順7の画面に戻って、サインインしましょう。

次のページに続く

8 PINを作成する

指紋認証や顔認証に関する画面が表示されたら、設定するときは［セットアップ］、しないときは［スキップ］をクリックしておく

［PINを作成します］の画面が表示された

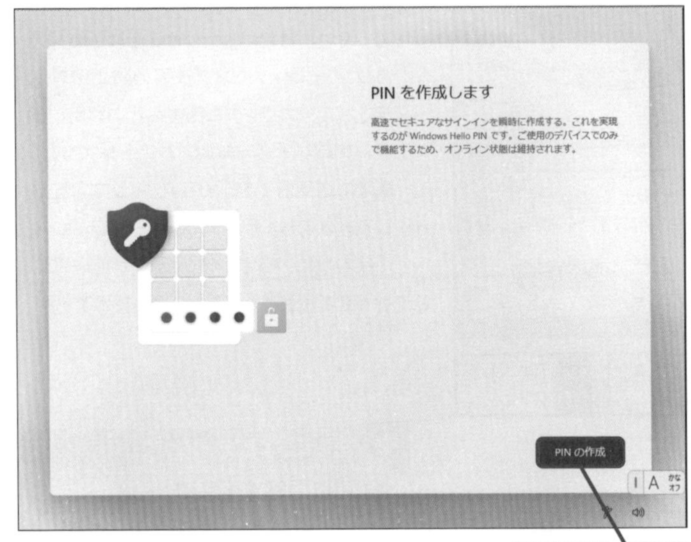

1 ［PINの作成］をクリック

右のヒントを参考に、PINを入力する

2 PINを入力

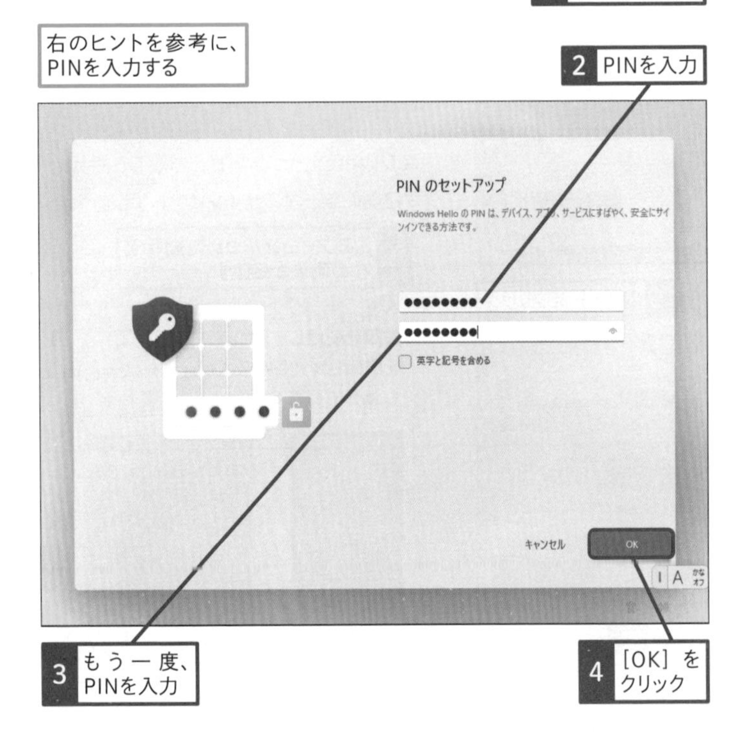

3 もう一度、PINを入力

4 ［OK］をクリック

使いこなしのヒント

指紋認証や顔認証を利用するには

指紋センサーや顔認証用カメラを搭載したパソコンでは、手順8の画面の前に、指紋認証や顔認証などの生体認証の登録画面が表示されます。［はい、セットアップします］をクリックすると、指紋や顔を登録できます。［今はスキップ］をクリックすると、ここでは登録せず、PINの作成に進みます。レッスン94で説明しますが、指紋認証や顔認証はセットアップ完了後に設定することもできます。

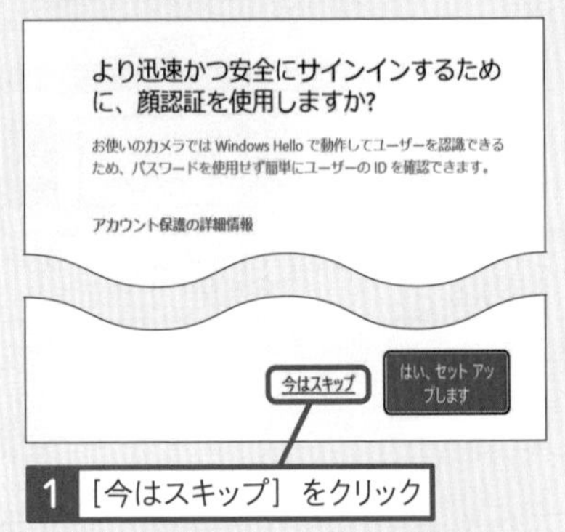

1 ［今はスキップ］をクリック

使いこなしのヒント

PINって何?

手順8ではPINを設定しています。PINはパソコンにサインインするときに入力する4けた以上の数字です。パスワードよりも短く、簡単ですが、このパソコンのサインインのみに利用するため、万が一、盗み見られても影響は限定的です。ただし、1234や同じ数字の連続など、誰にでも連想できそうな数字は避けて、自分が覚えやすい数字を入力するといいでしょう。PINの設定については、レッスン94のテクニックで詳しく解説します。

ここに注意

「提供されたPINが一致しません。」と表示されたときは、1つめと2つめのPINが違っています。両方に同じPINを入力し直しましょう。

9 プライバシー設定を確認する

［デバイスのプライバシー設定の選択］の画面が表示された

アプリで利用される位置情報やトラブルが起きたときの診断データなどをマイクロソフトに送信するかを設定できる

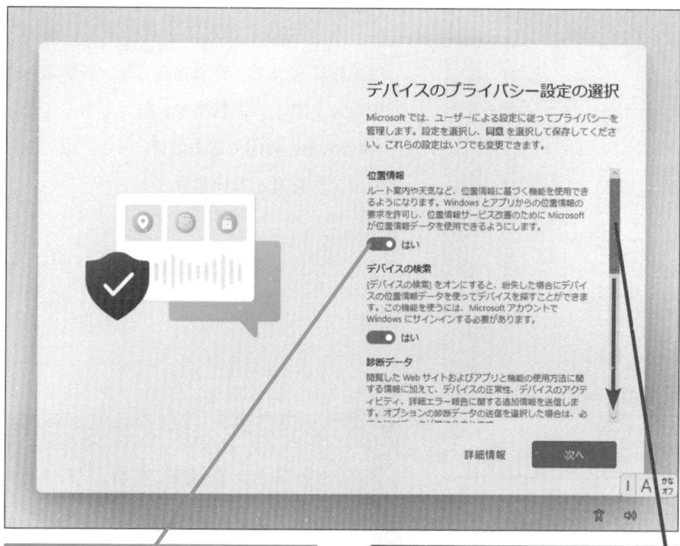

右の使いこなしのヒントを参考に、ここをクリックして、同意するかどうかを選択する

1 ここをドラッグして、下にスクロールしながら内容を確認

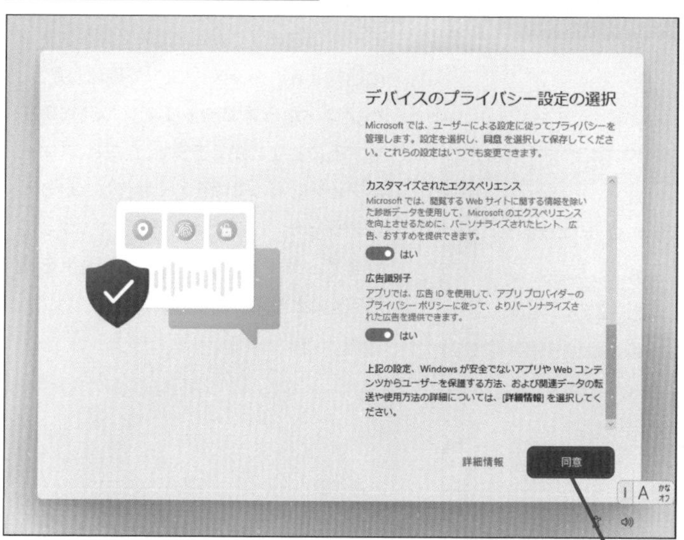

2 ［同意］をクリック

使いこなしのヒント

プライバシー設定って何?

手順9では「デバイスのプライバシー設定の選択」の画面が表示されています。それぞれの項目の内容は、画面で説明されていますが、ユーザーがWindowsを快適に使えるように、位置情報や診断データなどの情報を得ることについて、確認を求めています。［デバイスの検索］は紛失時に位置情報を利用して、パソコンを探すことができます。それぞれの項目は以下のように操作すると、オンとオフを切り替えることができます。各項目を設定したうえで、［同意］をクリックしましょう。これらの項目は、後から［設定］の［プライバシーとセキュリティ］から変更することができます。

デバイスのプライバシー設定の選択

Microsoft では、ユーザーによる設定に従ってプライバシーを管理します。設定を選択し、同意 を選択して保存してください。これらの設定はいつでも変更できます。

カスタマイズされたエクスペリエンス

Microsoft では、閲覧する Web サイトに関する情報を除いた診断データを使用して、Microsoft のエクスペリエンスを向上させるために、パーソナライズされたヒント、広告、おすすめを提供できます。

はい

広告識別子

アプリでは、広告 ID を使用して、アプリ プロバイダーのプライバシー ポリシーに従って、よりパーソナライズされた広告を提供できます。

はい

上記の設定、Windows が安全でないアプリや Web コンテンツからユーザーを保護する方法、および関連データの転送や使用方法の詳細については、[詳細情報] を選択してください。

ここをクリックして、同意するかどうかを切り替えられる

次のページに続く

10 エクスペリエンスを設定する

ここではヒントや広告などの設定をスキップする

11 スマートフォン連携を確認する

ここではスマートフォンアプリとの連携をスキップする

使いこなしのヒント

エクスペリエンスって何?

手順10では「エクスペリエンスをカスタマイズしましょう」の画面が表示されています。「エンターテインメント」や「創造性」などの項目が表示されていて、選んだ項目によって、表示されるヒントや広告がカスタマイズされます。設定しなくてもWindowsを利用できるので、ここでは［スキップ］を選んでいます。

使いこなしのヒント

スマートフォンと連携するアプリを利用できる

Windows 11ではAndroidスマートフォンと連携する機能が用意されていて、手順11の画面ではそのためのアプリをインストールできます。Androidスマートフォンの通知をWindowsパソコンで確認したり、パソコンからスマートフォンのSMSを送信することなどができます。ただし、スマートフォンによっては正しく動作しないこともあるため、ここでは連携をスキップしています。セットアップ完了後、連携を追加することもできます。

ここに注意

手順10で［プライバシーに関する声明］をクリックしたときは、［戻る］をクリックすると、元の画面を表示することができます。

● PC Game Passを確認する

ここではPC Game Passを利用しない

2 ［今はしない］をクリック

セットアップが完了し、［スタート］メニューが表示された

ここでは表示された［スタート］メニューを非表示にする

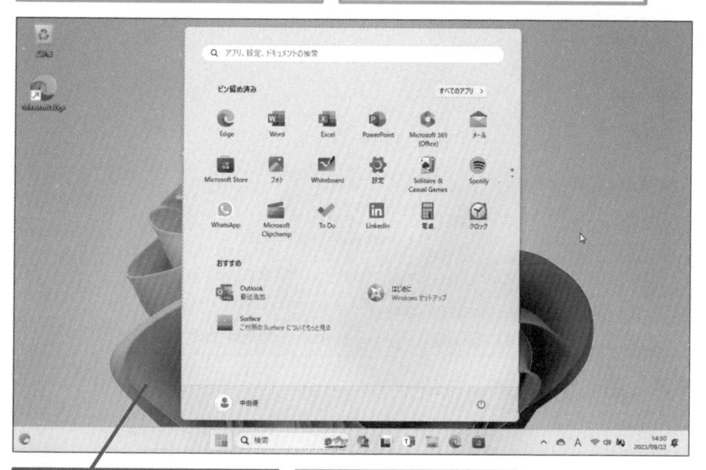

3 デスクトップの何もないところをクリック

［スタート］メニューが非表示になる

使いこなしのヒント

サインインの方法を覚えておこう

手順11の操作3ではWindowsデスクトップが表示されていますが、セットアップ中にアップデートが適用されると、Windowsが再起動し、サインインの画面が表示されることがあります。レッスン08を参考に、サインインしましょう。

使いこなしのヒント

生体認証の場合は

顔認証を設定している場合はカメラに顔を向けるだけで自動的にサインインできます。指紋認証を設定している場合は、指紋センサーに指紋を読み取らせることでサインインできます。

使いこなしのヒント

PC Game Passって何?

「PC Game Pass」はマイクロソフトが提供するパソコン向けゲームのサブスクリプションサービスです。100を超えるゲームタイトルを自由にプレイできます。

まとめ Microsoftアカウントでセットアップしよう

Windows 11のセットアップは、パソコンを購入し、はじめて電源を入れたときに行なう作業です。セットアップの内容はあまり難しくなく、画面の指示に従って操作をすれば、完了します。Windows 11のセットアップで重要なことは、Microsoftアカウントでサインインすることです。Microsoftアカウントは無料で取得でき、Windows 10などで利用していたMicrosoftアカウントでもサインインできます。Windows 11はインターネットで提供されるさまざまなサービスが利用できますが、これらを利用するにはMicrosoftアカウントの設定が必要です。少し手間はかかりますが、設定しておきましょう。

レッスン

05 Windowsの画面を確認しよう

デスクトップ

Windowsを起動すると、デスクトップが表示されます。デスクトップに表示されるアイコンやボタン、タスクバー、通知領域などを確認してみましょう。

キーワード

通知領域	P.327
デスクトップ	P.327

デスクトップの主な構成

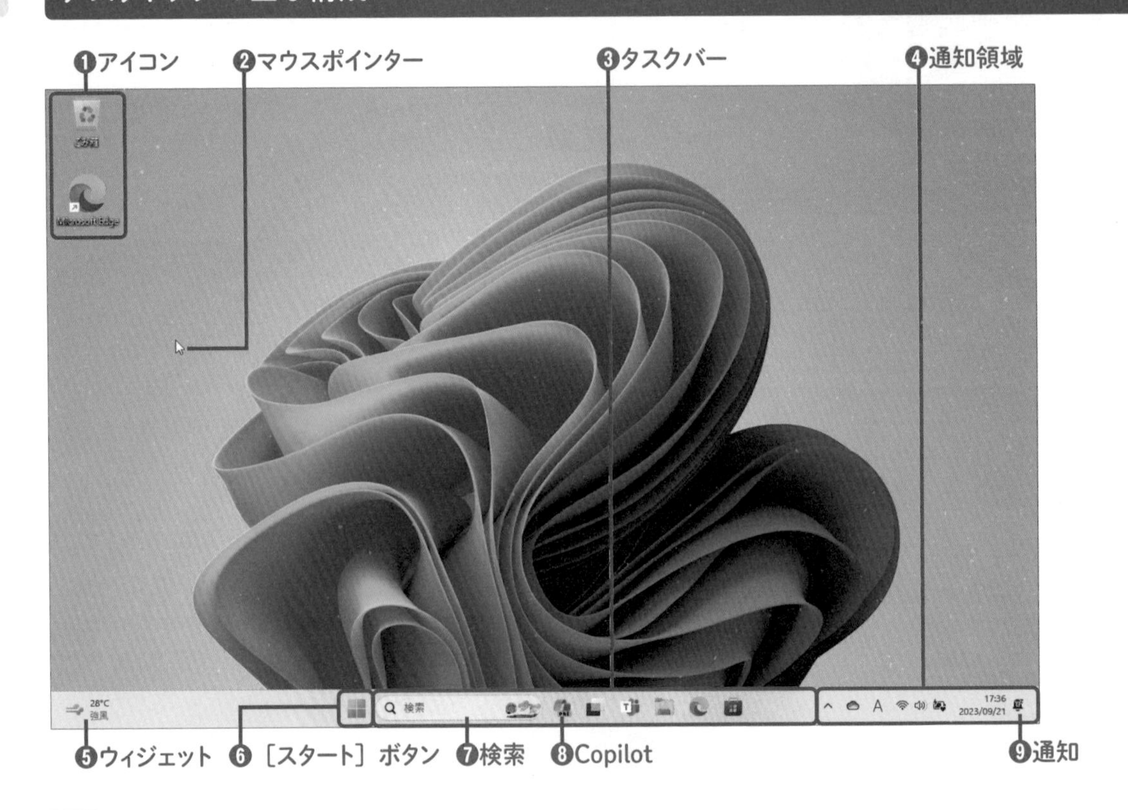

スキルアップ

通信環境や電源の設定をすばやく行なうには

通知領域の以下のアイコンをクリックすると、［クイック設定］が表示されます。［クイック設定］ではWi-Fiなどのインターネット接続やBluetooth、画面の明るさ、音量の調整などが操作できます。右下のペンのアイコンをタップすれば、表示する項目の追加や削除もできますが、選べる項目はパソコンの仕様によって、異なることがあります。

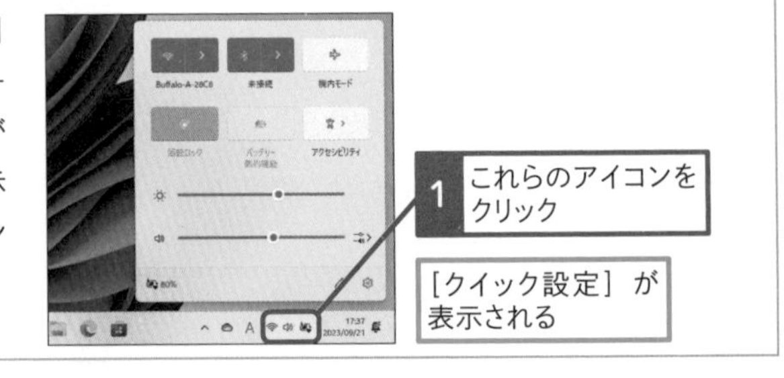

各ボタンの名称と役割

❶アイコン
Windowsの機能やアプリ、ファイル、フォルダーなどを絵で表わしたもの。絵の下に名前が表示されます。

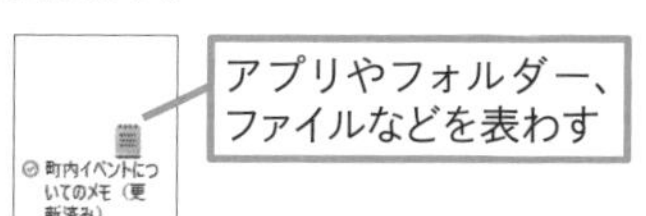

❷マウスポインター
Windowsを操作するとき、画面に表示された対象を選択する目印。マウスの動きに合わせて動き、操作の内容によって、形が変わります。

操作の内容により、マウスポインターの形が変わる

❸タスクバー
画面の最下部に表示されているバー。実行中のアプリや開いているフォルダーなどが表示され、よく使うアプリを登録できます。

❹通知領域
パソコンのネットワーク接続や音量のアイコン、時計などが表示されます。[隠れているインジケーターを表示します] ボタン (^) をクリックすると、隠れているアプリのアイコンを確認できます。

パソコンの状態を表わすアイコンが並んでいる

❺ウィジェット
天気予報やニュースが表示されます。ユーザーの好みや利用状況に応じて、表示される内容は違い、カスタマイズすることもできます。

❻［スタート］ボタン
Windowsの機能やアプリを起動したり、フォルダーやファイルを開いたりできます。Windowsのさまざまな操作の起点になります。

❼検索
アプリやファイルなどを検索できます。

❽Copilot
AIアシスタント「Copilot」を起動できます。

❾通知
アプリからの通知があると数が表示されます。

ショートカットキー

通知とカレンダーの起動	⊞+N
クイックアクションの起動	⊞+A

使いこなしのヒント

デスクトップの右下にあるアイコンは何?

デスクトップの右下の時計の隣に、丸付きの数字が表示されることがあります。これはWindowsの通知で、数字は件数を表わしています。通知をクリックすると、カレンダーといっしょに、通知の内容が表示されます。

1 通知領域のここをクリック

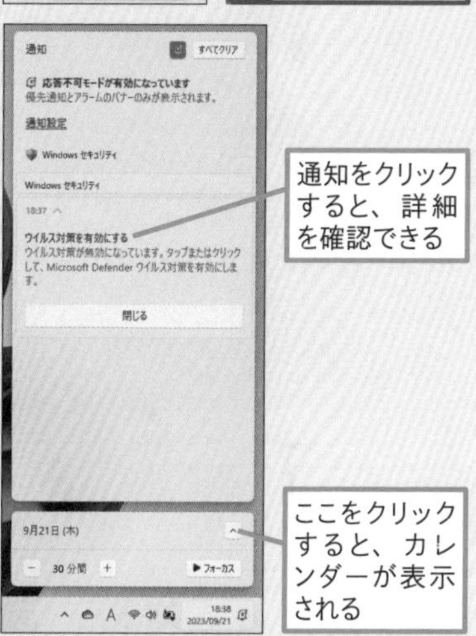

通知をクリックすると、詳細を確認できる

ここをクリックすると、カレンダーが表示される

まとめ ボタンなどの役割を理解しよう

Windows 11ではパソコンを起動すると、「デスクトップ」が表示されます。デスクトップはその名の通り、パソコンで作業をするときの「机の上」になります。ここにワープロや表計算の文書を広げたり、インターネットのWebページを表示しながら、さまざまな作業をします。デスクトップの下にはタスクバーが表示され、Windowsのさまざまな機能を使うためのアイコンが配置されています。それぞれの名称と役割を確認しておきましょう。

レッスン

06 [スタート] メニューを確認しよう

[スタート] メニュー

Windowsでは [スタート] メニューから、さまざまな操作をはじめます。デスクトップの画面で [スタート] ボタンを押して、[スタート] メニューを表示してみましょう。

1 [スタート] メニューを表示する

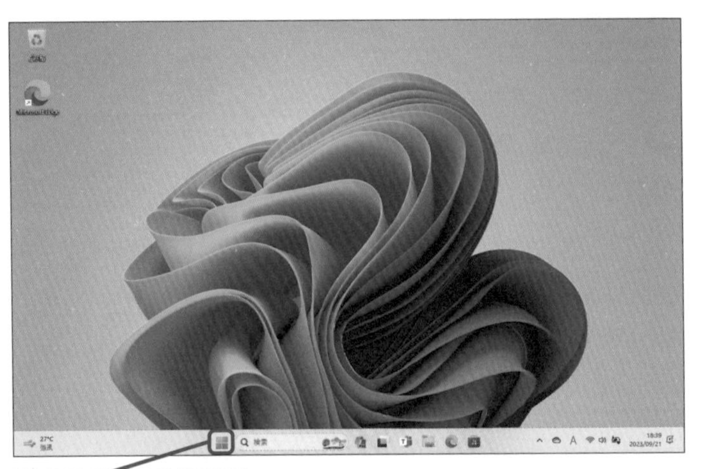

1 [スタート] をクリック

[スタート] メニューが表示され、アプリの一覧やタイルが表示された

すべてのアプリを表示する

2 [すべてのアプリ] をクリック

キーワード

[スタート] メニュー	P.327
タスクバー	P.327

ショートカットキー

[スタート] メニューの表示 

スキルアップ

[スタート] ボタンの位置を変更できる

Windows 11では [スタート] ボタンと [スタート] メニューが中央に表示されていますが、従来のWindowsのように、タスクバーの左端に表示することもできます。詳しい設定方法は、レッスン96で解説します。

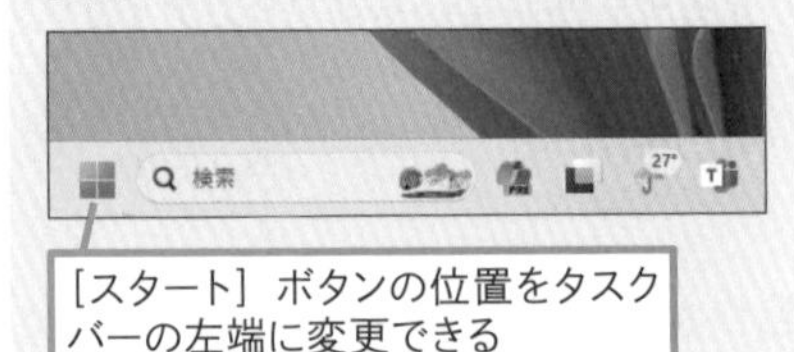

[スタート] ボタンの位置をタスクバーの左端に変更できる

使いこなしのヒント

[スタート] メニューはカスタマイズできる

[スタート] メニューに表示される内容は、自分の使い方に合わせ、カスタマイズできます。たとえば、アイコンをドラッグして、位置を並べ替えたり、タスクバーにピン留めができたりします。[スタート] メニューにピン留めするアイコンを追加したり、削除もできます。

2 ［スタート］メニューを閉じる

［すべてのアプリ］が表示された

ここをドラッグして下にスクロールすると、［すべてのアプリ］の続きが表示される

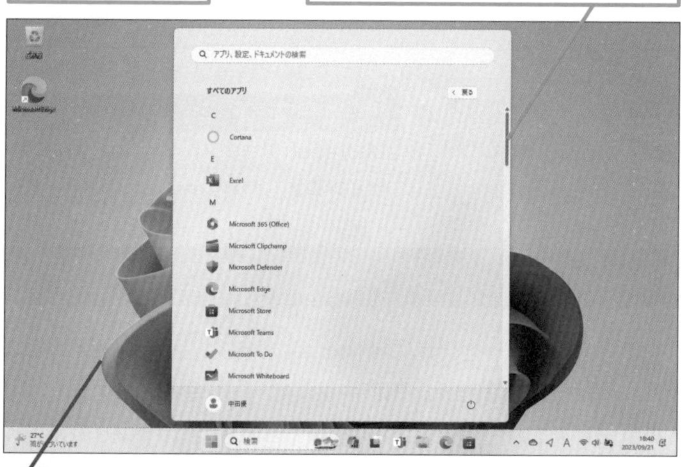

1 デスクトップの何もないところをクリック

［スタート］メニューが閉じた

デスクトップが表示された

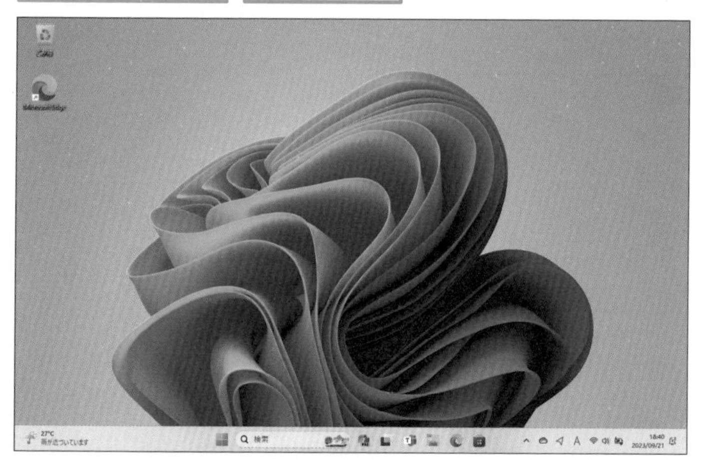

スキルアップ

アルファベットやひらがなの一覧から選べる

手順2の画面で、一覧の「C」や「G」などのアルファベットをクリックすると、アルファベットやひらがなの一覧が表示されます。表示したいアプリの頭文字を選ぶと、その頭文字からはじまるアプリの一覧が表示されます。［すべてのアプリ］でスクロールしなくても済むため、すばやくアプリを起動できます。

ここに注意

手順2の画面を表示する前に、デスクトップをクリックしてしまったときは、もう一度、［スタート］をクリックして、［スタート］メニューを表示してください。

使いこなしのヒント

［スタート］メニューの表示項目は変更できる

［スタート］メニューに表示される項目は、自分の使い方に合わせて、変更できます。たとえば、よく使うアプリやサービスをピン留めしたり、場所を入れ替えたりできます。

まとめ 操作の起点になる［スタート］メニュー

Windowsを使うとき、操作の起点となるのが［スタート］メニューです。これまでのWindowsでは画面左下に［スタート］が配置されていましたが、Windows 11では画面中央下に［スタート］があります。［スタート］をクリックすると、［スタート］メニューが表示され、［すべてのアプリ］をクリックすると、インストールされているアプリが一覧で表示されます。デスクトップの何もないところをクリックすれば、［スタート］メニューは閉じられます。

レッスン

07 ［スタート］メニューの画面構成を確認しよう

［スタート］メニューの構成

Windowsでさまざまな機能を使うときの操作の起点となるのが［スタート］メニューです。［スタート］メニューを表示して、構成と内容を確認しましょう。

キーワード

Microsoftアカウント	P.324
サインイン	P.326

［スタート］メニューの主な構成

Windowsではさまざまな機能を使うとき、［スタート］メニューを起点に操作をはじめます。画面中央下の［スタート］ボタンをクリックすると、［スタート］メニューが表示されます。画面中央には［ピン留め済み］のアプリが表示され、その下には最近追加したファイルや［おすすめ］、右上には［すべてのアプリ］ボタンが表示されています。上段には［検索ボックス］、左下には［ユーザーアカウント］、右下には［電源］が表示されています。

使いこなしのヒント

［ピン留め済み］のアプリを並べ替えるには

［スタート］メニューの［ピン留め済み］のアプリは、位置を変更できます。アイコンをドラッグして、移動したり、アイコンを右クリックして、表示されたメニューで［先頭に移動］を選んで、先頭に移動することもできます。

［スタート］メニューのボタンと役割

❶［スタート］メニュー
操作の起点になるメニューで、［ピン留め済み］のアプリ、おすすめ、検索ボックスなどから構成されています。

❷検索ボックス
キーワードを入力して、パソコンに保存されたファイルやアプリ、インターネット上のWebページなどを検索できます。

❸［すべてのアプリ］ボタン
Windowsにインストールされているすべてのアプリがアルファベット、かなの順に一覧で表示されます。

1 ［すべてのアプリ］をクリック

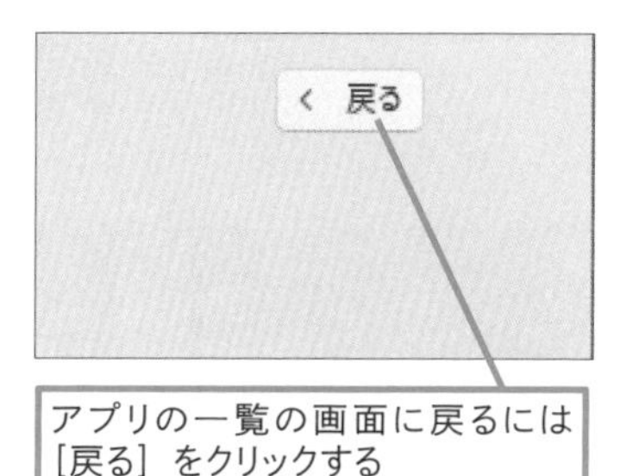

アプリの一覧の画面に戻るには［戻る］をクリックする

❹ピン留め済み
よく使うアプリなどをピン留めしておき、すぐに起動できるようにします。ピン留めしたアプリを並べ替えたり、変更できます。

❺ユーザーアカウント
WindowsにサインインしているMicrosoftアカウントのユーザー名が表示されます。クリックして、サインアウトやロックができます。

サインインしているMicrosoftアカウントのユーザー名が表示される

❻［スタート］ボタン
［スタート］メニューを表示できます。

❼電源
スリープやシャットダウンのメニューが表示されます。

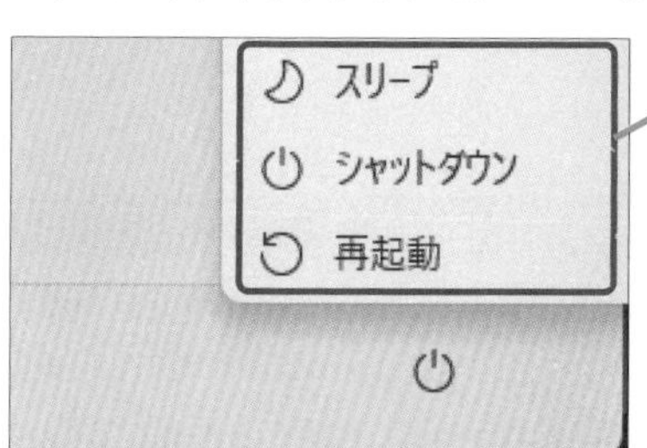

［電源］をクリックすると、スリープやシャットダウンのメニューが表示される

❽おすすめ
最近追加したアプリやよく使うアプリ、最近使ったファイルや項目などが表示されます。

ショートカットキー

［スタート］メニューの表示 

使いこなしのヒント

［ピン留め済み］のアプリの続きを表示するには

［ピン留め済み］のアプリは、複数のページに分かれて表示されます。続きのページを表示するには、以下のように操作します。マウスのホイールでスクロールすることもできます。

1 ［次のページ］をクリック

［ピン留め済み］のアプリの続きが表示される

使いこなしのヒント

フォルダーに分類できる

スタートメニューのアイコンをドラッグして重ねると、複数のアイコンをフォルダーにまとめることができます。同じようなアプリをまとめて整理することもできます。

まとめ　シンプルで見やすい［スタート］メニュー

Windowsを操作する起点として、広く知られている［スタート］メニューですが、Windows 11ではデザインやレイアウトが一新されています。これまでのWindowsと違い、［スタート］ボタンの位置は中央付近に移動し、［スタート］メニューの内容も［ピン留め済み］のアプリや［検索ボックス］、［おすすめ］などがシンプルに見やすく表示されるようになりました。アプリを起動するときもこれまでのように、メニューを順に辿るのではなく、使いたい機能に少しでも早くアクセスできるように設計されています。Windowsを快適に使うために、［スタート］メニューの内容をよく確認しておきましょう。

レッスン

08 Windowsの利用を一時中断するには

スリープ、サインイン

Windowsでいろいろな作業をしていると、一時的にパソコンの利用を中断したいことがあります。パソコンのスリープと復帰について、説明しましょう。

1 Windowsを終了する

作業を中断して、パソコンをスリープの状態にする

1 ［スタート］をクリック

2 ［電源］をクリック

電源のメニューが表示された

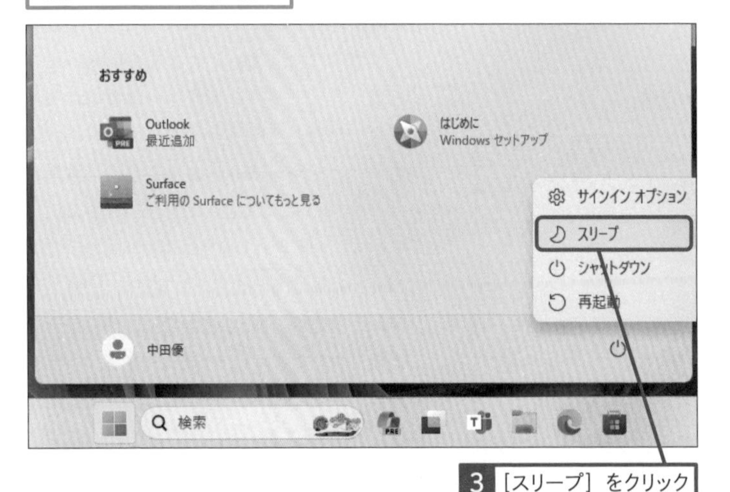

3 ［スリープ］をクリック

キーワード

ショートカットキー

［スタート］メニューの表示 

使いこなしのヒント

電源ボタンを押してスリープにできる

ここでは［スタート］メニューから操作して、パソコンをスリープの状態にしていますが、電源ボタンを短く押してもスリープの状態にできます。

電源ボタンを長押しすると、電源が切れることがあるので、短く1回押す

ここに注意

手順1の操作3で［シャットダウン］を選んだときは、パソコンの電源が切れてしまうので、もう一度、電源を入れ直します。［再起動］を選んだときは、パソコンが再起動します。どちらも同じように［スタート］ボタンから操作し直します。

2 スリープ状態から復帰させる

スリープの状態になり、画面が真っ暗になった

作業を再開するため、スリープから復帰する

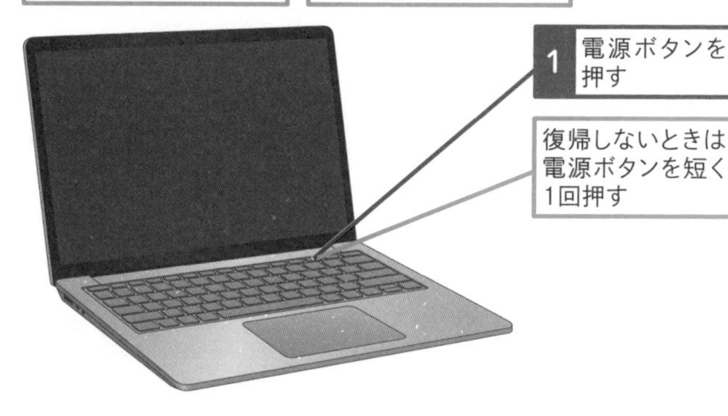

1 電源ボタンを押す

復帰しないときは電源ボタンを短く1回押す

ロック画面が表示された

ロック画面に別の画像が表示されることもある

2 画面をクリック

サインイン画面が表示された

スリープからの復帰が短時間のときは、サインイン画面が表示されないこともある

3 PINを入力

スリープから復帰し、パソコンが使えるようになる

使いこなしのヒント

ノートパソコンは閉じてスリープの状態にできる

ノートパソコンは本体を閉じると、スリープの状態にできます。標準の設定ではバッテリーで動作中でも電源に接続中でもスリープに切り替わります。本体を開くと、自動的にスリープから復帰します。設定によっては、電源ボタンの操作が必要です。

使いこなしのヒント

Windowsをロックできる

しばらくパソコンの前を離れるときなどは、Windowsをロックできます。手順1の画面でユーザー名をクリックし、表示されたメニューで［ロック］を選びます。ロック画面が表示されるので、生体認証を使ったり、PINを入力しないと、サインインできないため、第三者が無断で操作できなくなります。

まとめ 作業を中断するときはスリープを利用しよう

Windowsでは作業を中断するとき、パソコンをスリープに切り替えます。スリープはパソコンの省電力状態のひとつで、Windowsが動作している状態を保存しながら、パソコンを一時停止の状態にします。パソコンの電源を完全に切ったときと違い、直前の状態を保存しているため、電源ボタンを操作すれば、すぐに元の動作状態に戻り、作業を再開できます。スリープの操作は少し煩雑ですが、使いこなしのヒントでも説明しているように、多くのパソコンでは、電源ボタンを操作して、スリープに移行できます。作業を中断するときは、パソコンをスリープにして、すぐに再開できるようにしておくと、便利です。

レッスン

09 パソコンの電源を切るには

シャットダウン

パソコンでの作業が終わったら、Windowsを終了して、パソコンの電源を切ります。シャットダウンとパソコンの電源の切り方について、説明しましょう。

1 パソコンの電源を切る

レッスン06を参考に、[スタート]メニューを表示しておく

1 [電源] をクリック

2 [シャットダウン] をクリック

シャットダウンの処理が行なわれる

キーワード

サインイン	P.326
シャットダウン	P.326
スリープ	P.327

使いこなしのヒント

メモリーの増設やハードウェアを変更するときはシャットダウンを実行する

パソコンにメモリーを増設したり、ハードウェアの構成を変更するときは、パソコンを完全にシャットダウンする必要があります。手順1で Shift キーを押しながら、[シャットダウン] をクリックしましょう。また、メモリー増設などのハードウェアを変更する際は、電源ケーブルを抜いたり、バッテリーの取り外したり、底面などにある強制終了スイッチやリセットスイッチを押す必要がある機種もあります。デジタルカメラやプリンターなど、USBケーブルで接続する周辺機器などを利用するときは、シャットダウンをせずに、そのまま接続します。

ここに注意

手順1で [スリープ] をクリックしたときは、レッスン08を参考に、電源ボタンを短く1回押すか、任意のキーを押して、スリープから復帰させます。タブレットの場合はディスプレイの外枠にある電源ボタンを押して、復帰することもできます。ロック画面をクリックし、サインインを実行して、[スタート] メニューを表示し、もう一度、手順1から操作をやり直しましょう。

スキルアップ

電源が切れない！　そんなときの最終手段

Windowsでパソコンの電源を切るときには、手順1からの操作で終了しますが、何かのトラブルで、［スタート］メニューが表示されなかったり、正しく操作できないときは、電源ボタンを数秒、押し続けると、強制的に電源を切ることができます。タブレットで画面に［スライドしてシャットダウン］と表示されたときは、下方向にスライドすると、シャットダウンして、電源が切れます。何も表示されないときは、そのまま電源ボタンを押し続けると、強制的に電源を切ることができます。無事に電源が切れたときは、パソコンの電源を入れ直し、再起動後に、もう一度、前ページの手順1の方法でシャットダウンを実行します。再起動後に「青い画面」や［自動修復］の画面がくり返し表示されるときは、Windowsの起動に必要なファイルが壊れている可能性があります。パソコン本体のサポートセンターなどに相談してみましょう。

電源ボタンを押し続ければ、強制終了できる

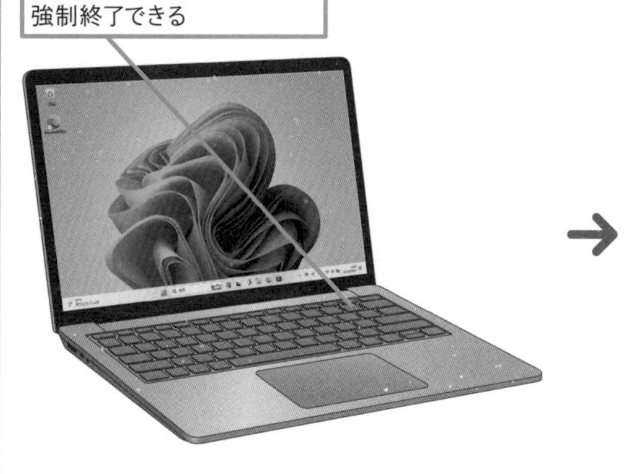

強制終了後に［回復］という画面が表示されることがある

［PCを再起動する］をクリックすると、もう一度、起動するかどうかを試せる

● パソコンの電源が切れた

パソコンの電源が切れて画面が真っ暗になった

まとめ　スリープとシャットダウンを使い分けよう

レッスン08で説明した［スリープ］は、パソコンの利用を一時的に中断するときに使いますが、ここで説明したシャットダウンは起動中のアプリもすべて終了し、パソコンの電源を切ります。そのため、次にパソコンを使うときは、もう一度、Windowsに必要なソフトウェアが読み込まれ、起動に少し時間がかかります。アプリなども起動し直す必要があります。普段はスリープと復帰で手軽に利用できますが、数日以上、パソコンを使わないときは電力消費がないため、シャットダウンがおすすめです。スリープとシャットダウンのそれぞれの特徴を理解して、上手に使い分けましょう。

この章のまとめ

デスクトップの構成とスリープ／シャットダウンを理解しよう

Windowsはパソコンが動作する土台となる重要なソフトウェアです。ユーザーはWindowsを介して、パソコンにさまざまな指示を出して、操作します。パソコンに電源を入れ、Windowsが起動すると、デスクトップの画面が表示されます。［スタート］ボタンを押したときに表示される［スタート］メニューは、［ピン留め済み］や［おすすめ］からアプリを起動したり、［検索ボックス］で検索ができます。天気予報やニュースなどは、［ウィジェット］ですぐに確認できます。デスクトップと［スタート］メニューは、Windowsを操作する起点ですが、Windows 11ではデザインが一新されているので、よく確認しておきましょう。パソコンを使い終わったときは、短時間ならスリープ、その日の作業を終えるときはシャットダウンを実行します。スリープは少し電力を消費しますが、すぐに作業を再開できます。シャットダウンはパソコンの電源を切るため、ほぼ電力を消費しませんが、作業をはじめるには、もう一度、Windowsを起動するため、少し時間がかかります。それぞれの特徴を理解したうえで、上手に使い分けましょう。

起動や終了の操作や［スタート］メニューとデスクトップの画面構成を理解する

Windows 11の操作をするうえで、まずは［スタート］メニューがすべての起点ということですね。

その通り！　ほかにもデスクトップやタスクバーなどの役割を理解しておくことも重要だよ。

スリープとシャットダウンの違いもよくわかりました。

それぞれの特長を理解して、うまく使い分けられるといいね。たとえば、勤務中に休憩するときはスリープ、帰宅するときはシャットダウンというように、シーンに合わせた使い方をマスターしよう。

基本編

第2章

Windows 11の基本操作をマスターしよう

Windows 11のさまざまな機能を使うには、まず、基本的な操作をマスターする必要があります。ここではアプリの起動と終了、日本語をはじめとした文字入力、複数のアプリの連携、ウィンドウの操作、文書の保存などについて、解説します。

レッスン

10 Introduction この章で学ぶこと アプリの操作や文字入力をマスターしよう

Windows 11のさまざまな機能を使うには、アプリを利用します。アプリの起動と終了の操作を覚えましょう。次に、メールや文書作成に欠かせない文字入力もマスターする必要があります。作成した文書はファイルとして、パソコンに保存することも覚えましょう。

アプリ操作の基本を覚えよう

アプリは［スタート］メニューから起動できる

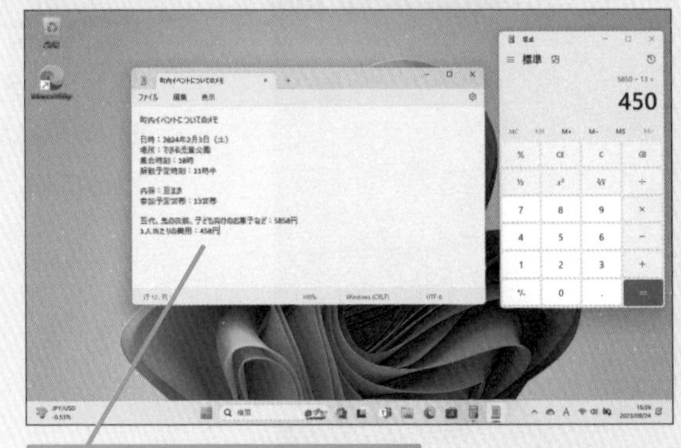

アプリはウィンドウを切り替えたり、大きさを変えたりできる

2人はパソコンでどんなことをしたいのかな?

インターネットで調べ物をしたり、文書を作成したり、ほかにもいろいろとやりたいことはたくさんあります!

私もインターネットでいろいろなWebページを検索したいです。あと、メールも使いたいですね。

それじゃあ、まずはアプリ操作の基本を覚えよう。起動方法はもちろんだけど、ストレスなく使うには、アプリのウィンドウを切り替えたり、大きさを変えたりする操作も欠かせないんだ。起動といっしょに覚えるようにしよう。

文字入力をマスターしよう

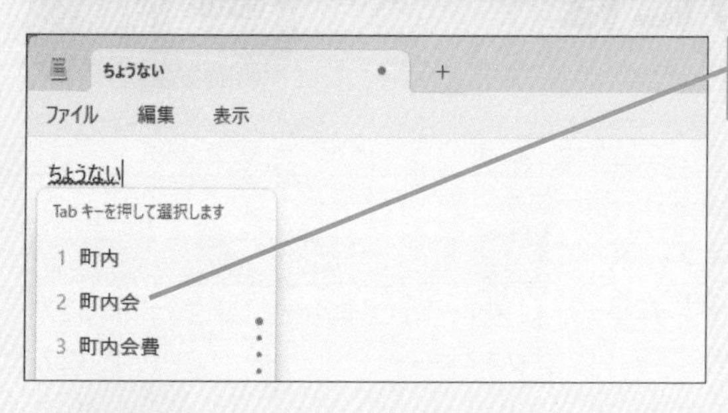

日本語入力では文字を変換して入力していく

インターネットで検索したり、メールを作成するときにも文字入力は必須だ。ここではキーボードを使った日本語入力の基本も解説していくよ。

具体的にはどんな操作を覚える必要がありますか？

そうだね、入力モードの切り替えや文字の変換、改行の入力なんかが重要なポイントだよ。

作った文書は忘れずに保存しよう

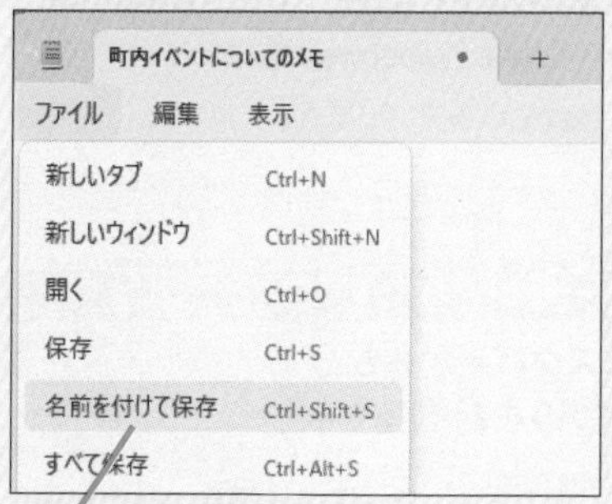

作成した文書はファイルとして保存する

ここではメモ帳のアプリを使って、アプリの起動から文字入力、ウィンドウの操作などの解説を交えながら、文書を作成していくよ。

いきなり実践的ですね！ 楽しみです！

さて、作成した文書が完成したら、最後に必要な作業はなんだろう？

アプリを終了して閉じることですか？

それじゃ、せっかく作った文書が消えてしまうよ。文書をファイルとして保存する作業が必要だ。自動保存ができるアプリもあるけど、保存までをセットで覚えておこうね。

レッスン

11 アプリを起動するには

アプリの起動

Windowsで作業をするには、作業に使うアプリを起動します。文書を作成するために、［スタート］メニューの［ピン留め済み］からメモ帳を起動してみましょう。

1 ［ピン留め済み］の続きを表示する

［スタート］メニューを表示する

［スタート］メニューの［ピン留め済み］の続きを表示する

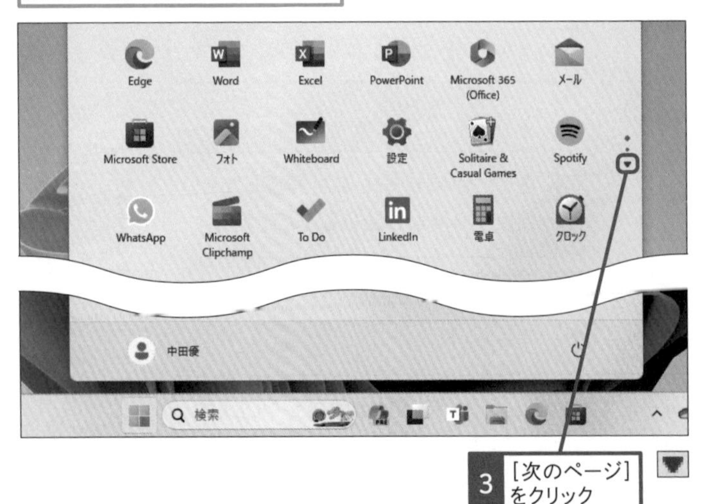

キーワード

［スタート］メニュー	P.327
タスクバー	P.327

ショートカットキー

［スタート］メニューの表示 

使いこなしのヒント

［スタート］メニューはパソコンによって異なる

［スタート］メニューに表示される内容は、パソコンによって、異なります。［スタート］メニューの［すべてのアプリ］をクリックしたときに表示されるアプリ一覧も同様です。パソコンを購入した人がいろいろな用途に活用できるように、メーカーが出荷時にいろいろなアプリをインストールしているためです。このレッスンで起動しているメモ帳は、Windowsに標準でインストールされているアプリです。

使いこなしのヒント

タスクバーからもアプリを起動できる

［ブラウザー］や［エクスプローラー］などのよく使うアプリは、画面下の［タスクバー］にピン留めされているボタンからも起動できます。

ここに注意

手順1や手順2の画面で、デスクトップをクリックして、［スタート］メニューが消えてしまったときは、もう一度、［スタート］ボタンをクリックして、操作し直しましょう。

スキルアップ

よく使うアプリはピン留めできる

［スタート］メニューには［ピン留め済み］のアプリが表示されています。ここにアプリを追加したいときは、［スタート］メニューで［すべてのアプリ］をクリックします。アプリの一覧が表示されるので、ピン留めしたいアプリを右クリックし、表示されたメニューから［スタートにピン留めする］を選ぶと、［スタート］メニューの［ピン留め済み］にアプリが追加されます。

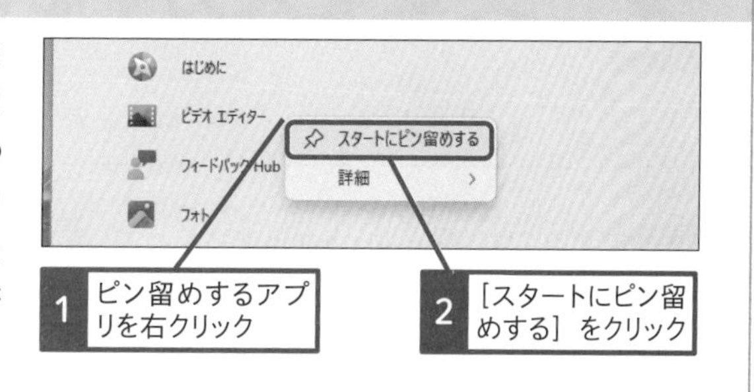

2 メモ帳を起動する

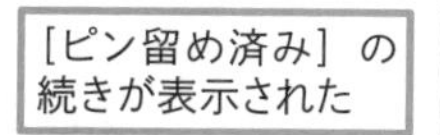

1 ［メモ帳］をクリック

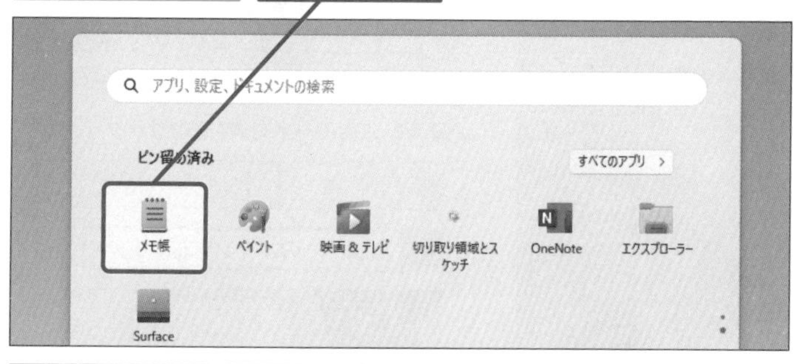

メモ帳が起動した

［メモ帳］のウィンドウが表示された

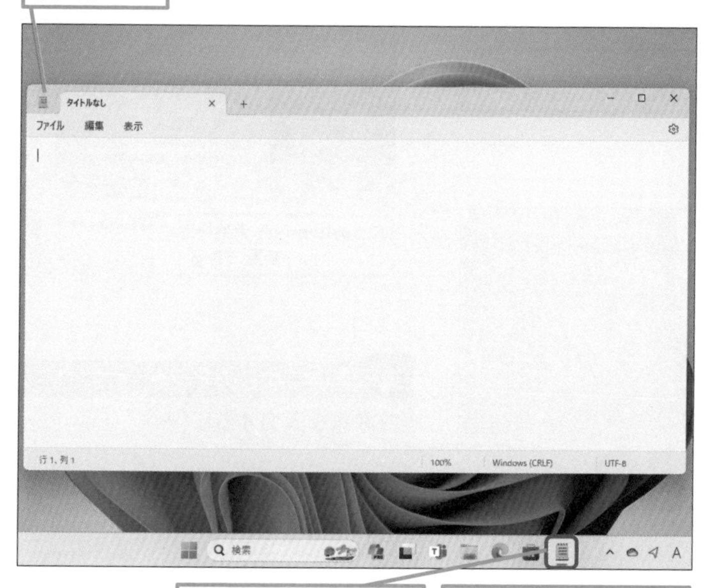

タスクバーに［メモ帳］のボタンが表示された

起動中のアプリはボタンの下にバーが表示される

使いこなしのヒント

タスクバーにピン留めするには

アプリは、以下のようにタスクバーにピン留めすることもできます。よく使うアプリを表示しておくと便利です。

右クリックし、［タスクバーにピン留めする］でボタンをピン留めできる

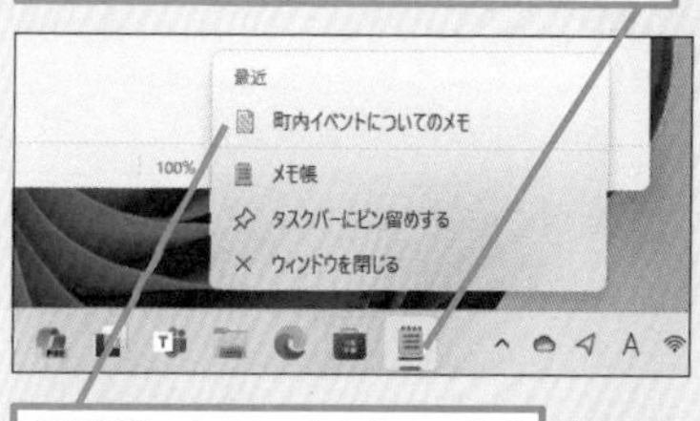

最近使ったファイルをここから開くこともできる

まとめ ［スタート］メニューからアプリを起動できる

［スタート］メニューにはWindowsで利用できるアプリがピン留めされているので、アイコンをクリックすれば、すぐにアプリを起動できます。［スタート］メニューの［ピン留め済み］は最初の画面だけでなく、スクロールした続きの画面があり、そこにアプリが登録されていることもあります。また、［ピン留め済み］に起動したいアプリが表示されていないときは、［すべてのアプリ］をクリックすると、Windowsにインストールされているアプリの一覧が表示されるので、そこから選んで起動することができます。

レッスン

12 文章を入力するには

入力モード

文書を作成するには、キーボードから文字を入力します。Windowsの日本語入力システムのMicrosoft IMEを使って、文章を入力してみましょう。

1 入力モードを切り替える

レッスン11を参考に、メモ帳を起動しておく

◆カーソル
カーソルの位置から文字が入力される

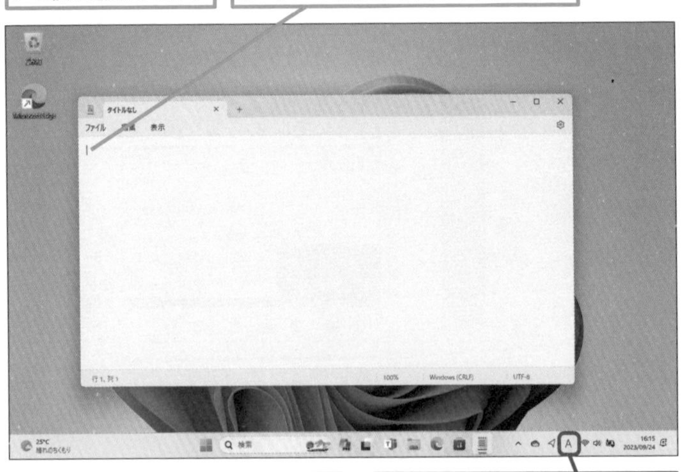

[A] と表示されているときは、入力モードが［半角英数］になっている

1 言語バーのボタンが［A］と表示されていることを確認

入力モードを切り替えて、ひらがなを入力できるようにする

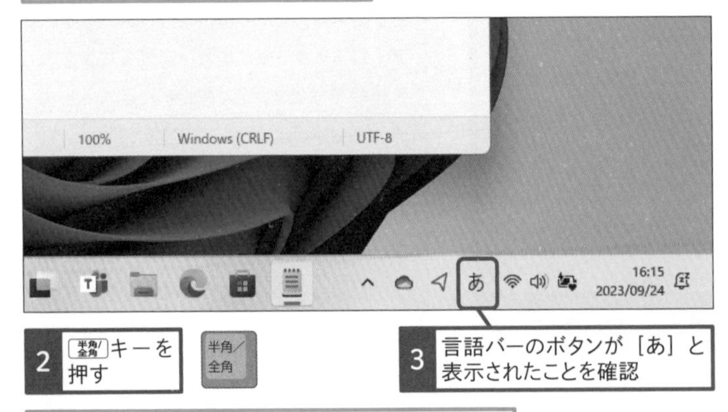

2 半角/全角キーを押す

3 言語バーのボタンが［あ］と表示されたことを確認

言語バーのボタンが［あ］と表示されているときは、入力モードが［ひらがな］になっている

キーワード

Microsoft IME P.324

使いこなしのヒント

入力モードを一覧から変更するには

ここではキーボードの半角/全角キーを押して、入力モードを変更しましたが、言語バーから入力モードの一覧を表示して、変更することもできます。言語バーのボタンを右クリックして、表示された一覧から切り替えた入力モードを選び、クリックします。

1 言語バーのボタンを右クリック

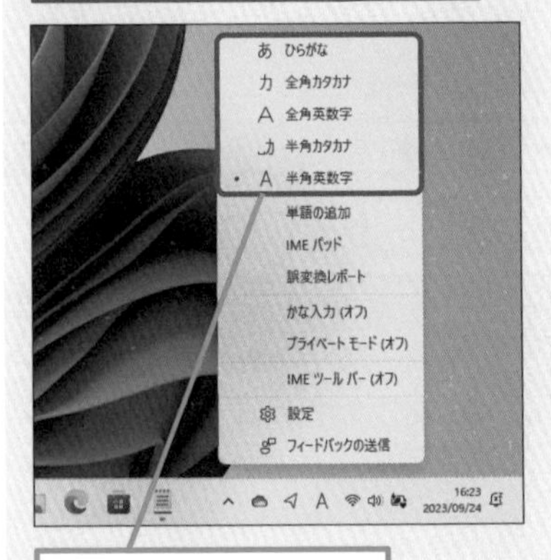

5つの中から入力モードをクリックして変更できる

使いこなしのヒント

日本語を入力するしくみ

Windowsでは「Microsoft IME」という日本語入力システムを使い、日本語を入力します。ここではメモ帳に文字を入力していますが、このほかのアプリでも同じように日本語を入力できます。

2 文字を入力する

ここでは「町内イベントについてのメモ」と入力する

1 「ちょうない」と入力

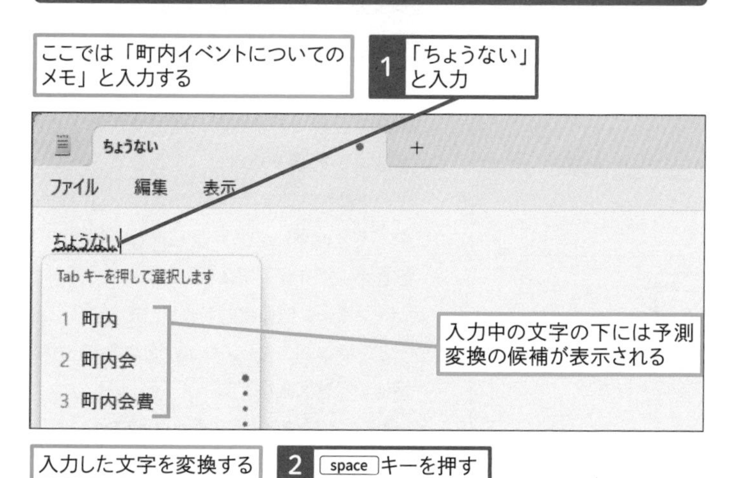

入力中の文字の下には予測変換の候補が表示される

入力した文字を変換する

2 space キーを押す

「町内」と変換された

変換中の文字の下には太線が表示される

変換した文字を確定する

3 Enter キーを押す

変換した文字を確定できた

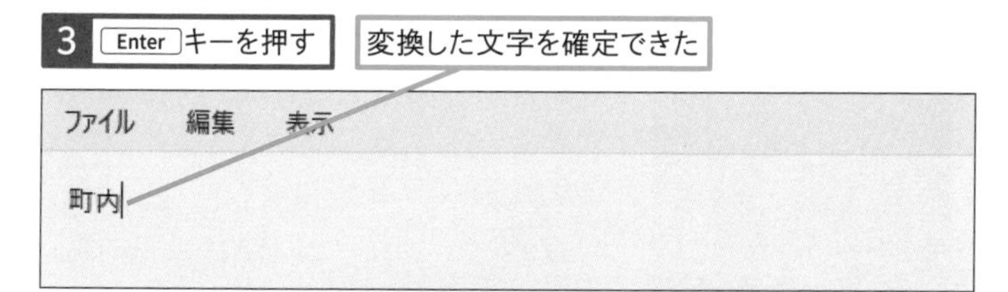

3 空行を挿入して文字を入力する

続けて、「イベントについてのメモ」と入力しておく

1 ここにカーソルがあることを確認

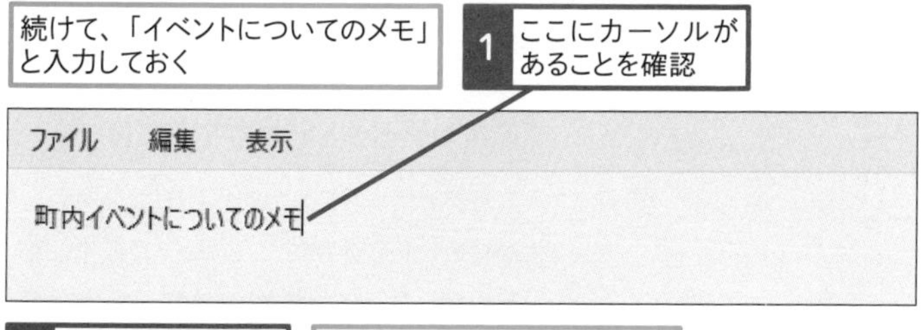

2 Enter キーを押す

次の行にカーソルが移動した

使いこなしのヒント

予測変換の候補で入力できる

Windowsの日本語入力システムのMicrosoft IMEでは、ひらがなで読みを入力すると、手順2のように、入力した文字から予測される候補が表示されます。入力したい候補をクリックするか、Tab キーを押すと、候補を選べます。Enter キーを押すと、文字を入力でき、Ctrl キーを押しながら、Delete キーを押すと、候補を削除できます。

ここに注意

入力する文字を間違えたときは、カーソルを間違えた場所に移動し、Delete キーや Back space キーで文字を削除し、正しい文字を入力し直します。カーソルは方向キー（↑↓←→）で移動したり、マウスでクリックして、移動してもかまいません。

使いこなしのヒント

文字によって複数の入力方法がある

ローマ字入力では複数の方法で入力できる文字があります。たとえば、「し」はＳＩでもＳＨＩでも入力できますし、「ち」もＴＩでもＣＨＩでも入力できます。どちらの方法で入力してもかまいません。詳しくは付録3の「ローマ字変換表」を参照してください。

使いこなしのヒント

記号を入力するには

文書には記号を入力することがありますが、キーボードに印刷されていない記号の多くは読みを入力すれば、そのまま、変換できます。たとえば、「まる」で「●」や「○」、「こめじるし」で「※」のように変換できます。「きごう」と入力して、表示された変換候補から入力することも可能です。

次のページに続く ➡

● 空行に続けて文字を入力する

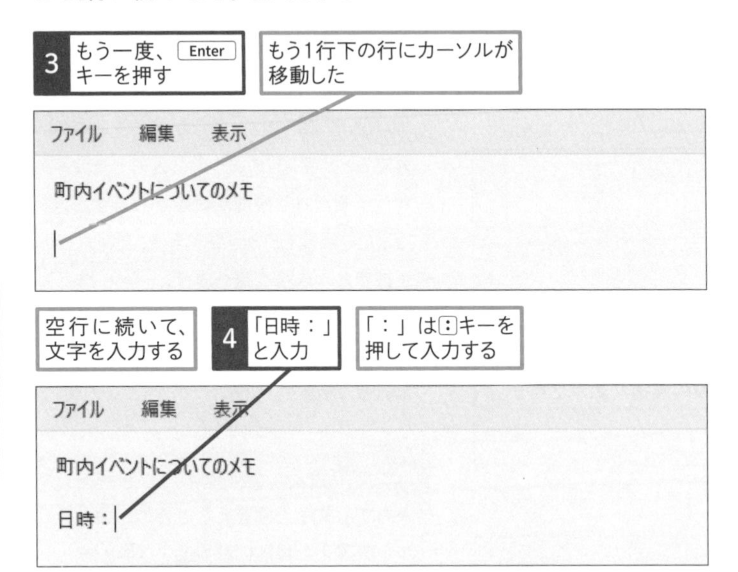

4 入力モードを［半角英数］に切り替えて数字を入力する

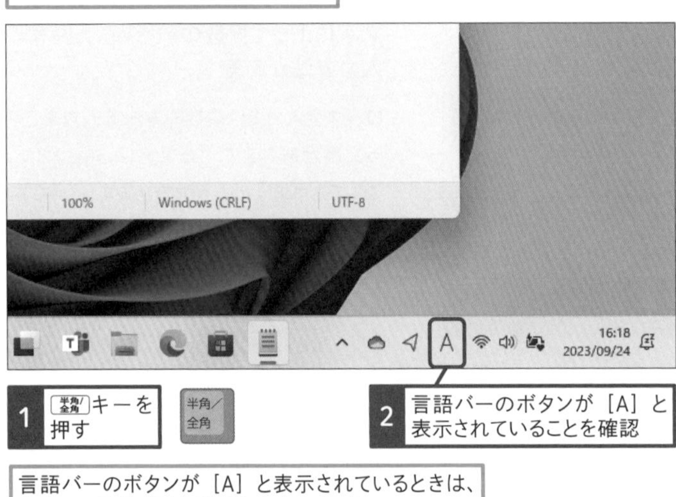

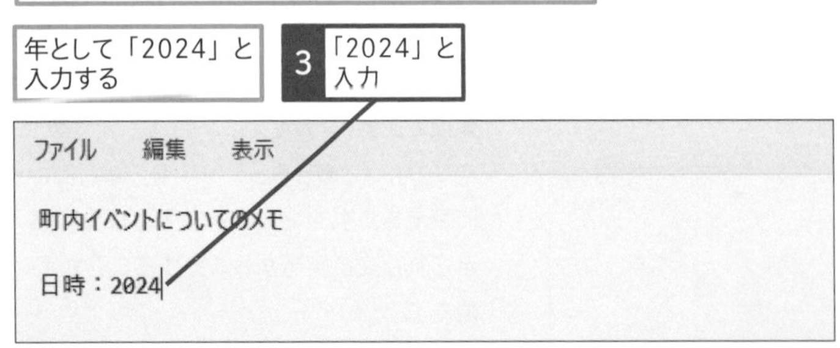

使いこなしのヒント

カタカナやアルファベットにすばやく変換したいときは

外来語などのカタカナは、そのままspaceキーで変換できますが、変換できないときは以下の表を参考に、ファンクションキーで変換します。アルファベットはF9キーやF10キーをくり返し押して、大文字と小文字を切り替えられます。ファンクションキーに他の機能が割り当てられているときは、313ページのQ&Aを参考に、設定に切り替えましょう。

●ファンクションキーを使った変換例

キー	変換内容	変換結果
F7	全角カタカナ	デキル
F8	半角カタカナ	ﾃﾞｷﾙ
F9	全角英数	ｄｅｋｉｒｕ
F10	半角英数	dekiru

使いこなしのヒント

かな入力を使いたいときは

ここでは読みをローマ字で入力する「ローマ字入力」で日本語を入力していますが、読みをひらがなで入力して、漢字に変換する「かな入力」も利用できます。かな入力はローマ字入力よりもキーを押す回数が少なく、キーに印刷されている文字をそのまま入力できますが、かなキーとアルファベットキーの配列をそれぞれ覚える必要があります。

使いこなしのヒント

アルファベットを入力するには

アルファベットを入力するときは、64ページのヒントを参考に、入力モードを［全角英数字］と［半角英数字/直接入力］のどちらかに切り替えます。全角は漢字やひらがなと同じ幅の文字が入力され、半角は文字の幅が半分になります。どちらで入力してもかまいませんが、混在すると、読みにくいので、注意しましょう。

● 変換する文字を一覧から選択する

手順2を参考に、入力モードを［ひらがな］に切り替えておく

続いて、「年」と入力する

4 「ねん」と入力

5 space キーを押す

space キーを押すたびに変換候補の選択が切り替わる

ファイル　編集　表示

町内イベントについてのメモ

日時：2024年

環境によって表示される変換候補の順番は異なる

6 Enter キーを押す

「年」と入力できた

手順5を参考に、「2月3日」と入力する

7 月日を入力

ファイル　編集　表示

町内イベントについてのメモ

日時：2024年2月3日

曜日として、「（土）」と入力する

8 「（ど）」と入力

「（」は Shift + (キー、「）」は Shift +) キーを押して入力する

ファイル　編集　表示

町内イベントについてのメモ

日時：2024年2月3日（土）

9 space キーを押す

文字が変換された

10 Enter キーを押す

「（土）」と入力できた

スキルアップ

変換できない単語は登録しておこう

人名などで読みを入力しても目的の単語に変換できないときは、単語を登録しておくと、次回以降、すぐ変換できます。単語を登録するには、言語バーのボタンを右クリックして、［単語の追加］を選びます。［単語］と［よみ］を入力し、品詞を選んで、［登録］ボタンをクリックしましょう。

ここに注意

手順4で入力モードが「ひらがな」のまま、「2024」と入力してしまったときは、F10 キーを押して、半角英数に変換しましょう。

使いこなしのヒント

入力したい文字に変換するには

読みを入力して、目的の漢字に変換されないときは、space キーをくり返し押すと、ほかの変換候補が表示されます。手順2のように、候補に変換したい文字が表示された状態で、Enter キーを押すと、確定されます。以下のように、候補の一覧が表示されているとき、Tab キーを押すと、一覧が大きく表示され、選びやすくなります。

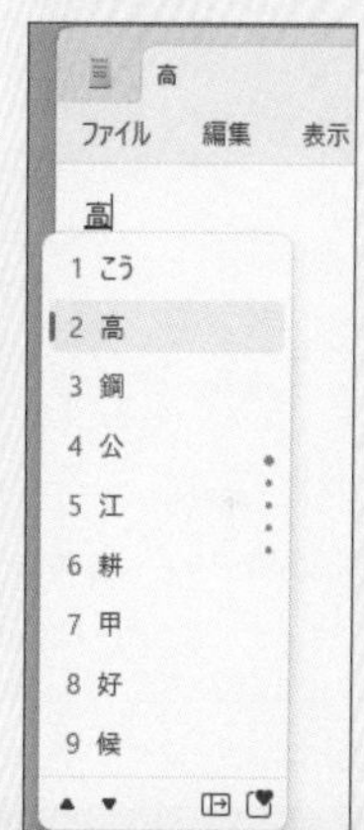

space キーを押して選択を切り替えて、Enter キーを押すと、変換する文字を確定できる

まとめ　入力モードに注意しながら入力しよう

日本語を入力するときは、日本語入力システムの入力モードを切り替え、読みを入力して、「変換」「確定」という流れで操作します。キーボードの操作に慣れていないと、はじめはキーを探したり、時間がかかるかもしれませんが、あわてずにゆっくりと入力しましょう。また、言語バーのボタンの表示を確認し、現在の入力モードを意識することも大切です。必要に応じて、半角/全角 キーで入力モードを切り替え、効率良く、入力しましょう。

レッスン

13 複数のアプリを連携して使うには

クリップボード

Windowsでは複数のアプリを同時に起動して、連携しながら使うことができます。ここでは［電卓］のアプリで計算した結果を［メモ帳］のアプリに貼り付ける作業を例に説明します。

1 文書の内容を確認する

レッスン12に続いて、文章を入力する

1 以下のように文書を編集

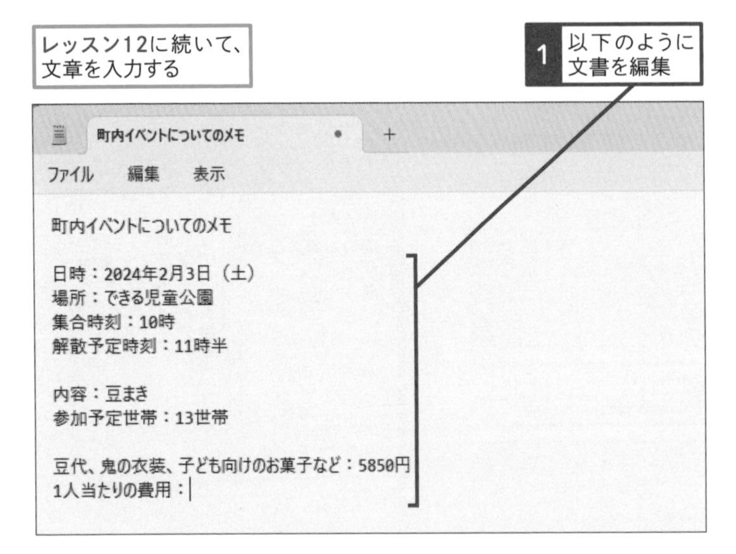

2 電卓を起動する

レッスン11を参考に、［スタート］メニューを表示しておく

1 ［電卓］をクリック

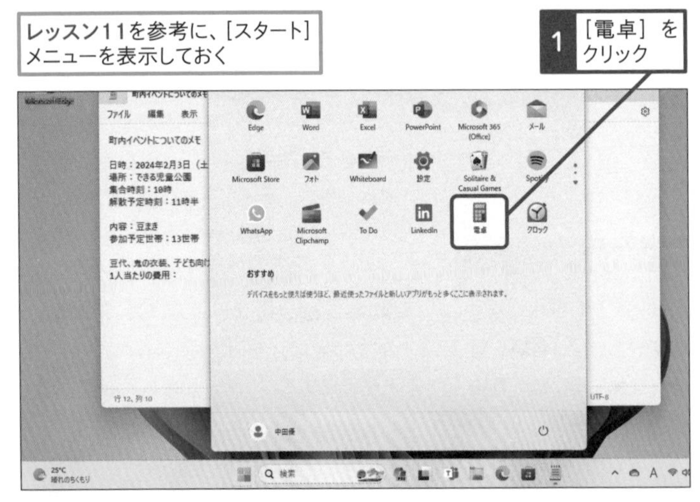

キーワード

クリップボード　P.326
［スタート］メニュー　P.327

使いこなしのヒント

［すべてのアプリ］から起動するには

［スタート］メニューの［すべてのアプリ］をクリックすると、アプリの一覧が表示されます。以下のように、一覧をスクロールして、［電卓］を起動します。

レッスン06を参考に、［スタート］メニューから［すべてのアプリ］を表示しておく

1 ここを下にドラッグしてスクロール

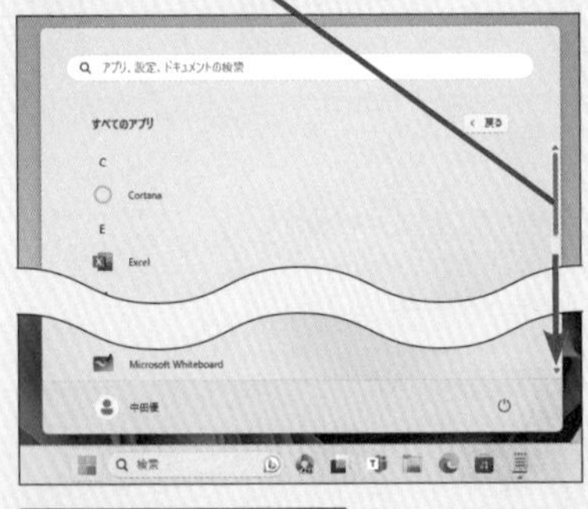

2 ［電卓］をクリック

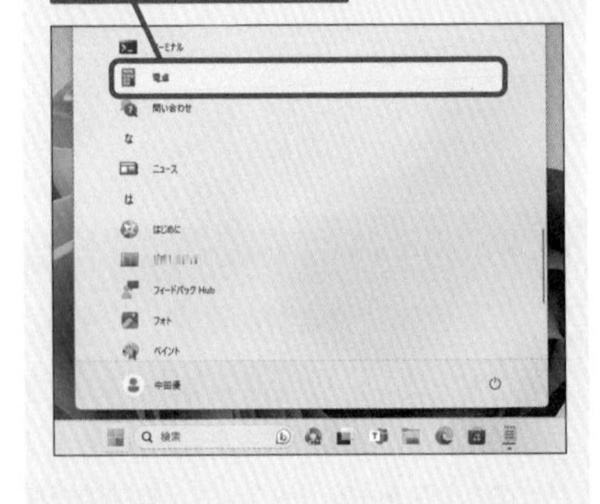

基本編　第2章　Windows 11の基本操作をマスターしよう

● 電卓が起動した

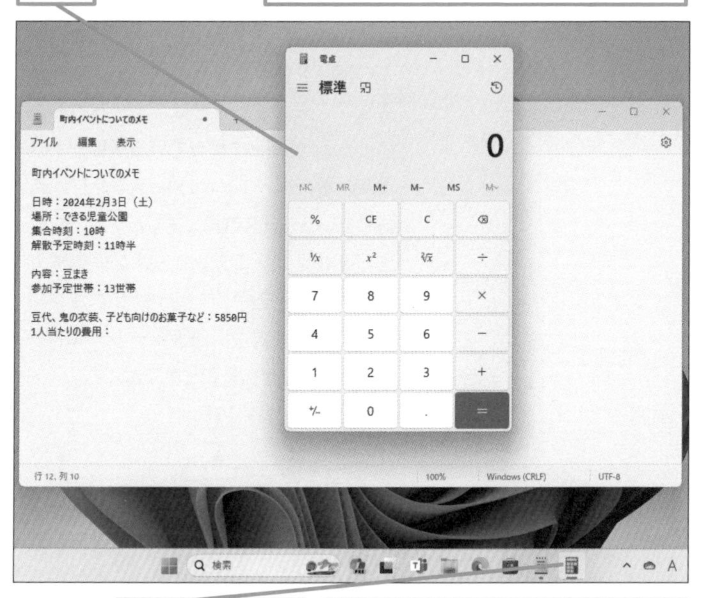

3 電卓で計算する

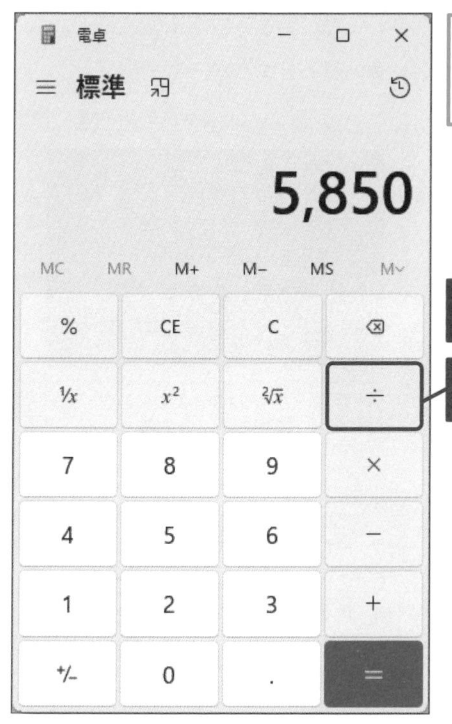

使いこなしのヒント

スクロールはマウスのホイールやタッチパッドを上手に使おう

[すべてのアプリ] をクリックしたときに表示されるアプリの一覧は、スクロールバーをドラッグして、スクロールができますが、ホイール付きマウスを使っているときは、マウスポインターをアプリ一覧のエリアに移動して、マウスのホイールを回すと、一覧をスクロールできます。同様に、ノートパソコンのタッチパッドでは、マウスポインターをアプリ一覧のエリアに移動後、2本指でタッチパッドを上下になぞると、スクロールができます。

使いこなしのヒント

キーワードを入力してアプリを起動するには

Windowsにインストールされたアプリが見つけにくいときは、タスクバーの [検索] をクリックし、検索ボックスにアプリ名を入力して、検索ができます。検索ボックスではアプリだけでなく、パソコンに保存されているファイル名やWindowsの設定項目、インターネットの情報なども検索できます。

ここではアプリを検索する

クリックすると、電卓が起動する

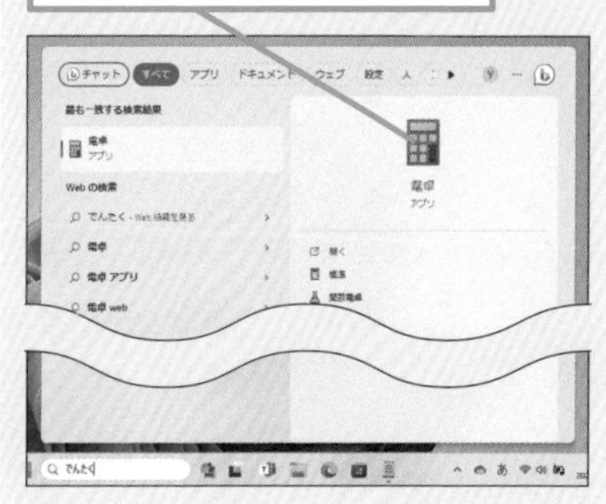

次のページに続く

● 電卓で計算する

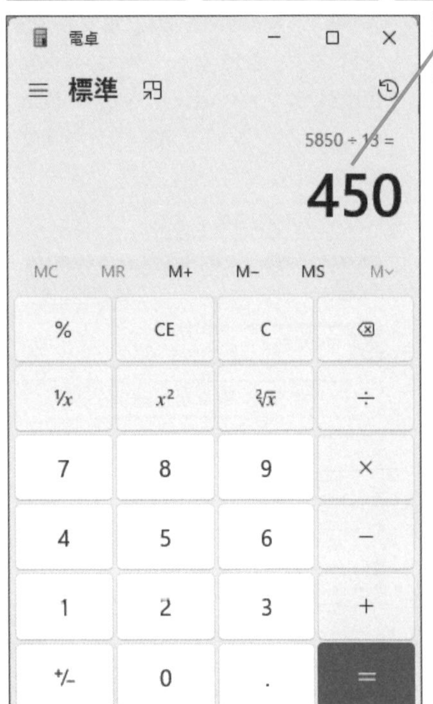

使いこなしのヒント

テンキーを使うには

電卓のように、数字を連続して、入力するときは、パソコンのキーボードのテンキー部分を使うと便利です。テンキーから数字を入力するときは、キーボードのNumLockがオンになっている必要があります。キーボードのNumLockランプが点灯していることを確認してください。また、ノートパソコンでテンキーがない機種では、Num Lockキーを押してNumLockをオンにすると、文字入力に使うキーの一部をテンキーに切り替えることができます。

●キーボードのテンキー

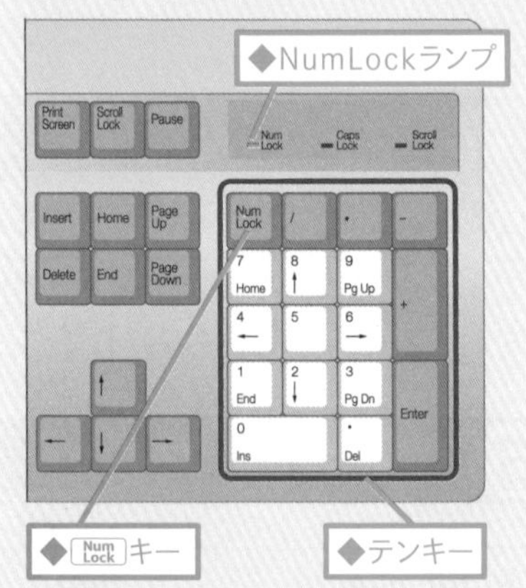

●ノートパソコンのキーボード

ここに注意

手順3で入力する計算式を間違えたときは、電卓の［C］ボタンをクリックして、内容をクリアします。正しい計算式を入力し直しましょう。

スキルアップ

アプリの頭文字からアプリを探せる

[すべてのアプリ] をクリックして表示されるアプリ一覧で、アプリを選ぶときは、アルファベット順や50音順に並ぶアプリの各項目をクリックすると、頭文字の一覧が表示されます。起動したいアプリの頭文字をクリックすると、アプリ一覧の表示がその頭文字ではじまるグループに切り替わります。漢字で表記されたアプリはアプリの読みの行のグループか、[漢字] のグループに分けられています。アプリ名が数字ではじまるアプリは [#] を選ぶと、表示されます。

レッスン06を参考に、[スタート] メニューから [すべてのアプリ] を表示しておく

1 ここをクリック

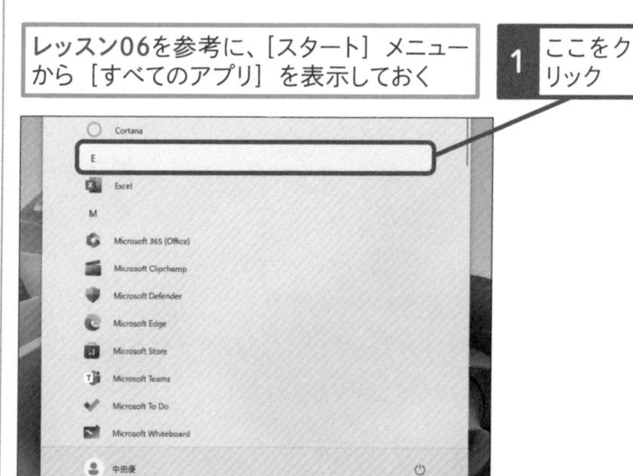

アプリの頭文字が表示された

2 [た] をクリック

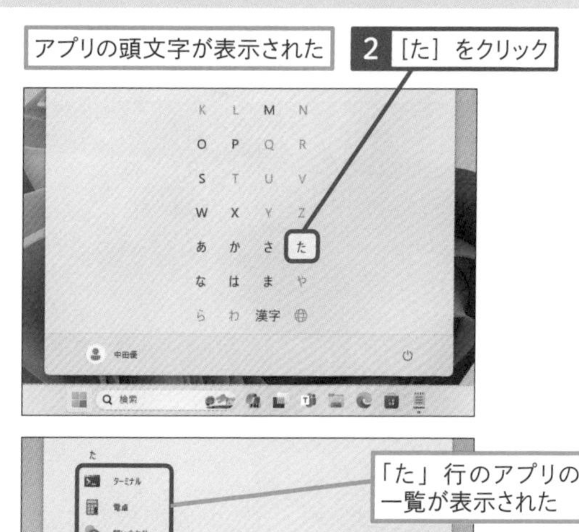

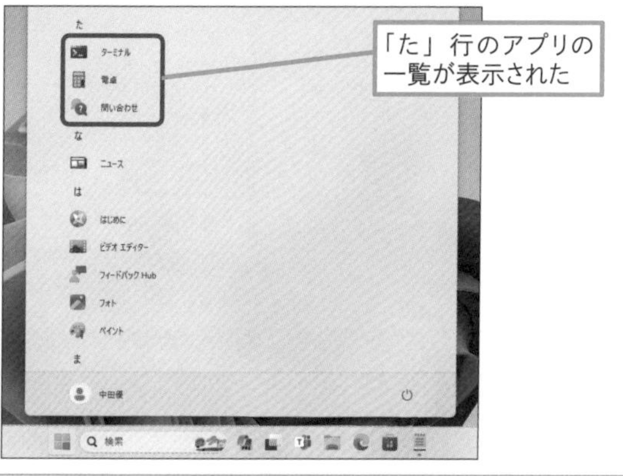

「た」行のアプリの一覧が表示された

4 電卓の計算結果をコピーする

表示された計算結果をコピーして、メモ帳に貼り付ける

1 ここを右クリック

2 [すべて選択] をクリック

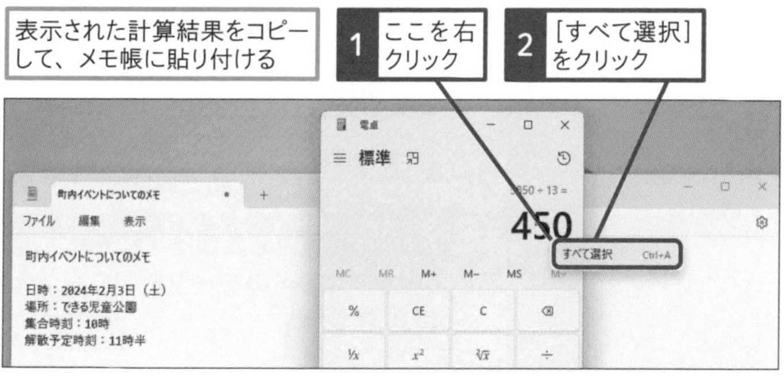

3 ここを右クリック

4 [コピー] をクリック

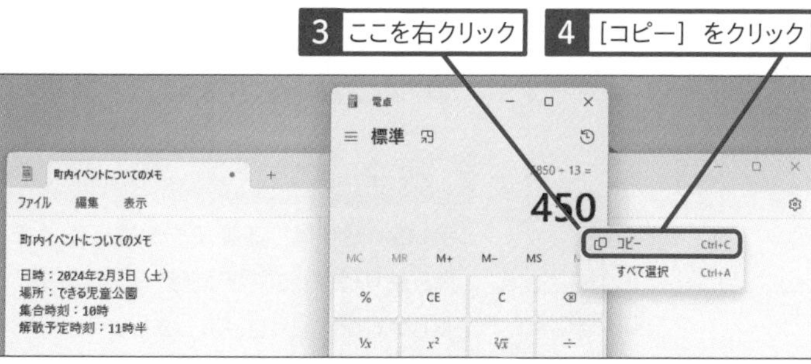

ショートカットキー

コピー　Ctrl + C

使いこなしのヒント

数字の入力を間違えたときは

電卓に入力する数字を間違えたときは、以下のように、電卓の [後退] キーをクリックして、削除します。パソコンのキーボードの Back space キーを押して、削除することもできます。

1 ここをクリック

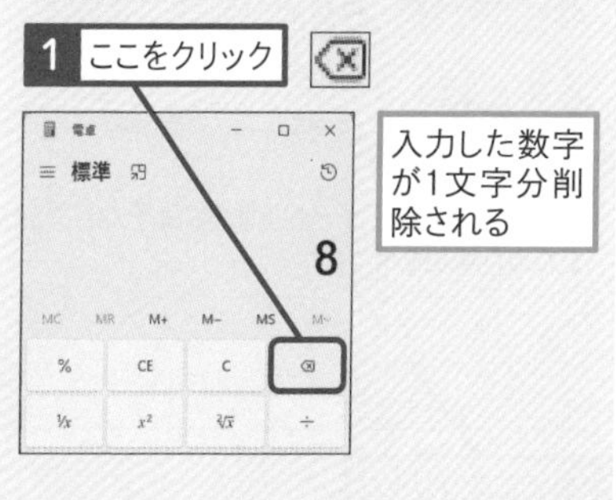

入力した数字が1文字分削除される

次のページに続く

5 メモ帳に計算結果を貼り付ける

計算結果をメモ帳にコピーするため、メモ帳に切り替える

1 タイトルバーをクリック

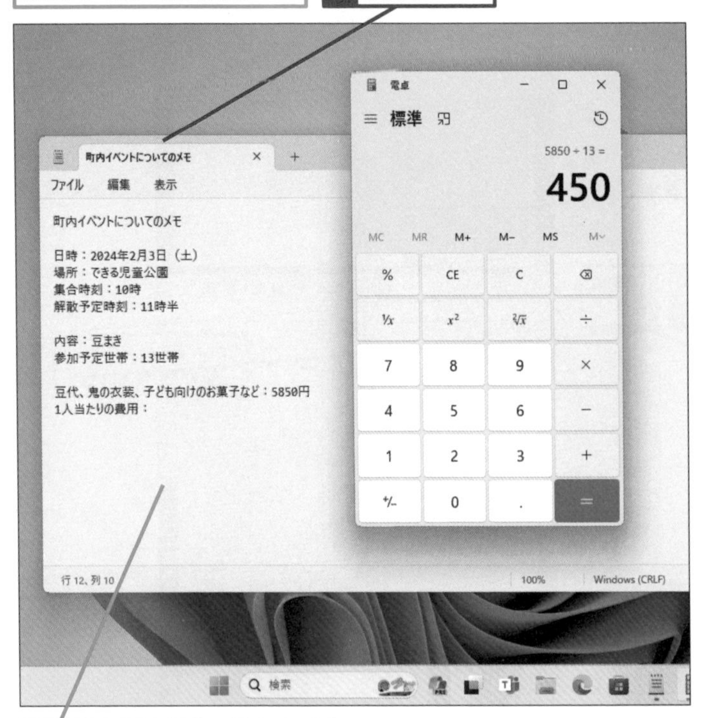

［メモ帳］のウィンドウ内であれば、どこをクリックしてもいい

メモ帳のウィンドウが最前面に表示された

計算結果の挿入場所にカーソルを移動する

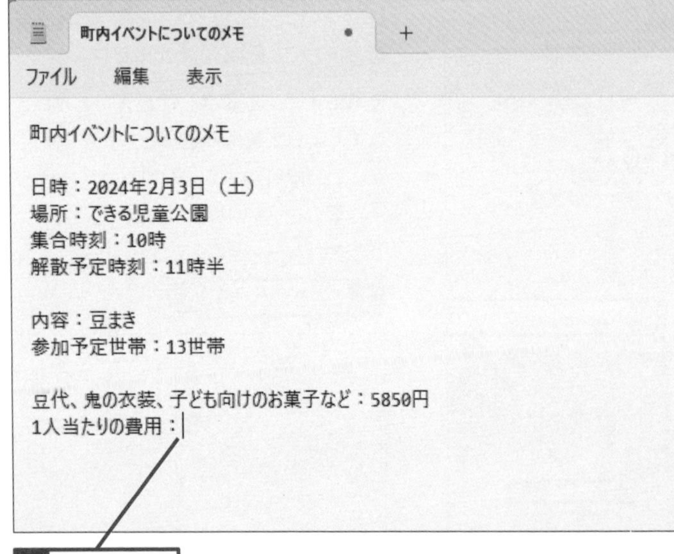

2 ここをクリック

使いこなしのヒント

キーボードを使って文字をコピーできる

手順4では右クリックして、計算結果をコピーしていますが、同じ画面でCtrlキーを押しながら、Cキーを押しても同じようにコピーできます。

使いこなしのヒント

計算の履歴を消去するには

電卓で計算した内容は、履歴が記録されています。計算の履歴を消去したいときは、右下の［すべての履歴をクリア］ボタンをクリックします。また、履歴の一覧が表示されていないときは［履歴］ボタン（）をクリックし、右下に表示される［すべての履歴をクリア］ボタン（）をクリックします。履歴は電卓を終了したときにも消去されます。

1 ［履歴］をクリック

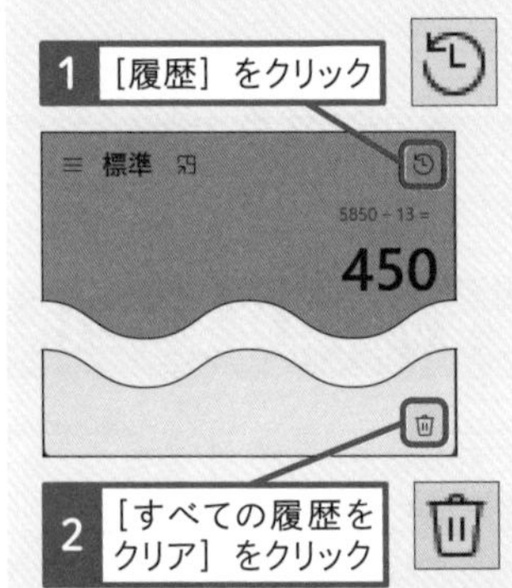

2 ［すべての履歴をクリア］をクリック

計算の履歴が消去される

使いこなしのヒント

クリップボードのデータを再利用できる

クリップボードにコピーした内容は、過去の履歴も含め、再利用できます。詳しくはレッスン85で解説します。

ここに注意

手順5で貼り付ける場所を間違えたときは、貼り付けた文字を削除し、もう一度、正しい場所に貼り付け直しましょう。

● メモ帳に計算結果を貼り付ける

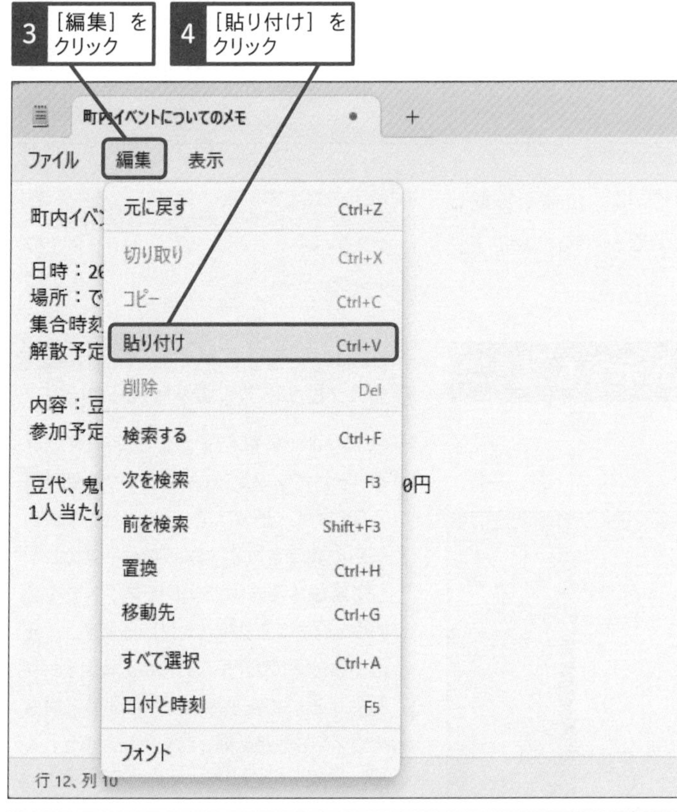

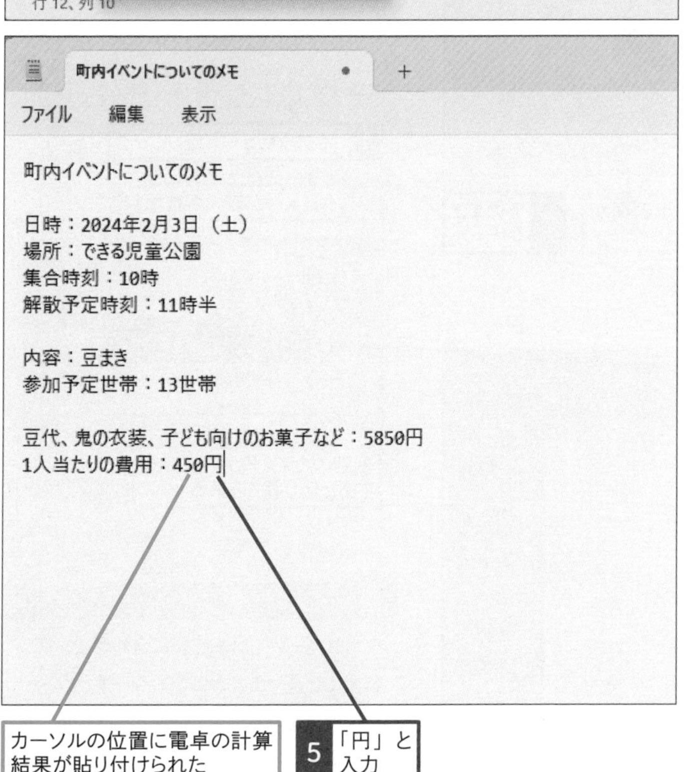

ショートカットキー

貼り付け　Ctrl + V

使いこなしのヒント

長さや重さ、温度などの単位を変換できる

電卓は一般的な四則計算だけでなく、長さや重さ、温度などの単位を変換したり、日数を計算したり、関数電卓としても利用できます。通貨などの単位を変換したいときは、以下のように、電卓のメニューを表示して、変換したい単位をクリックします。計算するときと同じように、数値を入力すると、それぞれの変換された単位が表示されます。電卓を元の状態に戻すには、電卓のメニューから[標準]を選びます。

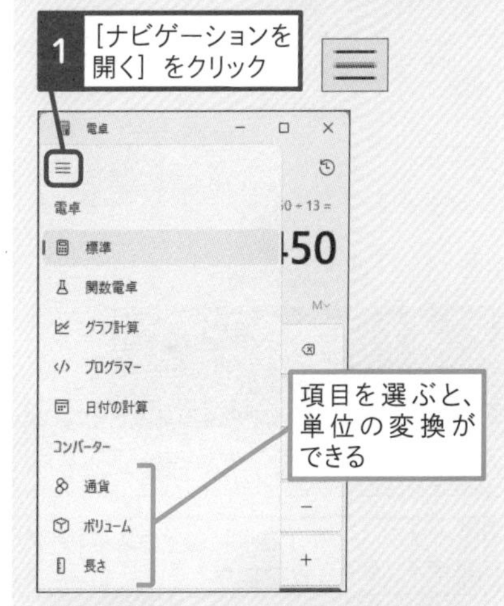

まとめ 異なるアプリとの間でコピーができる

ここでは電卓で計算した結果をコピーして、メモ帳に貼り付ける作業を解説しました。これはWindowsの「クリップボード」と呼ばれる機能を使うことで、実現しています。クリップボードはデータを一時的に記憶できる領域で、電卓で計算した値をコピーすることで、一時的にクリップボードに保存されます。ウィンドウをメモ帳に切り替えた後、［貼り付け］を選ぶと、クリップボードに保存されている内容が貼り付けられるわけです。

レッスン

14 アプリのウィンドウを操作するには

ウィンドウ操作

デスクトップに表示されているアプリのウィンドウは、位置を移動したり、大きさを変更したり、最大化や最小化ができます。ウィンドウを効率良く配置しましょう。

1 背面のウィンドウを最前面に表示する

ここではメモ帳のウィンドウに隠れてしまった電卓を最前面に表示する

1 タスクバーの［電卓］にマウスポインターを合わせる

アプリの縮小画面が表示された

2 そのままクリック

ウィンドウが切り替わった

電卓のウィンドウが最前面に表示された

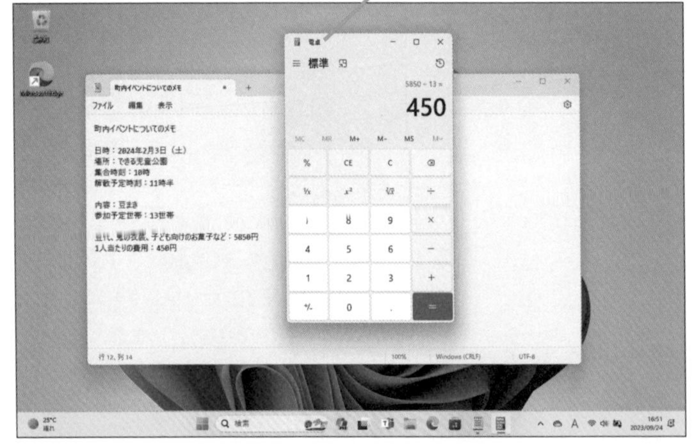

キーワード

タスクバー	P.327
タスクビュー	P.327

使いこなしのヒント

タスクビューでも切り替えられる

以下のように操作することで、［タスクビュー］ボタンからもウィンドウを切り替えられます。通常はアプリのウィンドウが個別に表示されますが、次ページのヒントで解説するスナップレイアウトで複数のウィンドウを整列させているときは、複数のウィンドウがまとめられたスナップグループとして表示され、選択すると複数のウィンドウが整列した状態が再現されます。なお、タスクビューは仮想デスクトップ（レッスン82参照）でも利用します。

1 ［タスクビュー］をクリック

タスクビューが表示された

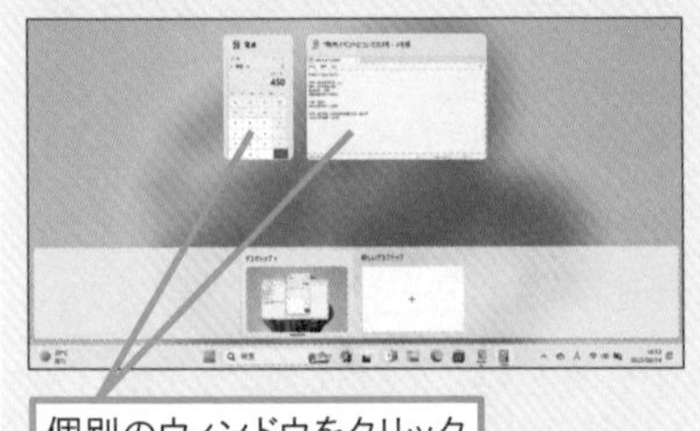

個別のウィンドウをクリックすると切り替えられる

ここに注意

タスクバーの［メモ帳］に合わせて、切り替えてしまったときは、もう一度、タスクバーの［電卓］に合わせて、ウィンドウを最前面にしましょう。

スキルアップ

キーボードの操作でウィンドウを切り替えられる

デスクトップに表示されているウィンドウは、キーボードの操作でアクティブなウィンドウを切り替えることができます。右のように、Altキーを押しながら、Tabキーを押すと、画面中央に起動中のアプリやフォルダーのウィンドウが表示され、Tabキーを押すごとに、ウィンドウの青い枠が順に切り替わります。最前面に表示したいウィンドウに青い枠が表示されているときに、Altキーを離すと、そのウィンドウに切り替わります。ここでは［電卓］と［メモ帳］の2つのウィンドウを切り替えていますが、さらに多くのアプリやフォルダーのウィンドウを開いているときにもキーボードの操作だけで切り替えられるので便利です。

1 Altキーを押したままにして、Tabキーを押す

ウィンドウの縮小画面が一覧で表示された

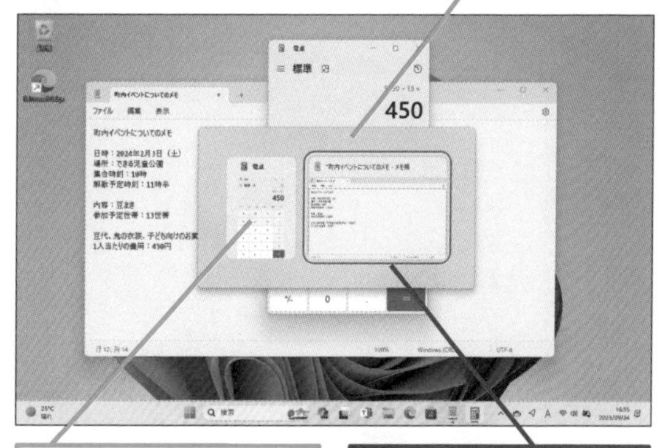

起動中のアプリや開いているフォルダーのウィンドウを切り替えられる

2 ［メモ帳］のウィンドウが青い枠で囲まれていることを確認

2 ウィンドウを移動する

［電卓］を右側に移動する

1 ［電卓］のタイトルバーにマウスポインターを合わせる

2 ここまでドラッグ

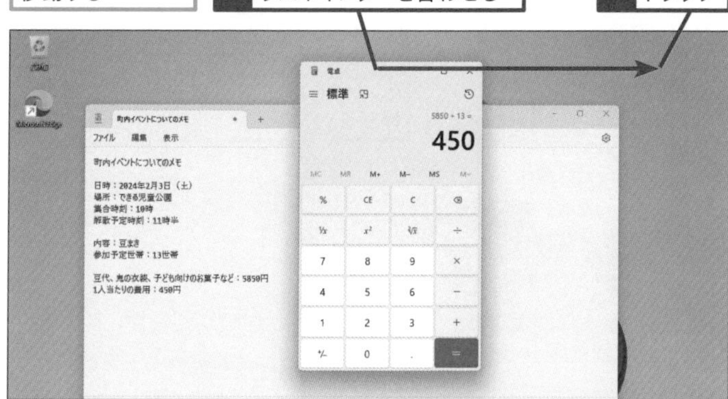

［電卓］が右側に移動した

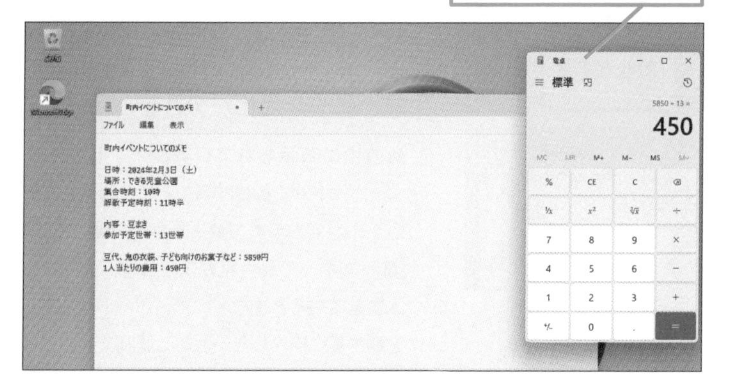

ショートカットキー

開いているアプリ間で切り替え
Alt＋Tab

使いこなしのヒント

ウィンドウをきれいに並べるには

複数のアプリを起動していて、ウィンドウをきれいに並べたいときは、「スナップレイアウト」を使います。アプリのウィンドウの［最大化］ボタンにカーソルを合わせ、表示された配列を選んでクリックします。スナップレイアウトはレッスン81で解説します。

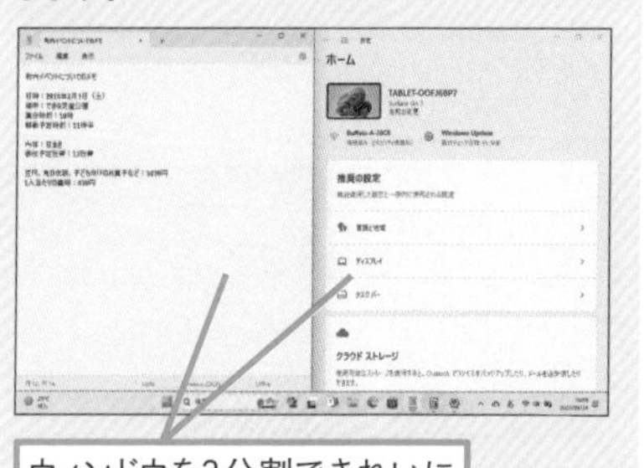

ウィンドウを2分割できれいに並べることができる

次のページに続く

3 ウィンドウの大きさを変更する

[メモ帳] のウィンドウを小さくする

1 ここにマウスポインターを合わせる

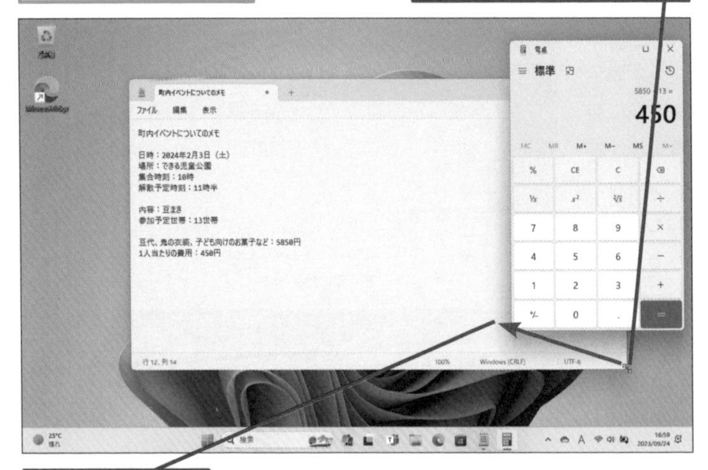

2 ここまでドラッグ

[メモ帳] のウィンドウが小さくなった

4 ウィンドウを最小化する

[メモ帳] のウィンドウをタスクバーにしまう

1 [最小化] をクリック

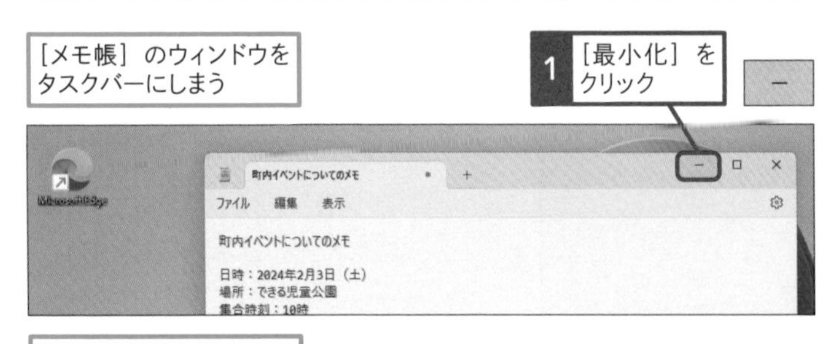

[メモ帳] のウィンドウが表示されなくなる

使いこなしのヒント

ウィンドウを上下に伸ばせる

表示されているウィンドウの上端や下端をダブルクリックすると、ウィンドウを上下に伸ばして表示することができます。ウィンドウの幅を変えることなく、より多くの情報を表示したいときに便利です。もう一度、同じようにウィンドウの下端をダブルクリックすると、ウィンドウは元のサイズで表示されます。

1 ここにマウスポインターを合わせる

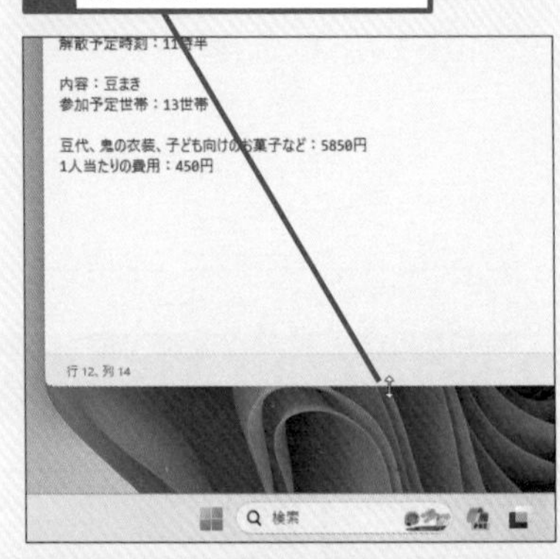

2 そのままダブルクリック

ウィンドウの上下の幅が伸びる

使いこなしのヒント

キーボードの操作でウィンドウの最小化や最大化ができる

最前面に表示されているウィンドウは、キーボードから操作することで、最大化や最小化ができます。[⊞]+[↓]キーで最小化、[⊞]+[↑]キーで最大化ができます。文字を入力しているときなど、キーボードから手を離さずに操作したいときに便利です。

5 最小化されたアプリを表示する

最小化した［メモ帳］のウィンドウを再び表示する

1 ［メモ帳］をクリック

［メモ帳］のウィンドウが再び表示された

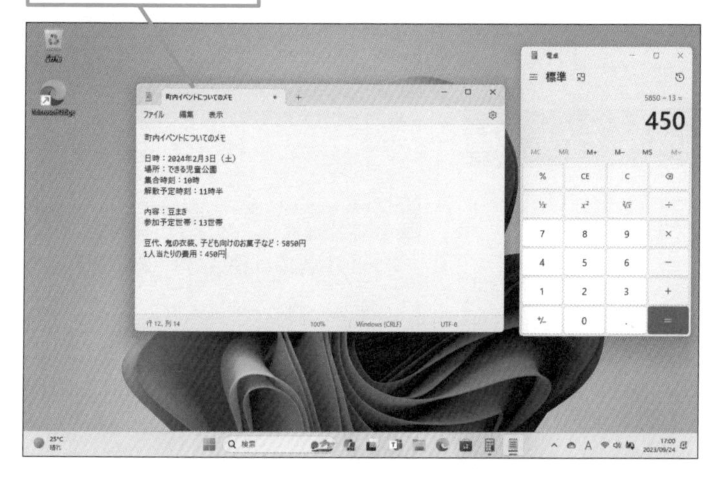

6 ウィンドウを最大化する

［メモ帳］のウィンドウを画面いっぱいに表示する

1 ［最大化］をクリック

［メモ帳］のウィンドウが画面いっぱいに表示された

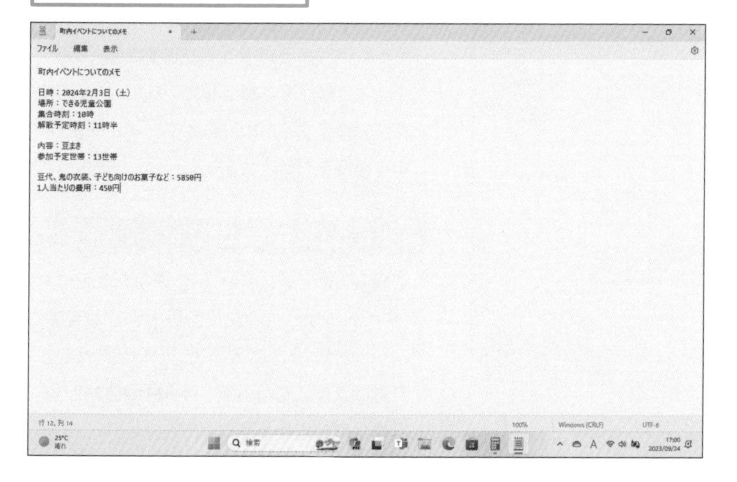

使いこなしのヒント

キーボードの操作でウィンドウを左右半分に最大化できる

最前面に表示されているウィンドウは、キーボードから操作することで、デスクトップの左右半分に最大化できます。［⊞］+［←］キーでデスクトップの左半分、［⊞］+［→］キーでデスクトップの右半分に、それぞれ最大化できます。この操作ではデスクトップ全体に表示する最大化ではなく、デスクトップの左右半分のサイズで上下に最大化した形でウィンドウが表示されます。［⊞］+［←］キー、もしくは［⊞］+［→］キーをくり返す押すことで、左右の拡大した表示と元のサイズを順に切り替えることができます。

まとめ　ウィンドウを自由自在にコントロールできるようになろう

Windowsではデスクトップにアプリやフォルダーなどのウィンドウをいくつも表示しながら、作業をします。しかし、ひとつのデスクトップに表示できるスペースは限られているため、必要に応じて、ウィンドウの位置を移動したり、最前面に表示を切り替えたり、サイズを変更する必要があります。デスクトップに表示されているウィンドウを自由自在にコントロールできるように、それぞれの操作をしっかりと確認しておきましょう。

レッスン

15 作成した文書を保存するには

名前を付けて保存

メモ帳に日本語を入力し、文書が作成できたら、ファイルとして、保存しておきましょう。文書を保存しておけば、再び文書を開いて、編集したり、ほかのアプリで利用できます。

1 ［名前を付けて保存］ダイアログボックスを表示する

ここではレッスン13で修正した文書を保存する

1 文書の内容を確認

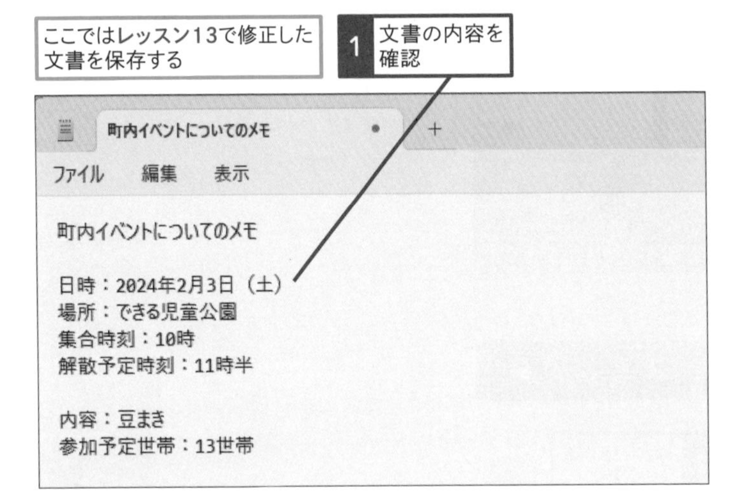

確認した文書を保存する

2 ［ファイル］をクリック

3 ［名前を付けて保存］をクリック

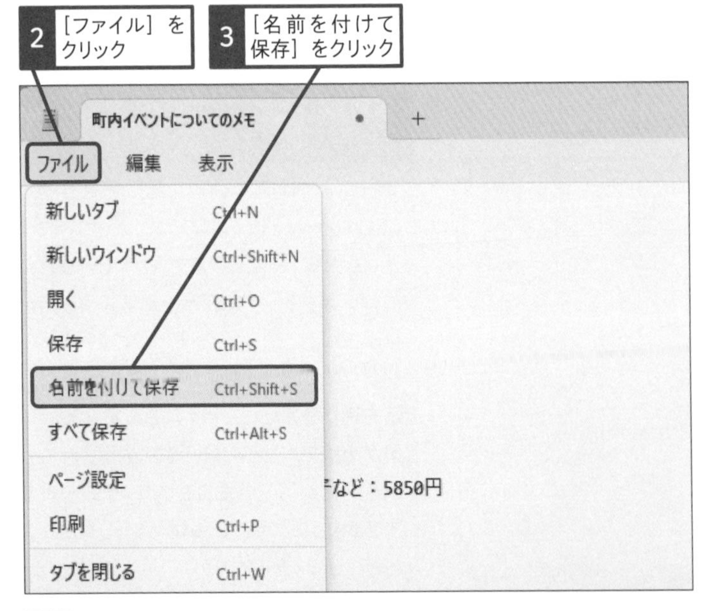

キーワード

ダイアログボックス P.327

ショートカットキー

名前を付けて保存
Ctrl + Shift + S

使いこなしのヒント

ファイル名には使えない文字もある

Windowsではファイル名として、以下の文字（いずれも半角）を使うことができません。ファイル名を入力するときは注意しましょう。ひらがなやカタカナ、漢字、全角英数字、記号などは、ファイル名として、使うことができます。

●ファイル名として使えない文字
¥ / ? : * " > < |

使いこなしのヒント

文書を保存する習慣をつけよう

2023年11月に公開された「Windows 11 23H2 Update」では、メモ帳が更新され、保存の操作をしなくても次回起動したときに、前回入力した内容が表示されます。ただし、作成した文書として扱うには、ファイルに保存する必要があります。多くのアプリは自動保存に対応していないので、アプリを終了する前に、必ずファイルに保存する習慣をつけましょう。

ここに注意

手順1の操作3で［開く］を選んだときは、「タイトルなしへの変更内容を保存しますか？」と表示されるので、［キャンセル］を選びます。もう一度、手順1の最初から操作し直しましょう。

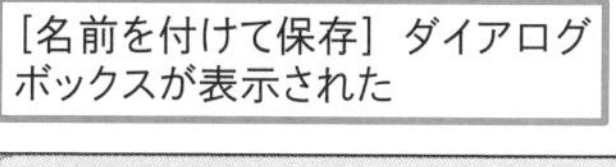

2 ファイルを保存する

[名前を付けて保存] ダイアログボックスが表示された

表示されているアドレスで保存先を確認できる

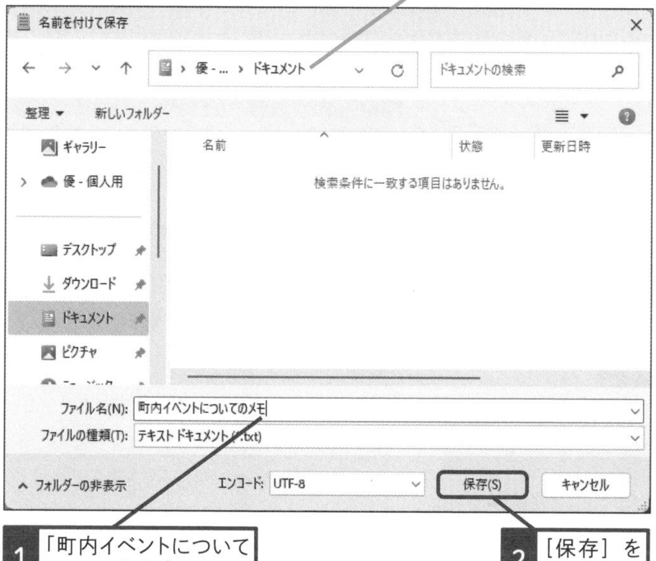

1 「町内イベントについてのメモ」と入力

2 [保存] をクリック

ファイルが保存され、タイトルバーにファイル名が表示された

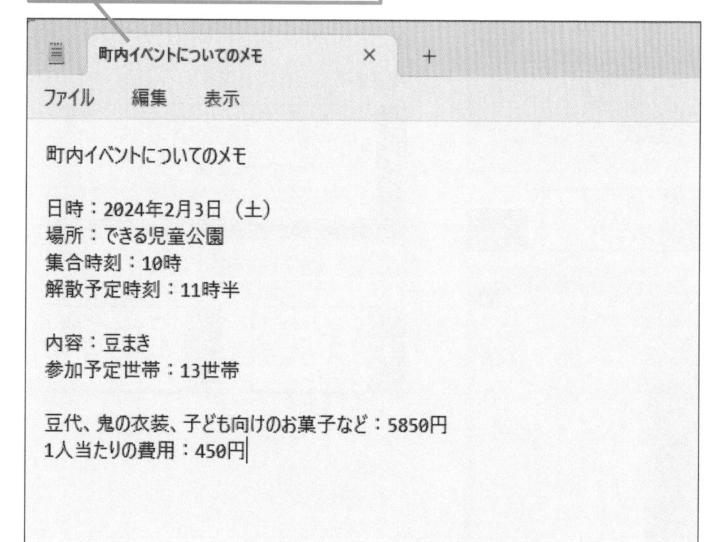

使いこなしのヒント

「名前を付けて保存」と「保存」の違いは

手順1の操作2～3では［ファイル］メニューから［名前を付けて保存］を選び、ファイルを保存していますが、同じメニューには［保存］も表示されています。［名前を付けて保存］はファイルを保存するとき、ファイル名を指定できます。すでにファイル名が付けられていても異なる名前で保存できます。これに対し、［保存］はすでにファイルに付けられているファイル名で上書きで保存し、ファイルを更新します。

●ファイルに名前を付けて保存する

新規作成したファイルには、本文の冒頭の文言の右に丸印が付いている

［名前を付けて保存］を選ぶと、名前を付けて、新しいファイルとして保存される

まとめ 作成したファイルは保存しよう

作成した文書を保存するには、アプリでファイルに保存する操作をします。保存するときはファイルの内容がわかるように、名前を付けます。作成した文書をファイルに保存しておけば、再びメモ帳を起動して、内容を編集したり、ほかのアプリで利用できます。Windowsではファイルに保存するとき、手順2の画面のように、ファイルの種類によって、保存先のフォルダーが開きます。メモ帳では［ドキュメント］フォルダーが開かれますが、画像やデジタルカメラの写真は［ピクチャ］フォルダーが保存先に指定されます。

レッスン

16 アプリを終了するには

［閉じる］ボタン

作成した文書をファイルに保存したら、アプリを終了します。アプリのウィンドウの［閉じる］ボタンをクリックして、ここまで使ってきたメモ帳と電卓のアプリを終了してみましょう。

1 アプリを終了する

文書の作成が完了したので、メモ帳を終了する

1 ［閉じる］をクリック

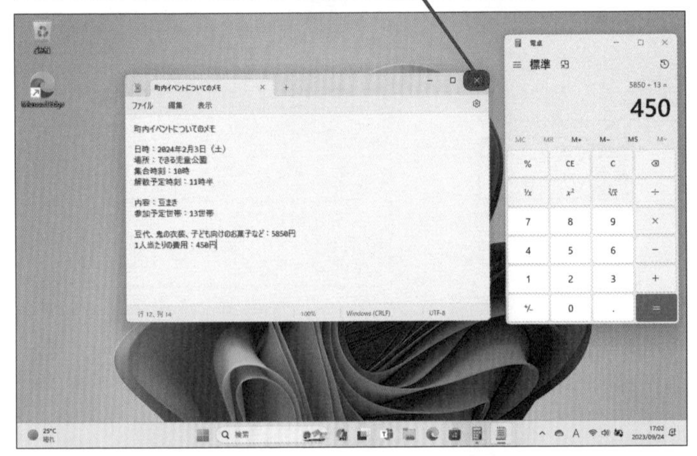

メモ帳が終了した

同様に、電卓も終了する

2 ［閉じる］をクリック

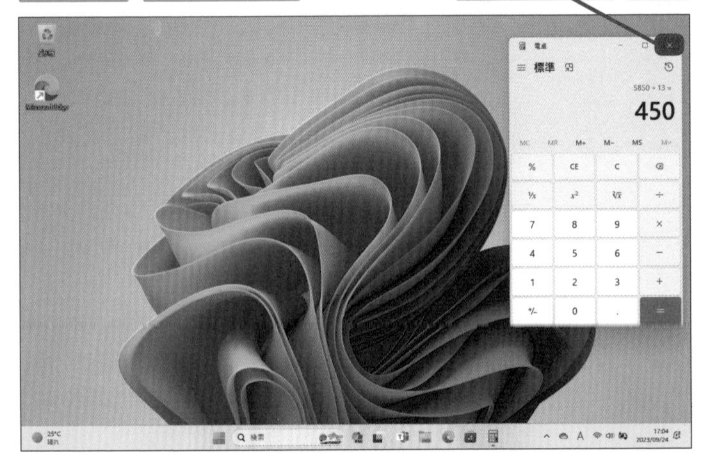

キーワード

タスクバー P.327
タスクビュー P.327

使いこなしのヒント

タスクバーや［ファイル］メニューからアプリを終了できる

起動中のアプリはタスクバーからも終了できます。タスクバーのアプリのボタンを右クリックし、表示されたメニューから［すべてのウィンドウを閉じる］を選択します。ほかのアプリでウィンドウが隠れているときなどに便利です。ただし、アプリが複数のウィンドウを開いているときは、すべて閉じられてしまうので、注意が必要です。また、アプリによっては、［ファイル］メニューから［終了］を選んで、アプリを終了することもできます。

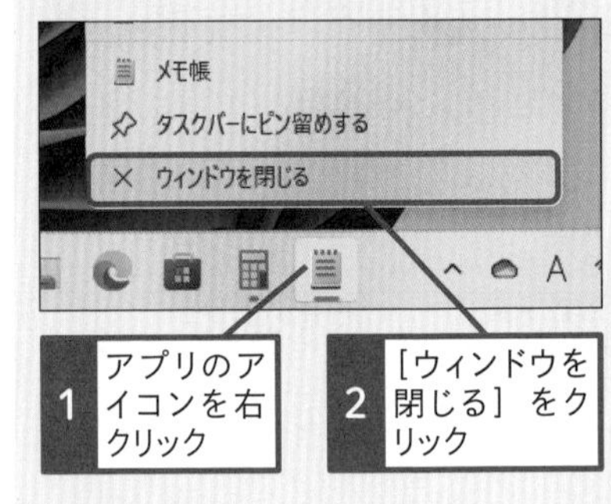

1 アプリのアイコンを右クリック

2 ［ウィンドウを閉じる］をクリック

ここに注意

［閉じる］ボタンの隣の［最大化］ボタンをクリックしたときは、［閉じる］ボタンをクリックし直します。

スキルアップ

起動中のアプリ一覧を確認して、複数のアプリを終了しやすくできる

起動している複数のアプリを終了したいときは、レッスン14のヒントを参考に、[タスクビュー] ボタン（■）をクリックし、終了するアプリの［閉じる］をクリックします。

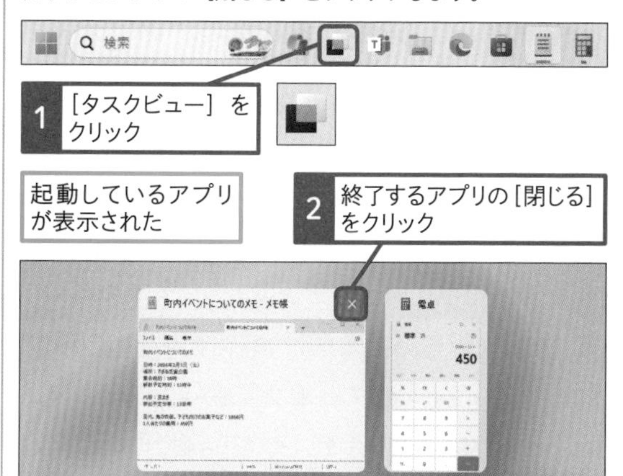

アプリが終了した

● アプリが終了した

デスクトップが表示された

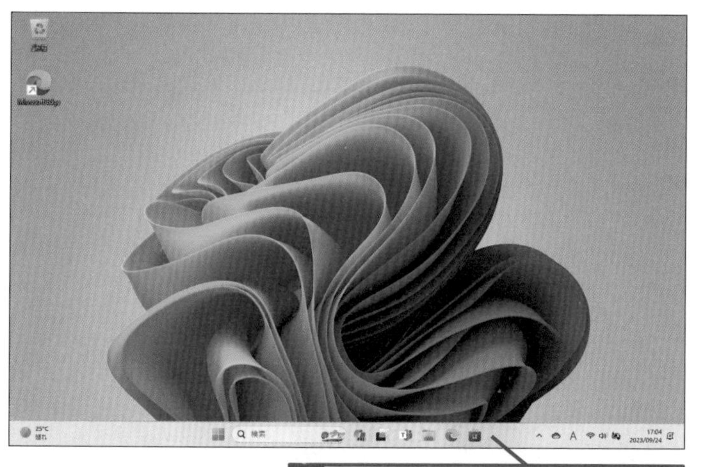

時短ワザ

作業中の画面を一瞬で隠せる！

アプリやフォルダーのウィンドウがいくつも表示されて、デスクトップが見えないときは、⊞キーを押しながら、Dキーを押すと、すべてのウィンドウが最小化されます。もう一度、⊞キーを押しながら、Dキーを押すと、元の状態に戻ります。デスクトップを表示したいときだけでなく、表示中のウィンドウを周囲に見られたくないときに、瞬時に隠せるので、覚えておきましょう。

まとめ 作業が終了したらアプリも終了する

アプリで文書を作成して、作業をした後、アプリを使わなくなったときは、アプリを終了します。Windowsでは複数のアプリを起動しておくことができますが、使わないアプリを起動したままにしておくと、起動中のほかのアプリの動作に影響があります。使い終わったアプリは、こまめに終了するように心がけましょう。

この章のまとめ

Windowsの基本操作をきちんとマスターしよう

Windowsでは何かの作業をするとき、［スタート］メニューからアプリを起動します。アプリを終了するときは、［閉じる］ボタンや［ファイル］メニューから［終了］を選択します。アプリによって、少し画面表示などが異なりますが、どのアプリでもほぼ同じように、起動と終了ができます。また、Windowsでは複数のアプリを起動し、アプリ間で文字などのデータを連携して、利用できますが、このとき、アプリのウィンドウを切り替えながら操作します。文字入力はWindowsに標準で搭載されている「Microsoft IME」を使い、どのアプリでも同じように入力ができますが、入力したい文字に合わせて、入力モードを切り替える操作が必要です。Windowsを使っていくうえで、これらの基本的な操作は何度も使うことになるので、いつでも確実に操作できるようにしておく必要があります。わからないところはくり返し読みながら、きちんとマスターしましょう。

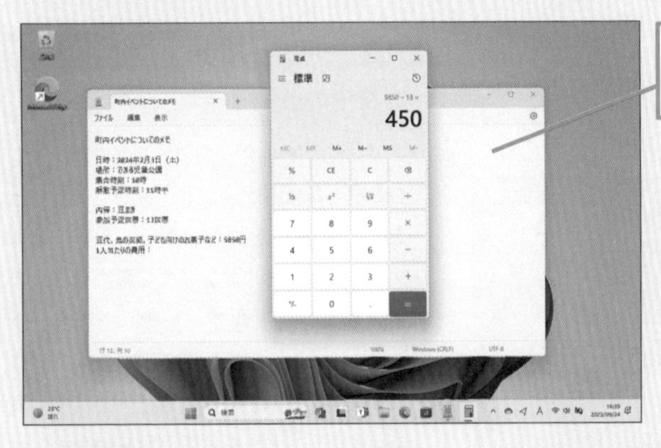

アプリの起動や終了、ウィンドウの切り替えなど、Windowsの基本操作をマスターしておく

アプリの起動や終了だけでなく、アプリのウィンドウを操作する方法も重要なんですね。

2つのアプリを切り替えながら操作する方法を通じて、重要性をしっかり理解できたみたいだね。

文字入力だけでなく、コピーして、ほかのアプリに貼り付ける操作も参考になりました。

コピーと貼り付けは、文字入力と並んで、Windows必須の基本操作だからね。アプリを連携して使うという意味でも重要だよ。

基本操作をしっかりと覚えて、どんどんアプリを使っていきたいと思います！

基本編

第3章

ファイルとフォルダーの使い方を覚えよう

Windowsではファイルをほかのフォルダーにコピーしたり、ファイル名を変更したりできます。フォルダーに保存したファイルが見つからないときは、検索することもできます。この章ではファイルやフォルダーの使い方をはじめ、ファイルの検索や分類、ファイルをほかの人に渡す方法などについて、説明します。

レッスン
17 Introduction この章で学ぶこと ファイルとフォルダーの扱い方を知ろう

Windowsでは作成した文書や撮影した写真など、いろいろなファイルを使います。これらのファイルをどのように扱えばいいのか、どのように整理するかを説明します。増えてきたファイルを検索したり、まとめる方法についても知っておきましょう。

ファイルの基本操作を覚えよう

第2章では作成した文書をファイルとして保存したけれど、これに関連して、Windowsを使ううえで覚えておきたいのがファイルの扱い方だ。

よくよく考えると、スマートフォンではファイルを扱う機会が少ないですね。具体的にはどんなことですか？

たとえば、ファイルをコピーしたり、名前を変更したり、移動したりするといったことだね。

そういえば、ファイルを人に渡したりすることもありますよね。

そういう機会もあるよね。そんなときによく使われるUSBメモリーを使ったファイルのやり取りについても解説するよ。

ファイルの整理にフォルダーは欠かせない

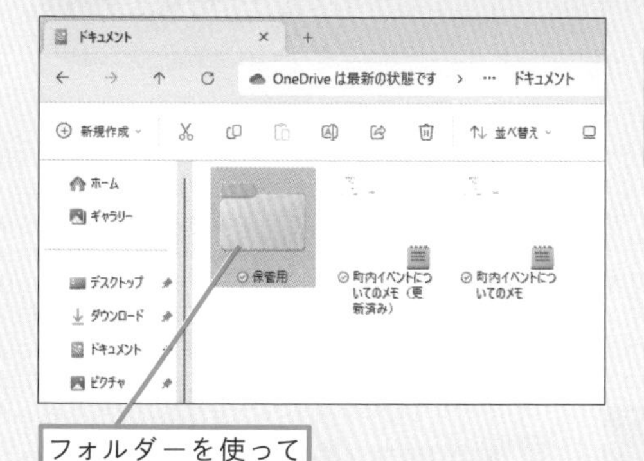

フォルダーを使って
ファイルを整理できる

たとえば、たくさんの紙の文書を机の上などに雑然と重ねて保管すると、どうなるかな？

目的の文書を見つけるのに苦労します！　よくやっちゃいます……。

では、どうやって保管するといいかな？

紙の文書だったら、クリアフォルダーに入れて分類します。

そうだね！　パソコンでも同じように、フォルダーを使って、ファイルを整理するんだ。ファイルだけでなく、フォルダーの扱い方を覚えていくことも重要だよ。

ファイルの検索やまとめる方法を知っておこう

パソコンを使っていくに連れて、どんどんファイルやフォルダーが増えていくことになるのだけど、これを踏まえて、ぜひ覚えてほしい機能があるんだ。

フォルダーで整理しておけば、大丈夫じゃないんですか？

もちろんそうだけれど、どこに保存したかを忘れてしまったり、関連している複数のファイルが分散して保存されたりといったことは、十分、起こり得ることなんだ。

確かにそうですね。全部覚えておく自信はありません……。

そこで役に立つのがファイルを検索したり、複数のファイルを1つにまとめて圧縮する機能だ。これらも必須機能なので、しっかりと身に付けてほしい。

レッスン

18 フォルダーウィンドウを表示するには

エクスプローラー

自分で作成した文書などのファイルは、パソコンの決められた場所に保存されます。エクスプローラーを使って、ファイルを保存したフォルダーを開いてみましょう。

1 フォルダーウィンドウを表示する

1 ［エクスプローラー］をクリック

エクスプローラーが起動して、フォルダーウィンドウが表示された

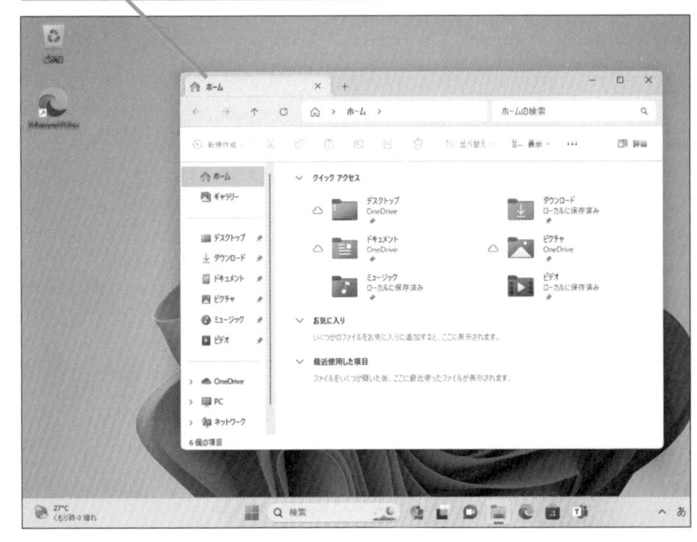

キーワード

使いこなしのヒント

フォルダーをすばやく切り替えるには

フォルダーウィンドウの上段に表示されている「アドレスバー」は、開かれているフォルダーがパソコンのどの場所にあるのかを表わしています。アドレスバーの区切りの>をクリックして、一覧からフォルダーを選ぶと、すぐにほかのフォルダーに移動して、内容を参照できます。

1 アドレスバーのここをクリック

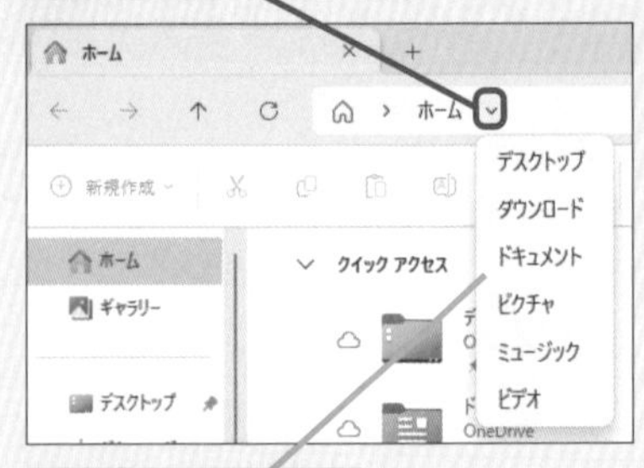

移動先のフォルダーをすぐに選択できる

使いこなしのヒント

［ホーム］って何?

エクスプローラーを起動したときに表示される［ホーム］には、左列にナビゲーションウィンドウ、右列に［クイックアクセス］［お気に入り］［最近使用した項目］が表示されます。クイックアクセスはユーザーがピン留めしたフォルダーやよく使うフォルダーが表示されます。詳しい使い方はレッスン24で解説します。

エクスプローラーの画面構成

エクスプローラーは文書やファイルが保存されているパソコンやフォルダーの内容を確認するためのアプリです。それぞれのエリアには、以下のような機能が用意されています。

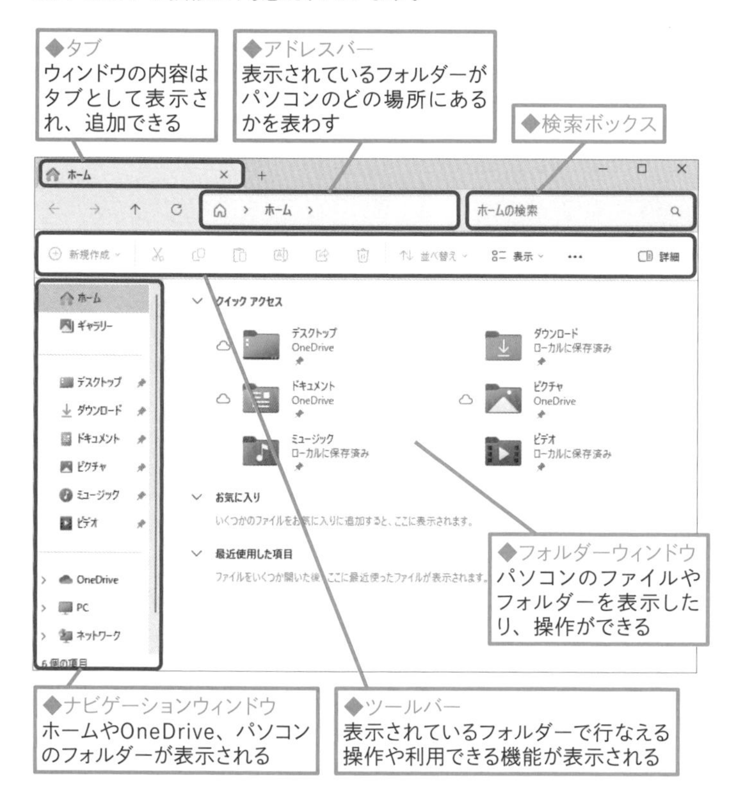

●各フォルダーの名前と用途

ホーム	…………………	よく使うフォルダーやファイルが表示される。自由にフォルダーを登録できる
ギャラリー	…………	パソコンやOneDriveに保存された画像が表示される
ダウンロード	………	Webページからダウンロードしたファイルが保存される
デスクトップ	………	デスクトップにあるファイルやフォルダーが表示される
ドキュメント	………	主に文書ファイルが保存される
ピクチャ	……………	主に画像ファイルが保存される
ビデオ	…………………	主に動画ファイルが保存される
ミュージック	………	主に音楽ファイルが保存される

Windows 10からアップグレードしたときは、以前の環境で作成したフォルダーやファイルがそのまま引き継がれる

使いこなしのヒント

OneDriveって何?

ナビゲーションウィンドウには「(ユーザー名) - 個人用」と書かれた項目（[OneDrive - Personal] と表示されることもあります）があります。これはマイクロソフトが提供するクラウドストレージサービス「OneDrive」を表わしています。Microsoftアカウントでサインインして、インターネットに接続されていれば、OneDriveのフォルダー内のファイルやフォルダーは、インターネット上のOneDriveのフォルダーと同期されます。インターネットに接続されていないときもパソコン内のOneDriveフォルダーに保存され、インターネット接続時に同期されます。OneDriveについては第9章で解説します。

ナビゲーションウィンドウにOneDriveのアイコンが表示される

まとめ ファイルやフォルダーを確認できるエクスプローラー

Windowsでは文書や画像などのファイルを扱うアプリとして、エクスプローラーが用意されています。エクスプローラーを起動すると、[ホーム] が表示され、[クイックアクセス] [お気に入り] [最近使用した項目] という3つのグループが表示されます。ナビゲーションウィンドウには最上段に [(ユーザー名) -個人用] と書かれたOneDriveがあり、その下に [デスクトップ] [ダウンロード] [ドキュメント] [ピクチャ] などが並びます。作成した文書や取り込んだ写真などがそれぞれの種類に合わせたフォルダーに保存されます。[PC] をクリックすると、パソコンで利用できるドライブやフォルダーが表示されます。

レッスン

19 ファイルをコピーするには

コピー、貼り付け

パソコンに保存されているファイルは、必要に応じて、コピーすることができます。すでにあるファイルとまったく同じ内容のファイルをもう1つ作ってみましょう。

1 ファイルをコピーする

ここではレッスン15で保存したファイルをコピーする

レッスン18を参考に、エクスプローラーを起動しておく

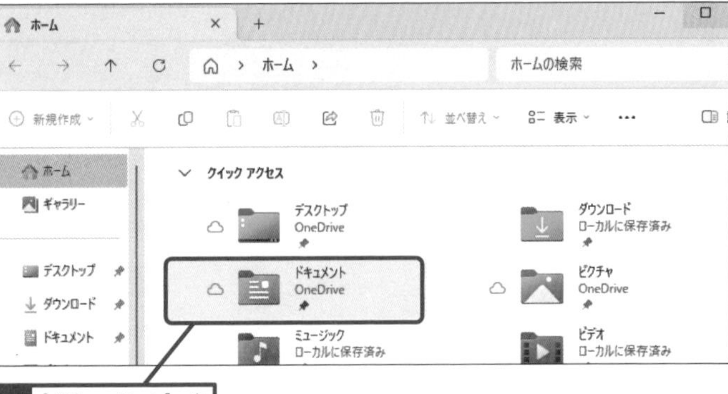

1 ［ドキュメント］をダブルクリック

［ドキュメント］が表示された

2 コピーするファイルをクリック

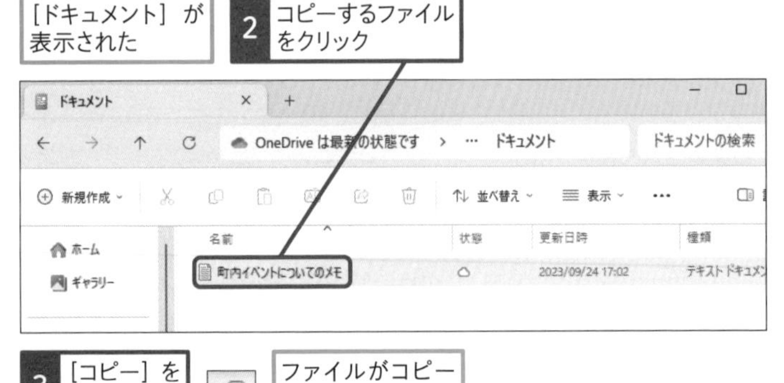

3 ［コピー］をクリック

ファイルがコピーされる

キーワード

エクスプローラー	P.326
ナビゲーションウィンドウ	P.327

ショートカットキー

コピー　Ctrl + C

使いこなしのヒント

フォルダーもコピーできる

このレッスンと同様の手順で、フォルダーをコピーすることもできます。フォルダーをコピーすると、そのフォルダーに保存されているファイルもいっしょにコピーされます。

使いこなしのヒント

タッチ対応パソコンではチェックボックスが表示される

タッチ操作に対応したパソコンやタブレットでは、ファイルやフォルダーのアイコンをタップして選択すると、チェックボックスにチェックマークが付けられ、そのファイルやフォルダーが選択されていることがわかります。複数のファイルに対して操作をしたいときは、ファイルのアイコンの左上をタップして、チェックボックスにチェックマークを付けて選択するように操作すると便利です。

スキルアップ

ツールバーでいろいろな操作ができる

エクスプローラーのツールバーを使った操作は、ファイルのコピーと貼り付けのほかに、以下のような操作ができます。ツールバーを使った操作の一部は、アイコンのみで表示されていますが、マウスポインターをアイコンに合わせると、[切り取り] や [名前の変更] などのバルーンが表示され、操作の内容がわかります。

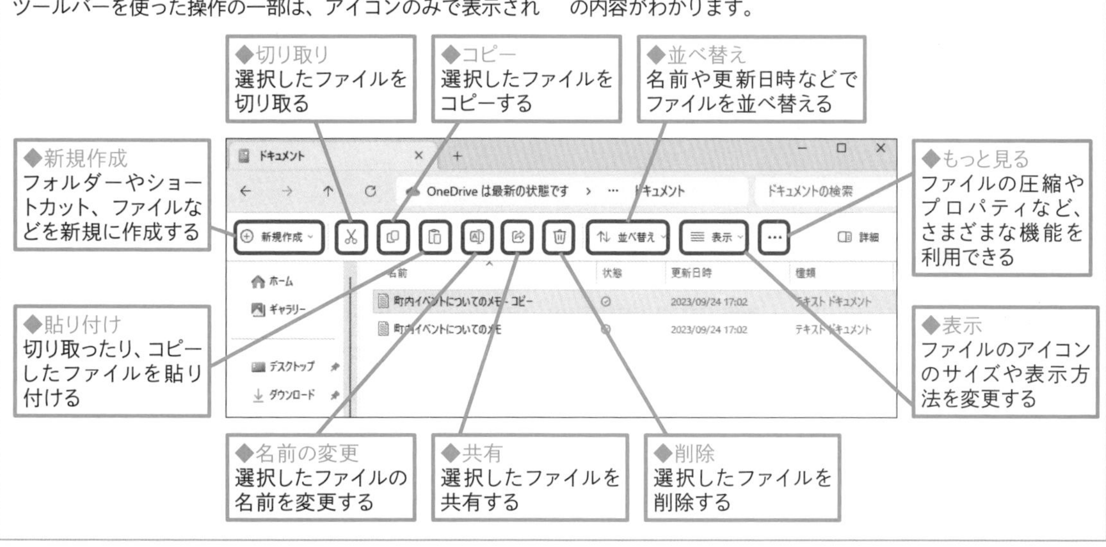

2 ファイルを貼り付ける

1 [貼り付け] をクリック

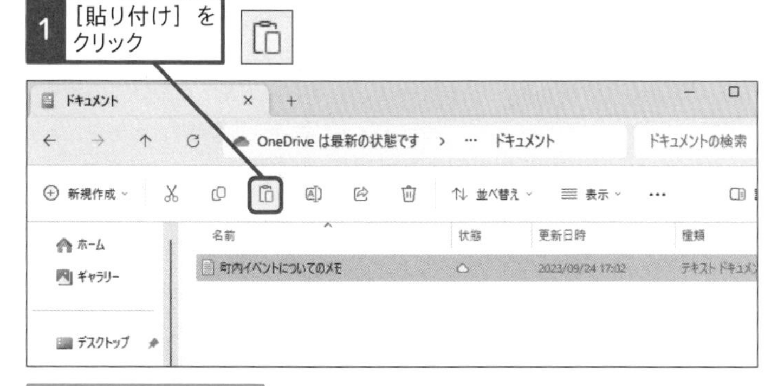

ファイルをコピーできた

コピーしたファイルが貼り付けられた

同じ名前のファイルがある場合は、自動的に「 - コピー」という文字列が追加される

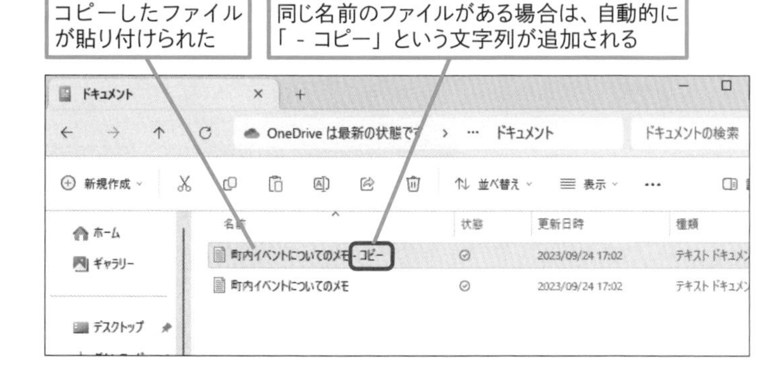

ショートカットキー

貼り付け　Ctrl + V

ここに注意

手順1の操作1で [ドキュメント] フォルダーが表示されていないときは、ナビゲーションウィンドウの [ホーム] をクリックして、操作をやり直してください。

まとめ　大切なファイルはコピーしておこう

ファイルをコピーすると、まったく同じ内容のファイルをもう1つ作ることができます。大切なファイルの予備は、ファイルをコピーして、保存しておくと、より確実です。大切なファイルを間違って消してしまったり、ファイルの内容を変更した後に、もう一度、元の内容を確認したいときでもコピーしたファイルから内容を再確認できます。また、定型文書などをコピーしておけば、コピー元のファイルをひな型として、別の文書を作成するときに便利です。

レッスン

20 ファイルの名前を変更するには

名前の変更

パソコンに保存されているファイルは、簡単な操作でファイル名を変更することができます。わかりやすいファイル名に変更しておきましょう。

1 ファイルの名前を変更できるようにする

レッスン19を参考に、[ドキュメント]フォルダーを表示しておく

1 名前を変更するファイルをクリック

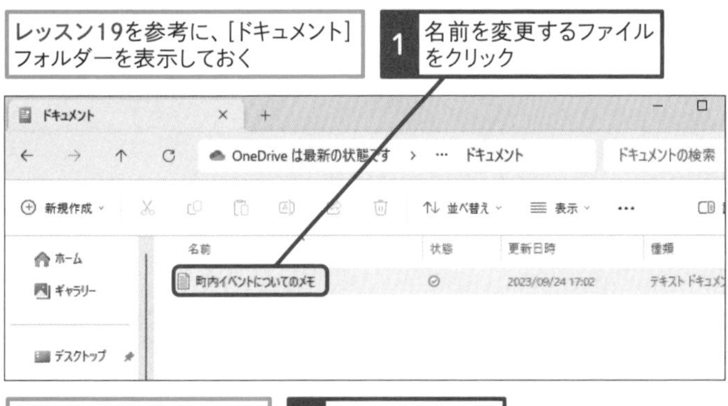

名前を変更するファイルが選択された

2 [名前の変更]をクリック

ファイル名が選択され、青く反転表示された

ファイル名の一部を修正するため、文字列の選択を解除する

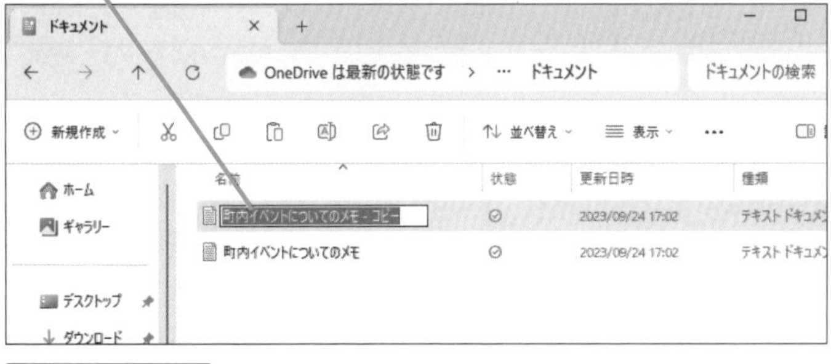

3 →キーを押す

キーワード

エクスプローラー P.326

ショートカットキー

名前の変更 F2

使いこなしのヒント

同じフォルダーに同じ名前のファイルは作れない

ひとつのフォルダーに同じ名前のファイルを作成したり、保存することはできません。ファイルに名前を付けたり、変更するときは、ほかのファイルと重ならないように注意が必要です。たとえば、91ページの手順2の画面で「町内イベントについてのメモ - コピー」というファイル名に変更するとき、「 - コピー」を削除して、確定しようとすると、"町内イベントについてのメモ - コピー.txt"を"町内イベントについてのメモ(2).txt"に名前変更しますか?」と表示されます。「この場所には同じ名前のファイルが既にあります」という表示からもわかるように、同じフォルダーに「町内イベントについてのメモ」というファイル名があり、変更しようとした元のファイル名が「町内イベントについてのメモ - コピー」なので、どちらとも重ならないように末尾に「(2)」を追加したファイル名が提案されたわけです。ファイル名を付けるときは、修正日を加えるなどの工夫を検討しましょう。

ここに注意

誤ってほかのファイルの名前を変更できる状態にしたときは、[ドキュメント]フォルダーの何も表示されていない部分をクリックして、手順1からやり直します。

2 ファイルの名前を変更する

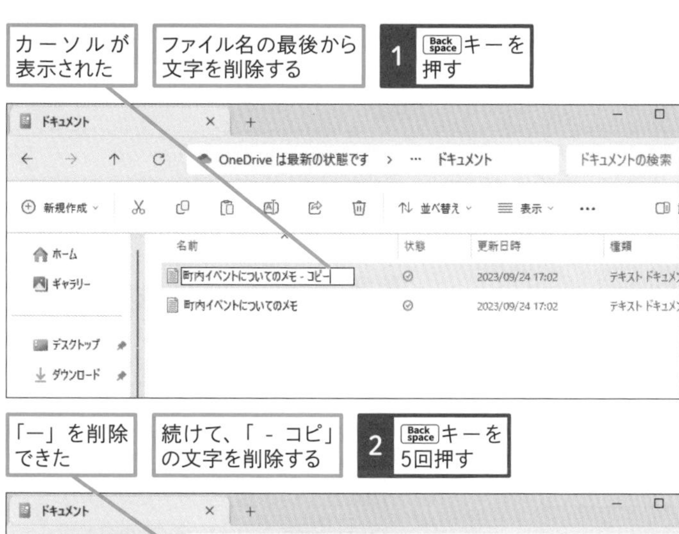

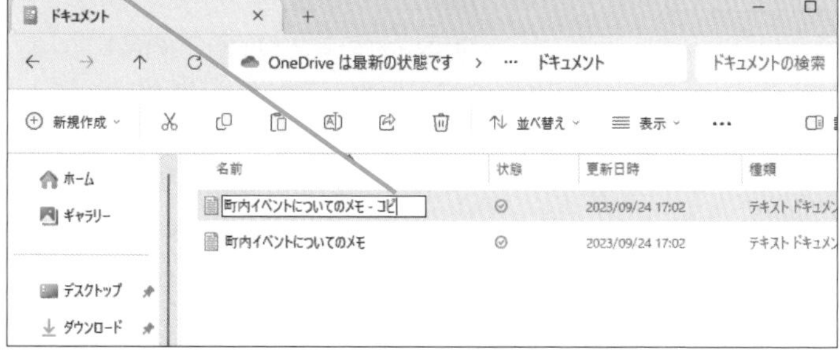

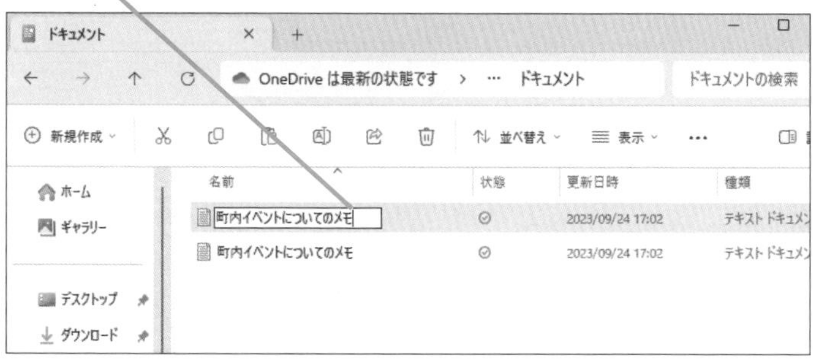

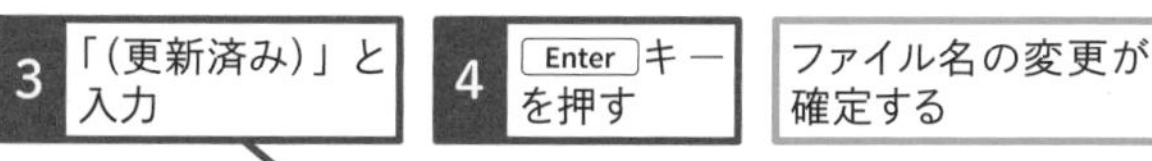

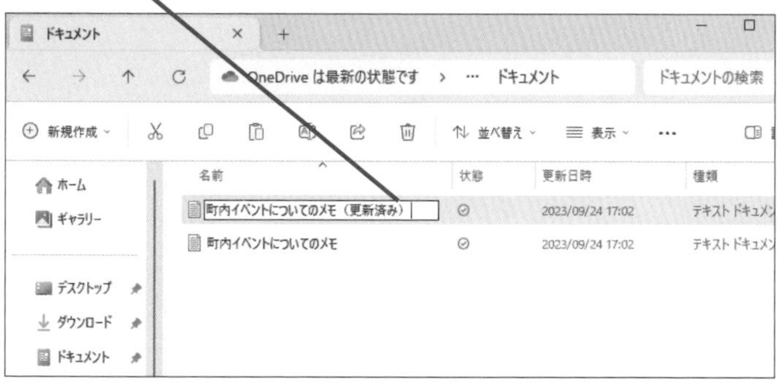

使いこなしのヒント

ツールバーを使わずに名前を変更するには

ファイル名はツールバーを使わずに変更できます。以下のように、名前を変更したいファイルを右クリックして、表示されたメニューで［その他のオプションを確認］をクリックし、［名前の変更］をクリックすると、手順1の2枚目の画面のように、ファイル名が青く反転表示され、変更可能になります。

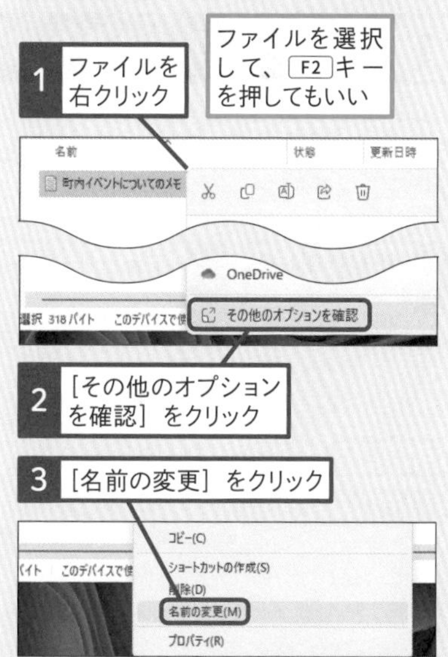

まとめ フォルダーを使ってファイルを整理しよう

文書などのファイルには、名前が付けられています。しかし、文書を編集したり、ファイルをコピーしたりすると、同じような名前のファイルが増えてしまいます。そのようなときは、ファイルの名前をわかりやすいものに変更しましょう。ファイル名の変更は、その内容がわかりやすいものに変更することも大切ですが、今後、さらにファイルが増えることも考えておく必要があります。たとえば、「町内イベントについてのメモ（9月27日版）」のように、日付を含めた名前を付けるのも手です。自分がわかりやすい名前を付けて、管理しやすくしましょう。

レッスン

21 新しいフォルダーを作成するには

新規作成、フォルダー

ファイルはフォルダーを使って、用途やイベントなど、目的に応じて分類しておけば、わかりやすく整理できます。ここではフォルダーの作成方法について、説明します。

1 新しいフォルダーを作成する

レッスン19を参考に、[ドキュメント] フォルダーを表示しておく

ここでは［ドキュメント］フォルダーの中に「保管用」というフォルダーを作成する

1 [新規作成] をクリック

2 [フォルダー] をクリック

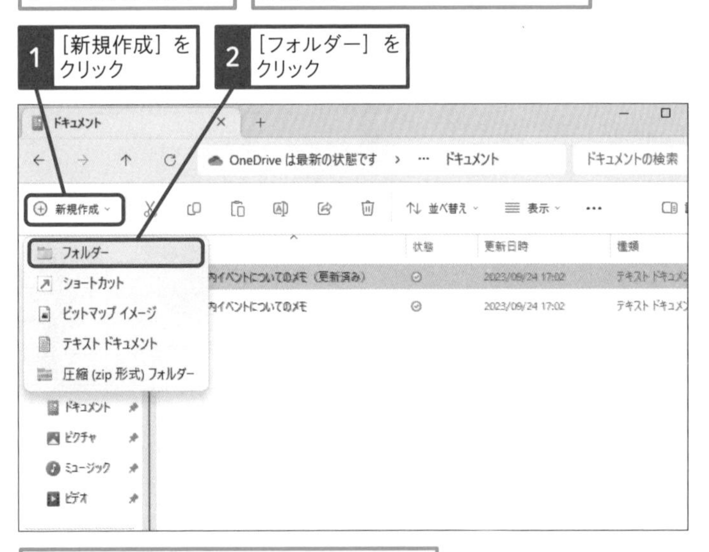

新しいフォルダーが作成され、フォルダー名が青く反転表示された

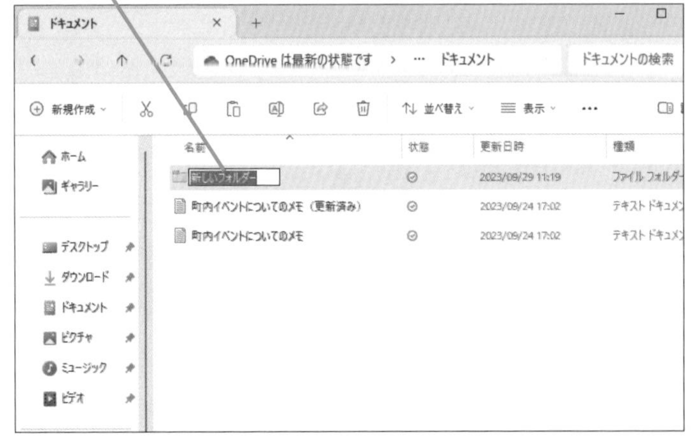

キーワード

エクスプローラー P.326

ショートカットキー

フォルダーの新規作成
Ctrl + Shift + N

使いこなしのヒント

右クリックでもフォルダーを作れる

手順1の画面でフォルダー内の何もないところを右クリックして、[新規作成] - [フォルダー] の順にクリックすると、同様に新しいフォルダーを作成できます。すぐにフォルダーを作成したいときやデスクトップにフォルダーを作成したいときは、この手順で作成してみましょう。

1 何もないところを右クリック

2 [新規作成] にマウスポインターを合わせる

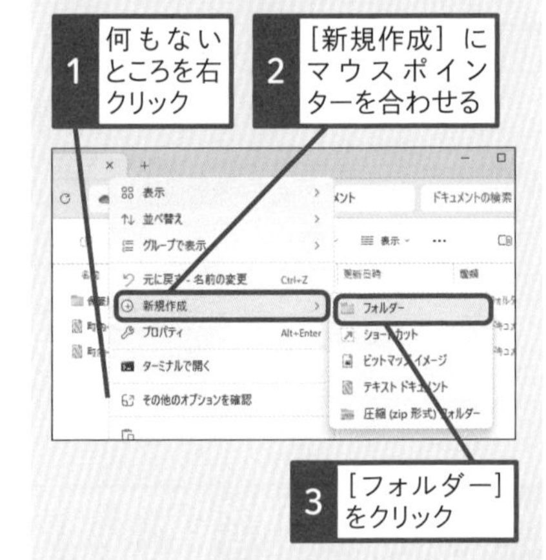

3 [フォルダー] をクリック

ここに注意

手順2でフォルダーに間違った名前を付けてしまったときは、フォルダーをクリックして、[名前の変更] をクリックします。フォルダー名が青く反転表示されるので、正しい名前を設定しましょう。

2 フォルダーの名前を変更する

ここでは「保管用」と名前を付ける

1 フォルダーの名前を変更

2 Enter キーを押す

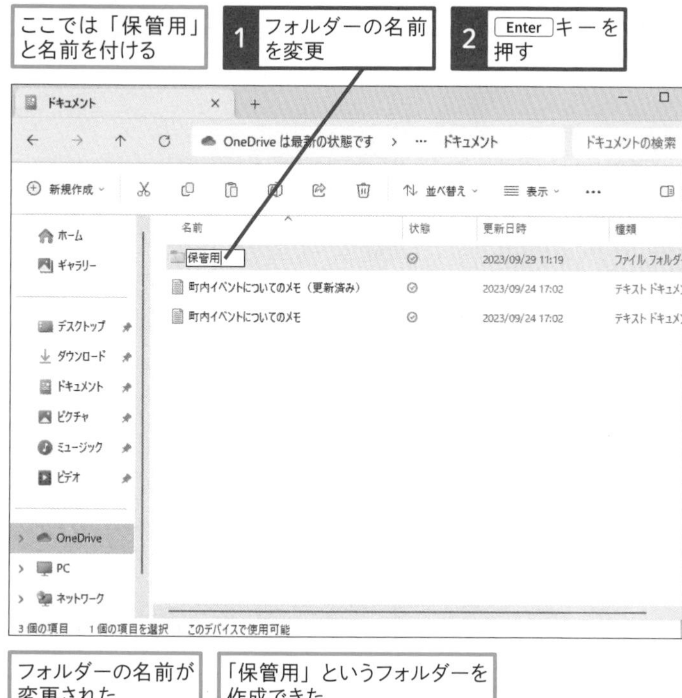

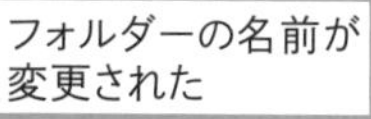

フォルダーの名前が変更された

「保管用」というフォルダーを作成できた

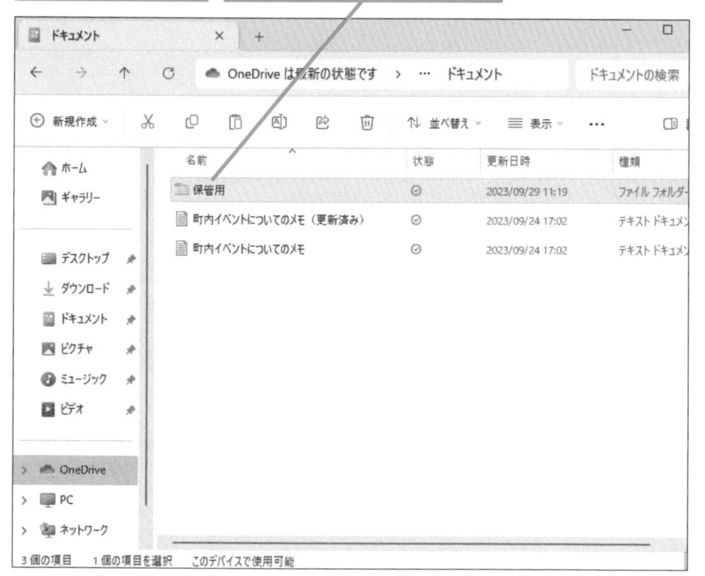

ショートカットキー

名前の変更　F2

使いこなしのヒント

ファイルを保存するときにもフォルダーを作成できる

フォルダーはアプリからファイルを保存するときにも作成できます。アプリから［名前を付けて保存］などの保存の操作を実行し、［名前を付けて保存］ダイアログボックスで［新しいフォルダー］ボタンをクリックすれば、新しいフォルダーを作成できます。このように、ファイルを保存するときにフォルダーを使って整理するようにすれば、後からファイルを整理し直す手間を省くことができます。

●メモ帳での操作例

ファイルの保存時にもフォルダーを作成できる

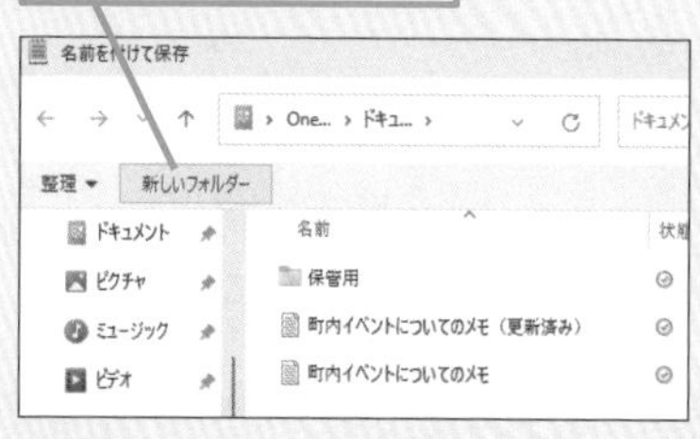

まとめ　フォルダーを使ってファイルを整理しよう

パソコンに保存する文書や画像などのファイルをわかりやすく整理するには、フォルダーが便利です。たとえば、［ドキュメント］フォルダーの中に、仕事の文書や個人的なメモ、表計算のワークシートなど、いろいろなファイルが雑多に保存されていると、いざというときに必要なファイルが見つけにくくなってしまいます。もちろん、検索で探すこともできますが、毎回、検索するのはあまり効率的ではありません。ファイルの種類や用途ごとにフォルダーを作成して、普段から整理するように心がけましょう。

レッスン

22 フォルダーの表示方法を変更するには

表示

フォルダーの表示方法は自由に変更できます。標準ではファイルの名前や更新日時などが表示されていますが、表示を切り替え、アイコンを大きく表示すると、ドラッグなどの操作がしやすくなります。

1 アイコンの表示方法を変更する

ここでは［ドキュメント］フォルダーの表示を［大アイコン］に変更する

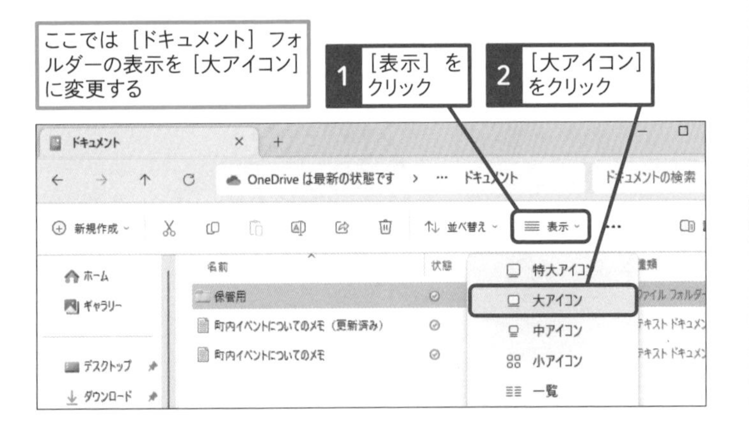

キーワード

拡張子	P.326
ナビゲーションウィンドウ	P.327
プレビューウィンドウ	P.328

ここに注意

手順1で［大アイコン］以外をクリックしてしまったときは、もう一度、［表示］をクリックして、一覧から［大アイコン］を選択し直してください。

スキルアップ

ファイルの情報やフォルダー内をより詳細に表示できる

エクスプローラーのツールバーの［表示］メニューから［表示］を選ぶと、ファイルやフォルダーの情報や内容を詳しく設定できます。ファイルを開かなくても内容を確認できたり、ファイルやフォルダーの作成日時やサイズを表示したり、ファイル名の拡張子を表示できます。自分の使い方に合わせて、設定しましょう。

名称	アイコン	説明
ナビゲーションウィンドウ		エクスプローラーの左側の［ホーム］や［PC］などが選べるウィンドウの表示/非表示を切り替えられる
詳細ウィンドウ		選択したファイルやフォルダーの詳細を表すウィンドウの表示/非表示を切り替えられる。更新日時やサイズ、作成日時などが表示される。ファイルの共有もできる
プレビューウィンドウ		選択したファイルの内容を表示できる。テキストファイルは文書の内容、画像ファイルはサムネイル画像（縮小画像）が表示される
コンパクトビュー		表示されているアイコンやファイル名の文字サイズを変えずに、余白をつめて表示する。1画面により多くのファイルを表示できるようになる
項目チェックボックス		表示されている項目をチェックして選択するチェックボックスを表示できる。中アイコンや大アイコン表示のときは左上、小アイコンや一覧は左側に表示される
ファイル名拡張子		表示されているファイルの拡張子の表示/非表示を切り替えることができる。拡張子を表示することで、そのファイルの種類も確認しやすくなる
隠しファイル		Windowsやアプリの動作に必要な重要なファイルやフォルダーの表示/非表示を切り替えられる。誤って削除したり、変更しないように、通常は非表示で利用する

スキルアップ

ファイルを開かずに内容を確認できる

保存されている文書などのファイルは、アイコンをダブルクリックして、アプリを起動しなくても内容を確認することができます。手順1の画面で、内容を確認したいファイルのアイコンをクリックして、[表示] タブの [プレビューウィンドウ] ボタンをクリックすると、ウィンドウ内の右側にファイルの内容をプレビュー表示できます。プレビューウィンドウはこのレッスンで説明しているようにフォルダーの表示を切り替えても表示されます。

内容を表示するファイルを選択しておく

1 [表示] をクリック

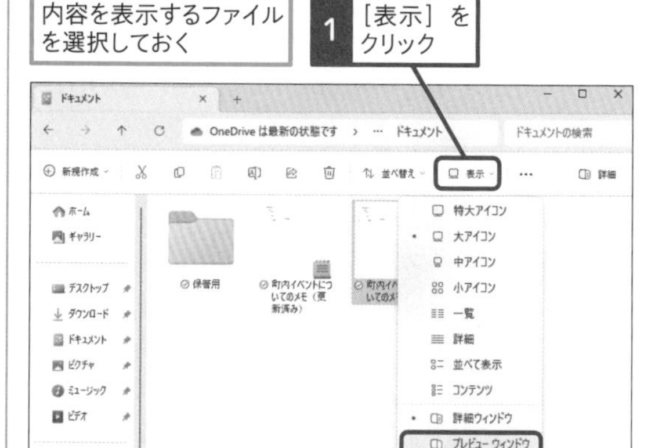

2 [プレビューウィンドウ] をクリック

プレビューウィンドウが表示された

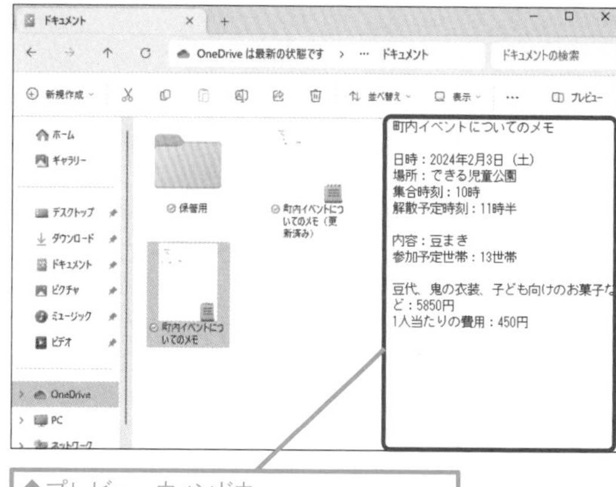

◆プレビューウィンドウ
対応するアプリがパソコンにあるときは、選択しているファイルの内容が表示される

● アイコンの表示方法が変更された

表示方法が［大アイコン］に切り替わり、アイコンの表示が大きくなった

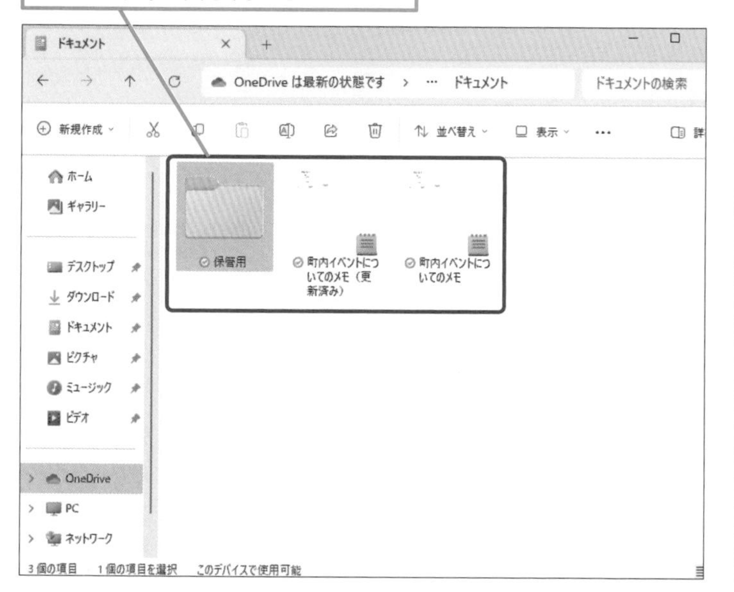

まとめ　ファイルやフォルダーを見つけやすくできる

ファイルやフォルダーの表示方法は、使い方に合わせて、自由に変更できます。ファイルの情報を見やすくしたいなら［詳細］、より多くのファイルを表示したいなら［一覧］や［小アイコン］に切り替えると見やすくなります。また、レッスンのようにアイコンを大きくすることで、ファイルを見やすくしたり、コピーや移動などの操作をしやすくしたりすることもできます。フォルダーの表示方法はフォルダーごとに切り替えられるので、表示中のフォルダーの内容に合わせ、自分が使いやすい表示方法に切り替えましょう。

レッスン

23 ファイルを移動するには

YouTube 動画で見る
詳細は2ページへ

ファイルの移動

ファイルはいろいろなフォルダーに簡単に移動することができます。レッスン21で作成した［保管用］フォルダーに、ファイルを移動してみましょう。

1 ファイルをフォルダーに移動する

レッスン21を参考に、整理用のフォルダーを作成しておく

1 移動したいファイルにマウスポインターを合わせる

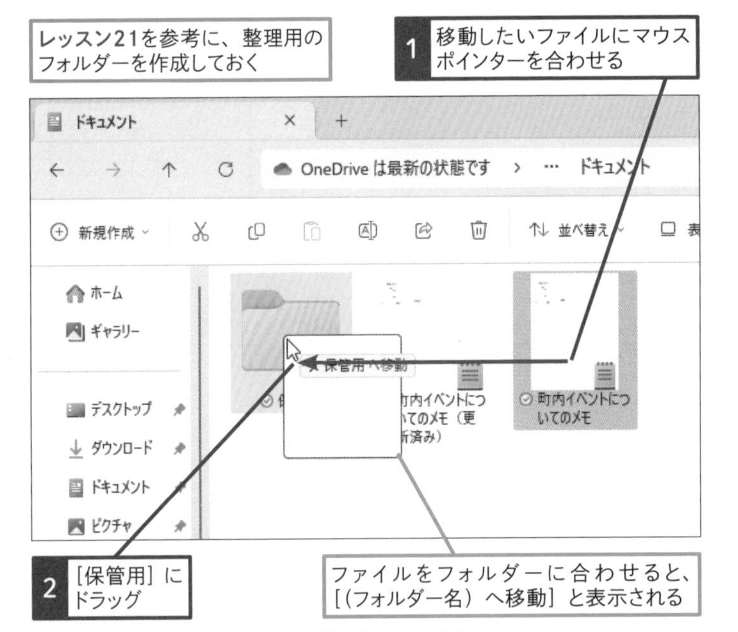

2 ［保管用］にドラッグ

ファイルをフォルダーに合わせると、［(フォルダー名) へ移動］と表示される

ファイルを移動できた

ファイルがフォルダーに移動して、一覧に表示されなくなった

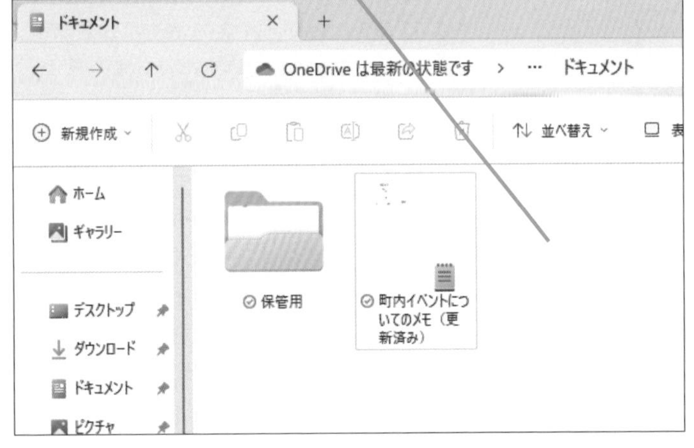

キーワード

エクスプローラー	P.326
デスクトップ	P.327

時短ワザ

ファイルやフォルダーをドラッグでコピーするには

手順1ではファイルをドラッグして、移動していますが、Ctrlキーを押しながら、フォルダーにドラッグすると、［(フォルダー名) へコピー］と表示され、ドロップすると、ファイルがコピーされます。同様の操作で、フォルダーをコピーすることもできます。

1 Ctrlキーを押しながらドラッグ

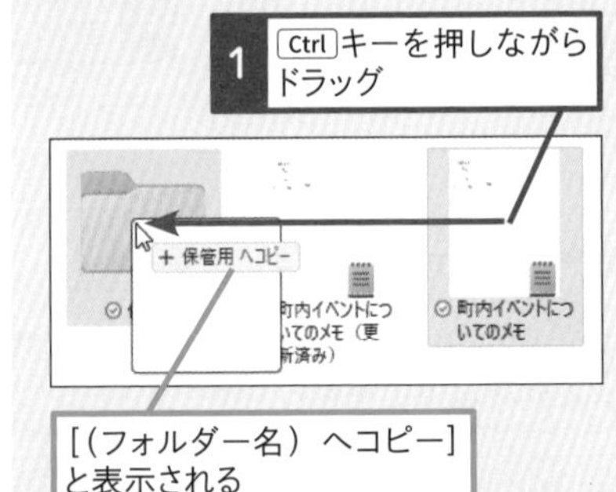

［(フォルダー名) へコピー］と表示される

ここに注意

ほかのファイルをフォルダーに移動してしまったときは、Ctrl+Zキーを押すと、ファイルを移動した操作をキャンセルし、元の状態に戻せます。ただし、元の状態に戻せるのは直前の操作だけなので、すでにほかの操作をしたときは、移動先のフォルダーから元のフォルダーに移動し直しましょう。

2 フォルダーを開く

ファイルを移動したフォルダーを開いて確認する

1 フォルダーをダブルクリック

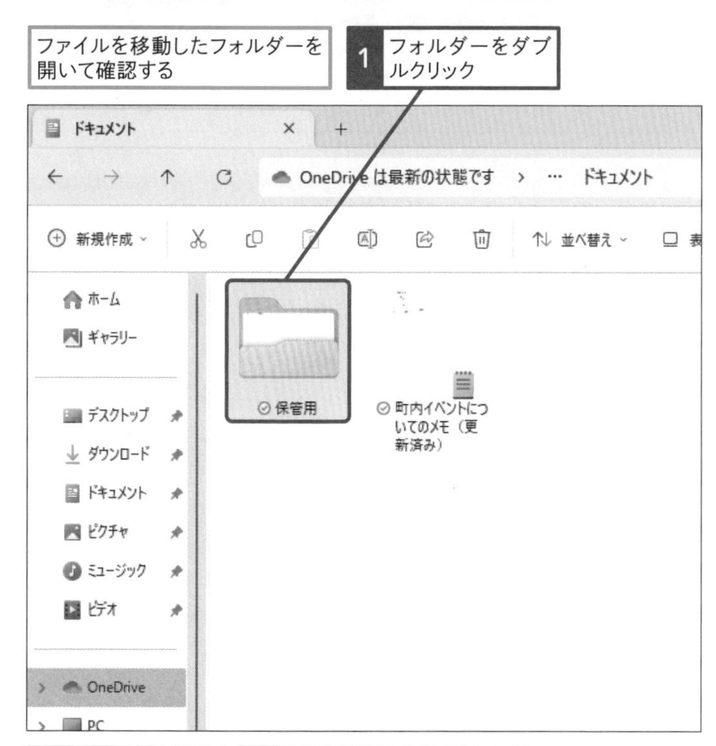

フォルダーの内容が表示された

2 ここに移動したファイルが表示されていることを確認

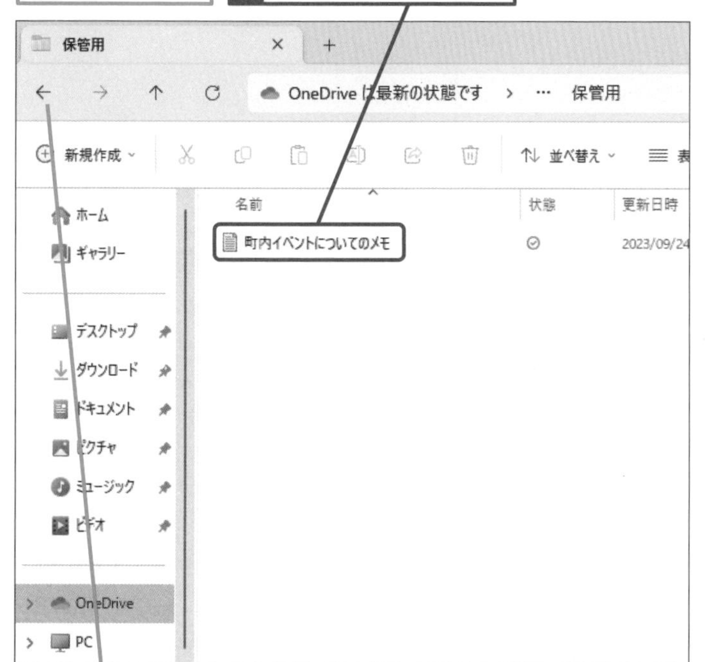

［ドキュメントに戻る］をクリックすると、［ドキュメント］フォルダーに移動する

←

［閉じる］をクリックして、ウィンドウを閉じておく

使いこなしのヒント

［切り取り］と［貼り付け］でもファイルを移動できる

ファイルはドラッグしなくても移動できます。エクスプローラーで移動したいファイルをクリックして、ツールバーの［切り取り］をクリックします。移動先のフォルダーを開き、ツールバーの［貼り付け］ボタンを選ぶと、ファイルを移動できます。

1 ［切り取り］をクリック

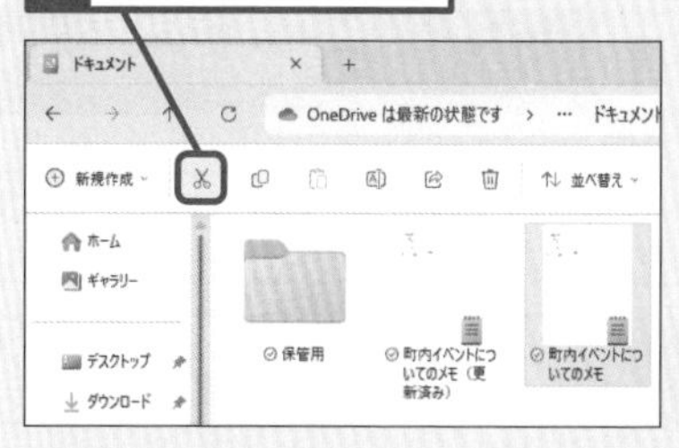

使いこなしのヒント

ファイルを削除するには

ファイルを削除するには、ファイルをデスクトップに表示されている［ごみ箱］にドラッグアンドドロップします。あるいは、エクスプローラーでファイルを選んだ後、ツールバーの［削除］をクリックして、削除することもできます。

まとめ　フォルダーにファイルを移動して整理する

フォルダーを使ってファイルを整理するには、整理したいファイルをフォルダーに移動します。整理したい項目ごとに複数のフォルダーを作成し、それぞれの項目に合ったファイルをフォルダーに移動しましょう。こうすることで、ファイルが項目ごとにフォルダーに収められ、すっきりと整理できます。また、フォルダーにはファイルだけでなく、ほかのフォルダーを移動することもできます。つまり、フォルダーの中にさらにフォルダーを作って整理できるわけです。ファイルをさらに細かく分類して整理したいときに便利です。

レッスン

24 よく使うフォルダーをすぐに開けるようにするには

クイックアクセス

エクスプローラーの[ホーム]の[クイックアクセス]には、よく使うフォルダーが自動で表示されるほか、ユーザー自身で任意のフォルダーをピン留めできます。解除の方法と合わせて、説明します。

1 フォルダーをクイックアクセスにピン留めする

レッスン19を参考に、[ドキュメント]フォルダーを表示しておく

ここでは[保管用]フォルダーをクイックアクセスにピン留めする

1 [保管用]を右クリック

2 [クイックアクセスにピン留めする]をクリック

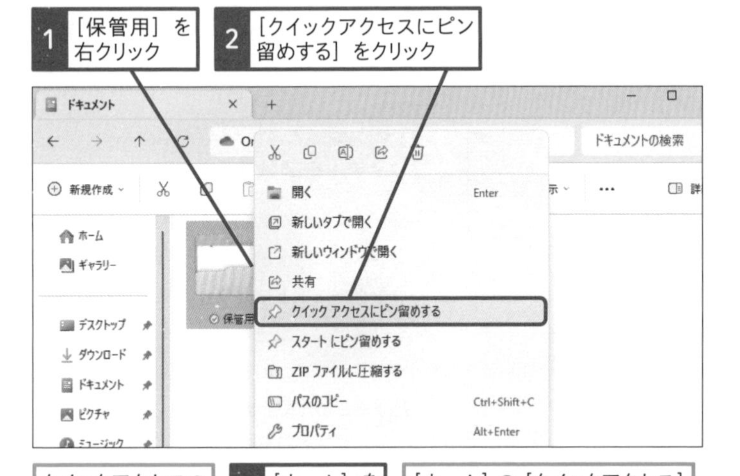

クイックアクセスの内容を確認する

3 [ホーム]をクリック

[ホーム]の[クイックアクセス]にフォルダーがピン留めされた

ナビゲーションウインドウにもピン留めしたフォルダーが表示された

キーワード

クイックアクセス　P.326

用語解説

クイックアクセス

クイックアクセスはエクスプローラーを起動したとき、[ホーム]に表示されるフォルダーで、[デスクトップ]や[ダウンロード]、[ドキュメント]、[ピクチャ]などのフォルダーのほかに、最近よく使ったフォルダーが自動的に表示されます。パソコンによっては、[ビデオ]や[ミュージック]のフォルダーが登録されていることもあります。

使いこなしのヒント

クイックアクセスの内容は自動的に更新される

クイックアクセスに表示されているフォルダーのうち、最近よく使ったフォルダー、利用状況に応じて、自動的に表示されるフォルダーが更新されます。逆に、クイックアクセスに作業中のフォルダーやファイルを表示したくないときは、削除して、非表示にできます。クイックアクセスから削除したいフォルダーやファイルを右クリックして、表示されたメニューで[クイックアクセスから削除]をクリックします。クイックアクセスから削除しても元のフォルダーやファイルは削除されません。

2 クイックアクセスへのピン留めをはずす

クイックアクセスから［保管用］フォルダーの登録を解除する

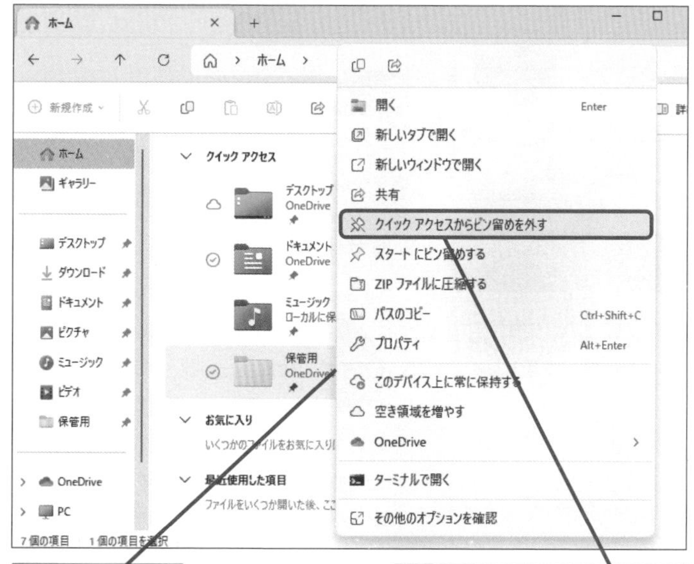

1 ［保管用］を右クリック

2 ［クイックアクセスからピン留めを外す］をクリック

クイックアクセスから［保管用］フォルダーがなくなった

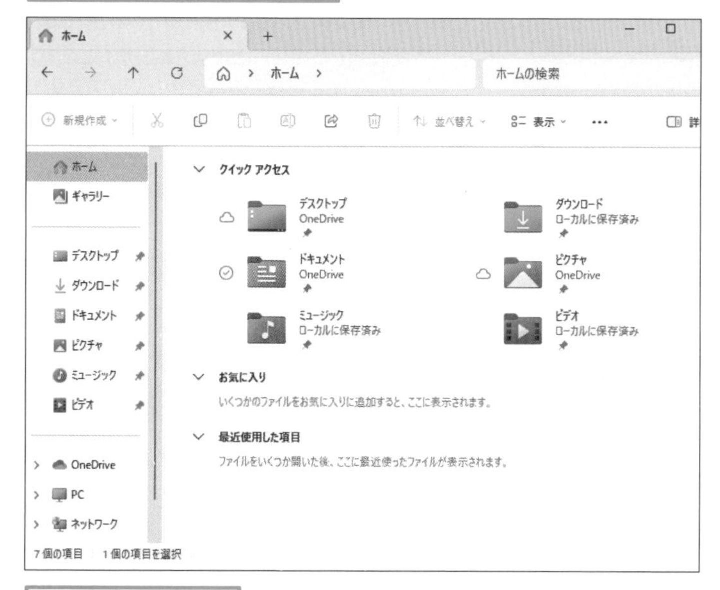

フォルダーウィンドウを閉じておく

使いこなしのヒント

よく使うフォルダーは スタート画面にもピン留めできる

ここではクイックアクセスに、フォルダーをピン留めしましたが、以下のように操作することで、スタート画面によく使うフォルダーをピン留めすることができます。ピン留めしたフォルダーはアイコンをドラッグして、スタート画面内で並べ替えることができます。

1 フォルダーを右クリック

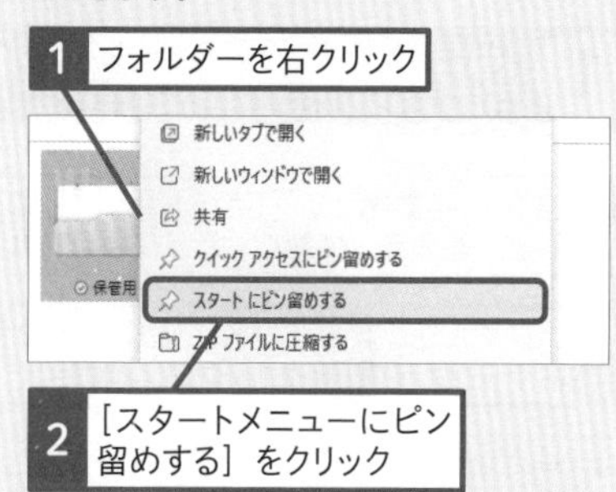

2 ［スタートメニューにピン留めする］をクリック

53ページのヒントを参考に、［ピン留め済み］の続きを表示しておく

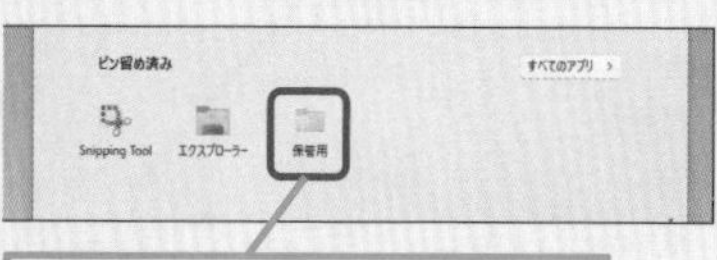

登録したフォルダーが表示された

まとめ すぐに作業をはじめられるクイックアクセス

文書を作成したり、画像を編集するなど、何かファイルを操作するとき、その都度、ファイルが保存されているフォルダーを探したり、アプリを起動して、ファイルを開いたりするのは手間がかかります。エクスプローラーの［ホーム］に表示される［クイックアクセス］には、［よく使用するフォルダー］や［最近使用したファイル］が一覧で表示されます。毎日の作業でも前日までに使っていたフォルダーやファイルが見つけられ、すぐに作業を再開できます。また、必要に応じて、すぐに使いたいフォルダーやファイルをピン留めできるため、自分が使いやすいようにカスタマイズできます。

レッスン
25 よく使うファイルをすぐに開けるようにするには

お気に入り

エクスプローラーの［ホーム］の［お気に入り］には、すぐに使いたいファイルやよく使うファイルを登録しておくことができます。お気に入りの登録に加え、削除の方法も合わせて、説明します。

1 ファイルをお気に入りに登録する

レッスン19を参考に、［ドキュメント］フォルダーを表示しておく

ここでは第2章で作成したファイルをお気に入りに登録する

1 ファイルを右クリック

2 ［お気に入りに追加］をクリック

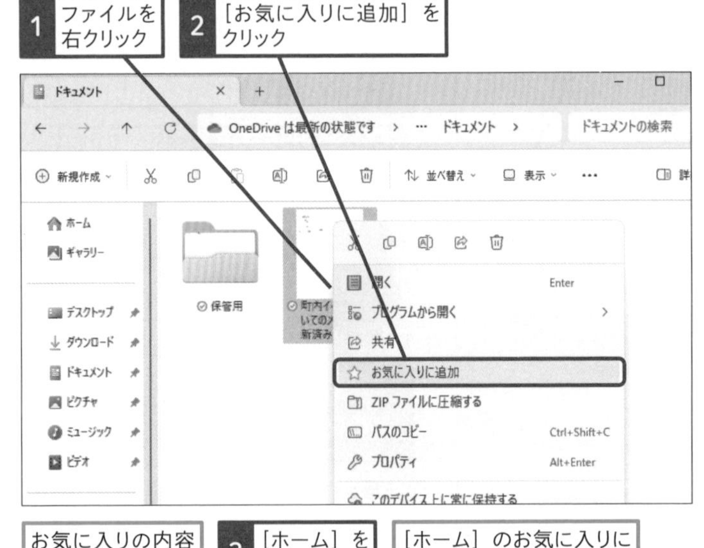

お気に入りの内容を確認する

3 ［ホーム］をクリック

［ホーム］のお気に入りにファイルが登録された

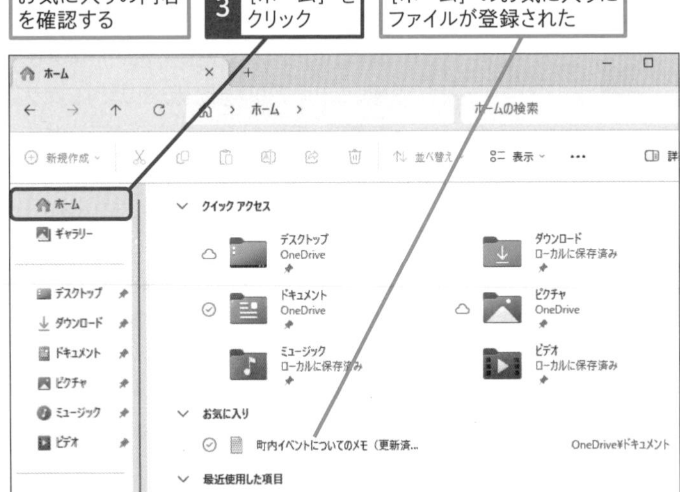

キーワード

エクスプローラー P.326

用語解説

お気に入り

Windowsではよく使う項目などを「お気に入り」と呼びます。ここではよく使うファイルやすぐに使いたいファイルをエクスプローラーの［お気に入り］に登録しています。ブラウザーのMicrosoft Edgeでよく表示するWebページを登録する機能も「お気に入り」と呼びます。

時短ワザ

［最近使用した項目］を活用しよう

最近、開いた文書や画像などのファイルは、エクスプローラーの［ホーム］の［最近使用した項目］に表示されます。ここでファイルを選び、ダブルクリックすると、関連付けられたアプリが起動し、すぐにファイルを開くことができます。

［最近使用した項目］に最近開いたファイルが表示される

使いこなしのヒント

［推奨］って何？

ビジネスユースなど、一部のパソコンではエクスプローラーの［ホーム］に［推奨］という項目が表示されることがあります。会社から支給されたパソコンやテレワーク用のパソコンでは、各企業が決めた設定により、［ホーム］に表示される内容が異なることがあります。

2 ファイルをお気に入りから削除するには

お気に入りからファイルの登録を解除する

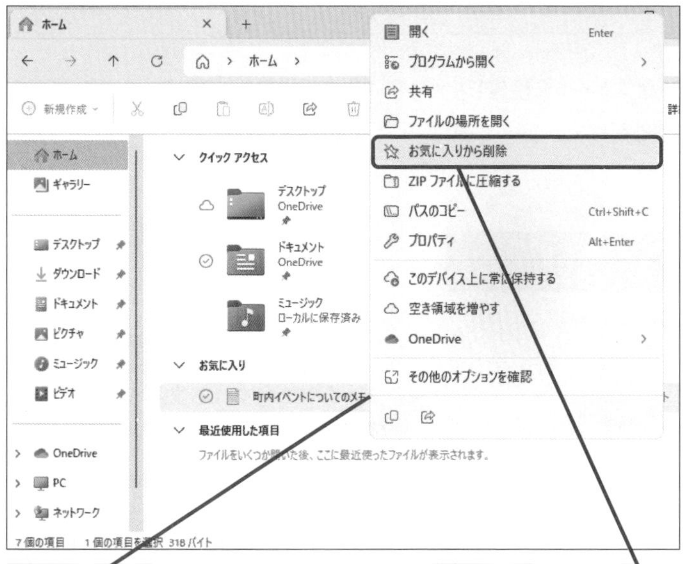

お気に入りからファイルがなくなった

フォルダーウィンドウを閉じておく

使いこなしのヒント

［最近使用した項目］から削除できる

［最近使用した項目］に表示されている内容は、必要に応じて、削除することができます。削除したい項目を右クリックして、以下のように操作します。［最近使用した項目］に表示されている項目を削除しても元のファイルが削除されることはありません。

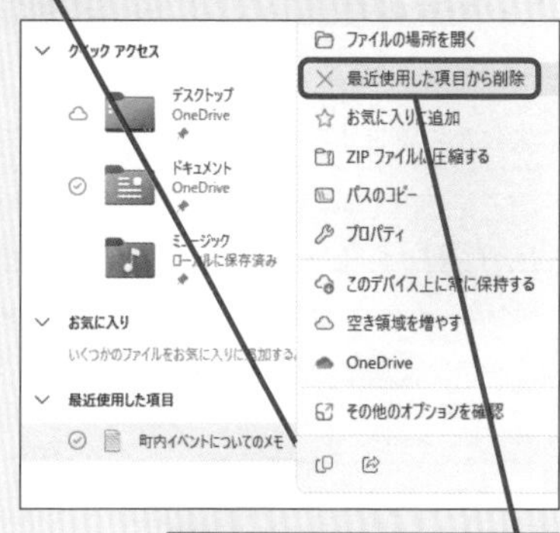

まとめ ファイルを探す手間を減らして作業を開始できる

Windowsで文書を作成したり、ファイルを操作するとき、目的のファイルを探したり、ファイルを保存したフォルダーを開くのは、少し手間がかかります。エクスプローラーの［ホーム］に表示されている［お気に入り］や［最近使用した項目］を上手に使えば、これらの手間を減らして、すばやく作業をはじめることができます。［お気に入り］は必要に応じて、自分でファイルやフォルダーを登録しておくことができ、［最近使用した項目］はその名の通り、直近で開いたファイルなどが一覧で表示されます。それぞれの特長を理解して、上手に使い分けるようにしましょう。

レッスン

26 ファイルを検索するには

検索ボックス

パソコンに保存されたファイルの中から、必要なファイルを検索してみましょう。検索ボックスにキーワードを入力するだけで、簡単に探し出すことができます。

キーワード

フォルダーウィンドウ P.328

ブラウザー P.328

ショートカットキー

ファイルの検索 [Windows]+[F]

1 検索を実行する

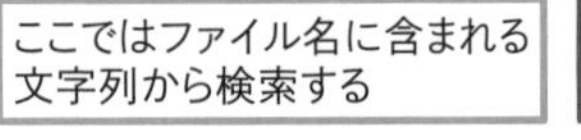

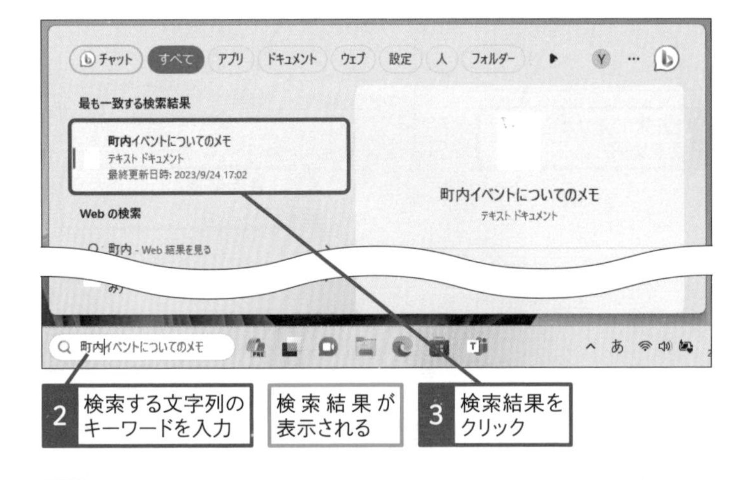

使いこなしのヒント

ファイルに含まれる文字で検索できる

ファイルに含まれる文字で検索するには、手順1の画面で文字を入力して、検索結果が表示された状態で、上段の［ドキュメント］をクリックします。入力した文字を含むファイルが見つかると、検索結果が表示されます。ファイル名をクリックすると、そのファイルを開くことができます。

スキルアップ

検索結果を切り替えられる

検索ボックスで検索した結果は、上段のタブをクリックすると、選んだ項目に合った検索結果に表示を切り替えることができます。たとえば、［アプリ］はインストールされているアプリ、［ウェブ］はWebページの検索結果を表示でき、表示された検索結果からアプリを起動したり、Webページを表示できます。［Bingチャット］を選ぶと、［AIによる検索］が可能で、ブラウザーのMicrosoft Edgeが起動し、BingのAIチャットによる対話形式の検索ができます。

1 キーワードを入力　2 ［ウェブ］をクリック

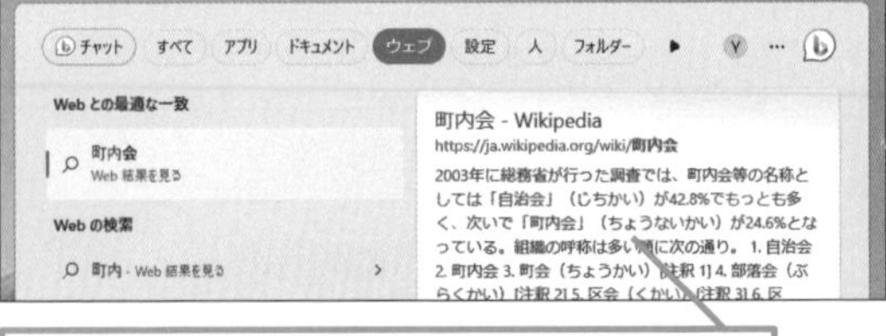

検索結果をクリックすると、ブラウザーが起動する

スキルアップ

設定項目も検索ボックスで検索できる

Windowsの設定項目が見つからないときは、検索ボックスで検索してみましょう。「ストレージ」「電源」など、設定したい機能名を入力すれば、すぐに設定項目を見つけることができます。

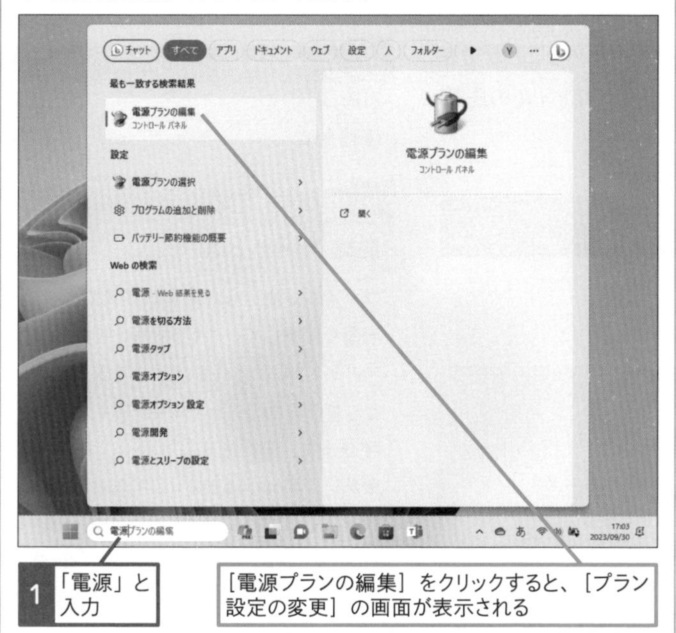

1 「電源」と入力

［電源プランの編集］をクリックすると、［プラン設定の変更］の画面が表示される

● ファイルが表示された

メモ帳が起動し、ファイルの内容が表示された

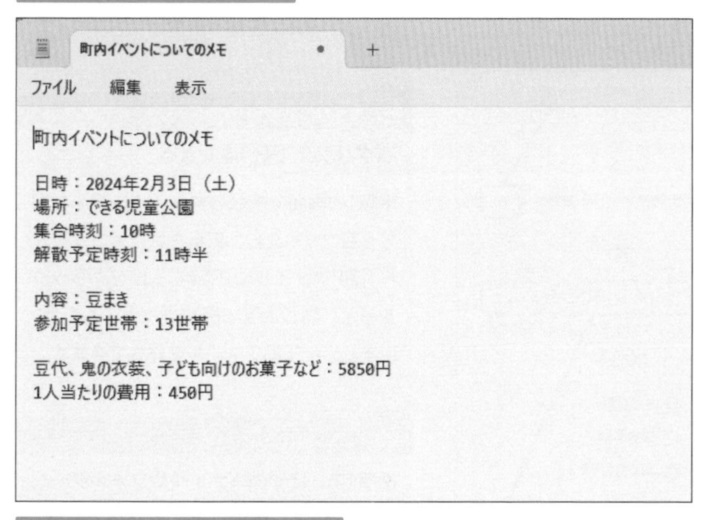
町内イベントについてのメモ

ファイル 編集 表示

町内イベントについてのメモ

日時：2024年2月3日（土）
場所：できる児童公園
集合時刻：10時
解散予定時刻：11時半

内容：豆まき
参加予定世帯：13世帯

豆代、鬼の衣装、子ども向けのお菓子など：5850円
1人当たりの費用：450円

内容を確認できたら、［閉じる］をクリックして、ファイルを閉じておく

使いこなしのヒント

フォルダーウィンドウでも検索ができる

検索ボックスだけでなく、エクスプローラーのフォルダーウィンドウでもファイルを検索できます。エクスプローラーで［ドキュメント］フォルダーを表示したとき、右上の検索ボックスにキーワードを入力すれば、そのフォルダー以下に保存されているファイルを検索できます。あらかじめ保存されているフォルダーがわかっているときは、この方法で検索した方が早く目的のファイルを見つけられます。

ファイルが保存されたフォルダーを開いて検索できる

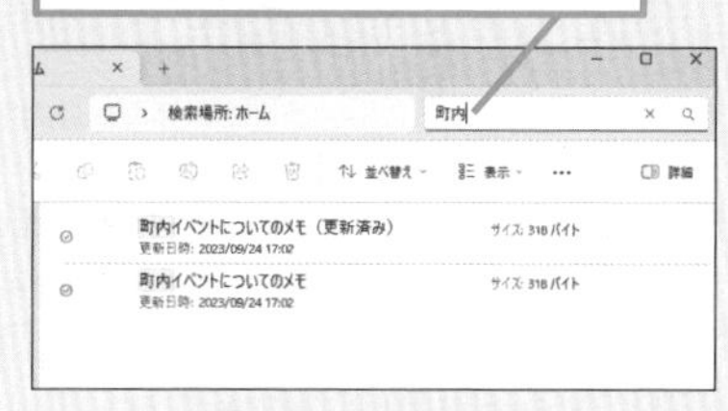

ここに注意

手順1で入力するキーワードを間違えたときは、Back spaceキーでキーワードを削除して、入力し直します。

まとめ 検索ボックスで必要な情報をすぐに探せる

検索ボックスにキーワードを入力すれば、必要なファイルをすぐに見つけられます。検索は文書や写真などのファイルの名前だけでなく、文書に含まれる言葉で検索できます。たとえば、「町内イベント」というキーワードで検索すると、町内イベントのメモの文書だけでなく、それを友だちに知らせるメール、町内イベントのときの写真なども見つけられます。インターネットの検索と同じように、パソコン内の情報から必要なもの、関連するものをすぐに探し出すことができます。

レッスン

27 ファイルを1つにまとめるには

ZIPファイルに圧縮する

Windowsでは複数のファイルを1つのファイルにまとめることができます。まとめたファイルを展開することもできます。ファイルの圧縮と展開について、説明します。

1 フォルダーとファイルを圧縮する

レッスン19を参考に、[ドキュメント]フォルダーを表示しておく

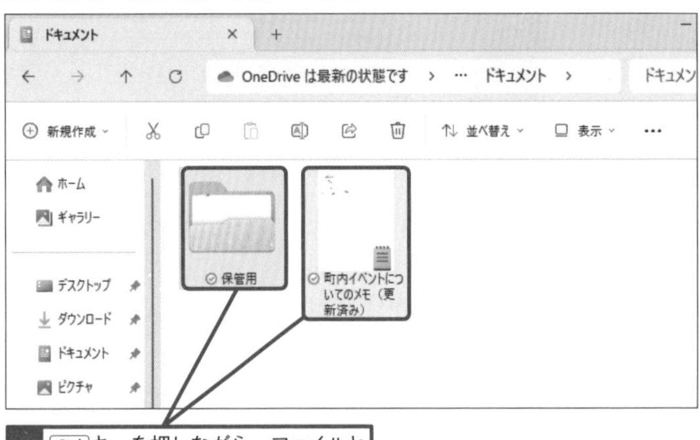

1 Ctrlキーを押しながら、ファイルとフォルダーをクリック

圧縮するファイルが選択された

2 [もっと見る] をクリック

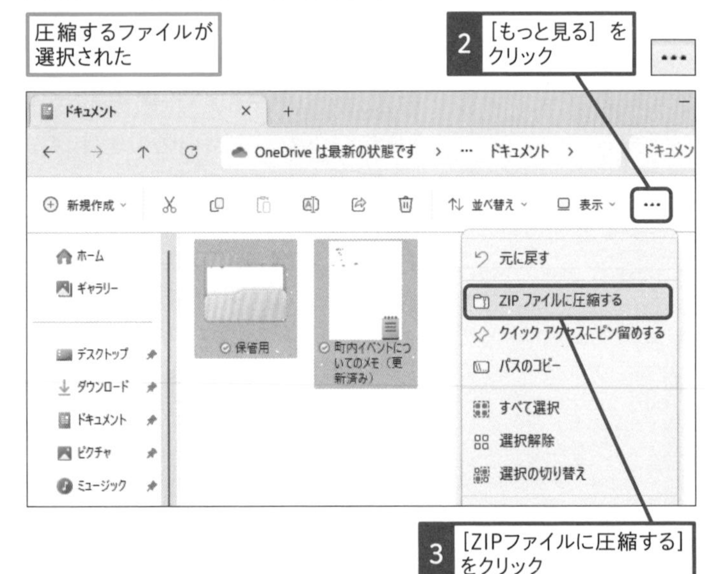

3 [ZIPファイルに圧縮する] をクリック

キーワード

ZIP	P.325
圧縮形式	P.325

使いこなしのヒント

圧縮ファイルとは?

ファイルは決められた圧縮方式によって、容量を圧縮して小さくしたり、複数のファイルを1つにまとめることができます。こうして作られたファイルを圧縮ファイルと呼びます。圧縮方式にはいくつかの種類があり、Windowsでは「ZIP（ジップ）」と呼ばれる方式が標準的に使われています。ZIP形式で圧縮されたファイルを「ZIPファイル」とも呼ばれます。また、2023年10月に公開された「Windows 11 23H2」では、「RAR（ラー）」や「7-Zip」と呼ばれる形式の圧縮ファイルも展開できるようになりました。国内で広く利用されていたLZHなど、ほかの圧縮方式は、各形式に対応した圧縮ソフトウェアを用意しないと、ファイルの圧縮や展開ができません。

時短ワザ

右クリックで圧縮できる

手順1の画面で複数のファイルを選んだ部分を右クリックし、表示されたメニューから［ZIPファイルに圧縮する］をクリックすると、同じように複数のファイルを1つにまとめた圧縮ファイルを作成できます。

ここに注意

手順1で、ほかのファイルやフォルダーをクリックして、選択したときは、もう一度、クリックして、選択を解除してください。

● ZIPファイルの名前を変更する

最後に選択したファイルの名前が設定される

4 Delete キーを押す

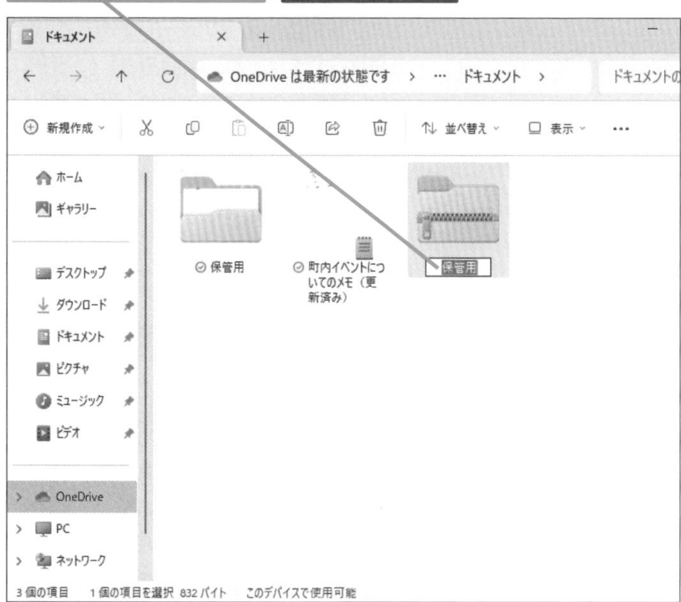

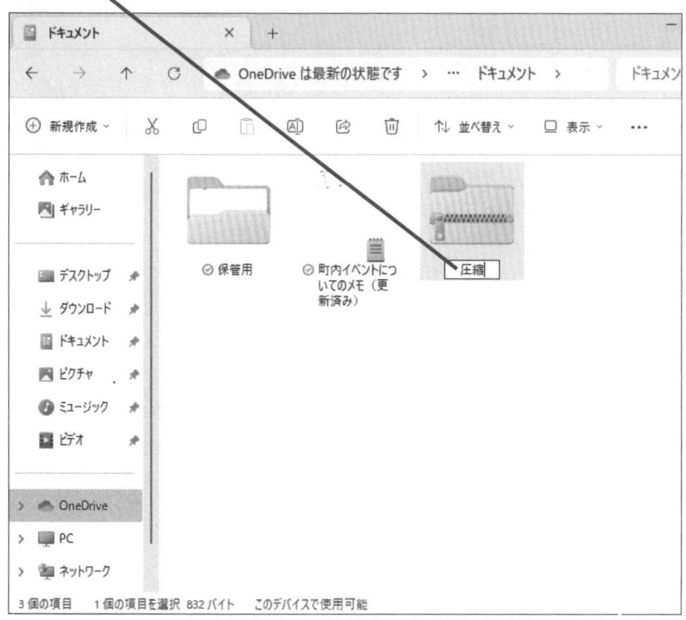

ZIPファイルの名前が変更される

時短ワザ

右クリックで展開できる

手順1の操作6の画面で圧縮ファイルを右クリックして､表示されたメニューから［すべて展開］をクリックすると、手順2の3枚目の画面が表示されます。［展開］ボタンをクリックすれば、すべてのファイルを展開できます。

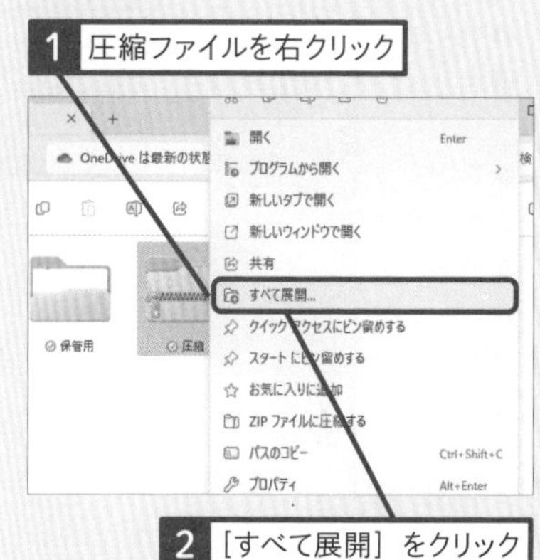

［圧縮（ZIP形式）フォルダーの展開］ウィンドウが表示される

使いこなしのヒント

ZIPファイルのアイコンを見分けやすくするには

手順1の操作5の画面を見てもわかるように、ZIPファイルのアイコンは、フォルダーのアイコンと似ています。ZIPファイルのアイコンは、ファスナーが描かれているのが見分けるポイントです。もし、見分けにくいときは､手順1の操作5の画面で［表示］をクリックして、［特大アイコン］をクリックします。アイコンがさらに大きなサイズで表示され、見分けやすくなります。元に戻すときは､［表示］をクリックして､［大アイコン］をクリックします。逆に、フォルダー内にファイルがたくさんあるときは､［表示］をクリックして､［一覧］や［詳細］をクリックすれば、ひとつのウィンドウ内に多くのファイルやフォルダーを表示できます。

次のページに続く ➡

2 ZIPファイルを展開する

展開するZIPファイルを選択する

1 ZIPファイルをクリック

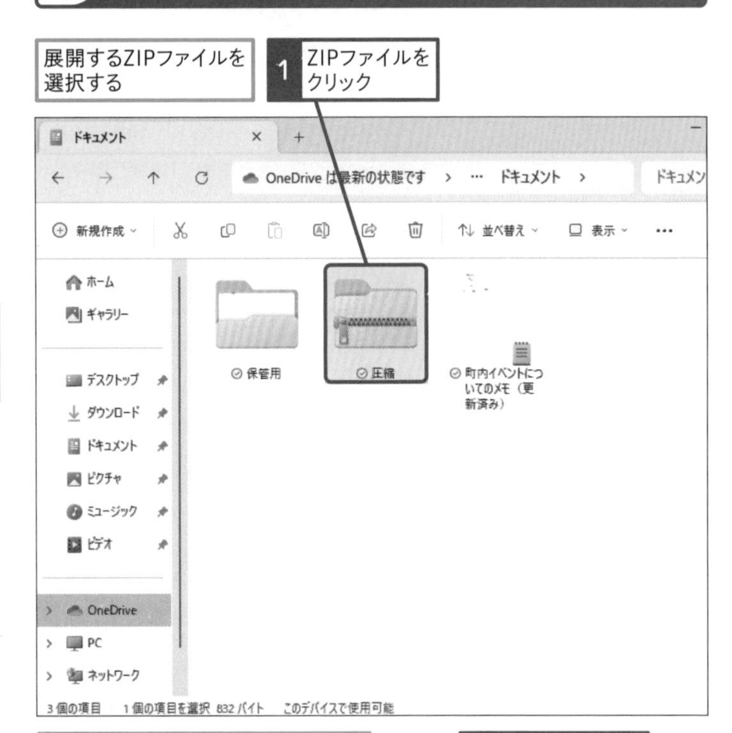

ZIPファイルを選択すると、[すべて展開] ボタンが表示される

2 [もっと見る] をクリック

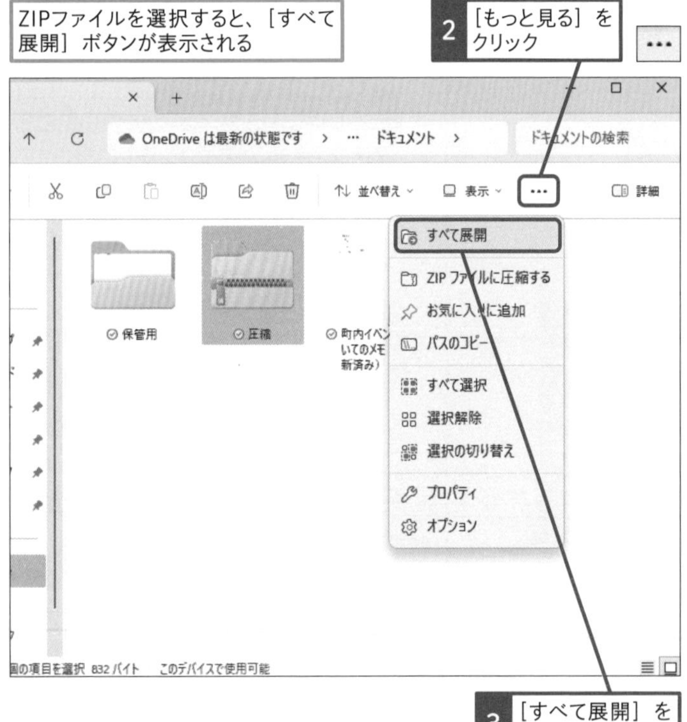

3 [すべて展開] をクリック

使いこなしのヒント

選択したファイルによってツールバーの表示が変わる

エクスプローラーのツールバーには［新規作成］をはじめ、［切り取り］［コピー］［貼り付け］などのアイコン、［並べ替え］や［表示］のボタンが表示されていますが、手順2のように、圧縮したZIPファイルを選ぶと、ツールバーに［すべて展開］が表示されます。

スキルアップ

圧縮ファイルの内容は展開しなくても確認できる

ここでは圧縮したファイルを展開していますが、圧縮ファイルをダブルクリックすれば、どんなファイルが含まれているのかを確認できます。表示された圧縮ファイル内の文書などのファイルをダブルクリックして、開くこともできます。ただし、圧縮ファイルの状態によっては正しく開くことができない場合もあるので、一時的に内容を確認する使い方に適しています。内容を確認したいときは、このレッスンの手順のように、圧縮ファイルを展開しましょう。

1 確認する圧縮ファイルをダブルクリック

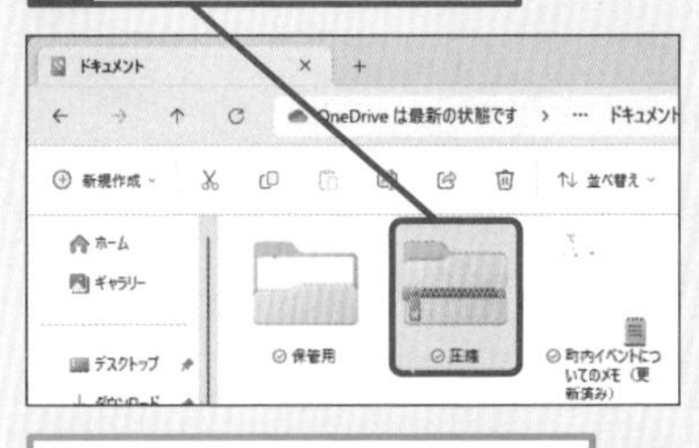

圧縮ファイルの内容が表示された

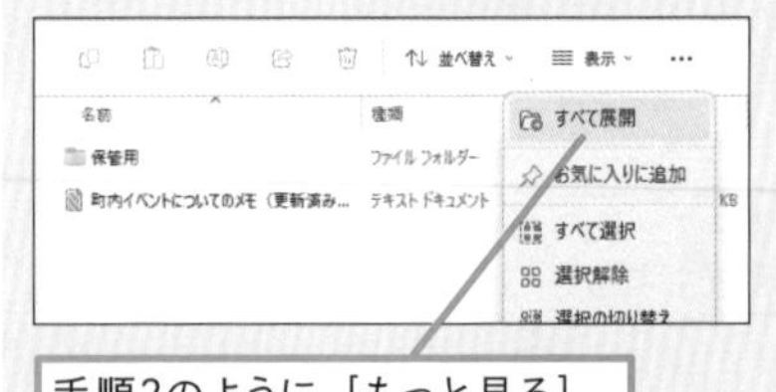

手順2のように［もっと見る］-［すべて展開］をクリックすると、ファイルを展開できる

● ファイルの展開を実行する

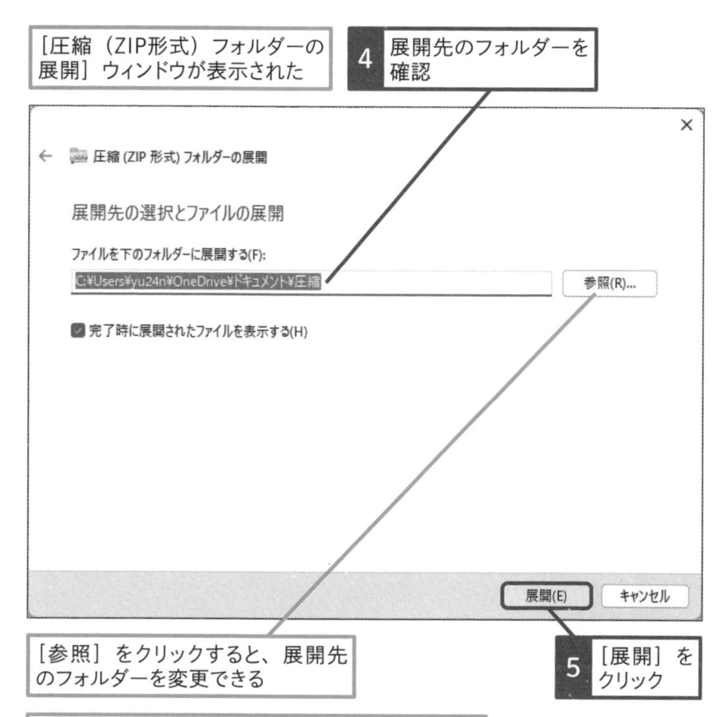

展開が完了し、展開されたフォルダーやファイルが新しいフォルダーウィンドウに表示された

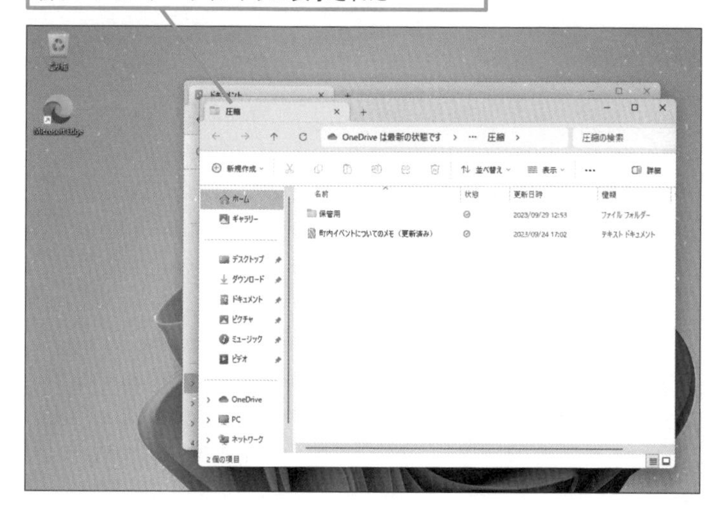

使いこなしのヒント

圧縮ファイルを展開するフォルダーを変更したいときは

圧縮ファイルを展開するとき、そのまま展開すると、圧縮ファイルが保存されていたフォルダーに、圧縮ファイルと同じ名前のフォルダーが作られ、そこに圧縮ファイルの内容が展開されます。異なるフォルダーに展開したいときは、手順2の操作4の画面で［参照］ボタンをクリックします。圧縮ファイルの内容を展開したいフォルダーを選び、［フォルダーの選択］をクリックすれば、そのフォルダーに展開されます。

使いこなしのヒント

パスワードの入力を求められたときは?

圧縮ファイルを展開するとき、パスワードの入力を求められることがあります。パスワードを知る人だけが展開できるように圧縮ファイルが作成されたためです。パスワードがわからないときは、圧縮ファイルを作成した相手に確認しましょう。

まとめ　圧縮は複数のファイルをまとめるときに便利

エクスプローラーではZIP形式によるファイルの圧縮ができます。ファイルの圧縮はファイルサイズを小さくできますが、写真などのデータはすでに圧縮されていて、あまり小さくならないことがあります。ファイルの圧縮が便利なのは、複数のファイルを1つにまとめたいときです。たとえば、複数の写真や文書をまとめて、ほかの人に渡すとき、1つのファイルにまとめておけば、コピーするファイルは1つで済みます。USBメモリーなどにコピーして、ほかの人に渡したいときにも1つのファイルにまとまっていると、扱いやすいなどのメリットがあります。

レッスン

28 ファイルをUSBメモリーにコピーするには

［送る］メニュー

作成したファイルをほかの人に渡したいときは、どうすればいいのでしょうか。ここではUSBメモリーを使って、ファイルをやり取りする方法を説明しましょう。

1 USBメモリーをパソコンに接続する

USBメモリーにファイルをコピーして、ほかの人に渡す

ほかの人に渡したいファイルを含むフォルダーを表示しておく

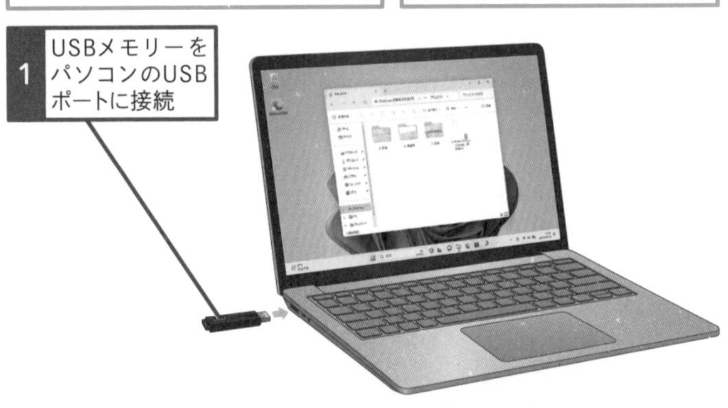

通知メッセージが画面の右下に表示された

ここでは通知メッセージをクリックしない

2 しばらく待つ

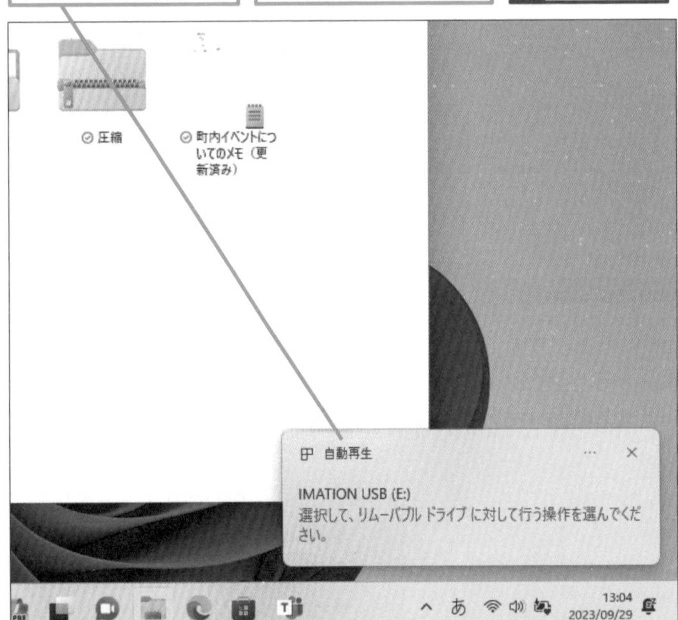

キーワード

ナビゲーションウィンドウ　P.327

使いこなしのヒント

USBメモリーの接続を確認するには

パソコンにUSBメモリーを装着すると、効果音が鳴り、手順1の2枚目の画面のよう自動再生の通知メッセージが表示されます。USBメモリーが接続されたことを確認するには、タスクバーから［エクスプローラー］を起動します。ナビゲーションウィンドウの［PC］の下に［(USBドライブ)］が表示されていれば、正しく接続されています。

使いこなしのヒント

自動再生って何?

USBメモリーを接続すると、手順1の2枚目の画面のように、「自動再生」の通知メッセージが表示され、しばらくすると消えます。この自動再生の通知メッセージは、パソコンに周辺機器が接続されたことを伝えるもので、メッセージをクリックすると、アプリケーションを起動するなど、対応する動作の一覧の候補が表示されます。いずれかの候補をクリックすると、次回以降は同じ動作をするようになります。

1 手順1の2枚目の画面で通知メッセージをクリック

項目をクリックすると、それ以降は選んだ動作が実行される

2 ファイルをUSBメモリーにコピーする

1 コピーするファイルを右クリック

2 [その他のオプションを確認] をクリック

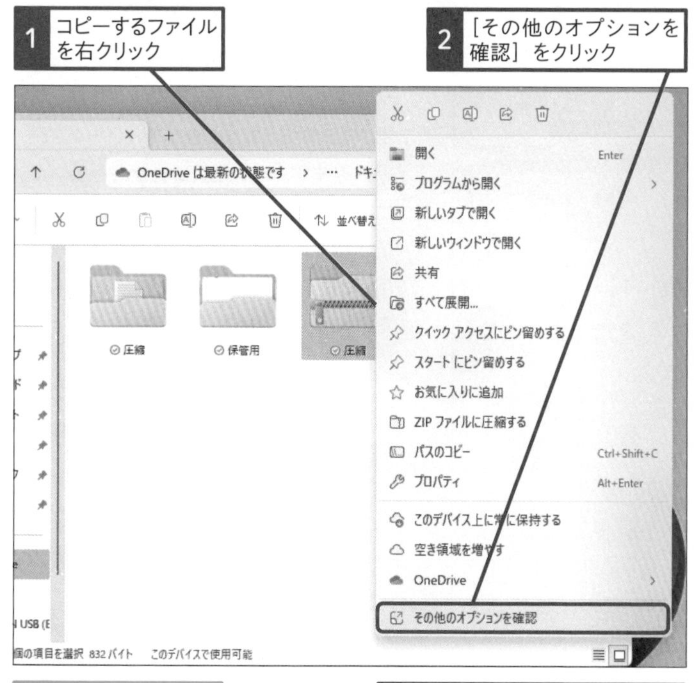

[その他のオプション] が表示された

3 [送る] にマウスポインターを合わせる

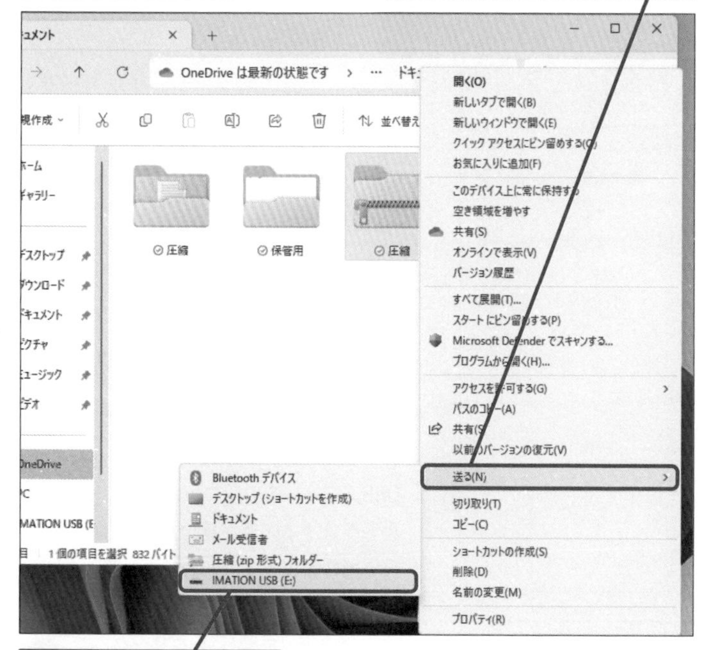

4 [USBドライブ]をクリック

[送る] の項目に表示されるUSBメモリーのドライブ名は、パソコンのドライブ構成によって異なる

使いこなしのヒント

USBポートがUSB Type-Cのときは

一般的にパソコンのUSBポートは、「USB Type-A」と呼ばれるものが広く採用されていますが、一部のパソコンではひと回りコネクターが小さい「USB Type-C」というUSBポートが備えられています。ほとんどのUSBメモリーはUSB Type-Aのため、USB Type-Cポートに装着するときは、USB Type-C変換アダプターを利用します。また、USB Type-Cポートに接続するUSBハブをパソコンに接続し、そこにUSBハブのUSB Type-AポートにUSBメモリーを挿すこともできます。

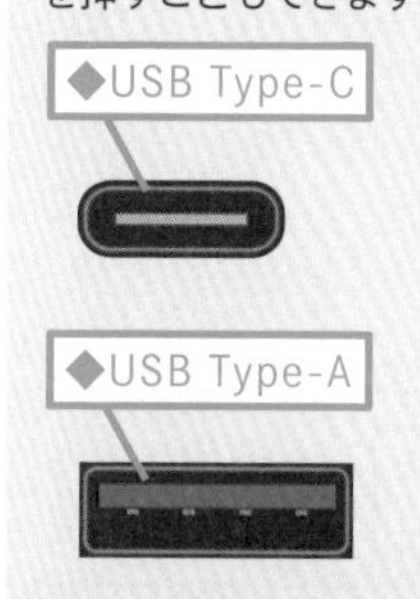

時短ワザ

[その他のオプション] をすばやく実行できる

手順2では右クリックして表示されたメニューで、[その他のオプション] をクリックし、次のメニューで [送る] を選んでいます。Windows 11では右クリックで表示されるメニューが変更され、いくつかの項目は [その他のオプション] の先を選ぶ必要がありますが、Shiftキーを押しながら右クリックをすると、[その他のオプション] を含むメニューが一度に表示されるため、より簡単に操作できます。

ここに注意

手順2の2枚目の画面でUSBメモリーが送り先に表示されないときは、もう一度、USBメモリーをパソコンにセットし直してみましょう。

次のページに続く →

3 USBメモリーのファイルを確認する

ファイルがコピーされた

USBメモリーのフォルダーを表示して、内容を確認する

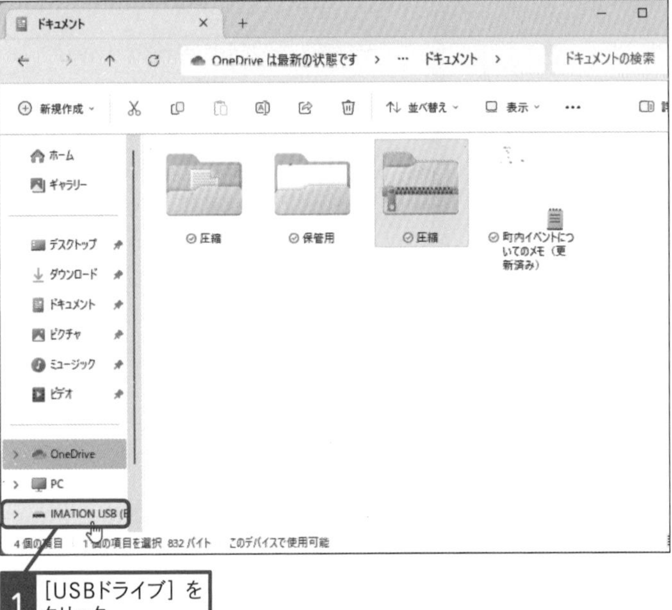

1 ［USBドライブ］をクリック

USBメモリーのフォルダーが表示された

2 ファイルを確認

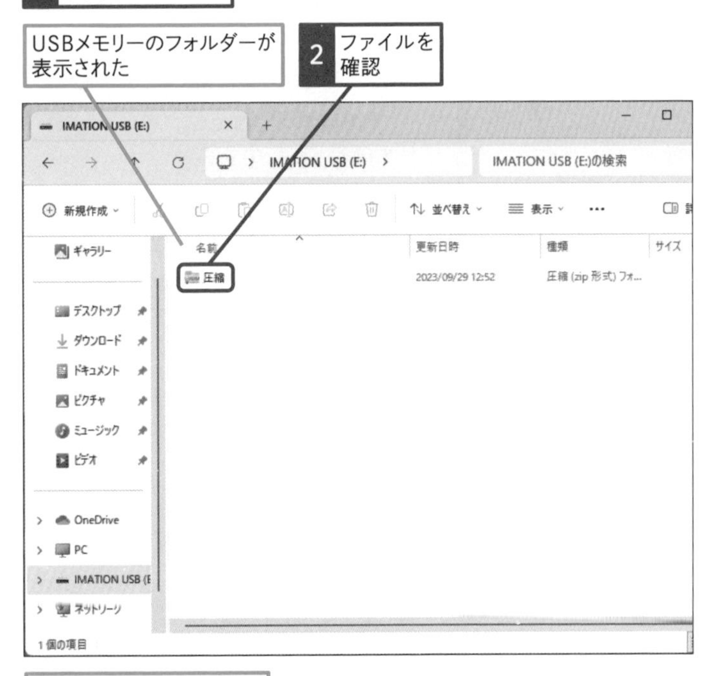

確認できたら、すべてのウィンドウを閉じておく

使いこなしのヒント

CDやDVDでデータを渡されたときは

ほかの人からCDやDVDのメディアでデータを渡されたときは、パソコンに搭載されている光学ドライブを使って、データを読み込みます。パソコンに光学ドライブが搭載されていないときは、USBポートに接続する外付けタイプの光学ドライブを利用します。家電量販店などで、読み込みたいメディアに対応したドライブを購入しましょう。

外付けの光学ドライブを利用してもよい

使いこなしのヒント

「このドライブで問題が見つかりました。」と表示されたときは

USBメモリーをパソコンに接続して、「このドライブで問題が見つかりました。」という通知メッセージが表示されたときは、通知メッセージのクリック後に［スキャンおよび修復（推奨）］をクリックして、修復します。USBメモリー内のファイルが修復できないときは、もう一度、ファイルをUSBメモリーにコピーし直しましょう。

スキルアップ

重要なファイルを保存するときは

USBメモリーに重要なファイルを保存したときは、以下のように操作して、「'USB大容量記憶装置'はコンピューターから安全に取り外すことができます。」と表示されてから、USBメモリーを取り外しましょう。

4 USBメモリーを取りはずす

USBメモリーがパソコンから取りはずせるようになった

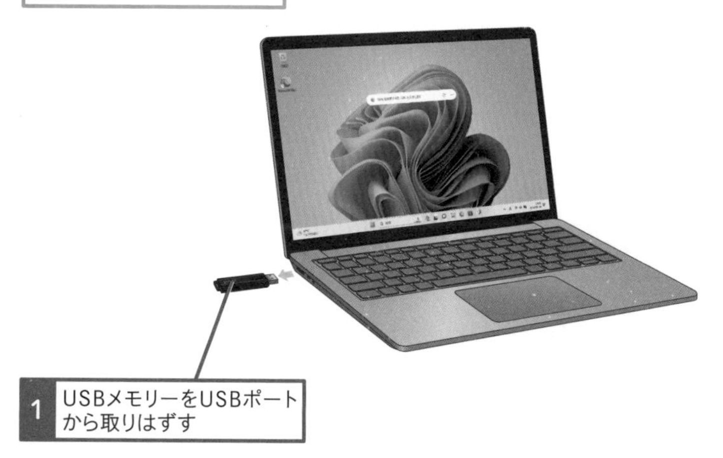

使いこなしのヒント

USBメモリーをすぐにはずすこともできる

最新のWindowsでは左のスキルアップで解説している操作をしなくてもUSBメモリーなどをすぐに取りはずせる「クイック取り外し」という機能が搭載されています。以下のように操作すると、クイック取り外しが有効になっていることを確認できます。

307ページを参考に、デバイスマネージャーを表示しておく

1 [ディスクドライブ] のここをクリック

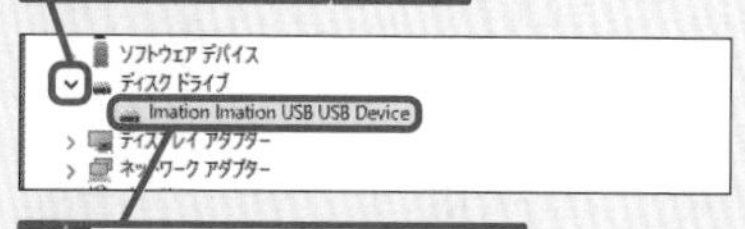

2 USBメモリーの名前をダブルクリック

3 [ポリシー] タブをクリック

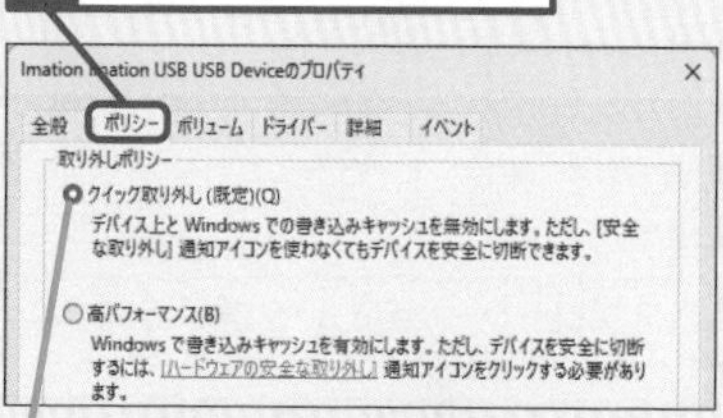

[クイック取り外し] が選択されていることを確認する

まとめ 手軽にファイルをやり取りできる

ほかの人にデータを渡したり、作成したファイルをほかのパソコンでも使いたいときに便利なのがUSBメモリーです。ファイルをやり取りする方法には、メールやDVD-Rなど、さまざまな方法がありますが、USBメモリーはメールで送れない大きなサイズのファイルやたくさんのファイルをやり取りできます。サイズがコンパクトで持ち運びやすく、ほとんどのパソコンで利用できますが、小さいがゆえに紛失するリスクもあります。大切なデータをなくしたというトラブルも多いので、取り扱いには十分に注意しましょう。

レッスン

29 ウィンドウ内で複数のフォルダーを切り替えるには

エクスプローラーのタブ追加

エクスプローラーではタブ機能を使うことで、複数のフォルダーをひとつのウィンドウ内で表示することができます。エクスプローラーのタブを使って、ファイルを移動してみましょう。

1 タブを追加する

1 ［新しいタブの追加］をクリック

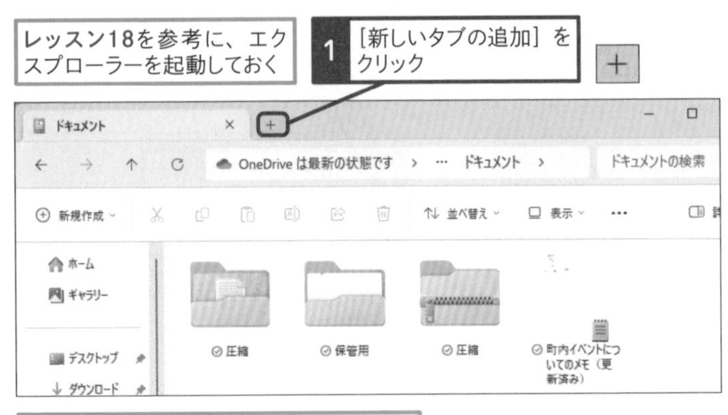

エクスプローラーに新しいタブが追加され、［ホーム］が表示された

2 タブを閉じる

1 ［タブを閉じる］をクリック

エクスプローラーのタブが閉じる

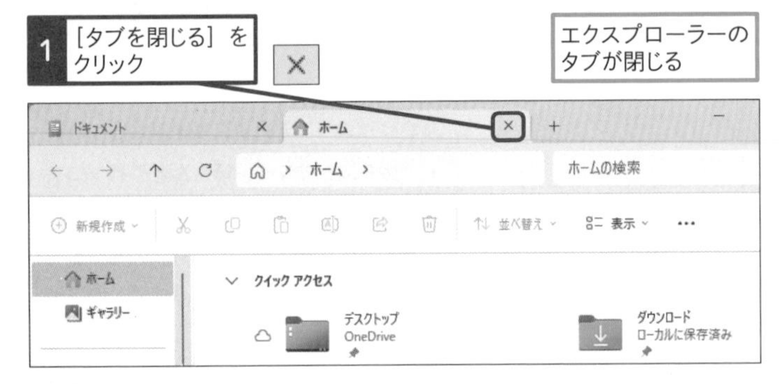

キーワード

エクスプローラー　P.326

ショートカットキー

タブの追加	Ctrl + T
タブを閉じる	Ctrl + W

時短ワザ

ショートカットキーでタブを操作できる

ここではマウスを操作して、タブを追加したり、閉じたりしていますが、ショートカットキーを使うことで、タブを操作することもできます。このショートカットキーはブラウザーのMicrosoft Edgeとも共通なので、覚えておきましょう。

ここに注意

手順3でファイルを移動するとき、デスクトップなど、ほかの場所に移動してしまったときは、Ctrlキーを押しながら、Zキーを押して、直前の操作を取り消し、もう一度、ファイルを移動し直しましょう。

3 タブを使ってファイルを移動する

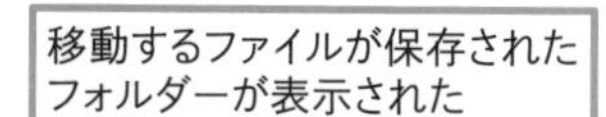

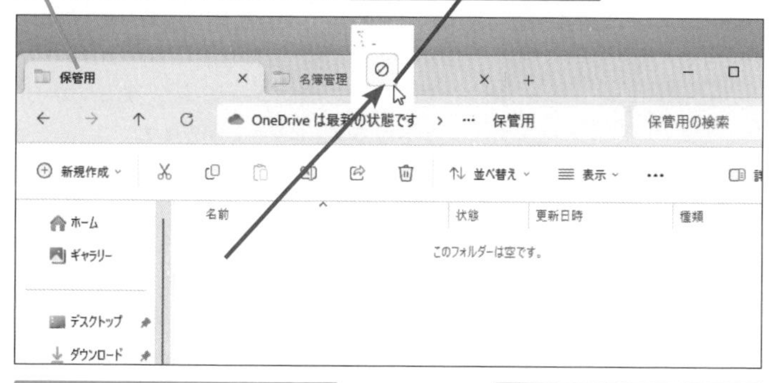

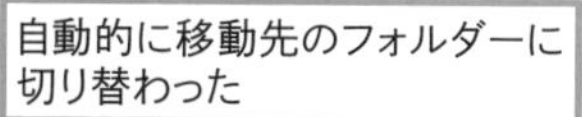

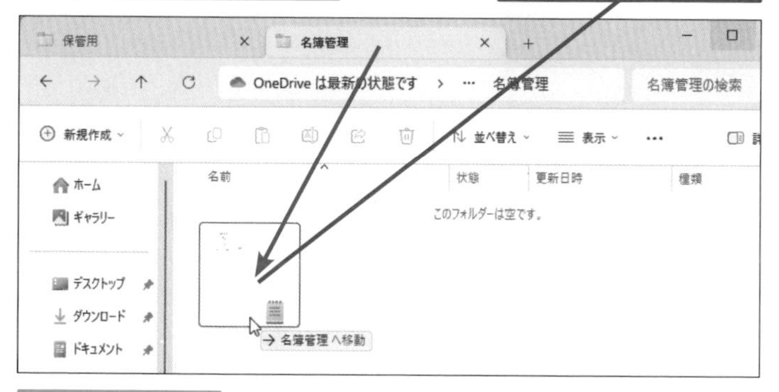

ショートカットキー

タブの切り替え Ctrl + Tab

使いこなしのヒント

タブの順番を変更できる

エクスプローラーで複数のタブを開いているとき、タブをドラッグして、並べ替えることができます。たとえば、手順3の画面で、[保管用] フォルダーのタブを右へドラッグし、[ホーム] のタブの右側で離すと、[保管用] フォルダーのタブが右側に表示されます。

スキルアップ

複数のタブをまとめて閉じられる

×をクリックすると、タブを閉じることができますが、複数のタブをまとめて閉じたいときは、以下のように、タブを右クリックして、表示されたメニューで [他のタブを閉じる] を選ぶと、選択しているタブ以外のタブは閉じられます。

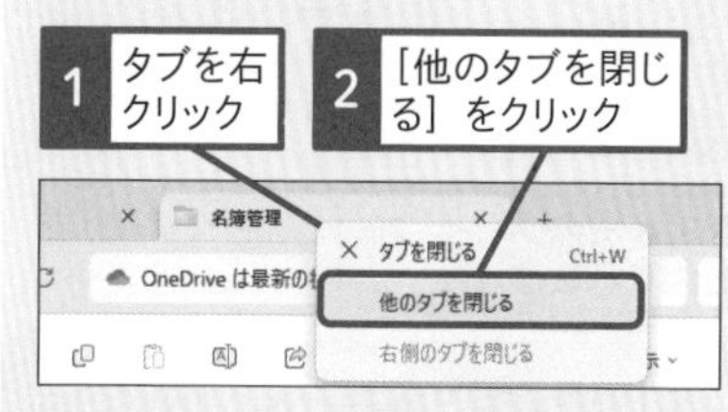

まとめ タブでファイル操作の効率をアップしよう

Windows 11ではエクスプローラーでタブ機能を利用することができます。タブ機能はブラウザーなどでも使われていますが、エクスプローラーでもタブを使うことで、効率良く操作ができます。ファイルのコピーや移動をするとき、複数のウィンドウを表示せずに操作できるため、限られたデスクトップのエリアを有効に活用できます。タブを追加したときは、1つのウィンドウに複数のタブが開かれていることを常に意識することが大切です。エクスプローラーのタブ機能を上手に活用しましょう。

レッスン

30 タブを別のウィンドウに分離するには

エクスプローラーのタブ分離／統合

エクスプローラーではタブ機能を使い、複数のフォルダーを表示できますが、タブを分離して、独立したウィンドウとして開くことができます。

1 タブを分離する

1つのウィンドウに2つのタブが表示されている

1 タブをドラッグ

ドラッグする先は、ウィンドウの内側でも外側でもかまわない

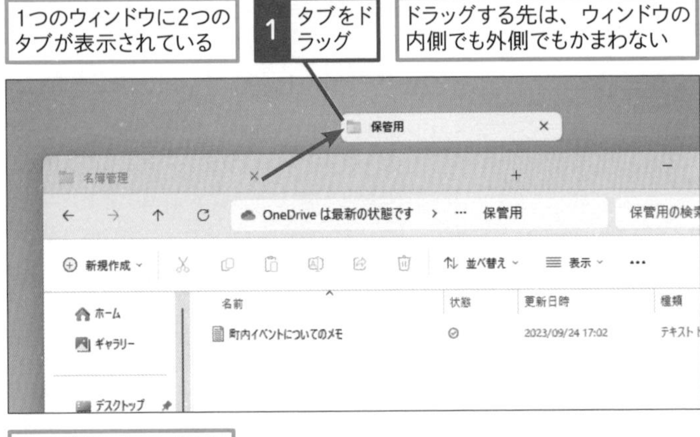

タブが別のウィンドウに分離された

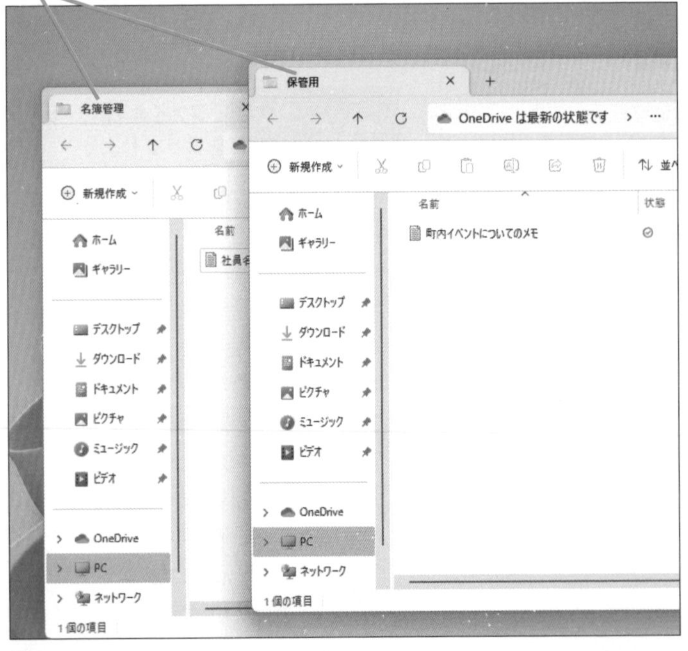

キーワード

エクスプローラー P.326

使いこなしのヒント

フォルダーをタブで表示できる

エクスプローラーにフォルダーが表示されているときは、以下のようにフォルダーを右クリックして、［新しいタブで開く］をクリックすると、同じウィンドウ内に新しいタブで開くことができます。［新しいウィンドウで開く］を選ぶと、新しいウィンドウでフォルダーで開きます。

1 フォルダーを右クリック

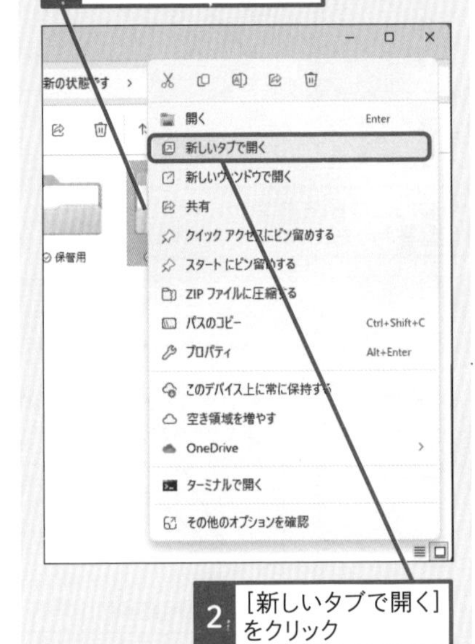

2 ［新しいタブで開く］をクリック

2 タブを1つのウィンドウにまとめる

手順1を参考に、ウィンドウを分割しておく

1 片方のウィンドウのタブをもう片方のタブまでドラッグ

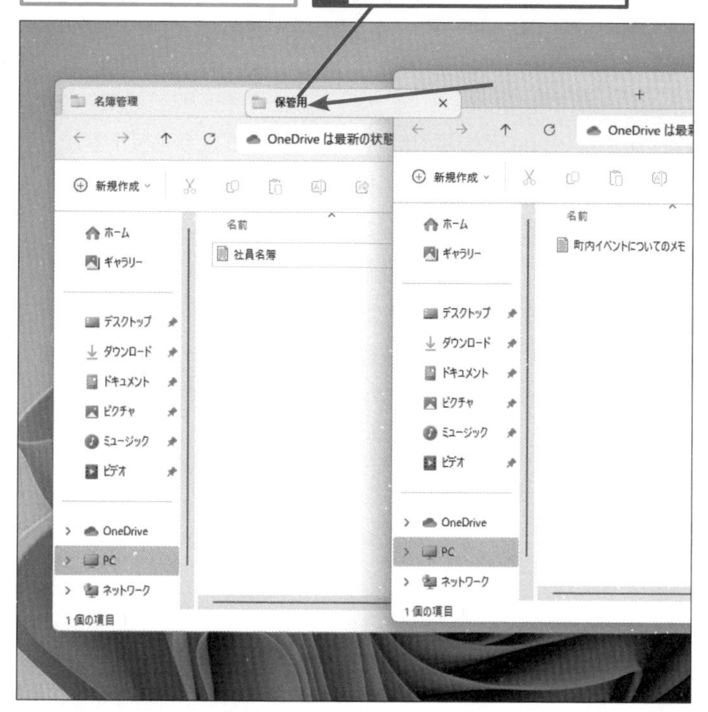

1つのウィンドウに2つのタブがまとめられた

使いこなしのヒント

ファイルを並べ替えられる

エクスプローラーに表示されているフォルダーやファイルは、指定した条件で並べ替えることができます。以下のように、[並べ替え] をクリックして、[名前] や [更新日時] などの順を選ぶと、並べ替えることができます。エクスプローラーの表示が [詳細] のときは、ツールバーの下の [名前] [更新日時] [種類] [サイズ] などをクリックして、並べ替えることもできます。

1 [並べ替え] をクリック

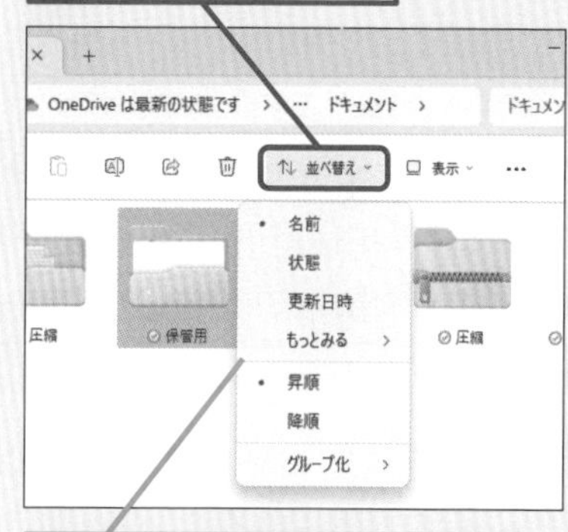

更新日時で並べ替えたり、昇順と降順を切り替えたりできる

まとめ タブを使いこなして効率良くウィンドウを操作しよう

エクスプローラーはタブ機能を使うことで、1つのウィンドウで複数のフォルダーを表示できますが、フォルダーの内容を比較するときなど、別々のウィンドウで表示した方が便利なこともあります。そのようなときは、タブを独立したウィンドウに表示することができます。逆に、複数のエクスプローラーをウィンドウで表示しているとき、タブ機能を使い、1つのウィンドウにまとめて表示することもできます。タブの分離とまとめ方を覚えておけば、状況に応じて、デスクトップの限られたスペースを有効に活用することができます。

この章のまとめ

きちんとファイルを整理するように心がけよう

文書や画像などのファイルは、エクスプローラーを起動して、さまざまな操作ができます。ファイルをコピーしたり、名前を変更したり、検索することもできます。わかりやすいファイル名を付け、フォルダーを作成して、用途やイベントごとに整理しておけば、いつでも目的のファイルを見つけやすくなります。あまり使わなくなったファイルなどは、圧縮機能を使って、複数のファイルをまとめておくのも手です。ほかの人とのファイルのやり取りは、いくつかの方法がありますが、現在はUSBメモリーの利用が多くなっています。また、エクスプローラーのタブ機能も便利です。エクスプローラーでは文書や写真など、作業内容に応じて、複数のフォルダーを開くことがありますが、タブ機能を使えば、1つのウィンドウにまとめたり、別のウィンドウに分離して表示するなど、限られたデスクトップのスペースを効率良く使いながら、作業ができます。

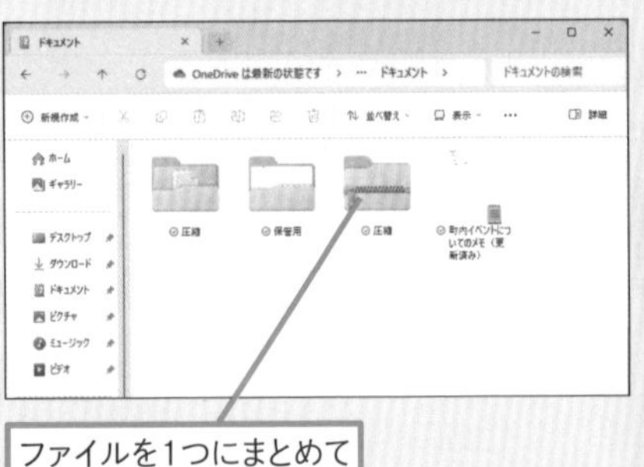

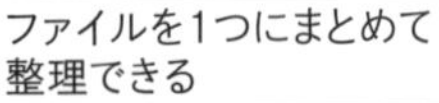

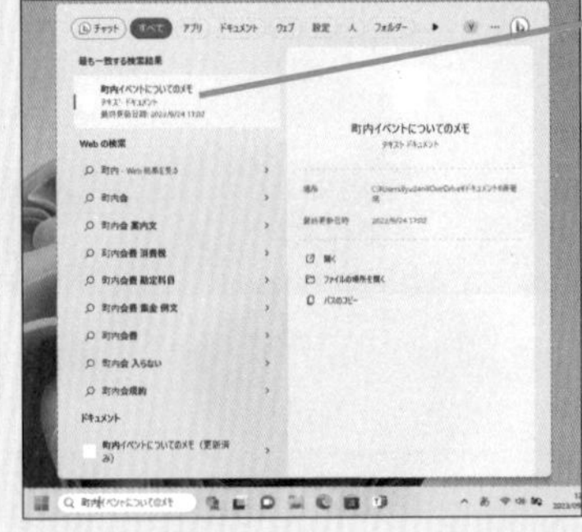

検索機能を使えば、目的のファイルをすぐに探せる

ファイルを扱うためのエクスプローラーの使い方がよくわかりました！

フォルダーを使った整理も重要ということですよね。常に心がけていきたいと思います。

万が一、ファイルが見つからなくなったときのために検索機能もしっかりと覚えておいてね。また、エクスプローラーのタブ機能も便利な機能だから、ぜひ使ってみてほしい。

エクスプローラーのタブ機能は、たくさんのウィンドウを開かずにファイルの整理ができるということですよね。使ってみたいと思います！

基本編

第4章

インターネットを楽しもう

この章ではインターネットを安全に使うための準備をはじめ、Microsoft Edgeを使って、インターネット上のWebページを楽しむ方法を解説します。Webページを見るだけでなく、それぞれのアプリの特徴を活かして、効率良くWebページを表示する方法も説明します。

レッスン

31 Introduction この章で学ぶこと インターネットを使おう

インターネットではさまざまなサービスが提供されています。これらのサービスの多くはWebページで提供されていて、ブラウザーで楽しむことができます。

多様化するインターネットサービス

2人はインターネットでどんなサービスを使っているのかな?

僕はSNSやグルメ情報サイト、動画配信サービスなんかをよく使っています。

◆Microsoft Edge

私はネットショッピングとネットオークション、音楽配信サービスが欠かせません!

インターネット上で提供されているサービスを利用するためには、ブラウザーが必要だよね。Windows 11には「Microsoft Edge」というブラウザーが標準で搭載されているんだ。

使いこなしのヒント

スマートフォンや携帯電話のインターネットとは何が違うの?

スマートフォンでは基本的にパソコンと同じインターネットを利用しています。スマートフォン向けのサービスのWebページはスマートフォンの画面でも見やすいように、画面のレイアウトや画像サイズなどが最適化された状態で表示されます。以前はスマートフォン向けのサービスは比較的機能が少ないなどの違いがありましたが、現在はほぼ同じ機能が用意されています。そのため、パソコンとスマートフォン両方に提供されているサービスは、どちらも同じように使うことができます。最近はスマートフォンに特化したサービスも増えてきています。

ブラウザーとインターネット

Microsoft Edgeって、比較的新しいブラウザーですよね？

Windows 10から登場したブラウザーだね。Windows 11に最適化されていて、とても快適に動作するように作られているのが特長だよ。

そうなんですね。ほかにおすすめのポイントはあるんですか？

いろいろ便利な機能があるけど、「コレクション」というMicrosoft Edgeにしかない機能なんかもあるんだ。この章で解説していくよ！

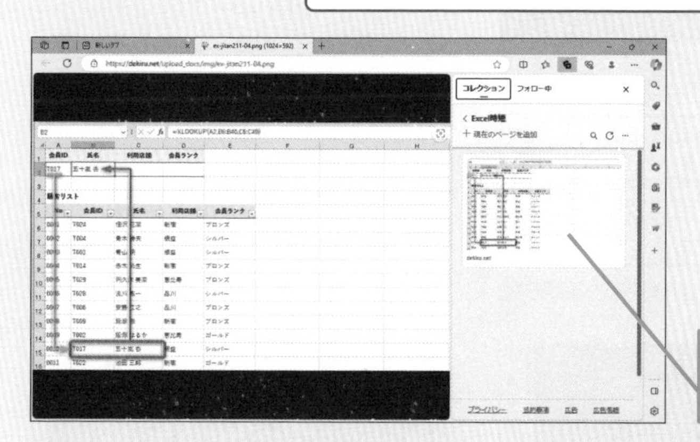

Microsoft Edgeでインターネット上で提供されているサービスやコンテンツを利用できる

使いこなしのヒント

ブラウザ上でAIアシスタントが利用できる

Microsoft Edgeの［Copilot］アイコンをクリックすると、AIアシスタントのCopilotがMicrosoft Edgeの画面で使えるようになります。このCopilotはWeb上の情報やコンテンツを効率良く探し出すことができる便利な機能で、これを活用することで、より一層Windows 11を便利に使えるようになります。利用頻度が高いMicrosoft Edgeから使えるため、いちいち専用アプリを起動したり、特定のWebページにアクセスする必要がなく、手軽にCopilotを使うことができます。Copilotについては、第6章で詳しく解説します。

使いこなしのヒント

Windows以外でもMicrosoft Edgeが使える

Windows 10で登場し、Windows 11にも搭載されている「Microsoft Edge」は、Windows以外でも使うことができます。macOSをはじめ、iPhoneやiPad、Androidなどにも対応しています。Windowsで「Microsoft Edge」を使い、ブックマークやパスワードを管理していると、それらをスマートフォンの「Microsoft Edge」でも使うことができるので、便利です。スマートフォンのアプリは、レッスン76で詳しく解説します。

レッスン

32 URLを入力してWebページを表示するには

Microsoft Edge

Webページは決められたURLをブラウザーに指定して、表示できます。Microsoft EdgeにURLを入力して、Webページを表示する方法を説明します。

1 Microsoft Edgeを起動する

タスクバーのボタンをクリックして、Microsoft Edgeを起動する

1 ［Microsoft Edge］をクリック

Microsoft Edgeが起動した

レッスン14や次ページのヒントを参考に、Microsoft Edgeを最大化しておく

●Microsoft Edgeの操作方法

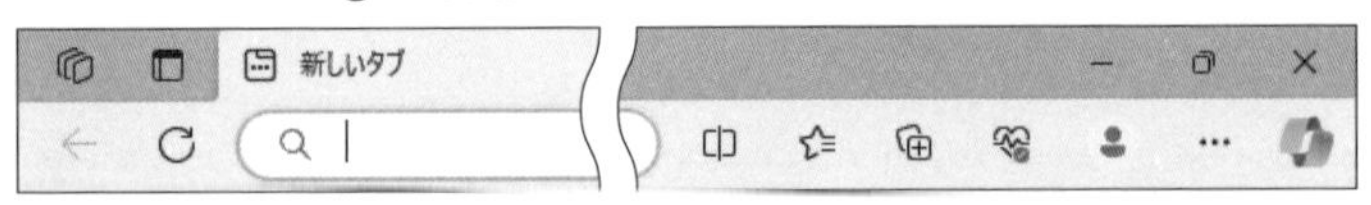

- ←…前のページに戻る
- →…次のページに移動する
- C…Webページを読み込み直す
- ☆…お気に入りの管理や削除をする
- …Webページを保存する
- …（…）…新しいウィンドウを開いたり、印刷や設定の画面を表示する

キーワード

Copilot	P.324
Microsoft Edge	P.324
URL	P.325
Webページ	P.325

使いこなしのヒント

［スタート］メニューからも起動できる

Microsoft Edgeは［スタート］メニューにピン留めしたアプリをクリックして、起動することができます。

レッスン06を参考に、［ピン留め済み］を表示しておく

1 ［Microsoft Edge］をクリック

AIアシスタント活用

Microsoft Edgeを起動できる

新たにWindowsに搭載されたCopilotを使って、アプリの起動ができます。たとえば、Copilotで「Edgeを起動してください」と入力すると、Microsoft Edgeを起動することができます。

2 URLを入力する

1 ここをクリック

ここでは日本気象協会のWebページを表示する

▼日本気象協会のWebページ
https://tenki.jp/

2 上記のURLを入力

3 Enter キーを押す

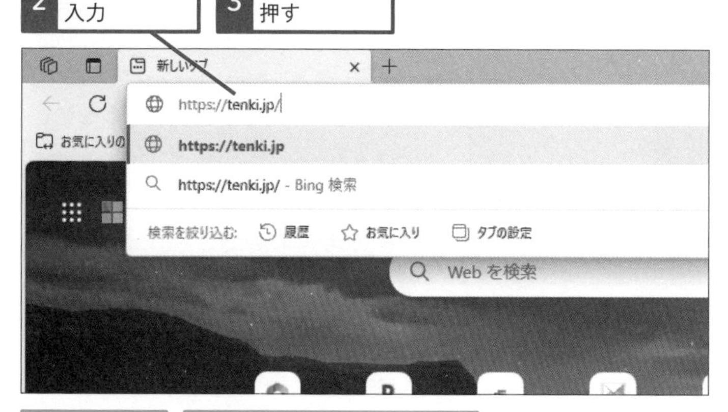

Webページが表示された

日本気象協会のWebページが表示された

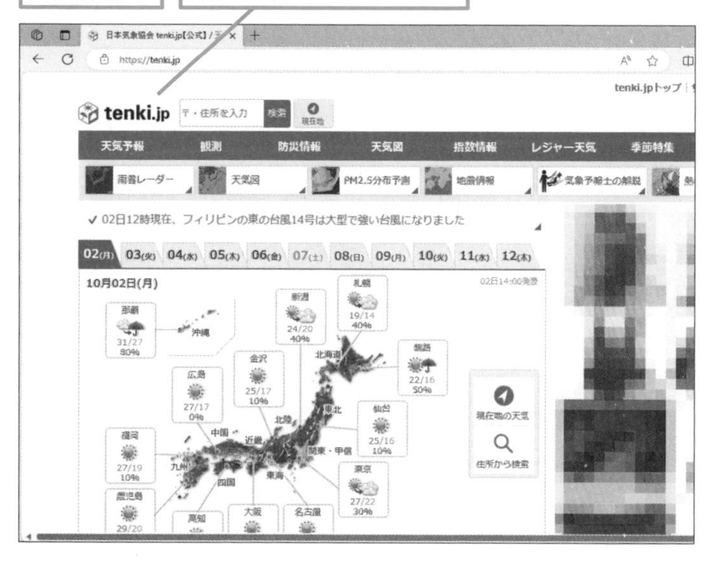

ショートカットキー

アドレスバーの選択 Alt + D

使いこなしのヒント

ウィンドウサイズを最大化するには

ウィンドウサイズを最大化したいときは、画面右上にあるボタンをクリックします。マウスポインターをボタンに合わせると、スナップレイアウトが表示され、好きなレイアウトに切り換えられます。スナップについてはレッスン81で解説します。元のサイズに戻したいときは［元に戻す］をクリックします。

●ウィンドウを最大化する

1 ［最大化］をクリック

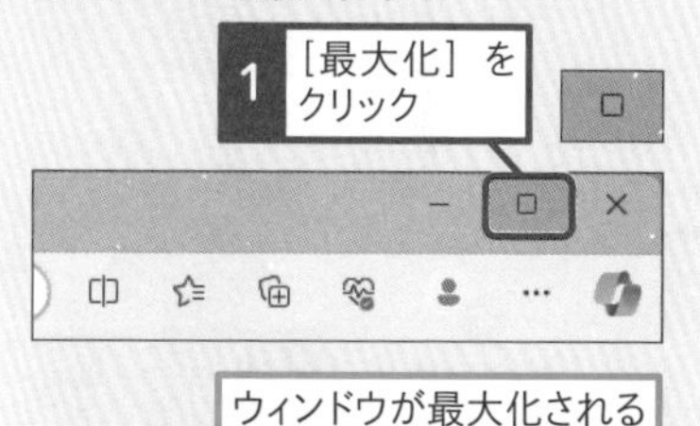

ウィンドウが最大化される

●ウィンドウサイズを元に戻す

1 ［元に戻す］をクリック

ウィンドウが元のサイズになる

時短ワザ

「https://」は省略できる

Microsoft EdgeでURLを入力するとき、最初の文字列「http://」や「https://」は、入力を省略しても通常は問題ありません。ただし、「ftp://」などの「http」や「https」以外ではじまるURLの入力は、省略できないことがあるので、注意しましょう。

ここに注意

手順2で間違ったURLを入力したときは、手順1に戻り、正しいURLを入力し直します。

次のページに続く

3 Microsoft Edgeを終了する

［閉じる］をクリックして、Microsoft Edgeを終了する

1 ［閉じる］をクリック

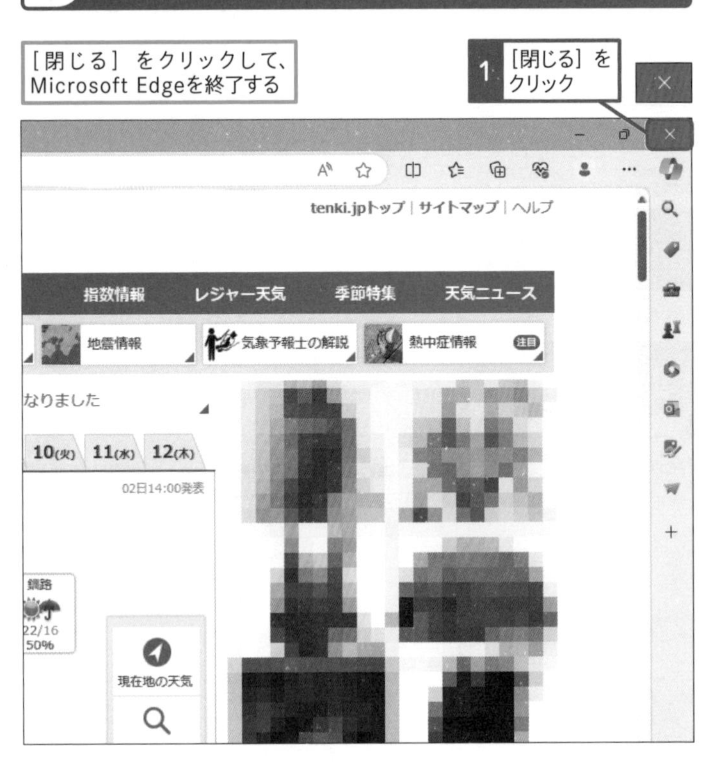

拡大	Ctrl ＋ ＋
縮小	Ctrl ＋ −

まとめ URLは正確に入力しよう

Microsoft Edgeで目的のWebページを表示するには、アドレスバーにURLを正しく入力する必要があります。URLはWebページの住所のようなもので、1文字でも間違えてしまうと、目的のWebページを表示できません。URLを入力するときには、間違えないように確実に入力しましょう。目的のWebページが表示されたら、そのWebページに表示されているリンクをクリックし、関連するさまざまなWebページを見てみましょう。

スキルアップ

Webページの表示を拡大しよう

Webページの表示サイズは、画面右上の［設定など］ボタンから変更できます。100％より大きな値を指定すると、拡大され、小さな文字が読みやすくなります。逆に、100％より小さな値を指定すると、縮小され、Webページ全体を見渡せます。拡大はキーボードでCtrlキーと＋キー、縮小はCtrlキーと−キーを同時に押すことでも操作できます。また、Ctrlキーと0キーを同時に押すと、表示を元の大きさに戻すことができます。

Webページの表示を拡大する

1 ［設定など］をクリック

2 ［拡大］を3回クリック

［拡大］と［縮小］をクリックするたびに、表示サイズが変更していく

Ctrl＋＋キーを押しても表示を拡大できる

何もないところをクリックして、Microsoft Edgeのメニューを非表示にしておく

スキルアップ

Internet Explorerでしか表示できないWebページを開くには

Windows 10以前のWindowsに搭載されていたInternet Explorerは機能が古かったり、セキュリティにリスクがあるため、Windows 11には搭載されていません。しかし、ごく一部にInternet Explorer特有の機能を使っていて、Internet Explorerでしか表示できないWebページがあります。こうしたWebページは、Microsoft EdgeのInternet Explorerモードを利用すると、表示できることがあります。以下の手順を参考に、Internet Explorerモードを試してみましょう。

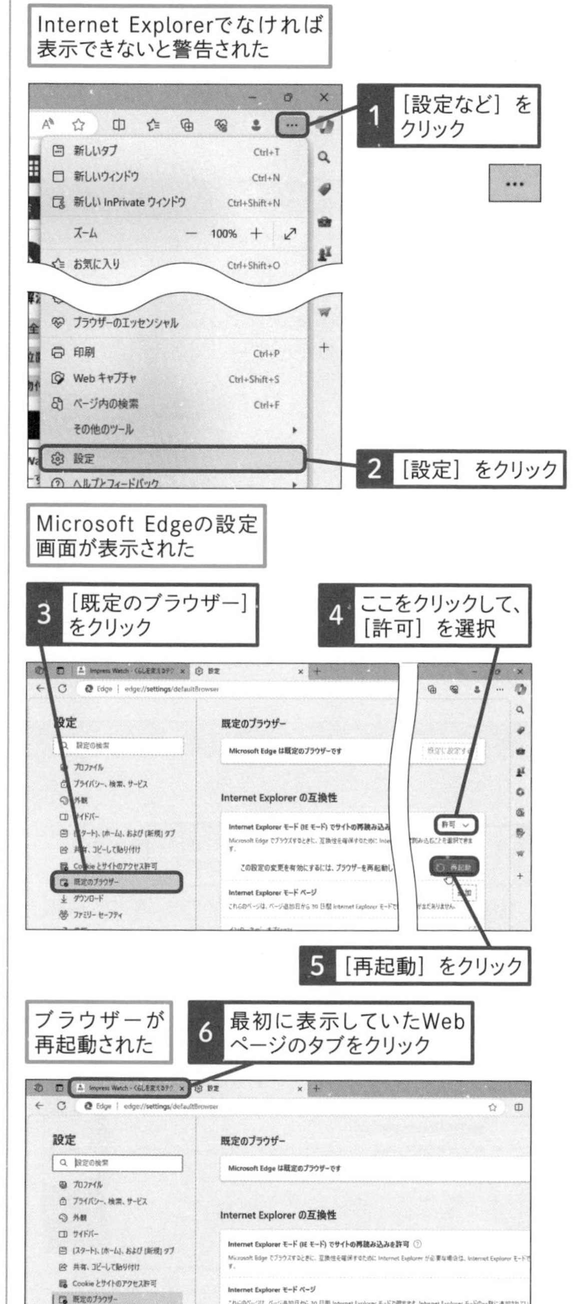

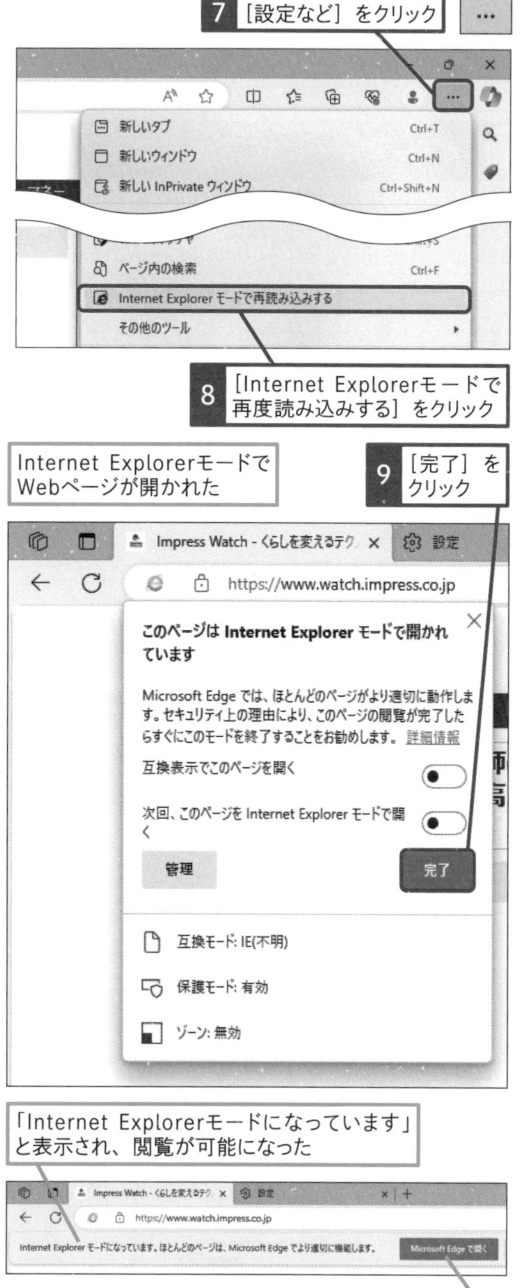

レッスン

33 キーワードでWebページを探すには

検索キーワードの入力

Microsoft EdgeではインターネットFから目的のWebページを探すために、キーワードによる検索ができます。アドレスバーにキーワードを入力して、Webページを検索してみましょう。

キーワード

ショートカットキー

[検索] バーの表示 Ctrl+F

使いこなしのヒント

複数のキーワードで検索してみよう

キーワードで検索をするときに、1つしかキーワードを入力しないと、検索結果が多くなり、目的のWebページが見つけにくくなります。「東京 天気」や「ニュース 野球」のように、複数のキーワードを空白で区切って入力すれば、検索結果が絞り込まれ、目的のWebページを見つけやすくなります。

1 アドレスバーに検索キーワードを入力する

ここではニュースを配信しているWebページを検索する

検索するキーワードの間には半角の空白を入力する

1 「ヤフーニュース」と入力

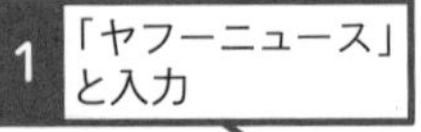

2 Enter キーを押す

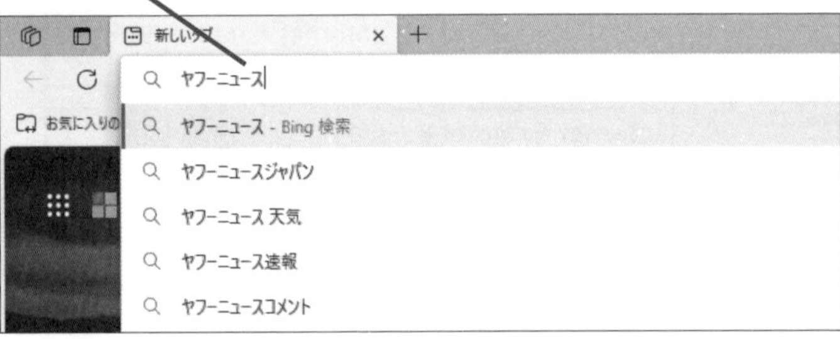

基本編 第4章 インターネットを楽しもう

スキルアップ

キーワードでWebページ内の情報を探そう

Microsoft Edgeは表示しているページ内の検索もできます。以下の手順で [検索] バーを表示して、キーワードを入力します。[検索]バーにキーワードを入力すると、該当するキーワードにマーカーを引いたような状態になり強調表示されます。

1 [設定など] をクリック

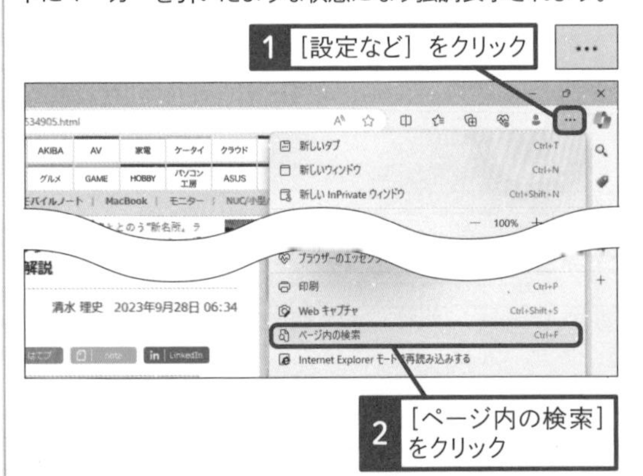

2 [ページ内の検索] をクリック

3 キーワードを入力

続けて検索するときは、[次へ] をクリックする

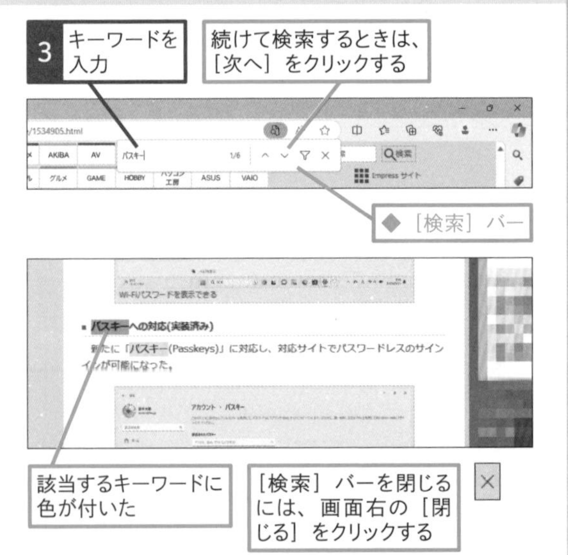

◆ [検索] バー

該当するキーワードに色が付いた

[検索] バーを閉じるには、画面右の [閉じる] をクリックする

2 検索結果のリンク先を表示する

Microsoft Bingの検索結果の一覧が表示された

1 ここをクリック

検索されたWebページのリンク先を表示する

ここでは「ヤフーニュース」というキーワードで検索したが表示される検索結果は常に変わる

2 Webページの内容を確認

時短ワザ

マウス操作でも表示の拡大や縮小ができる

Webページの表示が細かくて読みにくいときには、表示を拡大しましょう。122ページのスキルアップでも拡大表示を説明していますが、マウス操作でも表示を拡大することができます。キーボードの Ctrl キーを押しながら、マウスのホイールを前後に動かすことで、表示の拡大や縮小ができます。タッチパッドの場合は、タッチパッドのピンチアウト／ピンチインで拡大や縮小ができます。

ここに注意

手順1で入力するキーワードを間違えたときは、もう一度、正しいキーワードを入力し直して、検索しましょう。

AIアシスタント活用

CopilotでWebページを検索できる

Copilotを使えば、検索キーワードを直接、入力しなくても自然な文章でWebページを検索することができます。詳しくは第6章レッスン61で解説しています。

まとめ アドレスバーを使えば、すぐに検索ができる

インターネット上には膨大な数のWebページが存在します。これらの中から自分が求める目的のWebページを探すのは、大変な作業です。そこで、検索サイトなどを利用するわけですが、Microsoft Edgeにキーワードを入力すれば、いつでも検索ができます。何か知りたいことを思い付いたとき、検索サイトに移動しなくてもアドレスバーにキーワードを入力して、すぐに検索ができるわけです。アドレスバーでの検索を積極的に活用しましょう。

レッスン

34 Googleで検索できるようにするには

検索プロバイダー

アドレスバーに入力したキーワードは、標準ではマイクロソフトの「Bing」を使って、検索されます。ほかの検索サービスを利用したいときは、検索プロバイダーを変更しましょう。

1 ［アドレスバーと検索］画面を表示する

123ページのスキルアップを参考に、Microsoft Edgeの設定画面を表示しておく

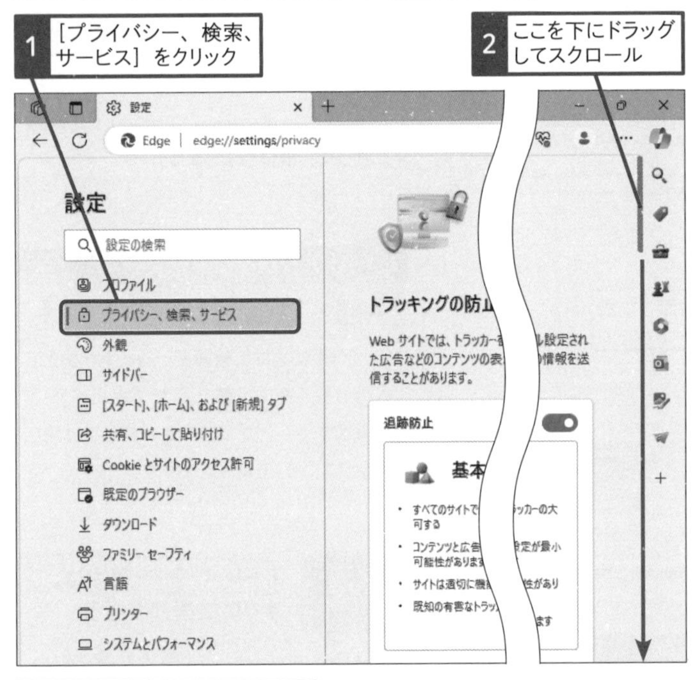

［サービス］の項目が表示された

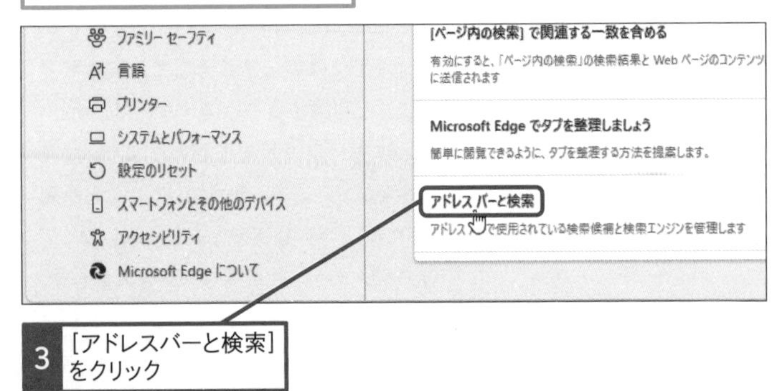

キーワード

Bing	P.324
アドレスバー	P.325

使いこなしのヒント

登録されている検索プロバイダーを削除するには

意図しない検索エンジンが使われていたり、既定の設定が戻ってしまうことがあります。そのようなときには、使いたくない検索エンジンを削除します。［検索エンジンの管理］で、削除することができます。

手順2の画面を表示しておく

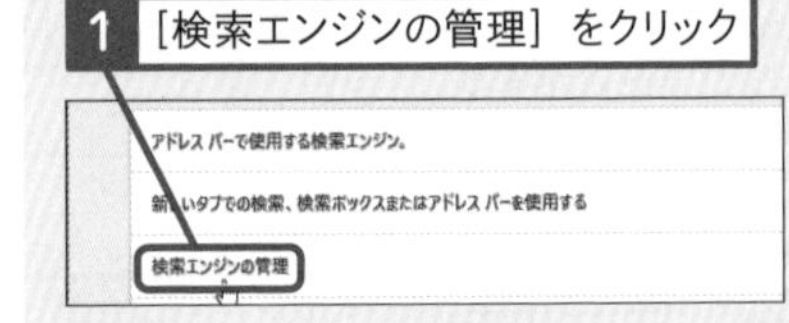

ここに注意

手順1で［プライバシー、検索、サービス］以外をクリックしてしまったときは、Microsoft Edgeをいったん終了して、もう一度、手順1からやり直します。

基本編 第4章 インターネットを楽しもう

2 検索プロバイダーを変更する

ここではGoogleに変更する

1 ［アドレスバーで使用する検索エンジン］のここをクリックし、［Google］を選択

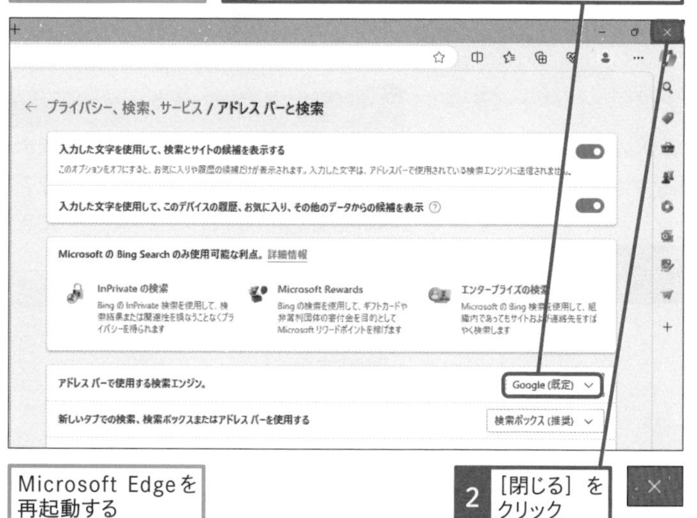

Microsoft Edgeを再起動する

2 ［閉じる］をクリック

3 新しく設定した検索エンジンで検索する

ここではレッスン33と同じ検索キーワードで検索する

1 「ヤフーニュース」と入力

2 Enterキーを押す

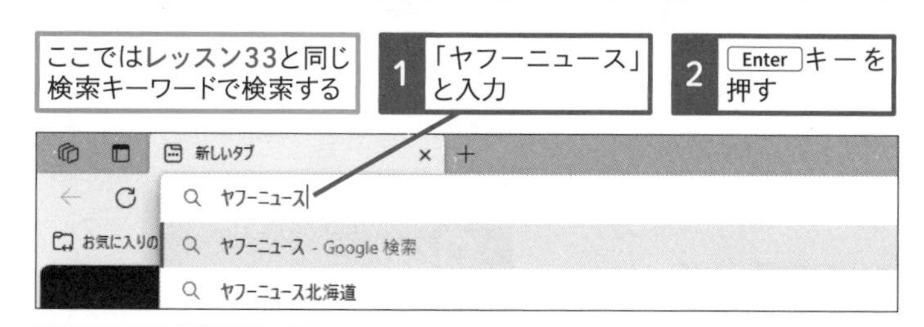

Googleの検索結果の一覧が表示された

スキルアップ

一時的に異なる検索プロバイダーを使う

検索プロバイダーのURLがわかっているときは、一時的にその検索プロバイダーでの検索結果を得ることができます。まず、アドレスバーに検索プロバイダーのURLを入力しましょう。続いて、Tabキーを押して、検索したいキーワードを入力します。

1 アドレスバーに「google.com」と入力

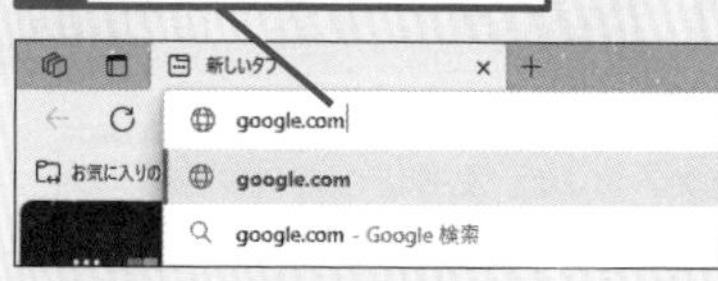

2 Tabキーを押す

［Googleの検索］と表示され、Googleで検索できるようになった

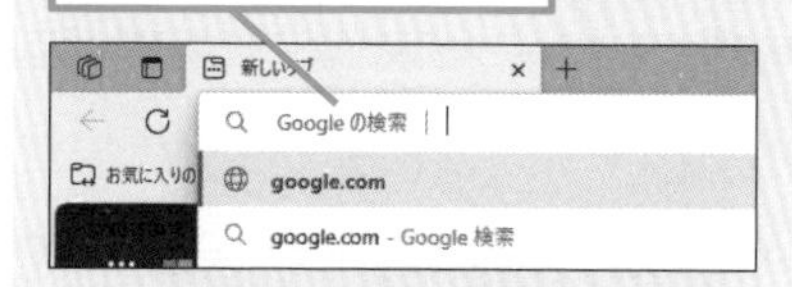

まとめ　自分好みの検索エンジンに変更しよう

Microsoft Edgeの検索プロバイダーは、初期状態ではマイクロソフトのBingが設定されています。普段使い慣れた検索プロバイダーに変更しておきましょう。Microsoft Edgeにはここで解説したWebページなどを検索する検索プロバイダーだけでなく、［検索エンジンの管理］で検索プロバイダーを[既定]に設定することで、YouTubeやX(Twitter)で検索した結果を表示することもできます。どの検索プロバイダーを使うかは、いつでも元の設定に戻せるので、用途に合わせて切り替えながら使ってみるといいでしょう。

レッスン

35 ファイルをダウンロードするには

ダウンロード

インターネットでは製品マニュアルや画像、アプリのインストーラーなど、さまざまな資料やデータが公開されています。ブラウザーを使って、これらのファイルを安全にダウンロードする方法を解説します。

キーワード

Webページ	P.325
ダウンロード	P.327
マルウェア	P.328

1 ファイルをダウンロードする

レッスン32を参考に、以下のURLのWebページを表示しておく

▼デスクトップから世界に旅立とうのWebページ
https://www.microsoft.com/ja-jp/bing/bing-wallpaper

1 ここを下にドラッグしてスクロール

2 [今すぐダウンロード]をクリック

使いこなしのヒント

ダウンロードしたファイルを確認するには

ダウンロードしたファイルは、[設定など] - [ダウンロード] をクリックすると、一覧が表示されます。目的のファイルをクリックすると、内容を確認できます。

1 [設定など] をクリック

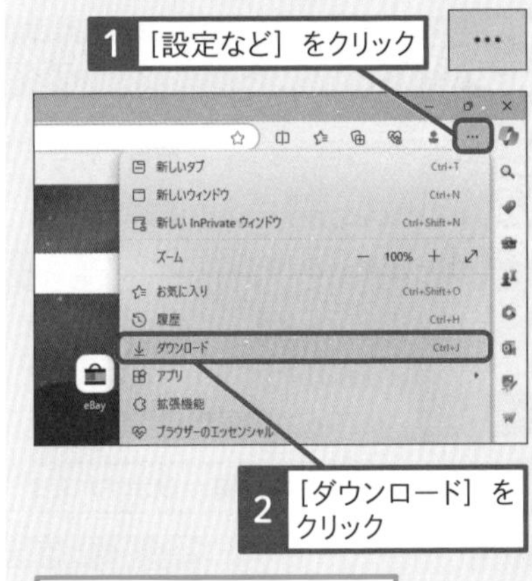

2 [ダウンロード] をクリック

ダウンロードしたファイルの一覧が表示される

使いこなしのヒント

セキュリティの警告が表示されたときは

Webページからファイルをダウンロードするときに、「xxxはMicrosoft Edgeによってブロックされました。」というメッセージが表示されることがあります。これは不正なWebページやファイルである可能性を示しています。安全性が確認できないときは、閲覧やダウンロードを避けましょう。ファイルは自動的に削除されるので、特別な対処をしなくても、危険を及ぼす心配はありません。

ダウンロードしようとしたファイルが削除された

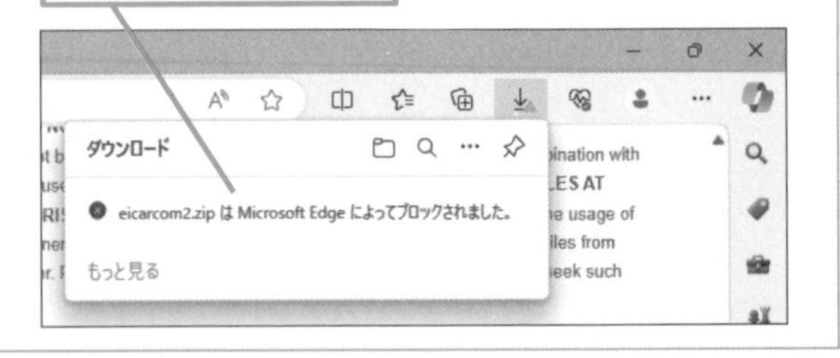

スキルアップ

セキュリティの状態を確認しておこう

インターネットにはいろいろなWebサイトが存在しますが、すべてのサイトが安全というわけではありません。なかには悪意をもって運用されているものもあります。そのため、ファイルをダウンロードする際にも注意を怠らないようにしましょう。Winodws 11には「Windowsセキュリティ」というセキュリティ対策ソフトが搭載されていて、パソコンを保護してくれます。以下の手順で、「Windowsセキュリティ」が正常に動作していることを確認しておきましょう。

1 [隠れているインジケーターを表示します] をクリック

2 ここをクリック

パソコンの保護状態が表示された

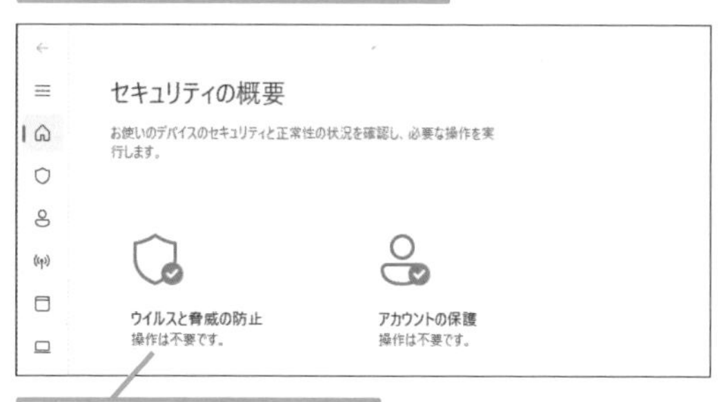

[操作は不要です] と表示されれば、問題はない

2 ダウンロードしたファイルを確認する

ファイルのダウンロードが完了すると、ポップアップが表示される

1 [フォルダーに表示] をクリック

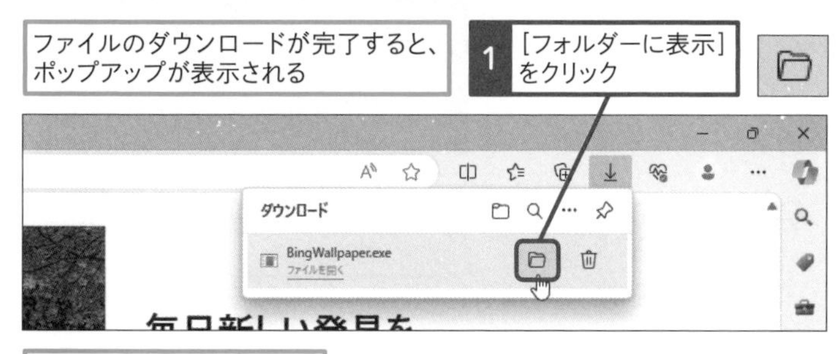

ダウンロードしたファイルが表示された

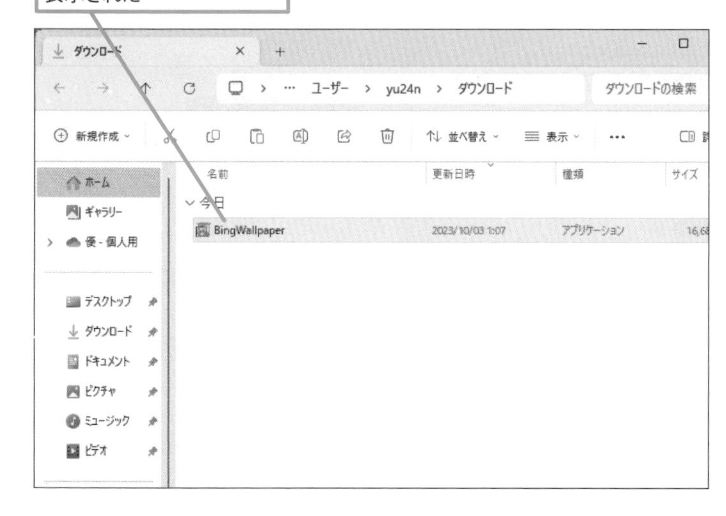

時短ワザ

ダウンロードしたファイルをすばやく削除できる

ダウンロードしたファイルは、[ダウンロード]フォルダーに保存されます。ダウンロードしたファイルを削除するには、エクスプローラーで [ダウンロード] フォルダーを開きファイルを削除します。もしくは、手順2の操作1でダウンロードしたファイルの一覧から [ファイルの削除] をクリックして、すばやく削除することもできます。

1 [ファイルの削除] をクリック

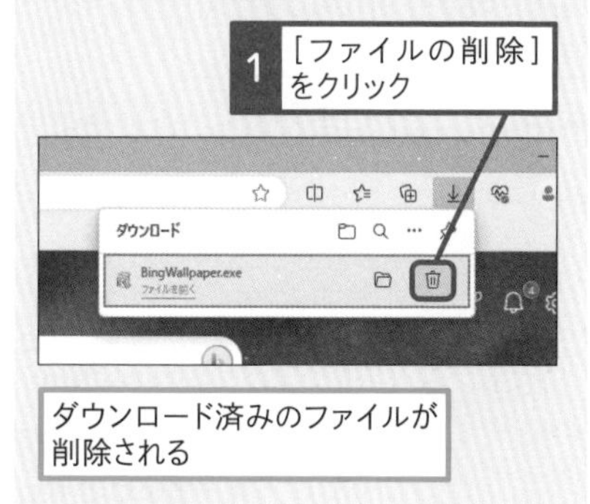

ダウンロード済みのファイルが削除される

次のページに続く

3 PDFをダウンロードする

レッスン32を参考に、以下のURLのWebページを表示しておく

▼総務省統計局「我が国のこどもの数」

https://www.stat.go.jp/data/jinsui/topics/topi1310.html

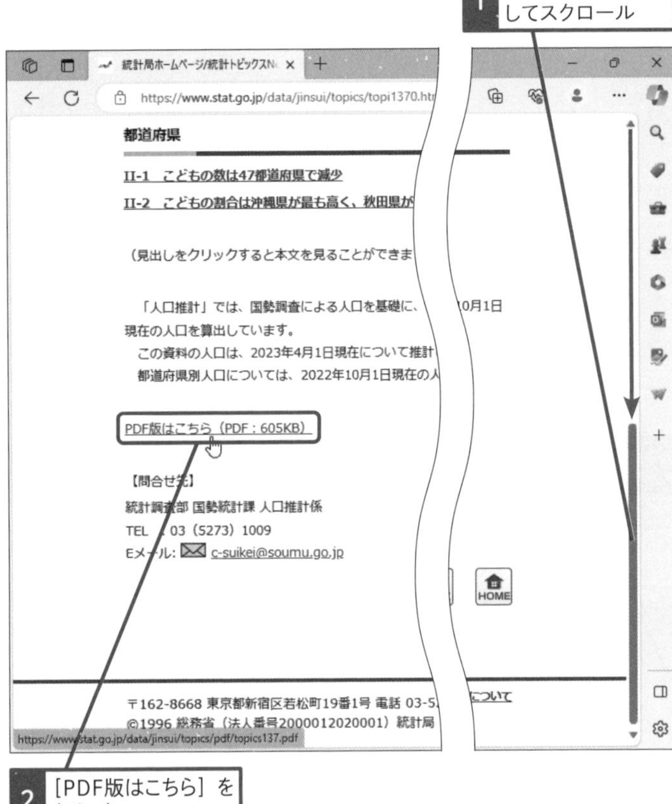

新しいタブにPDFファイルが表示された

3 [上書き保存]をクリック

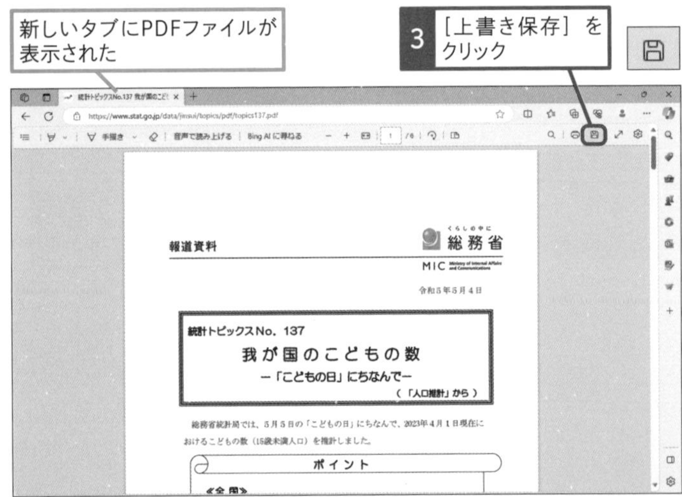

スキルアップ

悪意のあるサイトに気を付けよう

インターネット上には危険なサイトが多く存在します。アクセスするだけでパソコンの動作に悪影響をあたえるものをはじめ、犯罪に利用する目的でユーザー IDやパスワード、メールアドレスなどの個人情報を入力させようとするフィッシングサイトなどがあります。Windowsに搭載されたMicrosoft Defender SmartScreen（以下SmartScreen）は、表示したWebページを分析して、動作が疑わしい場合に警告を表示します。また、悪意のあるサイトのデータベースに照合して、一致したときも注意を促す警告を表示します。

SmartScreenが危険なサイトの疑いがあると警告している

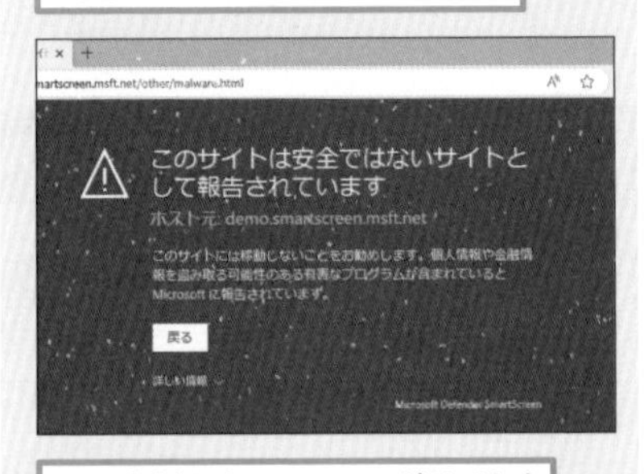

URLを似せたフィッシングサイトを表示しようとすると、注意を促す画面が表示される

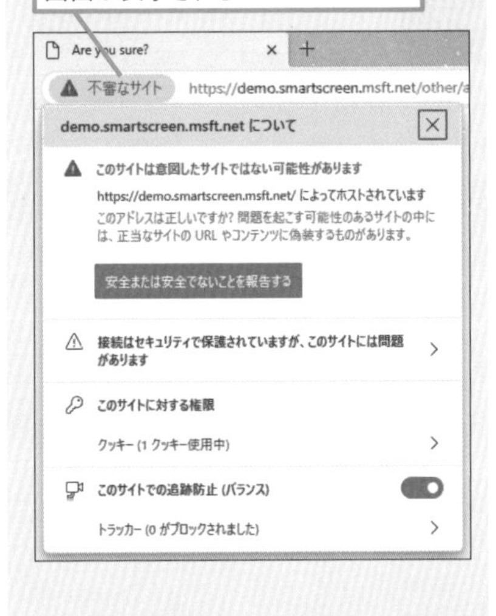

●PDFファイルを保存する

[名前を付けて保存]ダイアログボックスが表示された

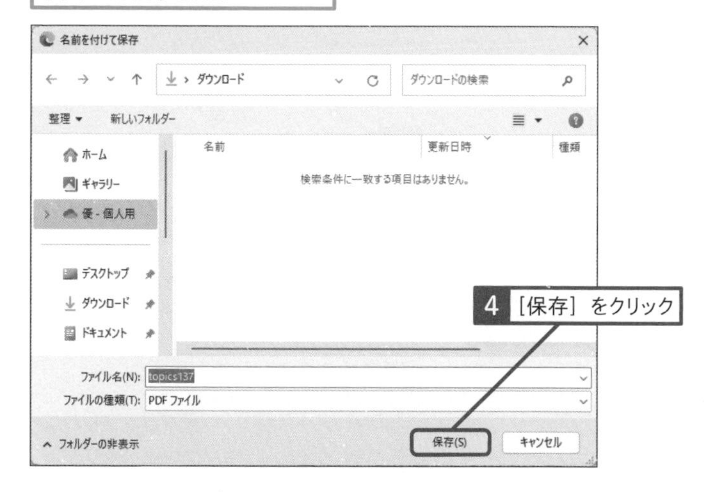

4 [保存]をクリック

4 ダウンロードしたPDFを表示する

[ダウンロード]フォルダーを表示しておく

1 PDFをダブルクリック

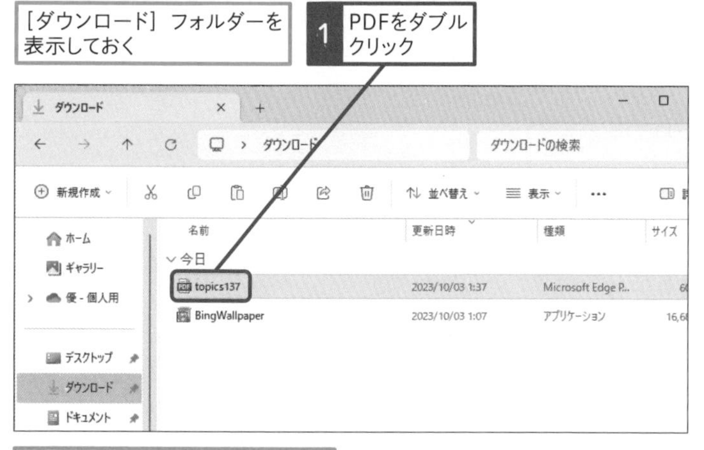

ダウンロードしたPDFが表示された

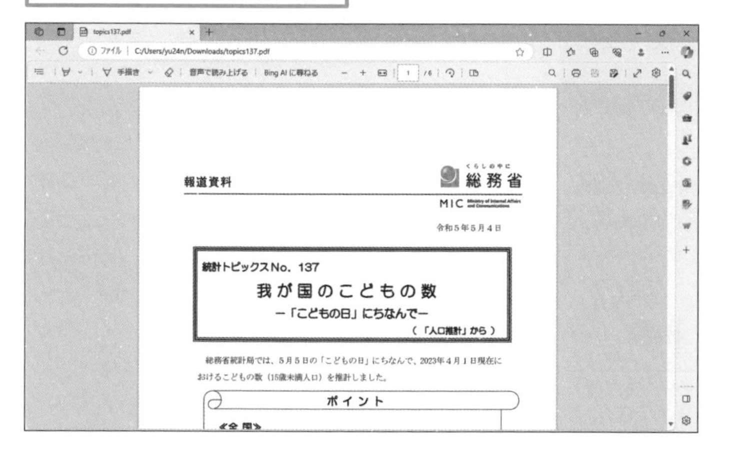

使いこなしのヒント

ブラウザーでPDFを表示できる

Microsoft EdgeはPDFファイルを表示できます。表示だけでなく、音声で読み上げたり、以下のようにPDF内の文字列を検索したり、手書きの文字を追記することもできます。

[検索]をクリックすると、PDF内を検索できる

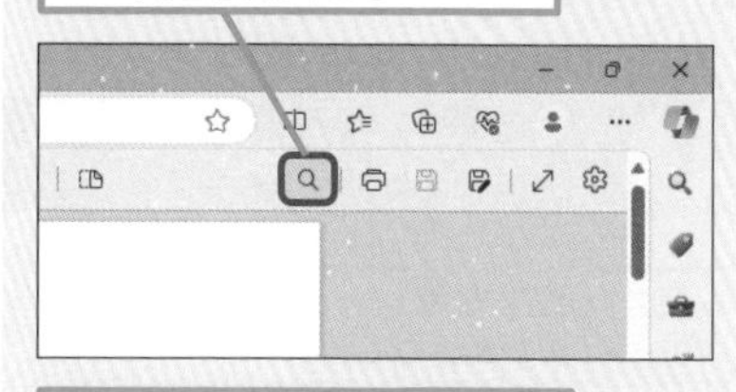

[手描き]をクリックすると、手書きのメモを書き加えられる

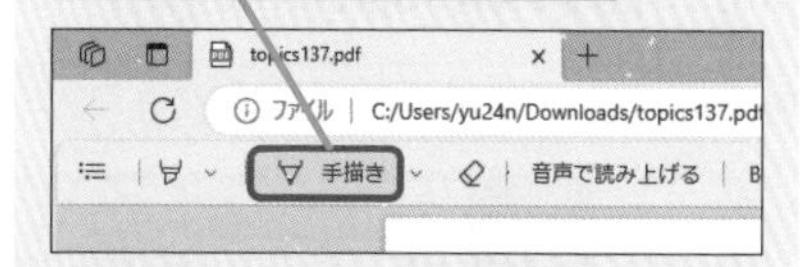

まとめ ファイルのダウンロードは便利ですが、気を付けて利用しよう

Webページにはファイルが登録されていて、ダウンロードできることがあります。たとえば、レストランのメニューや家電のカタログなどがPDF形式のファイルで公開されています。商品に添付されていた冊子や取扱説明書もインターネットからダウンロードできることが増えています。Microsoft Edgeはこうしたファイルをダウンロードして、表示できます。また、パソコンを便利に使うために、便利なアプリなどをダウンロードすることがありますが、公開されているファイルは、必ずしも安全なものばかりではありません。なかには悪意のあるマルウェアが入ったプログラムなどもあります。Windows 11にはこれらを防ぐセキュリティ対策が施されていますが、インターネットでファイルなどをダウンロードするときは、十分に注意することを心がけましょう。

レッスン

36 関連するWebページを表示するには

リンク、戻る、進む

Webページの文字や画像には、「リンク」と呼ばれるほかのWebページの参照先が設定されていることがあります。リンクをクリックして、ほかのWebページを表示してみましょう。

キーワード

Webページ	P.325
パスワード	P.328

1 リンク先のWebページを表示する

レッスン32を参考に、以下のURLのWebページを表示しておく

▼PC Watch
https://pc.watch.impress.co.jp/

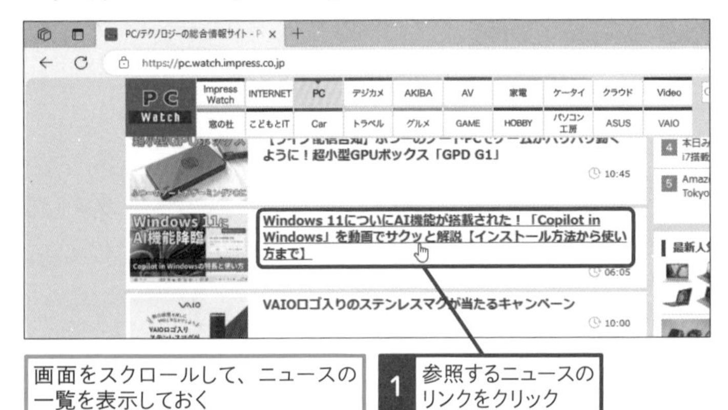

画面をスクロールして、ニュースの一覧を表示しておく

1 参照するニュースのリンクをクリック

リンク先のWebページが表示された

画面でマウスポインターを動かすと、スクロールバーが表示される

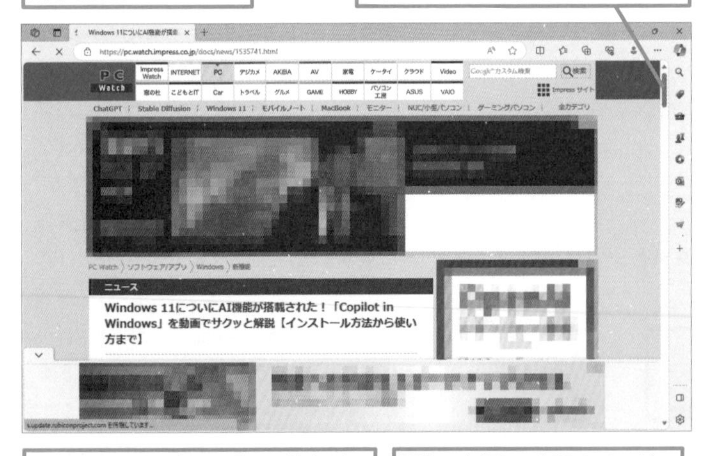

スクロールバーを下にドラッグすると、Webページの下部が表示される

↓キーを押してもWebページの下部を表示できる

使いこなしのヒント

リンク先が別のタブで表示されることもある

このレッスンではリンクをクリックしたとき、同じタブにリンク先のWebページが表示されましたが、Webページによっては、リンクをクリックしたときに新しいタブが追加されて、表示されることがあります。

スキルアップ

IDとパスワードを保存しておくこともできる

WebページでIDとパスワードを入力すると、「パスワードを保存しますか？」というメッセージが表示されることがあります。保存すると、次回から同じページへのログイン時に保存したIDとパスワードを自動的に入力できます。ただし、パスワードを直接、入力しなくてもプライベートな情報を表示できるので、パソコンをほかの人に操作させるときには注意しましょう。

2 1つ前に見たWebページに戻る

ニュースを読み終わったので、ニュース一覧のWebページに戻る

1 ［戻る］をクリック

←

ニュースの一覧に戻った

ほかのリンクをクリックすれば、同様にニュースの詳細を表示できる

Webページによっては、表示したWebページのリンクの色が変わる

［進む］をクリックすると、手順1で開いたリンク先Webページが表示される

→

ショートカットキー

前のWebページに戻る	Alt + ←
次のWebページに進む	Alt + →

使いこなしのヒント

履歴を表示して、前のページに戻ることもできる

［設定など］から［履歴］を開くと、直近に閉じたWebページが表示されます。その中からWebページをクリックすると、戻ることができます。

1 ［設定など］をクリック

…

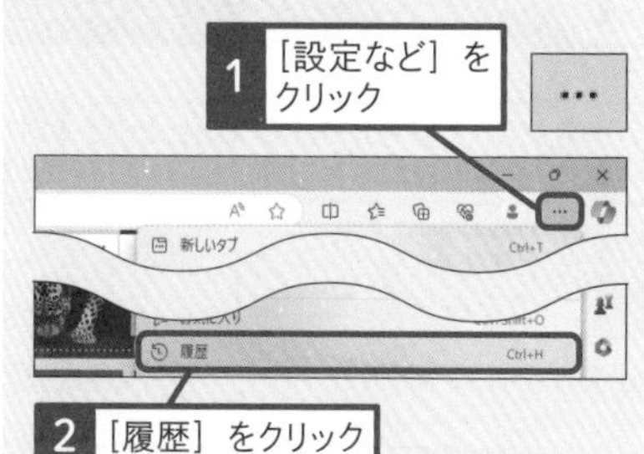

2 ［履歴］をクリック

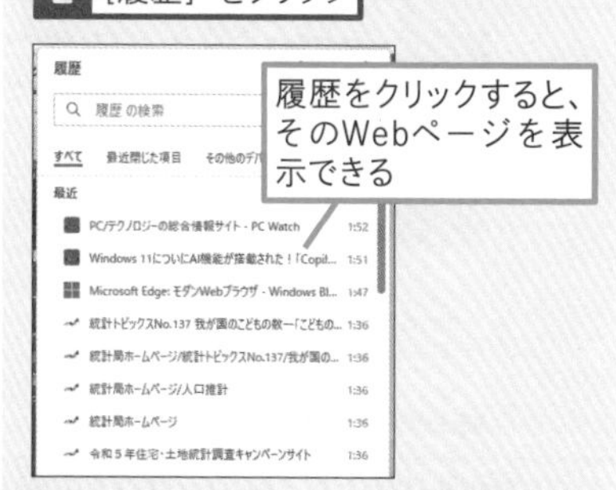

履歴をクリックすると、そのWebページを表示できる

まとめ リンクをクリックしてWebページを移動する

Webページの多くは、リンクによってつながっています。リンクにはより詳しい情報や関連する話題などが掲載された参照先が設定されていて、リンクをクリックすることで、そのWebページに移動できます。このレッスンのように、記事の一覧で見出しをクリックして、記事の本文を読み、［戻る］ボタンで一覧に戻るといった使い方ができます。また、リンク先には、まったく別のサイトのWebページに移動することもあります。Webページのリンクをたどりながら、関連する話題や情報を楽しんでみましょう。

レッスン

37 複数のWebページを切り替えて表示するには

リンクを新しいタブで開く

今、表示しているWebページはそのままにしておき、ほかのWebページを参照したいことがあります。そんなときはMicrosoft Edgeのタブブラウズ機能を使って、複数のWebページを表示してみましょう。

1 Webページをタブで開く

レッスン36を参考に、PC WatchのWebページを表示しておく

気になるニュースをタブで表示し、詳細をまとめて確認する

1 表示するWebページのリンクを右クリック

2 ［リンクを新しいタブで開く］をクリック

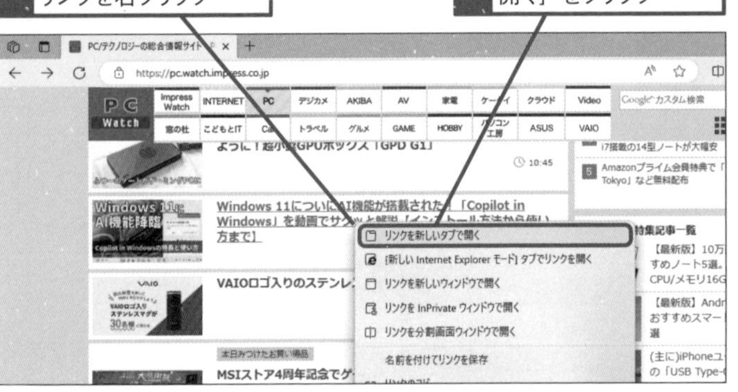

リンクが画像の場合は、［名前を付けて画像を保存］や［画像の共有］などの項目も表示される

2 追加した2つ目のタブの内容を表示する

リンク先のWebページが新しいタブに表示された

タブは切り替わらず、最初に表示していたタブがそのまま表示される

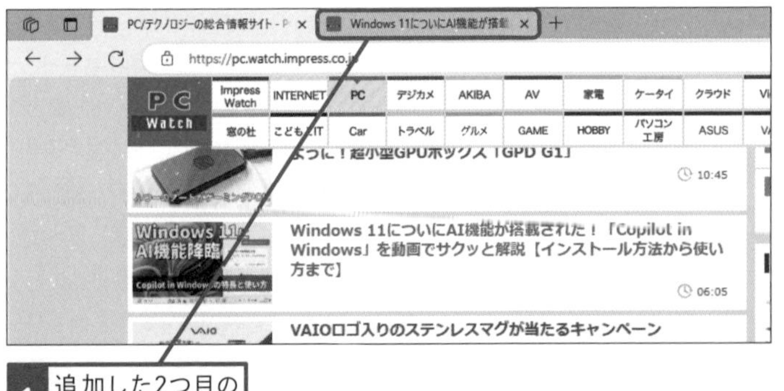

1 追加した2つ目のタブをクリック

キーワード

Webページ P.325

使いこなしのヒント

複数のタブをキーで切り替えて表示するには

複数のタブを開いている状態で、Ctrlキーを押しながら、Tabキーを押すと、右側のタブのWebページに切り替えることができます。左のタブに切り替えるときは、Shift＋Ctrl＋Tabキーを押します。

複数のタブを表示しておく

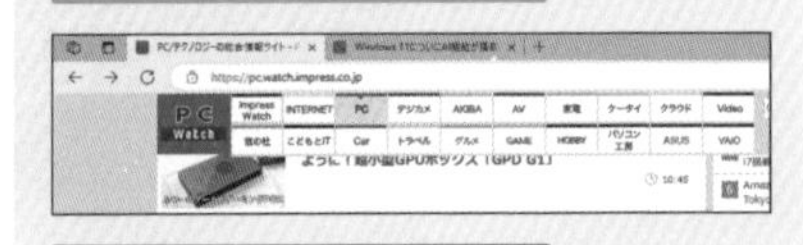

1 Ctrl＋Tabキーを押す

右のタブにWebページの表示が切り替わった

ショートカットキー

タブを切り替える Ctrl＋Tab

使いこなしのヒント

タッチ操作でリンクを新しいタブで開くには

タッチ操作のときは、手順1でリンクを長押しすると、メニューが表示されるので、同じように新しいタブでWebページを表示できます。

基本編 第4章 インターネットを楽しもう

3 2つ目に追加したタブを閉じる

タブが切り替わった

1 ［タブを閉じる］をクリック

タブが閉じて、1つ目のタブで開いたWebページが表示された

すべてのタブを閉じると、Microsoft Edgeが終了する

ショートカットキー

タブを閉じる　Ctrl＋W

使いこなしのヒント

履歴や一時ファイルを保存しないでWebページを表示するには

以下の手順で操作すると、タブの左に「InPrivate」と表示され、「InPrivateブラウズモード」で動作します。InPrivateブラウズでは、普段利用している設定や状態が引き継がれず、終了時に閲覧の履歴や一時ファイル、ユーザー名やパスワードなどのフォームへの入力データ、Cookieが保存されません。テレワークなどで利用するとき、普段入力しているIDやパスワードなどの情報を間違えて入力したり、業務で入力した内容を残したくないときは、InPrivateブラウズを利用しましょう。もしくはレッスン95を参考にして、テレワーク用のMicrosoftアカウントを新規に追加して、使いましょう。

1 ［設定など］をクリック

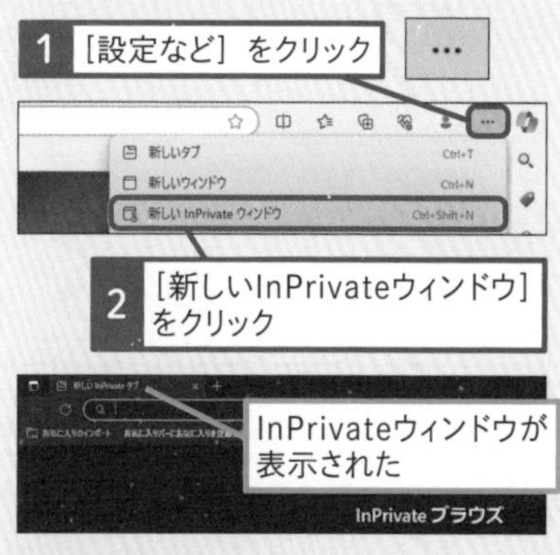

2 ［新しいInPrivateウィンドウ］をクリック

InPrivateウィンドウが表示された

まとめ タブを切り替えてWebページを比較できる

Microsoft Edgeのタブブラウズ機能は、複数のWebページをタブで切り替えながら閲覧できる機能です。アプリバーに複数のタブを表示して、タブごとに異なるWebページを表示します。タブをクリックすれば、複数のWebページを簡単に切り替えて、表示できます。タブブラウズ機能は複数のWebページの内容を比較しながら閲覧したいときにも便利です。

レッスン
38 Webページをお気に入りに登録するには

お気に入り

気に入ったWebページや便利なWebページなど、後で参照したいWebページは「お気に入り」に登録しておくと便利です。お気に入りの使い方を説明しましょう。

1 お気に入りに追加する

現在表示しているWebページをお気に入りに追加する

1 ［このページをお気に入りに追加］をクリック

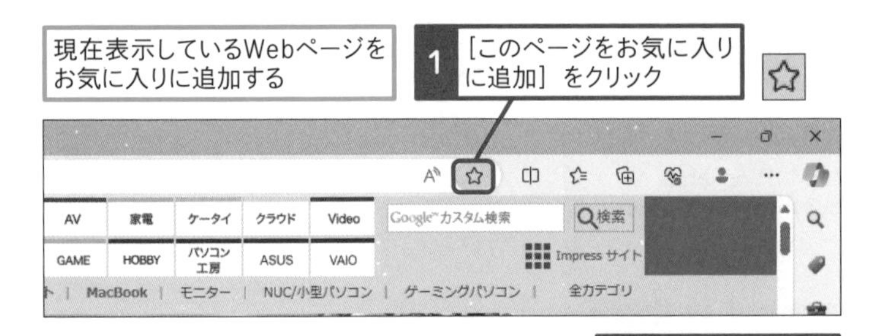

2 ［完了］をクリック

お気に入りに追加したWebページを表示すると、［このページをお気に入りに追加］が青色で表示される

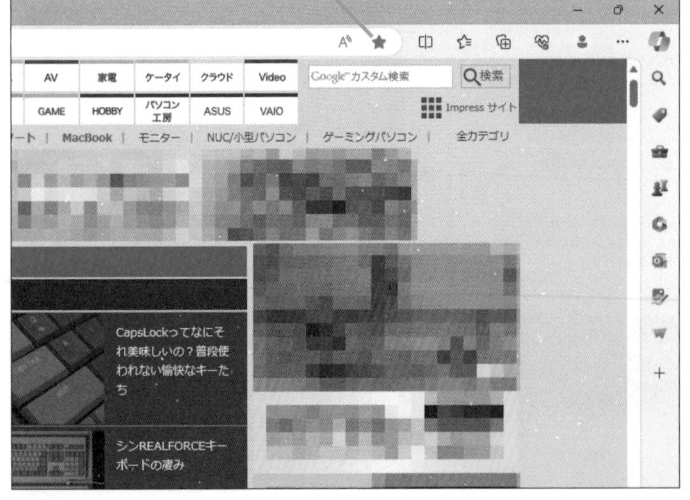

キーワード

Webページ	P.325
タスクバー	P.327
ブラウザー	P.328

ショートカットキー

お気に入りの追加 Ctrl＋D

使いこなしのヒント

タスクバーや［スタート］メニューにピン留めできる

Webページはタスクバーや［スタート］メニューに登録できます。登録したいWebページを表示し、右上の…をクリックし、［その他のツール］で［タスクバーにピン留めする］や［スタート画面にピン留めする］を選びましょう。タスクバーのボタンをクリックしたり、［スタート］メニューから選ぶだけで、登録したWebページを表示できます。

ここに注意

違うWebページを登録したときは、次ページのヒントを参考にして、お気に入りを削除しましょう。もう一度、手順1から操作して、お気に入りを登録し直します。

スキルアップ

お気に入りバーを非表示にするには

ビデオ会議などで、ほかの人と画面を共有するとき、パソコンの画面が相手に見えてしまうことがあります。このようなときはお気に入りバーを右クリックして、[お気に入りバーの表示]で[表示しない]をクリックすると、お気に入りバーを隠すことができます。再び表示したいときは、123ページのスキルアップを参考に、Microsoft Edgeの設定画面を表示して、[外観]をクリックし、[ツールバーのカスタマイズ]の[お気に入りバーの表示]を[常に表示]に変更します。ここで[新しいタブのみ]を選択すると、新しいタブを追加したときのみ、お気に入りバーが表示されます。

2 お気に入りの一覧からWebページを表示する

[お気に入り]の一覧を表示して、正しく追加できたかを確認する

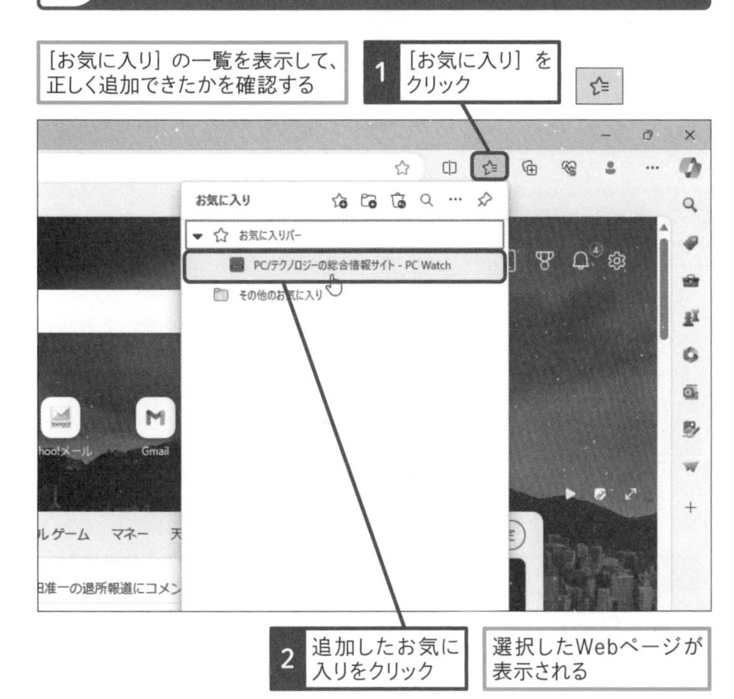

ショートカットキー

お気に入りの表示 Ctrl+I

使いこなしのヒント

お気に入りを新しいタブで開くには

追加したお気に入りは、新しいタブで開くことができます。登録したお気に入りを右クリックし、表示されたメニューから[新しいタブで開く]をクリックすると、新しいタブで開くことができます。

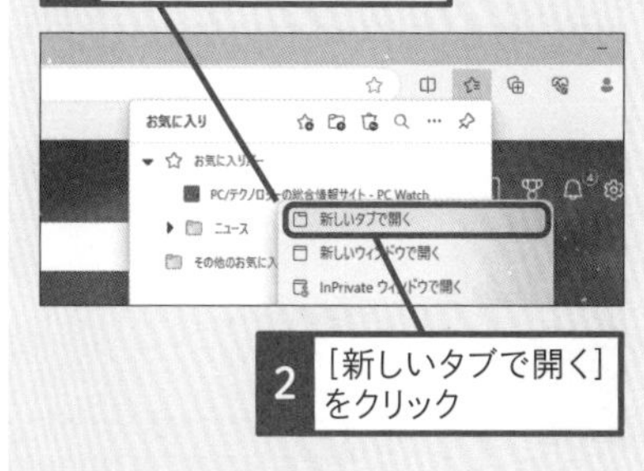

次のページに続く

3 [お気に入り] にフォルダーを追加する

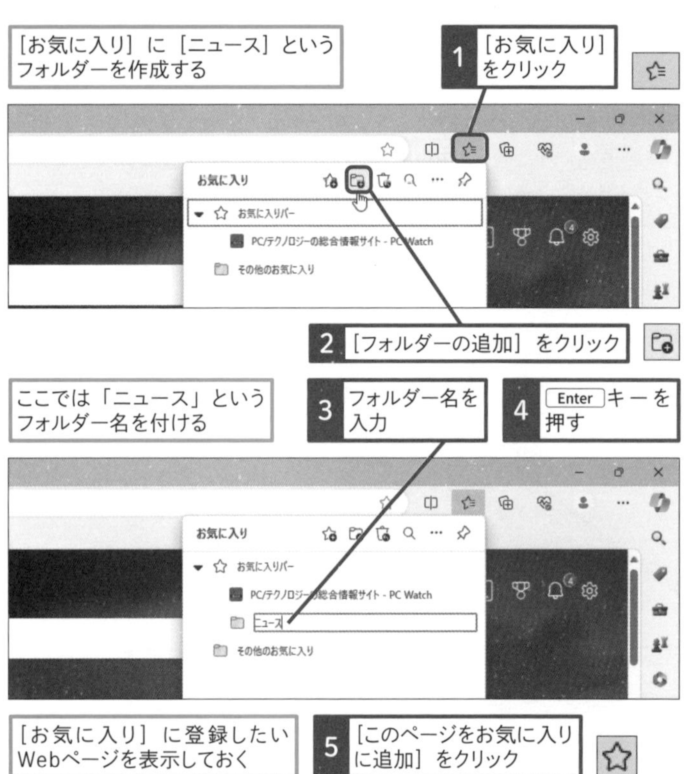

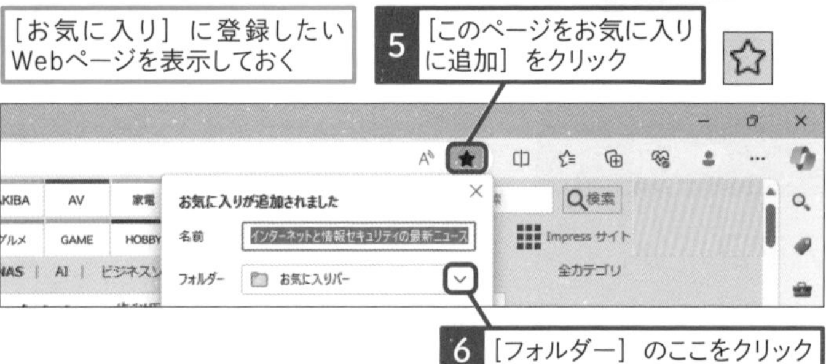

使いこなしのヒント

お気に入りを削除するには

[お気に入り] に登録されているWebページを右クリックし、[削除] をクリックすると、削除できます。お気に入りを保存しているフォルダーを右クリックして、[削除] をクリックすると、フォルダーごと削除できます。

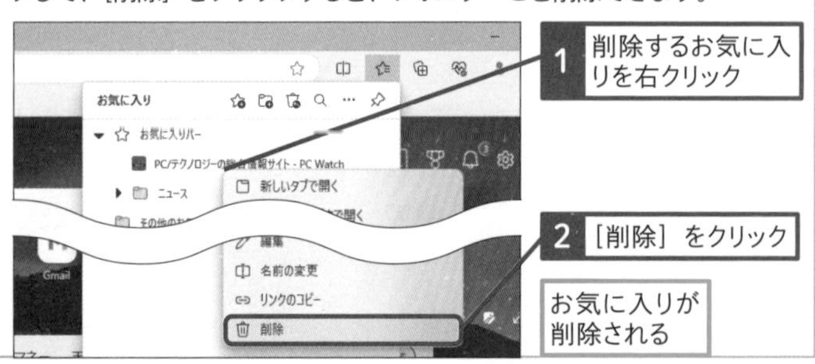

使いこなしのヒント

ドラッグでも移動できる

すでに移動先のフォルダーがあるときは、お気に入りをドラッグアンドドロップの操作で移動することができます。お気に入りをフォルダーに分けて整理するときに利用すると便利です。

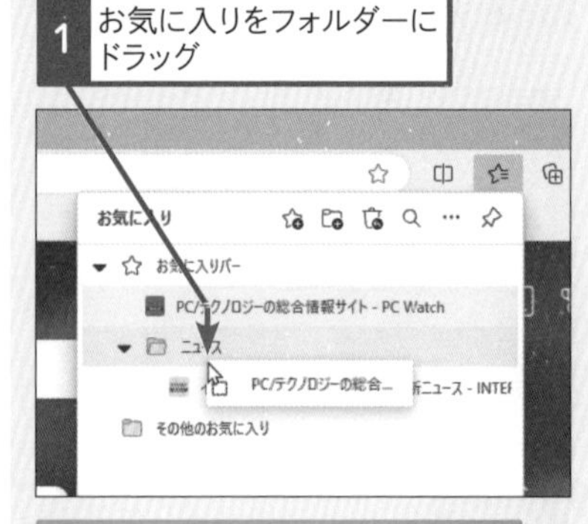

使いこなしのヒント

フォルダーの中にフォルダーを作成できる

お気に入りを整理するためのフォルダーは、作成済みのフォルダーの中にも作成できます。より細かく整理したいときは、フォルダーの中にフォルダーを作って、整理しましょう。

使いこなしのヒント

お気に入りの名前を変更するには

手順3を参考に、[お気に入り] を開きます。名前を変更したいお気に入りを右クリックして、[編集] をクリックします。[名前] を変更して、[保存] をクリックします。

● フォルダーを選択する

ここでは手順3で作成した［ニュース］フォルダーに追加する

7 ［ニュース］をクリック

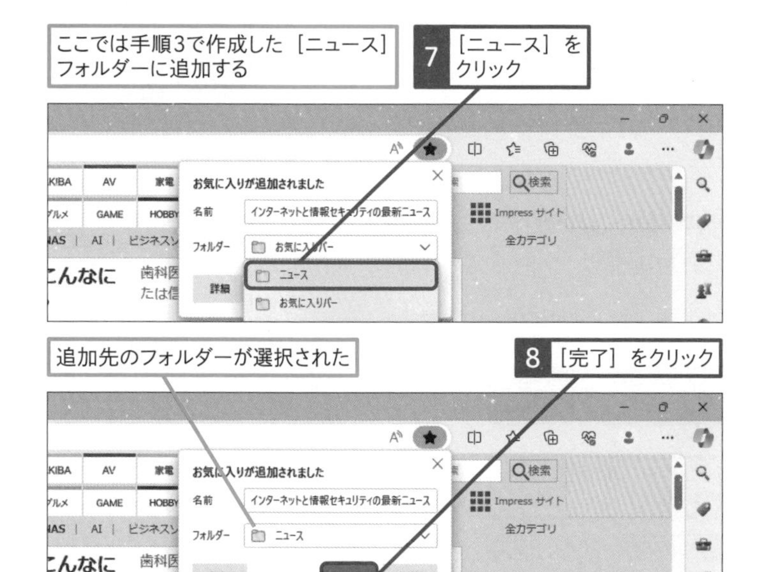

追加先のフォルダーが選択された

8 ［完了］をクリック

［お気に入り］の［ニュース］フォルダーに、Webページが追加される

4 ［お気に入り］に登録したWebページを表示する

ここでは、［お気に入り］の［ニュース］フォルダーに登録したWebページを表示する

1 ［お気に入り］をクリック

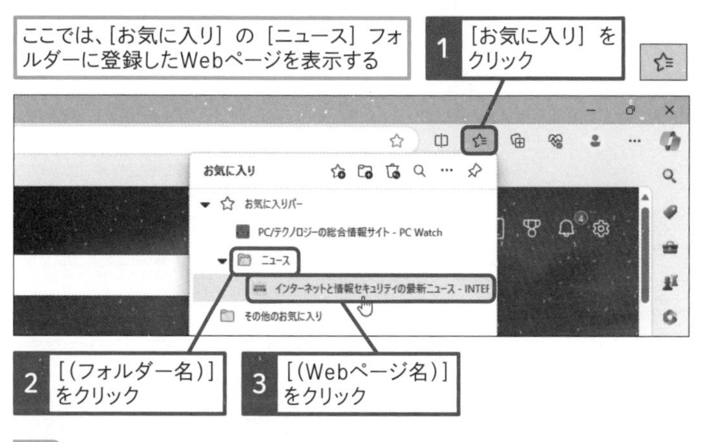

2 ［（フォルダー名）］をクリック

3 ［（Webページ名）］をクリック

使いこなしのヒント

お気に入りバーからWebページを表示するには

頻繁に表示するWebページは「お気に入りバー」に登録しておくと便利です。前ページの手順3で［お気に入りバー］をフォルダーに指定すると、お気に入りバーに登録できます。

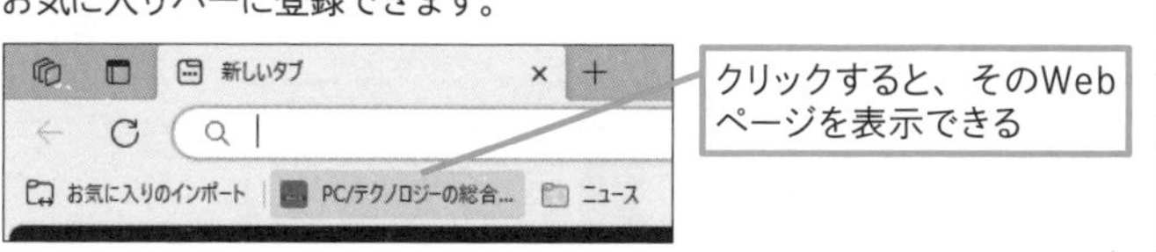

クリックすると、そのWebページを表示できる

時短ワザ

重複したお気に入りを整理するには

ブラウザーをしばらく使っていると、同じWebページをお気に入りに登録してしまうことがあります。Microsoft Edgeには重複して登録された同じWebページを簡単に整理する機能があります。［お気に入り］から［重複するお気に入りを削除する］をクリックすると、確認画面が表示されるので、［削除］をクリックしましょう。

お気に入りの一覧を表示しておく

1 ［その他のオプション］をクリック

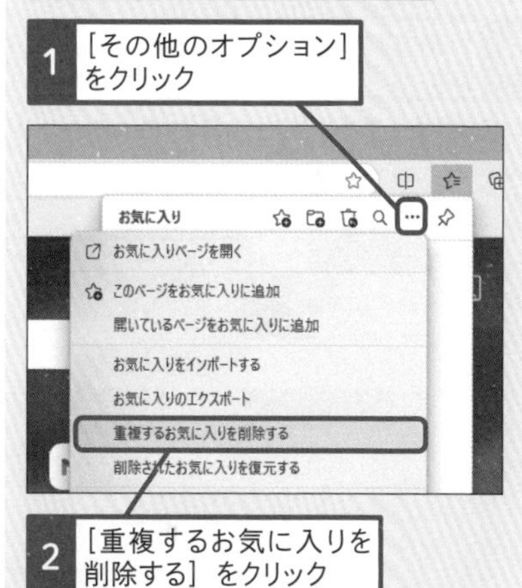

2 ［重複するお気に入りを削除する］をクリック

まとめ よく見るWebページをお気に入りに登録しておこう

インターネットを楽しんでいると、よく見るWebページが増えていきます。こうしたWebページを表示するために、その都度、検索をしたり、URLを入力するのは効率的ではありません。よく見るWebページは、お気に入りに登録して、次回以降、［お気に入り］の一覧から選ぶだけで、すぐに表示できるようにしましょう。お気に入りに登録したWebページが増えてきたら、必要のないものを削除したり、フォルダーを使って整理します。お気に入りを使えば、よく見るWebページを効率良く表示できるので、より便利にインターネットを楽しめます。

レッスン

39 2つのWebページを並べて表示するには

分割画面ウィンドウ

Webページの内容を比較するときなど、2つのWebページを並べて表示させたいときは、Microsoft Edgeの［分割画面ウィンドウ］が便利です。閉じ方と合わせて、解説します。

1 Webページを分割画面ウィンドウで表示する

1 分割ウィンドウとして表示したいリンクを右クリック

2 ［リンクを分割画面ウィンドウで開く］をクリック

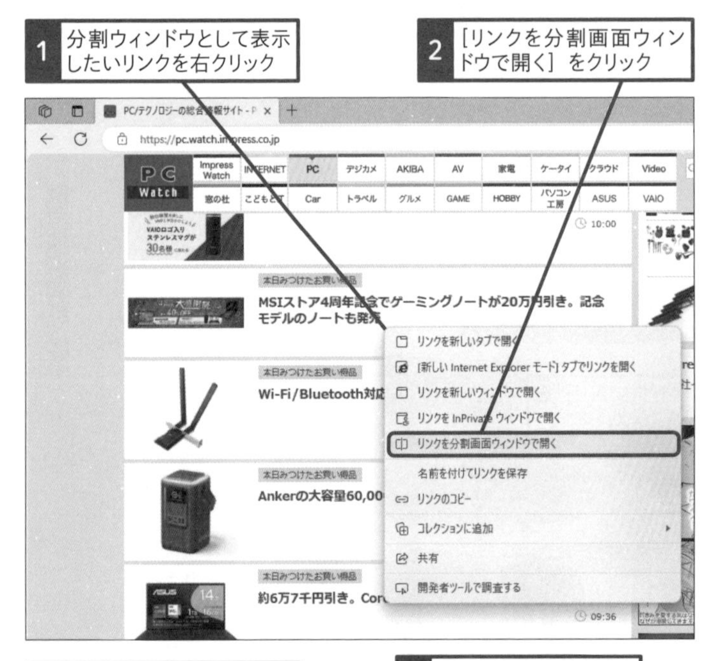

リンク先が分割画面ウィンドウで表示された

3 ［スプリット画面を閉じます。］をクリック

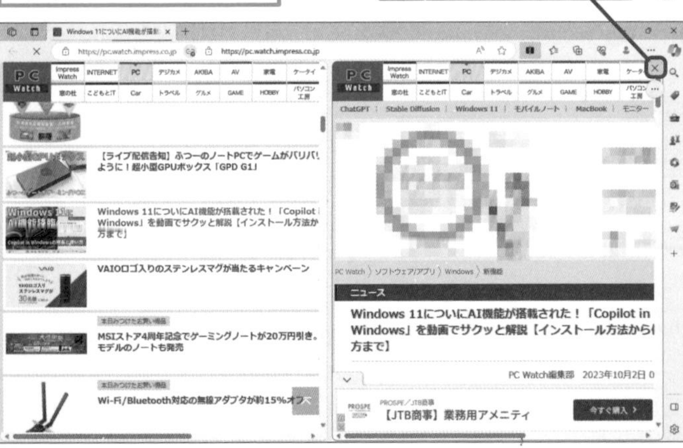

キーワード

Microsoft Edge P.324

使いこなしのヒント

タブとして表示するには

画面分割でWebページを表示した後、より大きく表示させたいときは、ブラウザーの新しいタブとして表示しましょう。以下のように操作することで、新しいタブとして表示できます。

1 ［その他のオプション。］をクリック

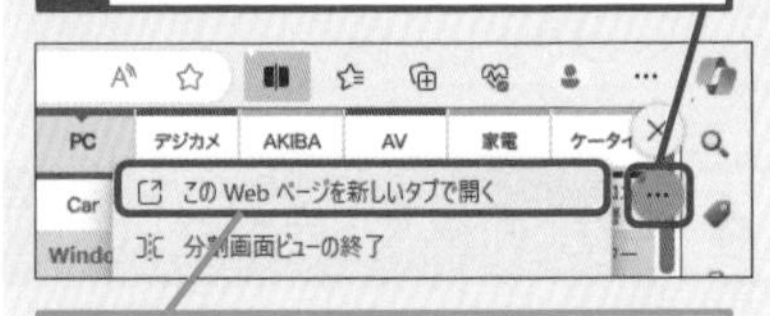

［このWebページを新しいタブで開く］をクリックすると、Webページをタブで表示し直せる

使いこなしのヒント

分割したウィンドウの左右を入れ替えるには

分割表示した2つのWebページは、位置を入れ替えることができます。［その他のオプション］から［左右のタブを切り替える］をクリックすると、表示された2つのWebページをすばやく入れ替えられます。

1 ［その他のオプション。］をクリック

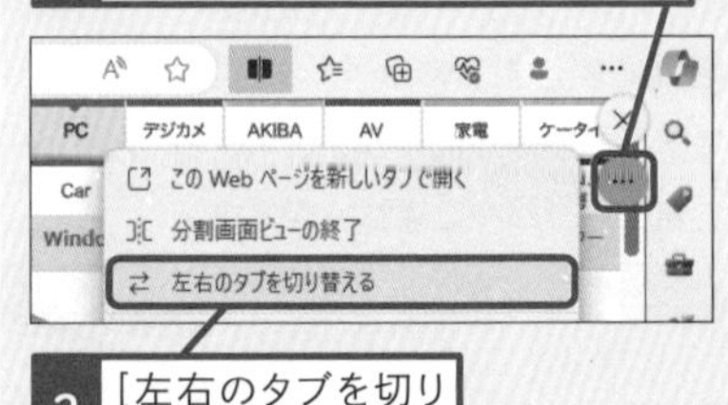

2 ［左右のタブを切り替える］をクリック

スキルアップ

サイドバーを使いこなそう

Microsoft Edgeのサイドバーのアイコンをクリックすると、Webページを表示したまま、画面の右側に他の機能を表示できます。例えば、[Outlook]をクリックすると、受信トレイのメール一覧が常に表示された状態になり、大事なメールを見逃すことが避けられます。サイドバーに天気予報やニュースなどのWebサイトを追加しておくと、いろいろなWebページを参照しながら、常に天気予報やニュースをチェックできるので、便利です。サイドバーを上手に活用しましょう。

1 ［検索］をクリック

開いているWebページを見ながら検索ができる

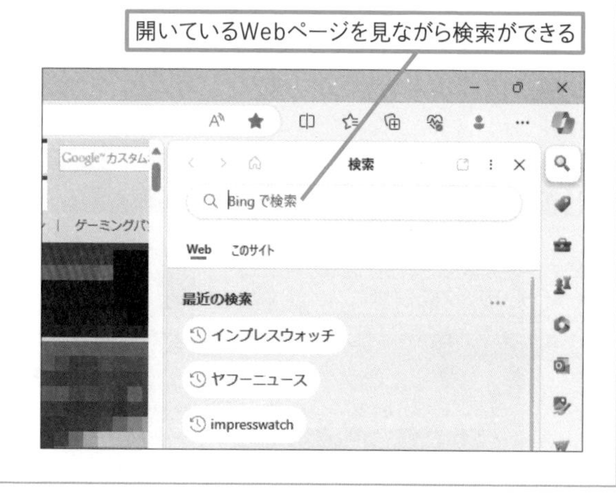

2 分割画面ウィンドウが閉じた

分割画面ウィンドウが閉じて、1つ目のタブで開いたWebページが表示された

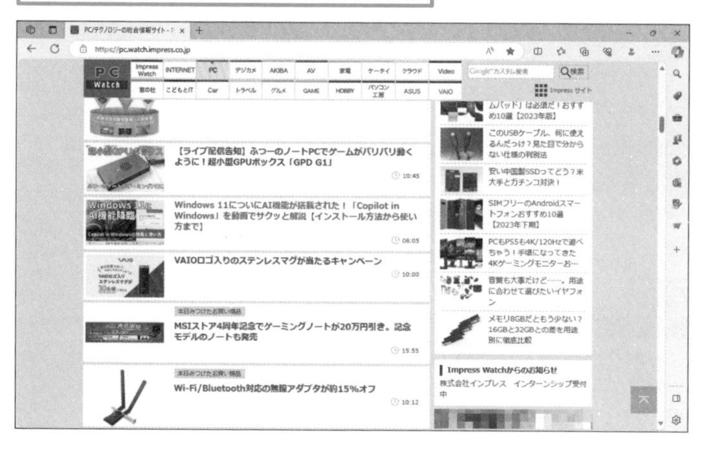

使いこなしのヒント

上下に並べて表示することもできる

Microsoft Edgeに表示された分割ウィンドウは上下に並べて表示することもできます。[その他のオプション。]で、[垂直ビューに切り替える］をクリックします。

まとめ タブ機能と分割画面を上手に使い分けよう

インターネットでは複数のWebページの内容を比較したり、他のWebページを参照しながら、閲覧したいときがあります。レッスン37で説明したタブ機能は複数のWebページを切り替えながら、閲覧できますが、「分割画面ウィンドウ」を使えば、2つのWebページを並べて表示できます。タブ機能に比べ、表示は少し狭くなりますが、切り替え操作が不要で、左右だけでなく、上下に分割することもできます。それぞれの特長を踏まえて、タブ機能と分割画面を上手に使い分けましょう。

レッスン
40 Webページの情報を整理するには

コレクション

Microsoft EdgeにはWebページで見つけた情報を整理するときに便利な「コレクション」という機能があります。「コレクション」で気になる記事や写真を収集してみましょう。

 コレクションの画面を表示する

機能の解説が表示されたときは、[次へ] をクリックしておく

1 [コレクション] をクリック

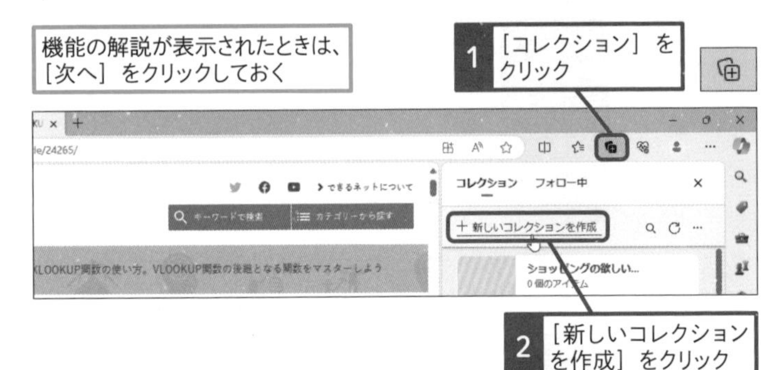

2 [新しいコレクションを作成] をクリック

コレクションの名前を変更する

3 「Excel時短」と入力

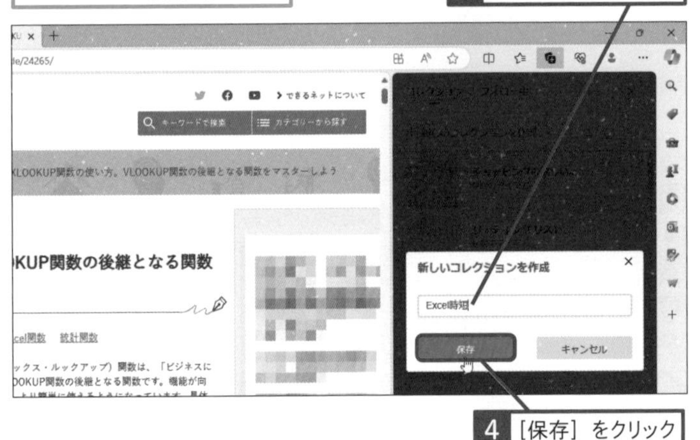

4 [保存] をクリック

コレクションの名前が「Excel時短」に変更された

5 [コレクション] をクリック

キーワード

Webページ	P.325
コレクション	P.326

用語解説

コレクション

コンテンツを収集できるのが「コレクション」です。保存したコレクションをクリックすると、元の記事のWebページを表示します。

使いこなしのヒント

さまざまなコンテンツを追加できる

Webページで画像以外の部分を右クリックして、[ページをコレクションに追加] にマウスポインターを合わせ、コレクションを選ぶと、Webページ全体を追加できます。リンクやテキストは、ドラッグで範囲選択して追加します。

ここに注意

手順1で間違って [お気に入り] を開いたときは、もう一度、[お気に入り] をクリックして閉じ、手順1からやり直します。

2 コレクションに表示しているWebページを追加する

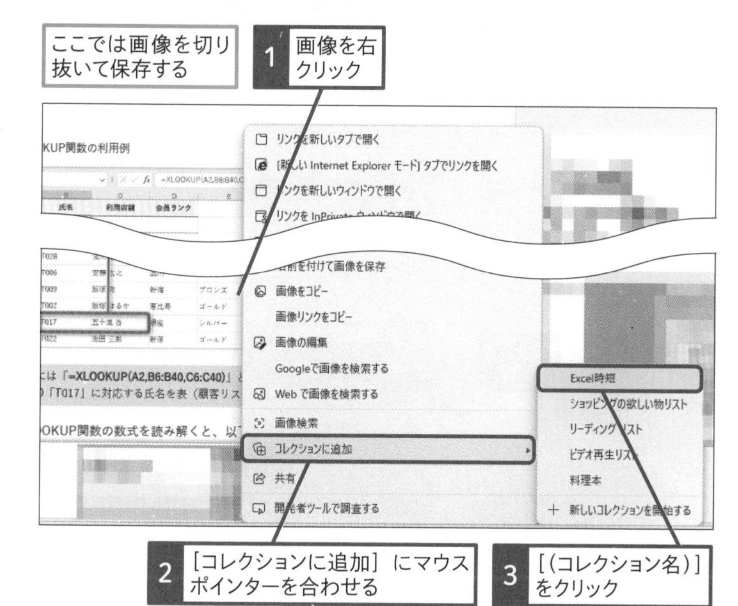

3 追加したコレクションを確認する

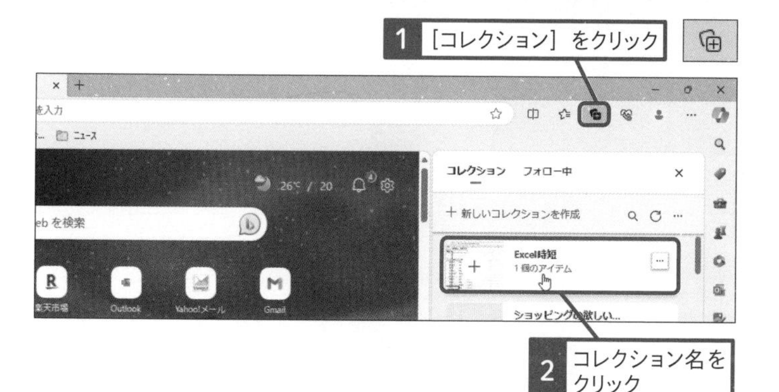

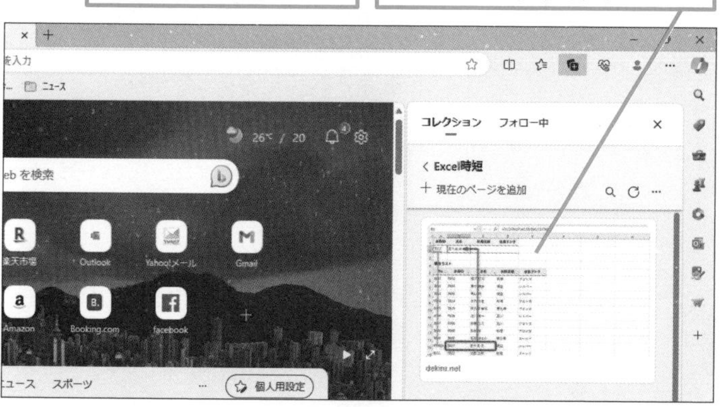

スキルアップ

コレクションはスマートフォンと同期される

Microsoft EdgeはWindowsだけでなく、スマートフォンにも用意されています。スマートフォンに[Microsoft Edge]をインストールして、同じMicrosoftアカウントでサインインすると、パソコンで登録したコレクションをスマートフォンと同期して使うことができます。コレクションだけでなく、お気に入りなども同期されます。詳しくはレッスン76で解説します。

使いこなしのヒント

気になるクリエーターをフォローすることができる

YouTubeやTikTokを見る機会が多いときは、Microsoft Edgeのフォロー機能を使うと、お気に入りのYouTubeチャンネルやTikTokクリエーターの新着コンテンツを知ることができます。YouTubeでお気に入りのチャンネルを表示すると、[このページをお気に入りに追加]の左に[この作成者をフォローする]というボタンが表示されます。ボタンをクリックすると、チャンネルがフォローされ、コンテンツが追加されると、ポップアップ画面が表示されるようになります。また、手順3のコレクションの[フォロー中]から見ることもできます。

まとめ 「コレクション」を活用しよう

「コレクション」はインターネットの気になるコンテンツをスクラップするときに使うと便利です。コレクションに保存したコンテンツは、カテゴリ毎にフォルダに分けて整理できます。画像だけでなく、WebページやWebページ内の記事の一部も保存することができます。画像で気になる情報を整理できるので、コレクションを見れば、一目でどんな情報かが分かります。

レッスン

41 Webページを印刷するには

Webページの印刷

旅行や外出などで出かけるときは、インターネットでルート情報を調べて印刷しておくと便利です。プリンターでWebページをきれいに印刷する方法を説明しましょう。

1 ルートを検索する

レッスン32を参考に、GoogleマップのWebページを表示しておく

▼ GoogleマップのWebページ
https://www.google.co.jp/maps/

1 ［ルート］をクリック

2 出発地を入力　3 目的地を入力　4 ［検索］をクリック

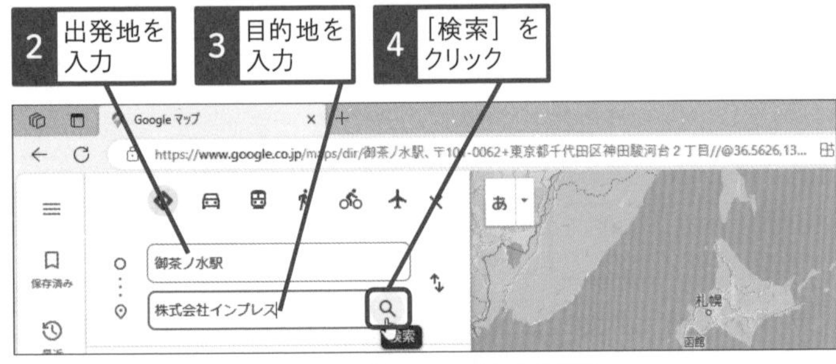

🔑 キーワード

Webページ	P.325
ダウンロード	P.327

用語解説

Googleマップ

Googleが提供している地図情報のWebページのサービスです。二次元の地図を表示するだけでなく、2つの地点間の距離を調べたり、実際に地図上の場所から見た360度の風景を表示できるストリートビューなどの機能も利用できます。

使いこなしのヒント

印刷用のWebページが用意されていることもある

多くのWebページは、パソコンの画面に表示するためにデザインされているため、そのまま印刷すると、レイアウトが崩れてしまったり、きれいに印刷できないことがあります。サイトによっては、きれいに印刷できるように、印刷専用のWebページが用意されていることがあります。

2 印刷用のページを表示する

ここではルートと地図を印刷する

1 ここをクリック

2 [地図を含めて印刷]をクリック

3 印刷の画面を表示する

選択したルートの印刷用ページが表示された

ここではWebページ全体を印刷する

1 [設定など]をクリック

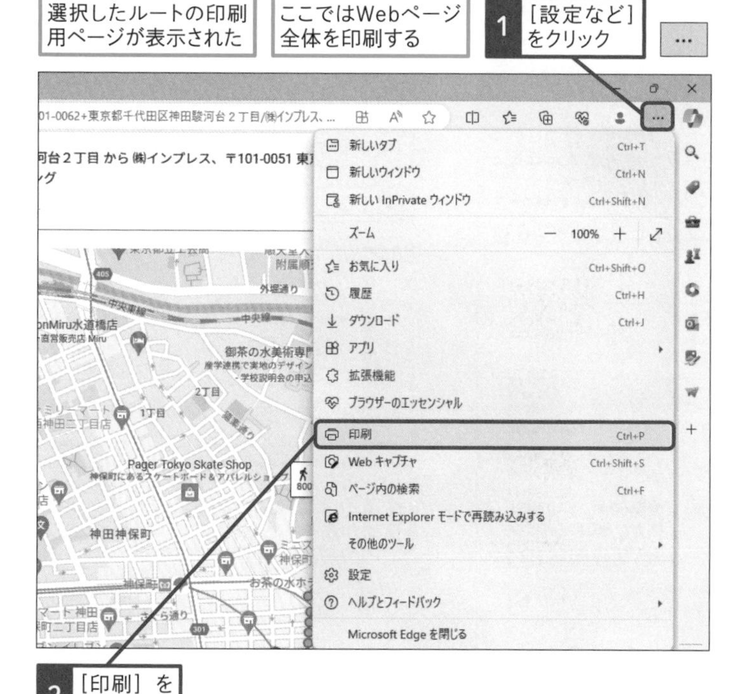

2 [印刷]をクリック

使いこなしのヒント

画像を保存するには

Webページに表示されている画像を保存するには、Webページの画像を右クリックして、[名前を付けて画像を保存]をクリックします。[名前を付けて保存]ダイアログボックスで[ピクチャ]フォルダーが表示されるので、保存先を確認して、[保存]ボタンをクリックして、保存します。保存先を変更するときは、そのフォルダーへ移動して、[保存]ボタンをクリックします。保存された画像は、[フォト]アプリなどで表示できます。ただし、画像がダウンロードができないWebページもあります。

1 保存する画像を右クリック

2 [名前を付けて画像を保存]をクリック

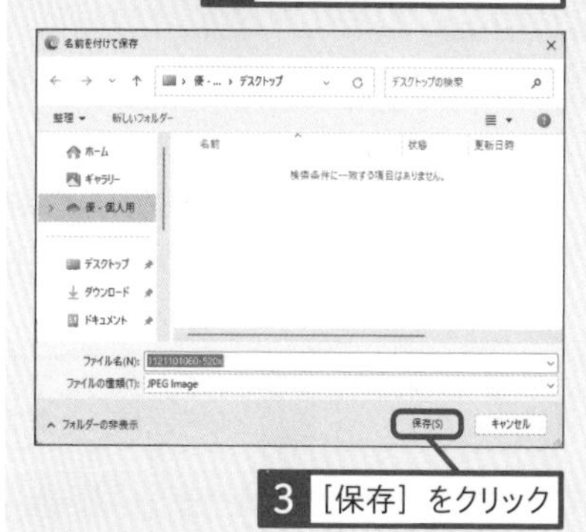

3 [保存]をクリック

ショートカットキー

印刷 Ctrl + P

ここに注意

手順4の操作1で、間違って[閉じる]をクリックしてしまったときは、もう一度、手順1から操作します。

次のページに続く

4 印刷を実行する

印刷の設定画面が表示された

1 プリンターが選択されていることを確認

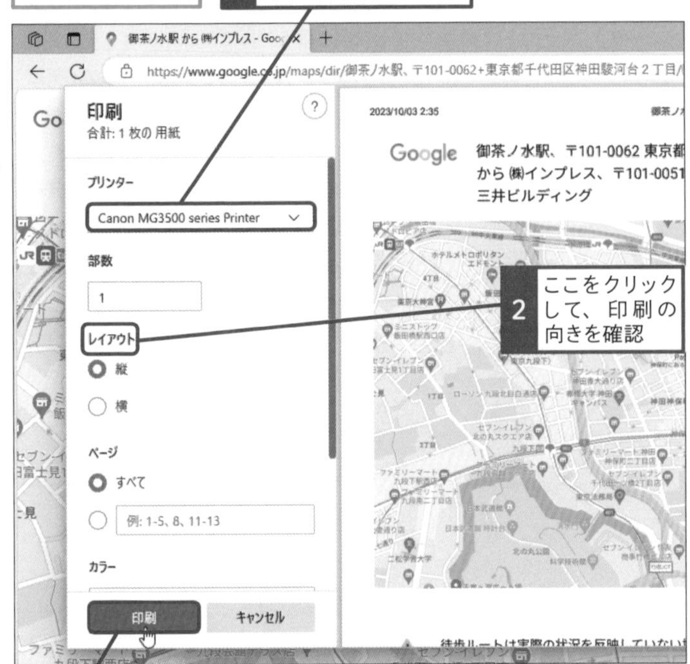

2 ここをクリックして、印刷の向きを確認

3 ［印刷］をクリック

利用するプリンターによって、表示される設定項目は異なる

スキルアップ

WebページをPDFファイルとして保存できる

WebページはPDFファイルとして、保存しておくことができます。手順4の操作1で［PDFとして保存］を選択し、［保存］をクリックすると、Webページの印刷イメージがPDFファイルとして、［ドキュメント］フォルダーに保存されます。

手順4の画面を表示しておく

1 ここをクリックして、［PDFとして保存］を選択

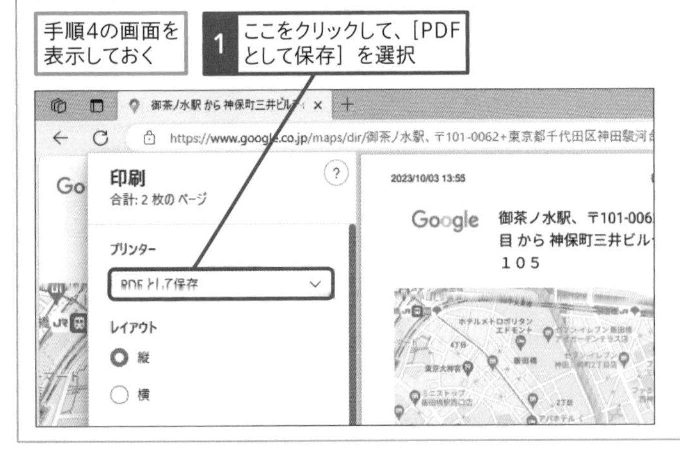

時短ワザ

Webページの情報をメールなどで送れる

Microsoft EdgeにはWebページの情報をいろいろな方法で共有する機能があります。メールで共有すれば、Webページの情報を友だちや自分のスマートフォンに送信することができます。メール以外にもFacebookやOneNoteなどで共有することができます。

ここでWebページの情報をメールで送信する

1 ［設定など］をクリック

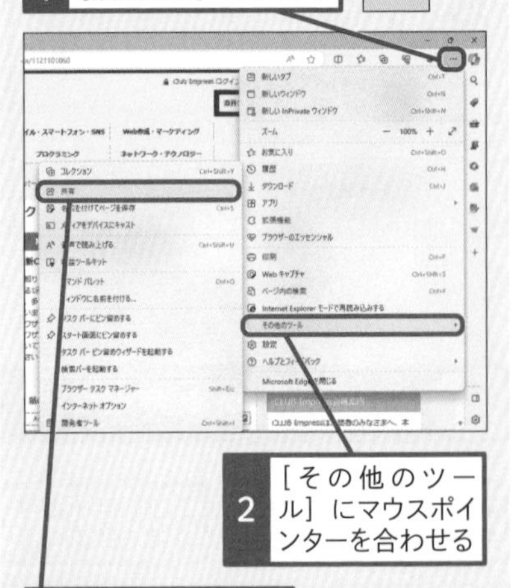

2 ［その他のツール］にマウスポインターを合わせる

3 ［共有］をクリック

［共有］の画面が表示された

4 ［既定のメールアプリ］をクリック

［メール］の画面が表示され、件名や本文にWebページの情報が表示される

● Webページの情報が印刷された

印刷の画面が閉じた

プリンターで印刷が行なわれた

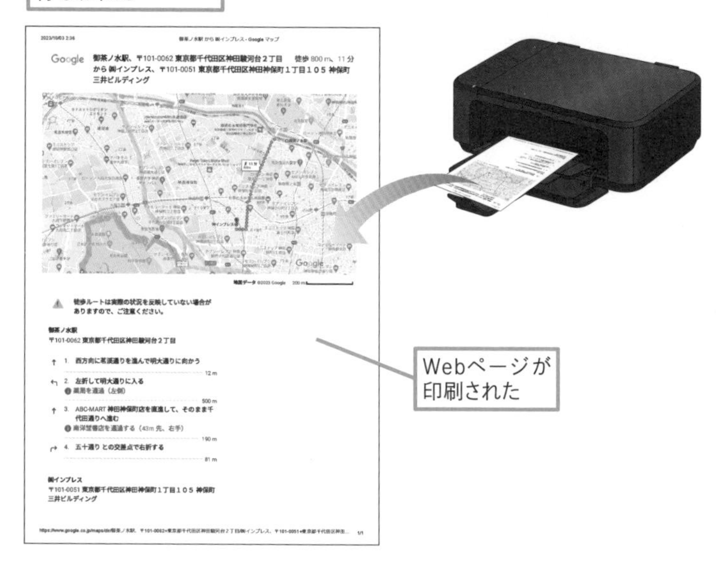

Webページが印刷された

使いこなしのヒント

「印刷プレビュー」って何?

手順4では［印刷プレビュー］の画面が表示されます。「印刷プレビュー」は印刷したとき、どのようなイメージで印刷されるのかを確認する機能です。実際に印刷する前に、仕上がりのイメージを確認できるので、ミスが少なくなり、用紙やインクなどのムダを減らすことができます。

使いこなしのヒント

より詳細な印刷の設定を行なうには

プリンターの機能によっては、より細かな設定での印刷が可能です。たとえば、両面印刷や複数ページ印刷、印刷に使う用紙の種類、モノクロ印刷などの指定ができます。

手順4の画面を表示しておく

1 ［その他の設定］をクリック

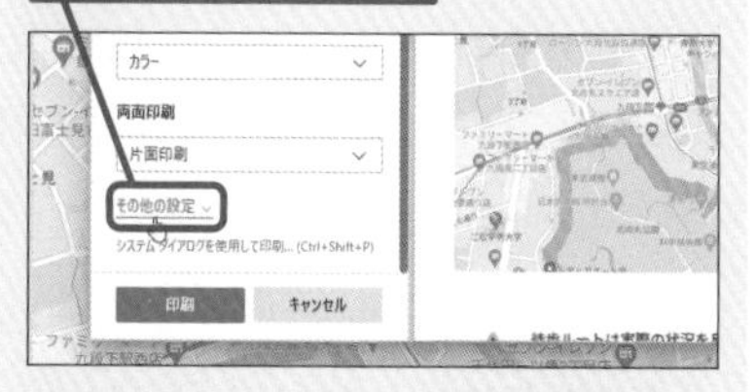

プリンターによって、用紙の種類や印刷品質、モノクロ印刷などの設定ができる

まとめ Webページを印刷して情報を有効活用しよう

インターネット上にはさまざまな情報が公開されていますが、これらの情報をプリンターで印刷して、役立てることができます。たとえば、外出する前に、行き先の地図や電車の乗り換え情報などを印刷しておくと便利です。企業や飲食店、ショップなどがWebページに掲載しているクーポンを印刷して、店頭で割引サービスを受けるといった使い方もできます。Microsoft Edgeの印刷機能を有効に活用しましょう。

この章のまとめ

ブラウザーを使いこなせば、インターネットを楽しめる

インターネットを楽しむには、ブラウザーが欠かせません。膨大なインターネット上の情報を上手に活用するには、ブラウザーをいかに上手に使いこなすかという点に尽きます。はじめからすべての機能を使いこなすことは難しいかもしれませんが、まずはいろいろな情報を検索することからはじめ、リンク先のWebページを表示したり、複数のWebページをタブで切り替えながら表示してみましょう。操作に慣れてきたら、お気に入りやコレクションといった機能も試してみてください。また、家電製品の取扱説明書など、インターネットで公開されているファイルをダウンロードするのも便利です。Windows 11に搭載されているMicrosoft Edgeの機能をしっかりと理解して、仕事やプライベートで、インターネットの情報を最大限に活用しましょう。

タブ機能でWebページを効率よく見られる

コレクション機能でWebページの情報をわかりやすく集められる

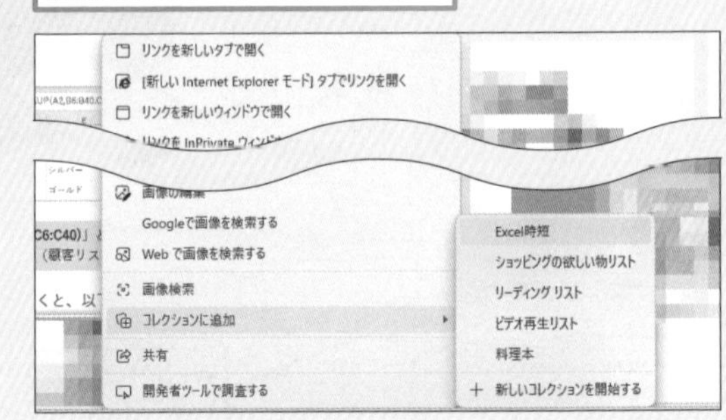

タブ機能や検索プロバイダーの設定など、Microsoft Edgeの便利な機能がよく分かりました！

私はコレクションの機能が気に入りました！　画像付きのお気に入りみたいな使い方ができそうです。

PDFをダウンロードして、Microsoft Edgeで表示できるのも便利です。PDFを見るために、わざわざアプリをインストールしなくてもいいんですね。

そうだね。そういう意味ではWebページを表示するためのブラウザー以上の機能を持っていると言えるかもしれないね。それに、Microsoft Edgeはスマートフォンでも利用できるんだ。しかもパソコンと連携ができるんだ！　詳しくは第9章で解説しているよ。

基本編

第5章

メールやビデオ会議でやり取りしよう

インターネットを使って、さまざまなコミュニケーションができるようになりました。Windows 11ではWebブラウザーを使ったWebメールサービス「Outlook.com」やWindowsアプリの[Outlook]など、複数の方法でメールを送受信できます。また、Windows 11でビデオ会議もすることも可能です。これらのコミュニケーションについて解説します。

レッスン
42 Introduction この章で学ぶこと
コミュニケーションを楽しむには

Windows 11はメールやビデオ会議が扱えます。マイクロソフトが提供しているOutlook.comやGoogleがサービスしているGmailにも対応しています。ブラウザーや［Outlook］アプリでメールを試してみましょう。また、コミュニケーションとして普及しているビデオ会議も体験しましょう。

Windows 11で使えるメールサービス

Windows 11ではインターネットがすぐに楽しめるようになっていますけど、メールもすぐに使えるんですか？

もちろん、大丈夫だよ。Windows 11ではマイクロソフトが提供しているメールサービス「Outlook.com」に標準で対応していて、すぐに使えるようになっているんだ。

「Outlook.com」だけですか？　よく耳にするGmailは使えないのですか？

Gmailだって、もちろん使えるよ。Outlook.comやGmailなど、いわゆる「Webメール」はスムーズに使えるようになっているよ。

それなら安心です！

Webメールだけでなく、インターネット接続サービス事業者（プロバイダー）が提供しているメールにも対応しているよ。Windows 11なら、さまざまなメールが使えると思ってくれて大丈夫だよ！

Windows 11でメールを使うには

◆Microsoft Edge（ブラウザー）

◆［Outlook］アプリ

Windows 11がさまざまなメールに対応していることは説明したけど、メールを使うには大きく分けて、2つの方法があるんだ。

ブラウザーで使えるのはなんとなく知っていますが……。

ブラウザーはもちろんだけど、Windows 11には専用の［Outlook］アプリが用意されていて、ブラウザーとアプリの両方で使えるようになっているんだ。この章では両方の使い方を解説していくよ。

Windows 11でビデオ会議するには

僕の会社は出社が中心ですが、1週間に1度はテレワークをすることになったんです。はじめてのビデオ会議でちょっと不安です……。

そうなんだね！　大丈夫。Windows 11はテレワークはもちろん、ビデオ会議にも対応できるよ！

周りの話を聞いていると、ビデオ会議といってもいろいろな種類があるようなのですが……

Windows 11は主要なビデオ会議に対応してるから、問題になることはないよ。この章ではMicrosoft Teamsを使って解説していくよ。

レッスン

43 Outlook.comのWebページを表示するには

Outlook.com

Microsoftアカウントのメールアドレスは、Webメール「Outlook.com」にも登録されます。ブラウザーを使って、「Outlook.com」を操作してみましょう。

キーワード

1 Outlook.comにサインインする

レッスン32を参考に、Microsoft Edgeを起動しておく

▼Outlook.comのWebページ
https://www.outlook.com/

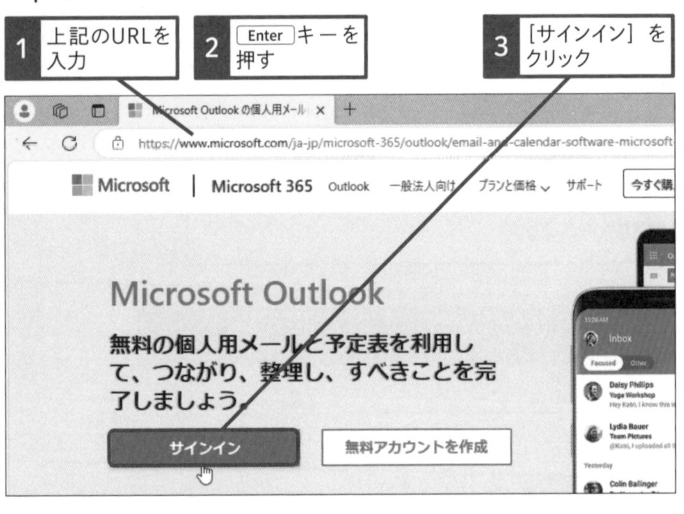

使いこなしのヒント

メールが届かないときは

届くはずのメールが届かないときは、[その他] や [迷惑メール] フォルダーに保存されていないかを確認しましょう。[迷惑メール] フォルダー内で目的のメールを見つけたら、メールを表示して、画面上部の[迷惑メールではないメール]をクリックし、[受信トレイ] フォルダーに移動させておきます。

スキルアップ

ほかの方法でサインインするには

サインインの画面が表示されたとき、Microsoftアカウントの入力以外にも認証のオプションが用意されています。指紋認証や顔認証に対応したパソコンであれば、Windows HelloやWindowsに対応したセキュリティキーを利用することもできます。

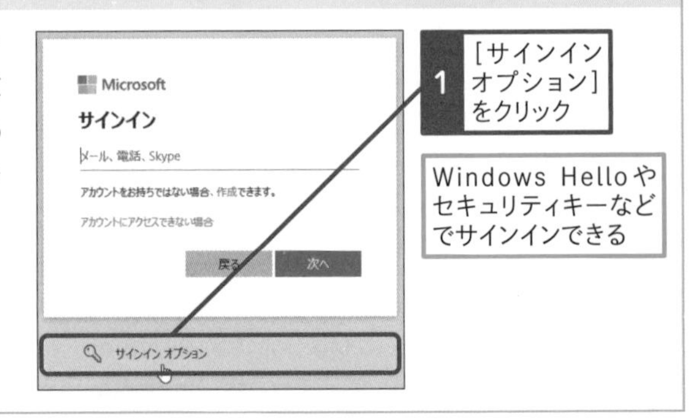

● 受信トレイが表示された

サインイン画面が表示されたら、Outlook.comにサインインしておく

右上に［Microsoft Edgeからのアシスタンス］が表示されたときは、［今は行わない］をクリックしておく

Outlook.comのWebページとメッセージ一覧が表示された

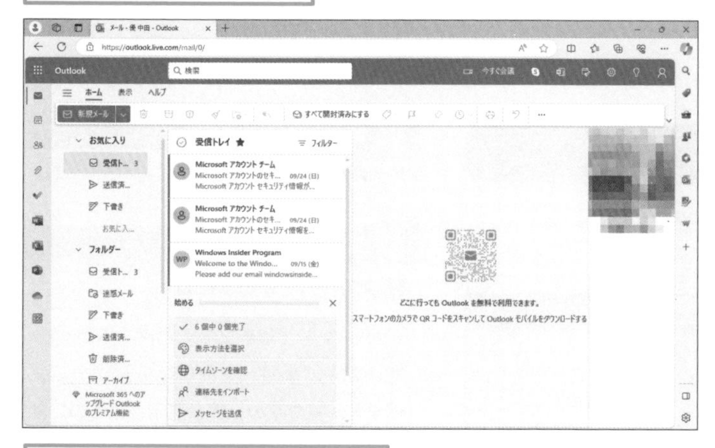

未確認のメールがあると、［受信トレイ］に未開封メールの数が表示される

Outlook.comのWebページの画面構成

◆メール一覧
フォルダーに保存された受信メールの一覧が表示される

メールをクリックすると、本文が表示される

◆フォルダー一覧
クリックして表示するフォルダーを切り替えられる

使いこなしのヒント

［優先］と［その他］が表示されたときは

利用環境によっては、［優先］や［その他］フォルダーが表示されることがあります。［優先］にはユーザーにとって重要なメール、［その他］には重要度が低いメールが保存されています。重要かどうかは、Outlook.comがメールの内容や送受信する相手などの情報から自動的に判断します。

使いこなしのヒント

既定の電子メールハンドラーって何？

手順1で［既定の電子メールハンドラー］と表示されることがあります。これはブラウザーでメール送信するリンクをクリックしたときに使うメーラー（メールアプリ）を意味しています。［後で確認する］や［今後表示しない］をクリックしても表示が消えないときは、メッセージ右側の☒をクリックします。

まとめ ブラウザーでどこでもメールをチェックできる

Microsoftアカウントのメールは、ブラウザーを使って、確認できます。Microsoft EdgeでOutlook.comを開くだけで、そのままメールが確認できます。また、ブラウザーさえあれば、どこからでもメールを確認できるので、旅行先や友だちのパソコン、ネットカフェのネット端末、スマートフォンなど、インターネットに接続された機器なら、どこからでもメールを送受信できます。添付ファイルの受け取りもできるので、自宅だけでなく、外出先などでも活用できます。

レッスン

44 ブラウザーでメールを送信するには

Outlook.com、送信

ここではブラウザーでOutlook.comを利用して、メールを送る方法を説明します。宛先や件名、本文の場所を間違えないように入力していきましょう。

1 メールを作成する

レッスン43を参考に、Outlook.comのWebページを表示しておく

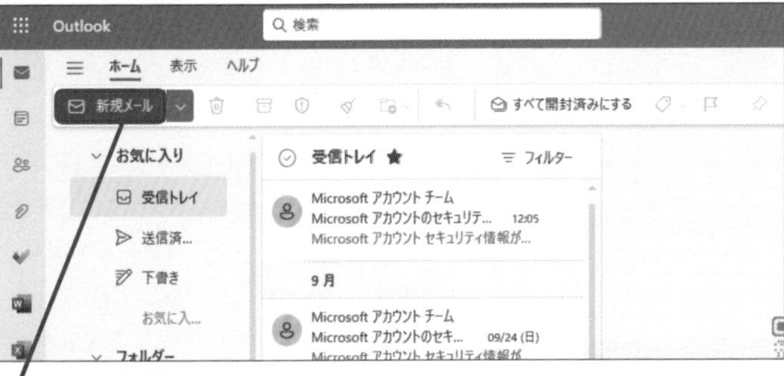

1 ［新規メール］をクリック

ここでは自分のメールアドレス宛てにメールを送る

2 ここをクリックして、宛先のメールアドレスを入力

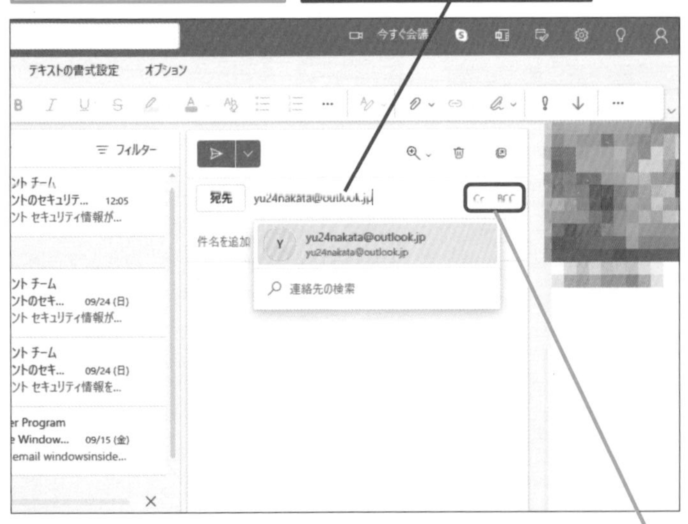

［Cc］や［BCC］をクリックすると、［Cc］や［BCC］の入力ボックスが表示される

キーワード

Outlook.com	P.324
ブラウザー	P.328

ショートカットキー

メールの新規作成　N

スキルアップ

絵文字を入力するには

Windows 11では絵文字を利用することもできます。⊞キーを押しながら.キーを押すと、絵文字の一覧が表示されるので、入力したい絵文字をクリックします。この絵文字はスマートフォンや携帯電話、SNSアプリなどでも表示することができますが、相手の環境によっては、正しく表示できないことがあるので、注意しましょう。

1 ［その他のオプション］をクリック

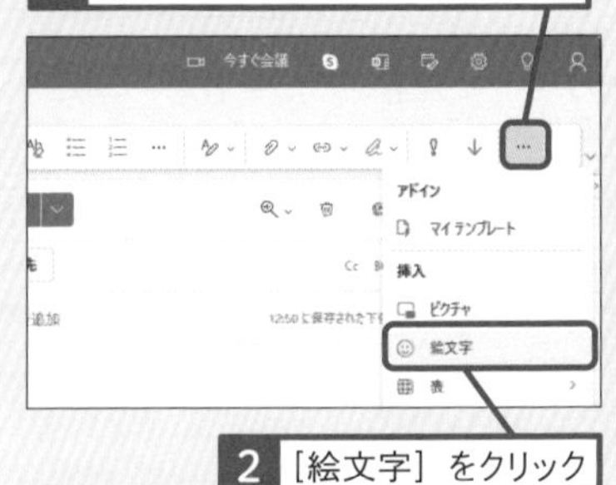

2 ［絵文字］をクリック

［絵文字とGIF］画面が表示される

使いこなしのヒント

宛先を追加するには

メールを送信するまでは、宛先の追加や変更ができます。宛先の入力欄をクリックして、追加したいメールアドレスを入力します。

2 メールを送信する

宛先が入力された

1 件名を入力

2 本文を入力

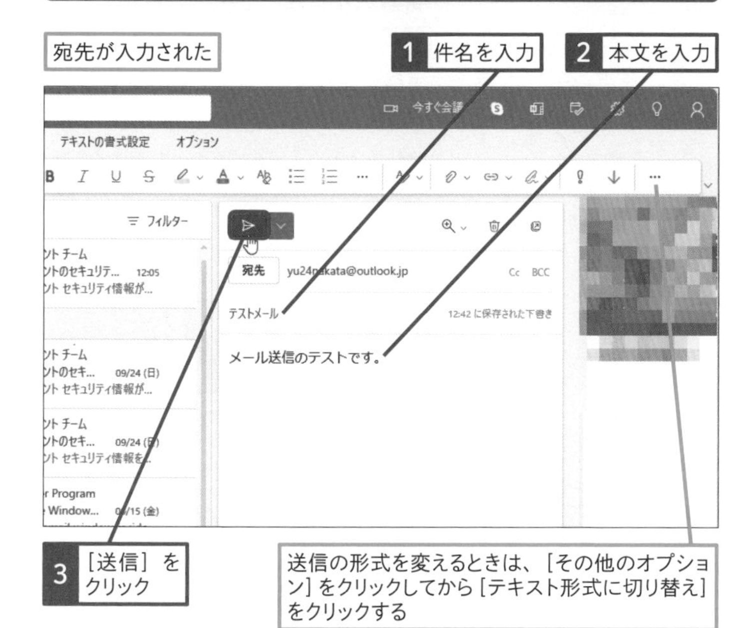

3 ［送信］をクリック

送信の形式を変えるときは、［その他のオプション］をクリックしてから［テキスト形式に切り替え］をクリックする

「アカウントを確認してください」と表示されたときは、画面の指示に従って、アカウントを確認しておく

ここではメールが送信されたかどうかを［送信済みアイテム］フォルダーを表示して確認する

4 ［送信済みアイテム］をクリック

［送信済みアイテム］フォルダーが表示され、送信されたメールが表示された

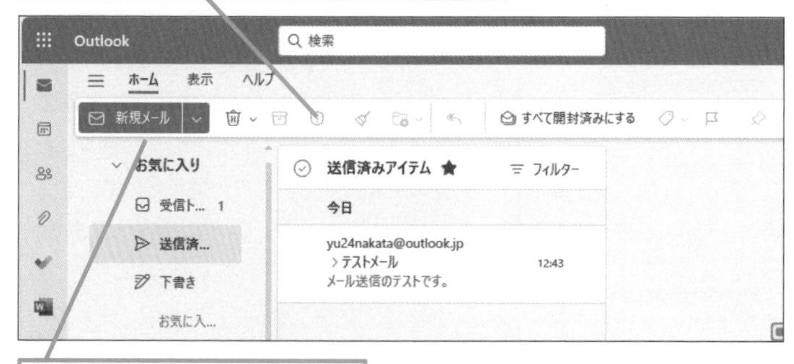

［受信トレイ］をクリックすると、受信済みのメールが表示される

ショートカットキー

送信　Ctrl + Enter

使いこなしのヒント

ほかの人を含めてメールを一斉送信するには

同じメールをほかの人に送るには、手順2の［宛先］の右側に表示された［Cc］や［BCC］をクリックして、それぞれの欄に宛先を入力します。Ccは「Carbon Copy」、BCCは「Blind Carbon Copy」の略です。ただし、［宛先］にAさん、［Cc］にBさん、［BCC］にCさんを指定してメールを送った場合、AさんとBさんには、Cさん宛てにメールが送られていることがわかりません。CcやBCCを使うときは、用件と関係ない人にメールを送らないようにしましょう。

AIアシスタント活用

メールの内容を考えてもらう

Copilotを使えば、メールの文面を作成することができます。たとえば、Copilotに「集合時刻に遅刻したメールを考えてください」とメールの目的を伝えれば、メールの例文が作成されます。詳しくは第6章で解説します。

使いこなしのヒント

作成途中のメールは［下書き］フォルダーに自動保存される

Outlook.comでは宛先のメールアドレスを入力すると、自動で作成途中のメールが［下書き］フォルダーに保存されます。件名やメールの本文を入力しているときもメールが自動で保存されるので安心です。左の一覧から［下書き］をクリックすれば、作成途中のメールが表示されます。

次のページに続く

3 メールに返信する

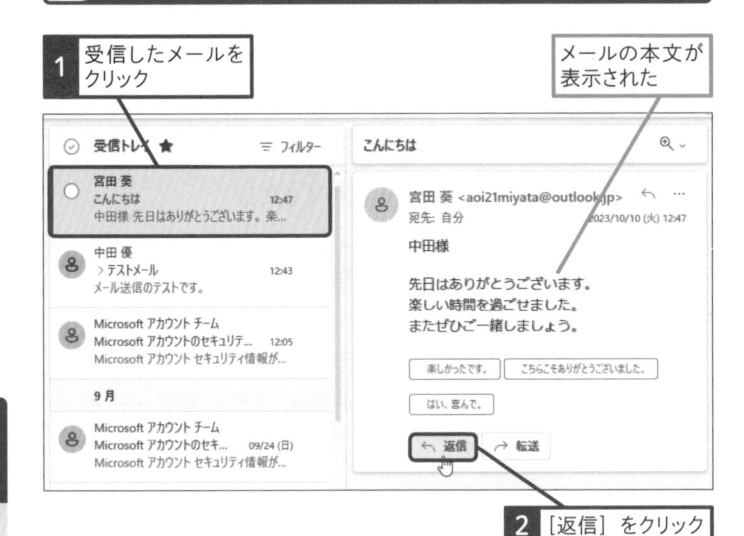

2 [返信] をクリック

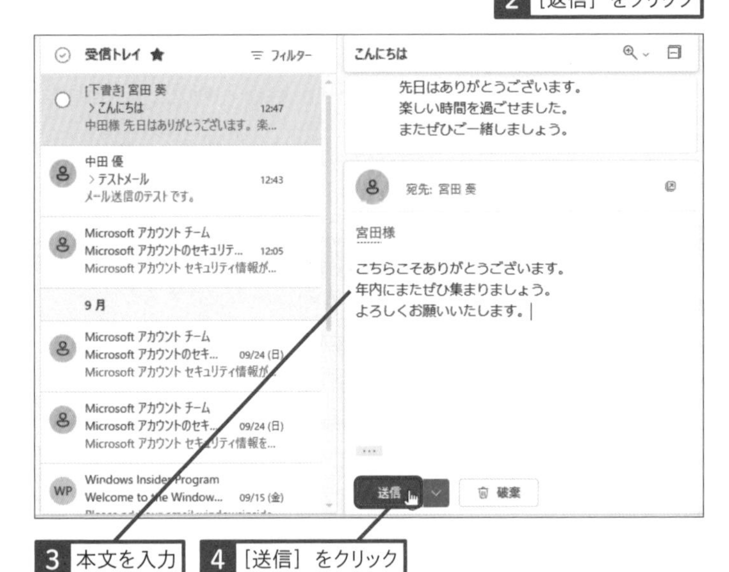

受信したメールに返信できた

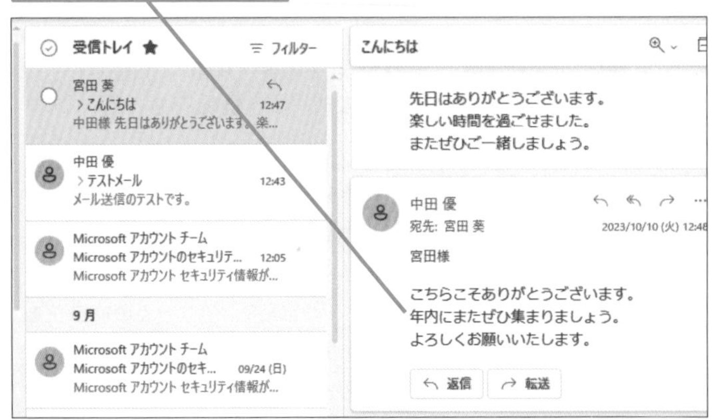

使いこなしのヒント

複数人に返信したり、転送するには

手順3では届いたメールを表示した画面で［返信］をクリックして、差出人だけに返信しています。メール画面の左上にある3つのアイコンを選択してクリックすることで、全員に返信したり、メール転送することができます。

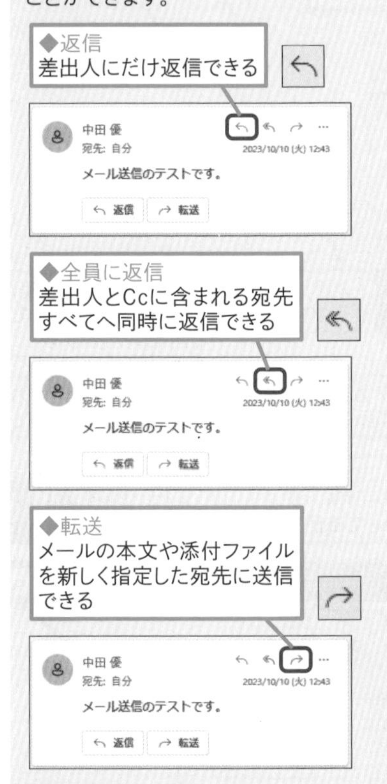

まとめ メールソフトと同じ感覚で使える

Outlook.comはブラウザーで利用するWebメールですが、使い方は一般的なメールソフトとほとんど同じです。新規作成や送信など、ボタンの代わりに、リンクを使って操作するところが違うだけで、メールソフトとほぼ同じように操作できます。手順2の画面で［その他のオプション］ボタン（⋯）をクリックしてから［テキスト形式に切り替え］をクリックすれば、メールの送信形式を変更することもできます。

スキルアップ

メールの署名を変更するには

メールの最後に、送信者の名前や所属、連絡先を記載している部分を「署名」と呼びます。このレッスンで説明した方法で署名を設定すると、メールを新規作成するときに、自動的に署名が付加されます。標準の設定では署名が有効になっていますが、自分のことを表した内容に変更しておきましょう。署名はメールを利用するうえで、大切にしたい気配りのひとつです。相手が誰から届いたメールなのかを署名で確認できるうえ、メッセージの末尾に表示される署名があることで、メールに書かれているメッセージが完結していることが伝わりやすくなります。

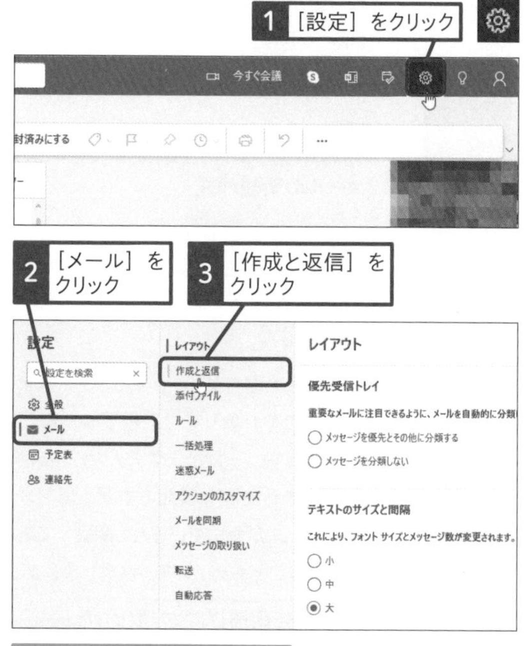

署名の入力画面が表示された

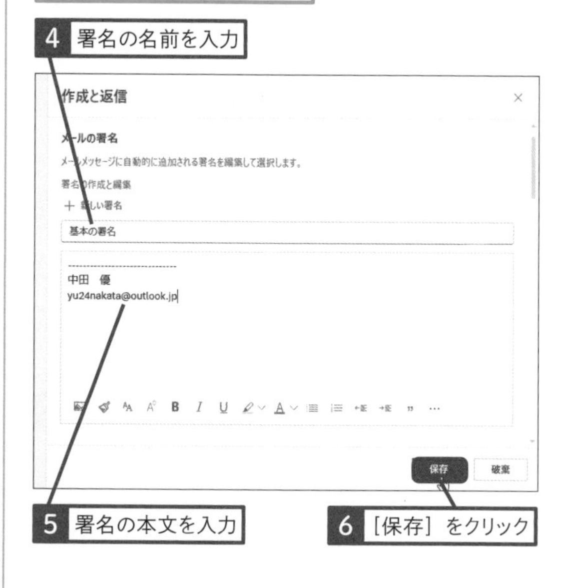

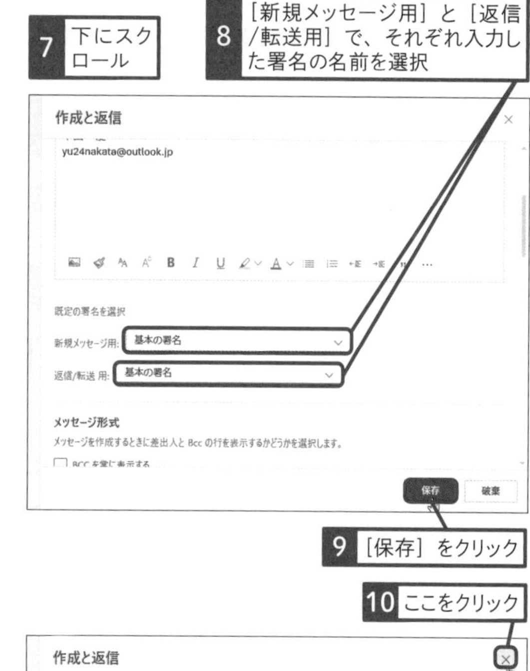

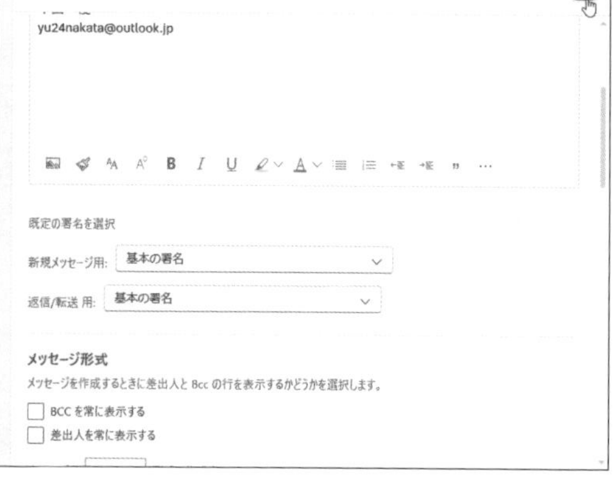

レッスン

45 ファイルを添付してメールで送信するには

添付ファイルの送信

Outlook.comのWebメールはメッセージだけでなく、メールにファイルを添付して、やり取りすることができます。ここでは画像ファイルをメールに添付して、相手に送る方法を解説します。

1 ファイルの選択画面を表示する

ファイルの選択画面が表示された

2 [このコンピューターから選択] をクリック

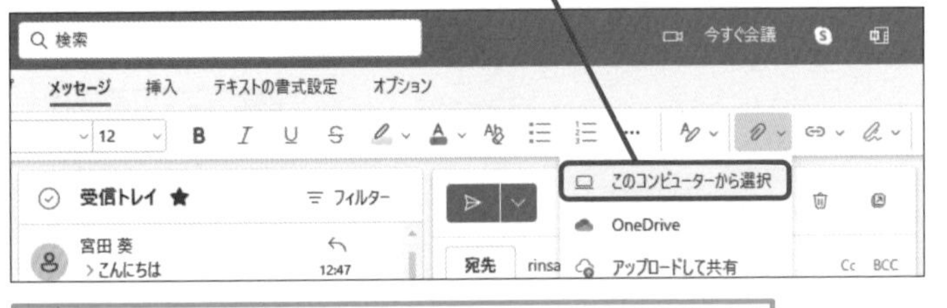

ここでは [ピクチャ] フォルダーにある画像ファイルを選択する

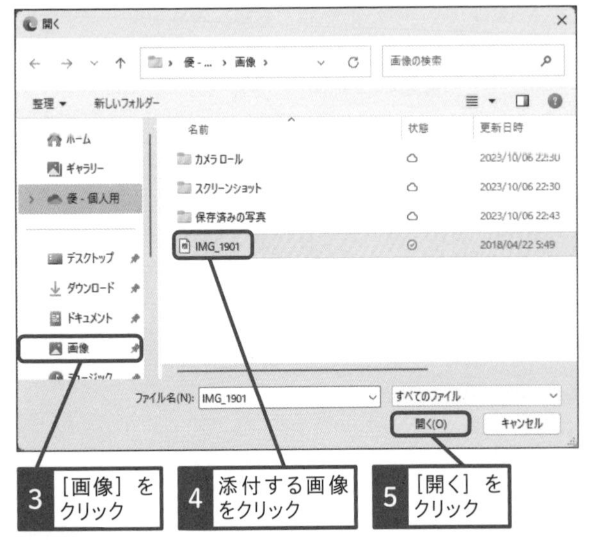

3 [画像] をクリック

4 添付する画像をクリック

5 [開く] をクリック

キーワード

ショートカットキー

メールの新規作成 N

使いこなしのヒント

表示されたメールアドレスに注意しよう

宛先の入力欄をクリックすると、これまでメールのやり取りをした相手の一覧が表示されます。一覧からクリックするだけで指定できる便利な機能ですが、似たメールアドレスが並んでいると、間違って選んでしまうこともあるので、注意しましょう。

[連絡先候補] にやり取りしたメールアドレスが表示される

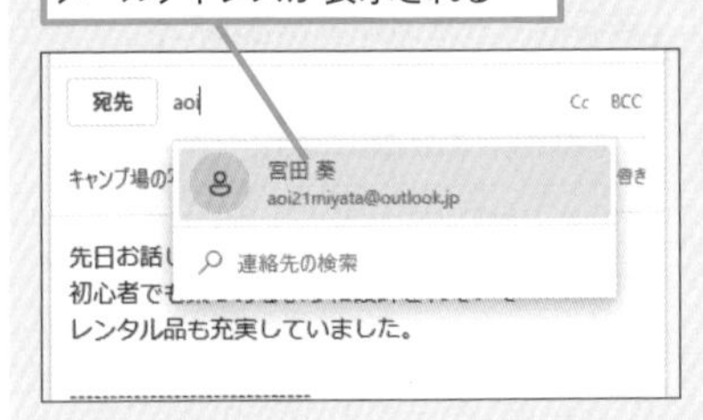

使いこなしのヒント

ドラッグ&ドロップで添付することもできる

ファイルはエクスプローラーからメール本文にドラッグ&ドロップして添付することもできます。

2 添付ファイルのサイズを確認する

メールの作成画面に添付ファイルのサムネイルが表示された

1 サムネイルにマウスポインターを合わせる

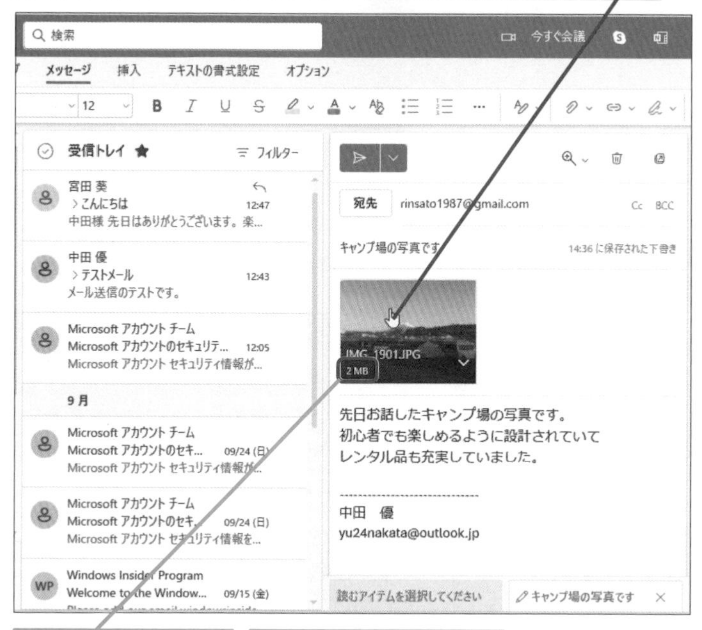

添付されたファイルのサイズが表示された

添付ファイルのサイズは、1～3MB程度にする

ファイルが添付されたメールを送信する

2 ［送信］をクリック

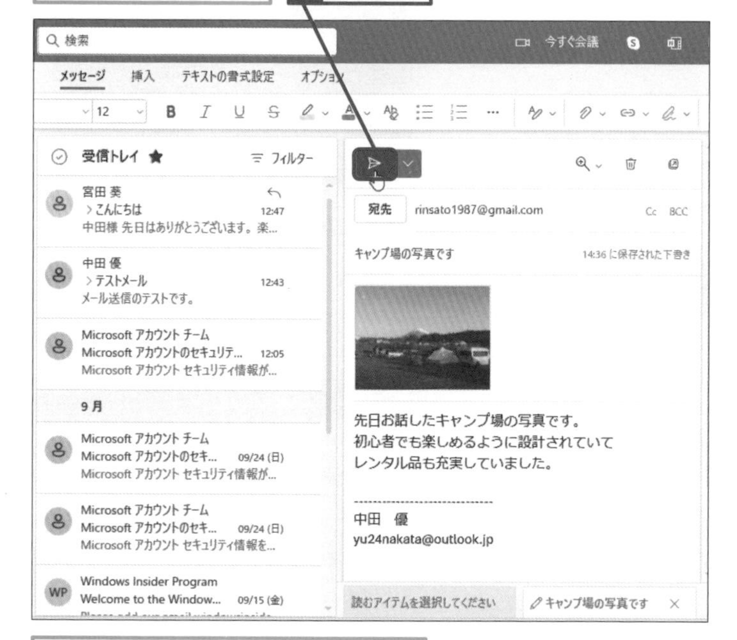

送信されたメールは［送信済みアイテム］フォルダーで確認できる

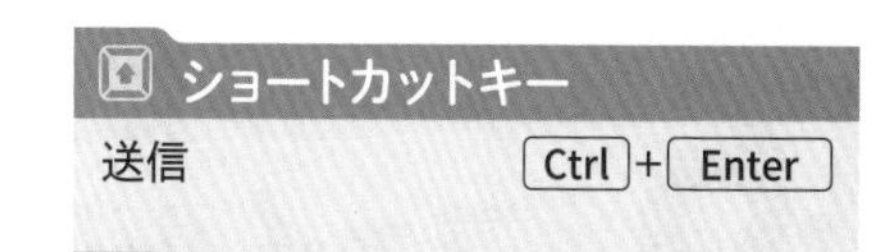

使いこなしのヒント

添付したファイルを削除するには

メールに添付したファイルは、メールを送信する前であれば、以下の手順で削除できます。

1 ［その他の操作］をクリック

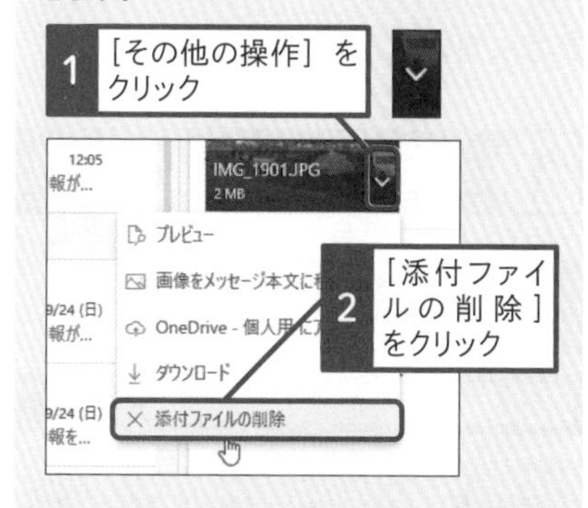

2 ［添付ファイルの削除］をクリック

スキルアップ

10MBを超えるようなファイルはOneDriveを経由して送る

手順2で、メールに添付できない大きなファイルを選ぶと、「このファイルをどのように共有しますか？」と表示されます。［アップロードしてOneDrive-個人用リンクとして共有する］を選ぶと、添付ファイルがOneDriveにアップロードされます。アップロードされた添付ファイルを安全に参照して、ダウンロードできるという内容のメールが相手に送信されます。

まとめ 大きなファイルを送信するときは注意しよう

Outlook.comでは画像を送信できますが、ファイルのサイズには十分注意しましょう。大きなファイルを添付すると、メールサーバーで送信を拒否されてしまったり、相手がメール受信で時間がかかり、迷惑をかけてしまいます。サイズが大きいファイルをメールで送るときは、事前に受信可能なファイルサイズを相手に確認しておくといいでしょう。

レッスン

46 メールに添付されたファイルを開くには

添付ファイルのダウンロード

ファイルが添付されたメールを受信したときは、どうすればいいのでしょうか。ここではメールに添付されたファイルのダウンロードと開き方について、解説します。

1 添付ファイルをダウンロードする

1 ファイルが添付されたメールをクリック

2 ［その他の操作］をクリック

ファイルが添付されたメールには、クリップのアイコンが表示される

3 ［ダウンロード］をクリック

2 添付ファイルを開く

画像がダウンロードされた

1 ［ファイルを開く］をクリック

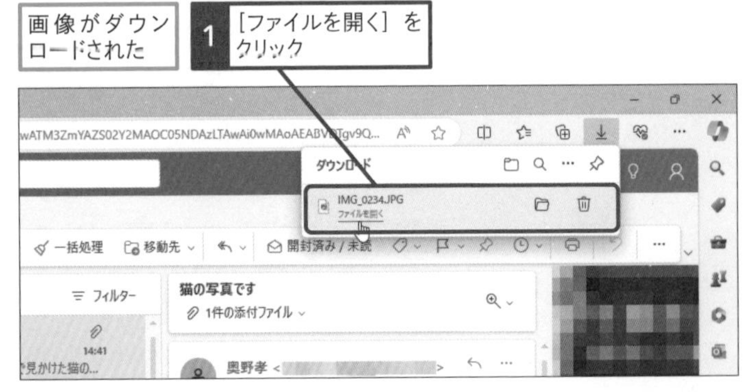

キーワード

使いこなしのヒント

添付ファイルをすぐに確認できる

添付ファイルが画像などの一部の形式であれば、ダウンロードしなくても確認することができます。手順1で添付ファイルをクリックすると、ブラウザー上に表示され、すぐに確認することができます。

手順1で画像をクリックすると、画像が大きく表示される

ここをクリックすると、画像が閉じる

使いこなしのヒント

添付ファイルをOneDriveに保存できる

メールに添付されたファイルはOneDriveに直接、保存できます。手順1で［OneDriveに保存］をクリックすると、OneDriveの［電子メールの添付ファイル（またはAttachments）］フォルダーに保存されます。

基本編 第5章 メールやビデオ会議でやり取りしよう

スキルアップ

添付ファイルには十分注意する

セキュリティ対策をしないまま、パソコンを使っていると、いつの間にか知らないうちに悪意のあるプログラムが実行され、個人情報や口座情報などが漏えいしてしまうことがあります。悪意のあるプログラムの多くは、メールの添付ファイルが感染源になっています。見知らぬ相手から添付ファイル付きのメールが届いたら、安易に開かないように注意します。セキュリティ対策ソフトがインストールされていたとしても完全に安心とは言えないので、過信は禁物です。大手企業や通販サイト、クレジットカード会社、有名人などをかたって、添付ファイルを開かせるように誘導する内容になっていたり、巧妙な手法が報告されています。添付ファイルには十分に注意しましょう。

● 画像が表示された

[フォト] アプリが起動し、ダウンロードした画像が表示された

2 [閉じる] をクリック

メールの一覧が表示された

[ダウンロード] をクリックすると、ダウンロードしたファイルの一覧が非表示になる

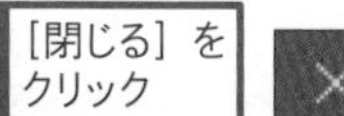

使いこなしのヒント

添付ファイルによって選択後の動作が異なる

ファイルをクリックしたときに起動するアプリケーションは、添付されているファイルの種類によって、異なります。たとえば、Officeの文書ファイルは、対応するOfficeのアプリがパソコンにインストールされていれば、そのアプリでファイルが開かれます。

使いこなしのヒント

受信できないファイルがある

拡張子が「.exe」などのプログラムの実行形式ファイルは、Outlook.comにブロックされるため、メールに添付できません。実行形式のファイルを添付したいときは、ファイルをZIP形式に圧縮したものを添付しましょう。ファイルを圧縮する方法は、レッスン27で解説しています。

まとめ 必要かどうかを確認して添付ファイルを保存する

写真や文書などのデータは、メールを使って、送受信することができます。メールの添付ファイルはメールの一部なので、メールを削除すると、添付ファイルも消えてしまいます。そのため、必要な添付ファイルは必ず保存するようにしましょう。保存しておけば、間違ってメールを削除してしまったときも重要なファイルを失うことがありません。

レッスン

47 メールをフォルダーに自動的に振り分けるには

受信トレイのルール

受信トレイに届いたメールは、メールの内容などに応じて、特定のフォルダーに整理すると便利です。差出人を条件にして、フォルダーに自動仕分けするルールを設定してみましょう。

1 メールを振り分けるフォルダーを作成する

フォルダーの一覧の幅を広くする

1 ここにマウスポインターを合わせる

マウスポインターの形がかわった

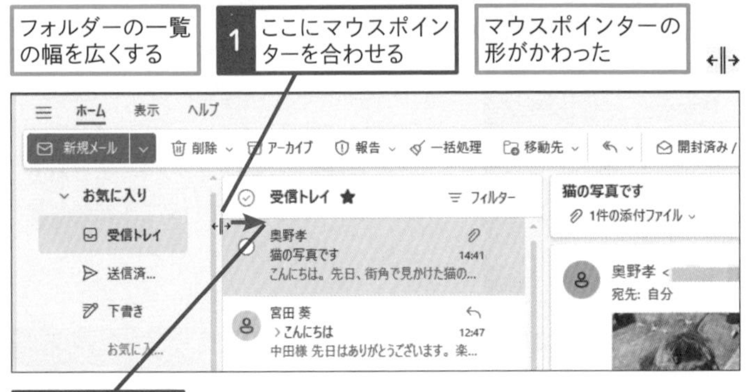

2 右にドラッグ

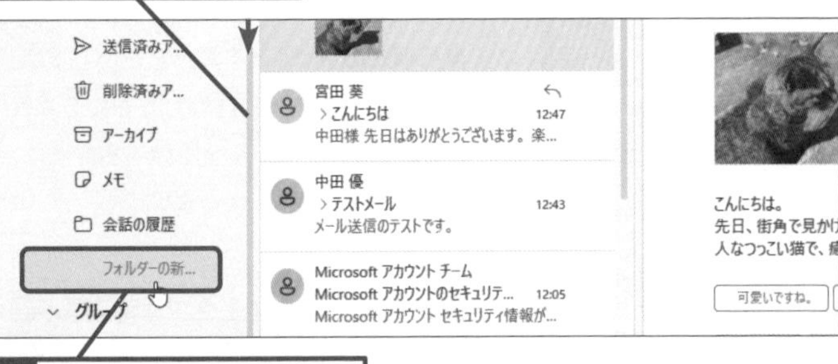

4 ［フォルダーの新規作成］をクリック

5 フォルダー名を入力

6 Enter キーを押す

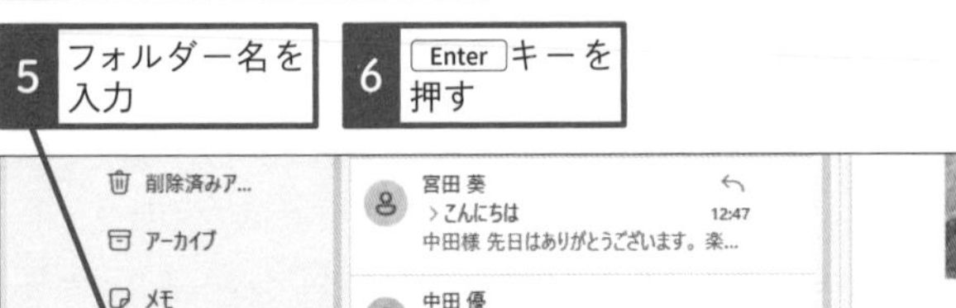

キーワード

Outlook.com P.324

使いこなしのヒント

どんなメールに使うの?

フォルダーへの自動仕分けは、差出人や件名がある程度、決まっていて、定期的に送られてくるメールの整理に適しています。たとえば、メールマガジンやお知らせメールなどに利用するといいでしょう。

定期的に届くメールを特定のフォルダーに仕分けできる

使いこなしのヒント

どんな条件を設定できるの?

特定の差出人から届いたメールなどのほかに、特定の文字列が含まれているメール、ファイルが添付されているメール、指定した期間に届いたメールなど、さまざまな条件を指定することができます。

2 メールが振り分けられるように設定する

ここでは「奥野孝」から受信したメールが手順1で作成した[知人]フォルダーに振り分けられるように設定する

1 「奥野孝」からのメールを右クリック

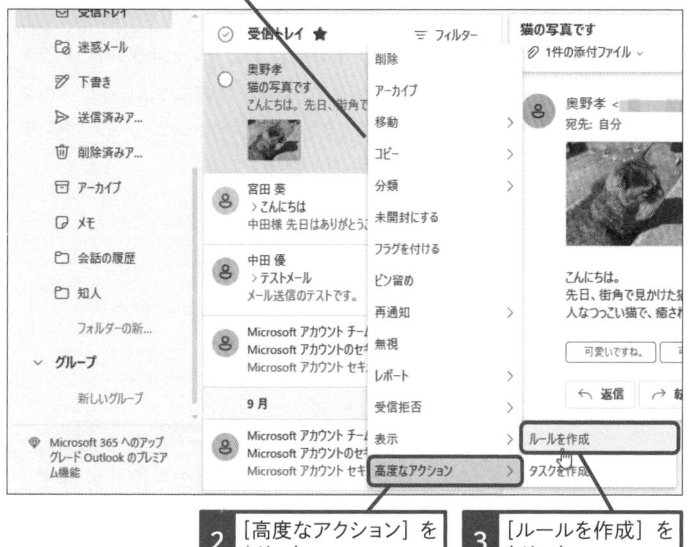

2 [高度なアクション]をクリック

3 [ルールを作成]をクリック

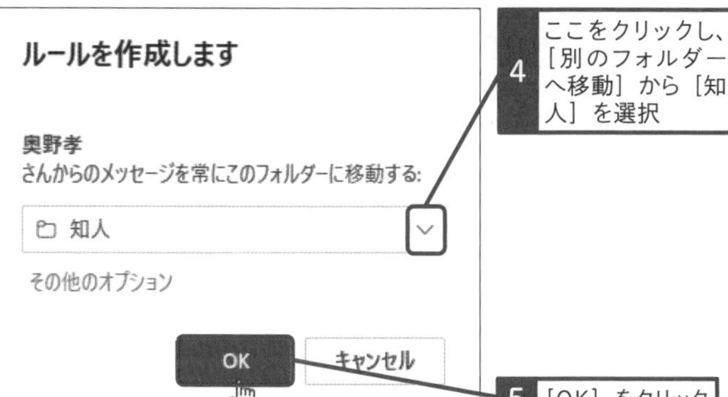

4 ここをクリックし、[別のフォルダーへ移動]から[知人]を選択

5 [OK]をクリック

ルールが作成された

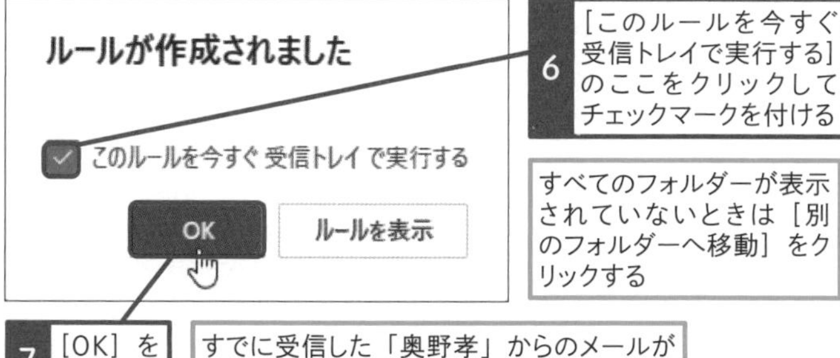

6 [このルールを今すぐ受信トレイで実行する]のここをクリックしてチェックマークを付ける

すべてのフォルダーが表示されていないときは[別のフォルダーへ移動]をクリックする

7 [OK]をクリック

すでに受信した「奥野孝」からのメールが[知人]フォルダーに振り分けられる

使いこなしのヒント

フォルダーを削除するには

フォルダーを削除するときは、削除したいフォルダーを右クリックして、[フォルダーの削除]をクリックします。フォルダー内のメールも含めて、[削除済みアイテム]フォルダーに移動されます。「削除済みアイテム」フォルダーの内容は、14日間保持されますが、その後は完全に削除されてしまうので、メールが保存されたフォルダーを削除するときは、十分に注意しましょう。また、[受信トレイ]フォルダーなど、標準で用意されているフォルダーは削除できません。

1 フォルダーを右クリック

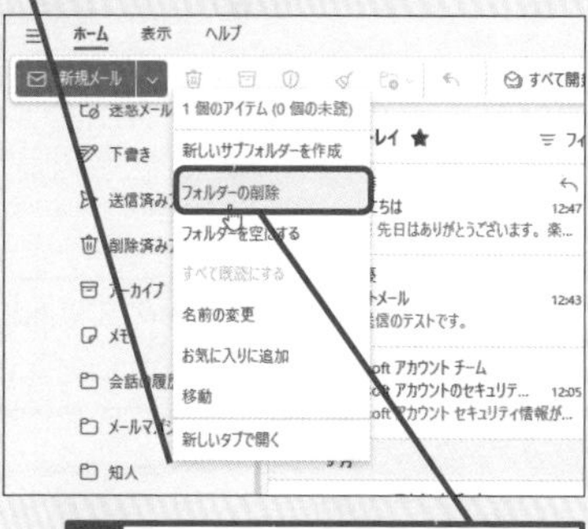

2 [フォルダーの削除]をクリック

使いこなしのヒント

仕分け条件は慎重に設定しよう

仕分け条件で文字列を設定するときは、指定する文字が一般的な単語だったり、短すぎたりすると、意図しないメールまで振り分けられてしまう可能性があるので注意しましょう。

次のページに続く

3 振り分けられたメールを確認する

手順2を参考に、メールが振り分けられるように設定し、振り分けを実行しておく

1 ［知人］をクリック

「奥野孝」から受信したメールが［知人］フォルダーに振り分けられている

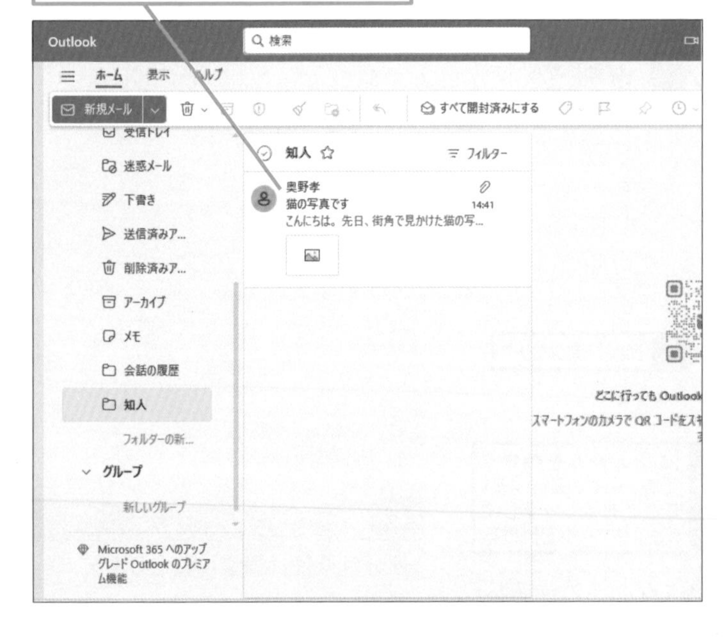

使いこなしのヒント

特定の取り引き先から届くメールを仕分けるには

フォルダーに振り分ける条件は細かく設定できます。たとえば、「impress.co.jp」のように、メールアドレスの「@」以降を指定して、特定のドメインから送られてきたメールを指定したフォルダに振り分けられます。振り分けの条件は、手順4の操作2で表示されるOutlookのメール設定の［ルール］で設定します。

使いこなしのヒント

［Outlook］アプリでも振り分けて表示される

Outlook.comで設定した仕分けルールは、［Outlook］アプリにも反映されます。［Outlook］アプリでも同様に仕分けルールを作ることができます。

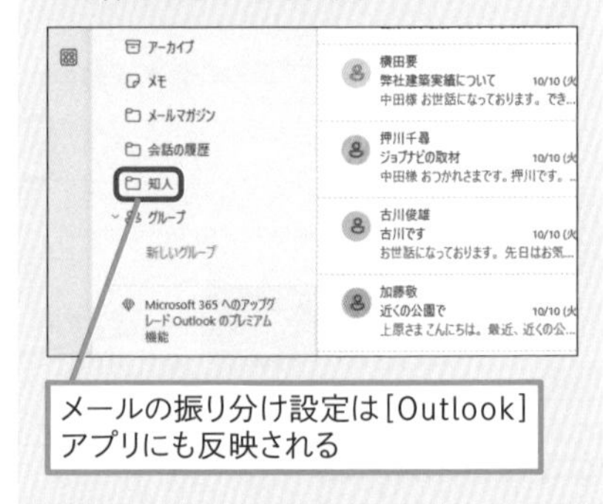

メールの振り分け設定は［Outlook］アプリにも反映される

ここに注意

手順4でほかの項目をクリックしてしまったときは、左に表示されている［メール］をクリックし直します。

4 追加したルールを確認する

1 ［設定］をクリック

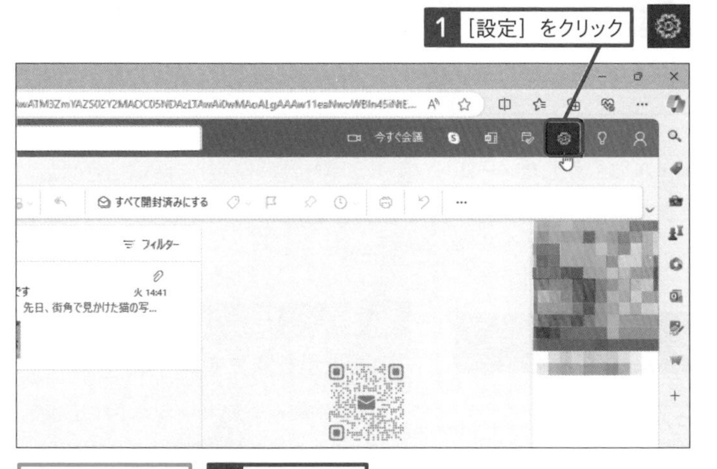

［設定］の画面が表示された

2 ［ルール］をクリック

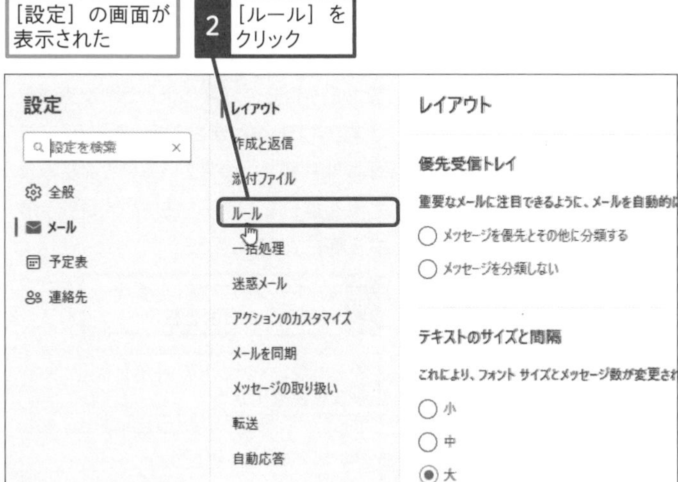

追加したルールが表示された

右上のここをクリックすると、メールの一覧が表示される

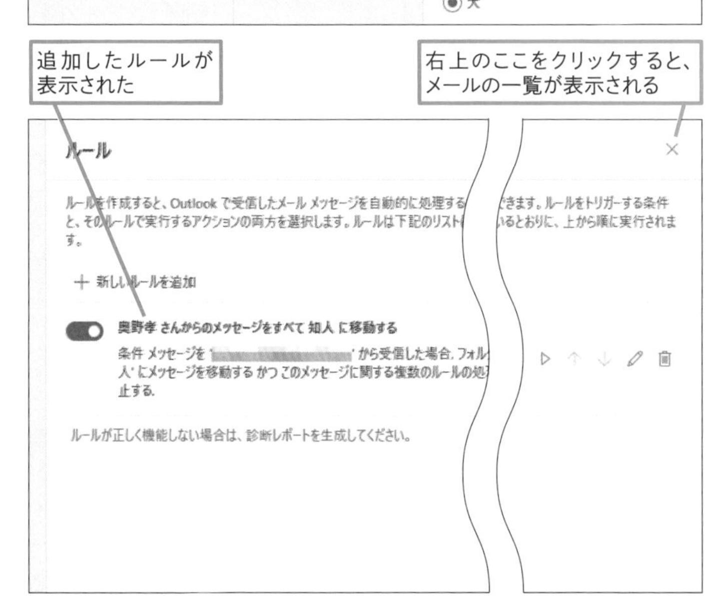

スキルアップ

仕分けるメールに特定の処理を設定できる

手順4の操作3で表示された画面で、［ルールを編集する］（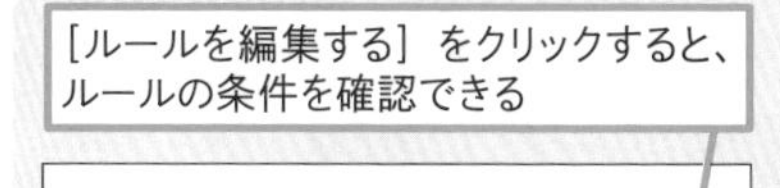）のアイコンをクリックするとルールの条件を確認・変更できます。たとえば、フォルダーに移動やコピーをするだけでなく、削除したり、指定のメールアドレスに転送やリダイレクトしたりすることができます。転送やリダイレクト、送信については、設定のときに送信先が間違っていないことをしっかり確認しましょう。

［ルールを編集する］をクリックすると、ルールの条件を確認できる

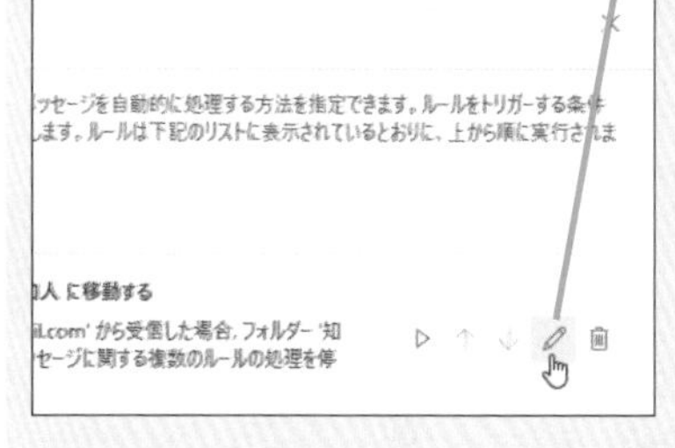

まとめ フォルダーに仕分けしてメールを整理しよう

自動仕分けのルールを設定すると、特定のメールをフォルダーごとに分類できます。メールを分類しておくと、目的のメールを探しやすくなったり、関連のあるメールを続けて確認できるなど、メールを効率良く管理できます。ただし、設定したルールによって、意図しないメールが仕分けされてしまうことがあるので、ルールを設定したときはそれぞれのフォルダーを忘れずに確認して、重要なメールを見逃さないように注意しましょう。

レッスン

48 未読のメールだけを確認するには

フィルター

Outlook.comのWebメールには、特定のルールに合致したメールを一覧できるフィルター機能が用意されています。ここでは未読のメールだけを一覧表示する方法を解説します。

1 未読のメールだけを表示する

レッスン43を参考に、Outlook.comのWebページを表示しておく

1 ［フィルター］をクリック

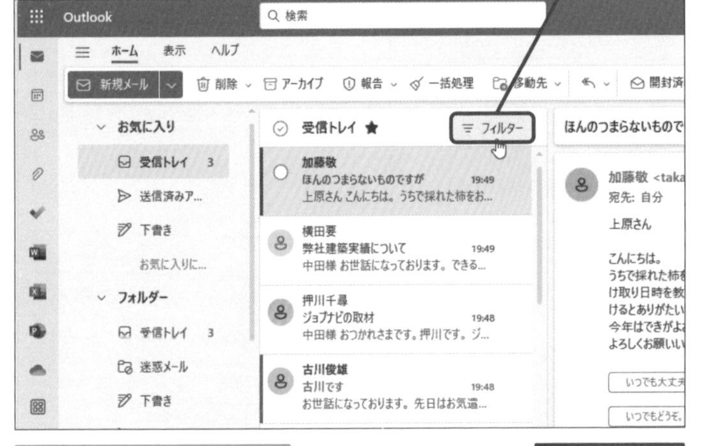

フィルターや並べ替え、表示形式の一覧が表示された

2 ［未読］をクリック

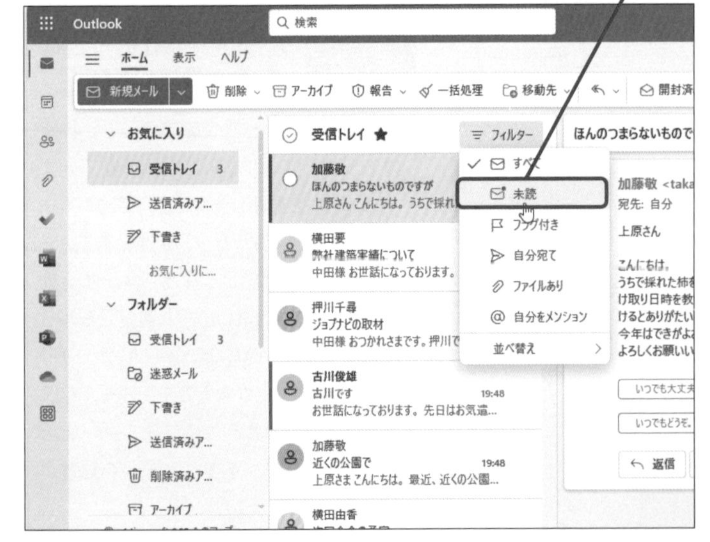

キーワード

Outlook.com	P.324
メール	P.325

使いこなしのヒント

画面表示を変更するには

メールの表示方法やレイアウトなどの表示形式は、［設定］で変更できます。メールをスレッドごとにグループ化するかどうか（標準オン）や、閲覧ウィンドウの位置なども自分の好みに合わせて変更できます。これらの設定を変更してもメール自体には影響ないので、いろいろな組み合わせを試して、自分の使いやすい表示形式を探してみましょう。

1 前ページの手順1を参考に［設定］の画面を表示

メールやレイアウトの表示形式を変更できる

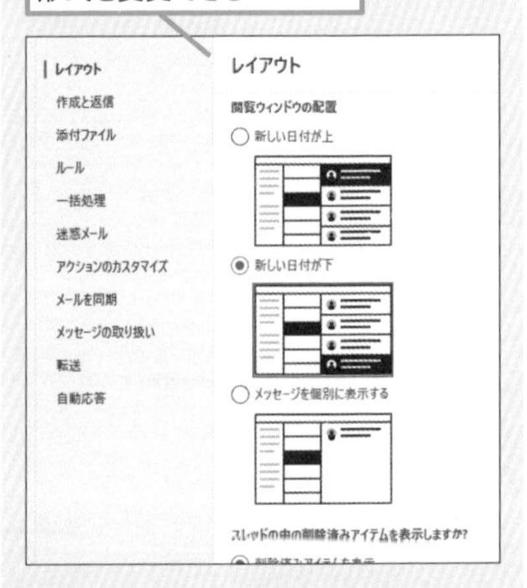

ここに注意

手順2で［未読］以外のフィルターをクリックしたときは、手順1に戻って、操作をやり直します。

スキルアップ

メールの並び順を変更できる

標準ではメールの一覧が日付順に並んでいます。この並び順は、手順1の2枚目の画面のメニューにある［並べ替え］で変更できます。また、［並べ替え順］から昇順と降順の切り替えも可能です。たとえば、日付順なら［古い日付が上］や［新しい日付が上］で並べ替えられます。

フィルターや並べ替え、表示形式の一覧を表示しておく

1 ［並べ替え］にマウスポインターを合わせる

2 ［差出人］をクリック

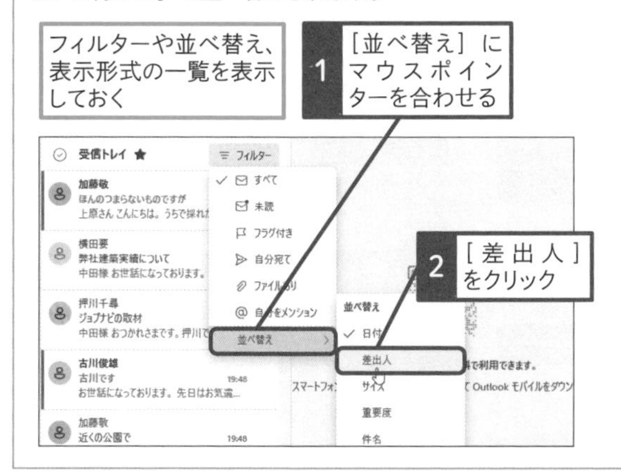

差出人の名前順でメールが表示された

3 ［フィルター］をクリック

4 ［並べ替え］にマウスポインターを合わせる

5 ［日付］をクリック

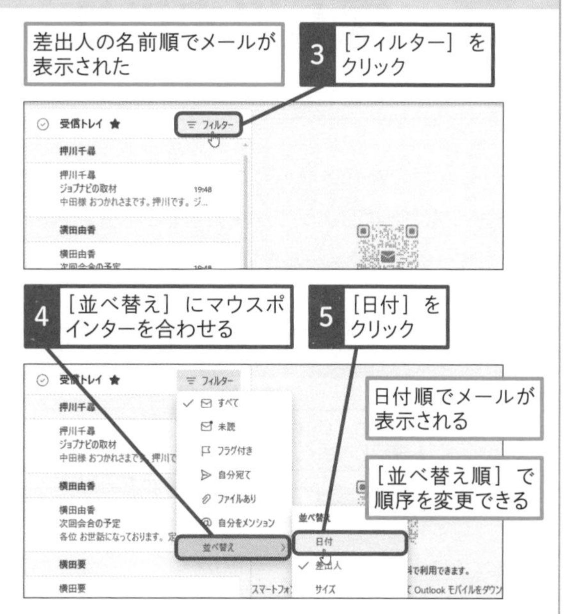

日付順でメールが表示される

［並べ替え順］で順序を変更できる

2 すべてのメールを表示する

未読のメールだけが表示された

1 ［未読］をクリック

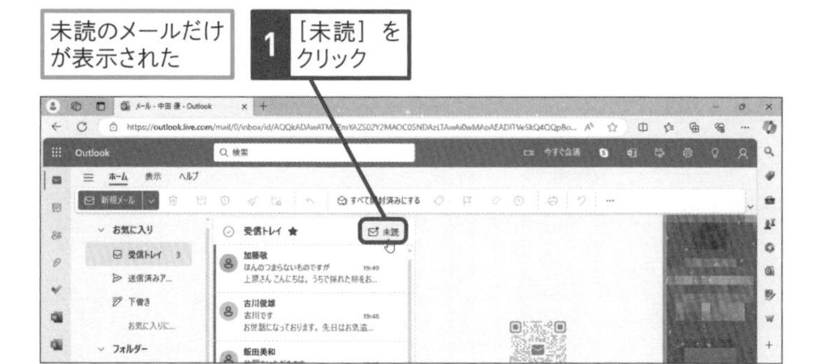

すべてのメールが表示された

時短ワザ

添付ファイルをすばやく探せる

以前に受信したメールの添付ファイルを探すには、手順1の操作2で［ファイルあり］を指定します。一覧にファイルが添付されたメールだけが表示されるので、目的の添付ファイルを探しやすくなります。

まとめ　メールの整理にはフィルターが便利

Outlook.comのWebメールに多くのメールが保存されていると、大切なメールを見落としてしまうかもしれません。フィルターを使えば、未読メールだけを表示したり、フラグを付けた重要なメールだけを表示するといったことができます。フィルター機能は事前の設定などが必要なく、メールの一覧画面から簡単な操作で利用できるので、覚えておくと便利です。特定の文字列などを含んだメールを探したいときは、フィルターではなく、レッスン49で解説する検索を利用するといいでしょう。

レッスン
49 目的のメールを探し出すには

メールの検索

Outlook.comのWebメールでは、送受信したメールを対象にして、Webページなどと同じように、検索することができます。キーワードを入力して、該当するメールを探す方法を解説します。

1 検索を実行する

レッスン43を参考に、Outlook.comのWebページを表示しておく

1 ［検索］をクリック

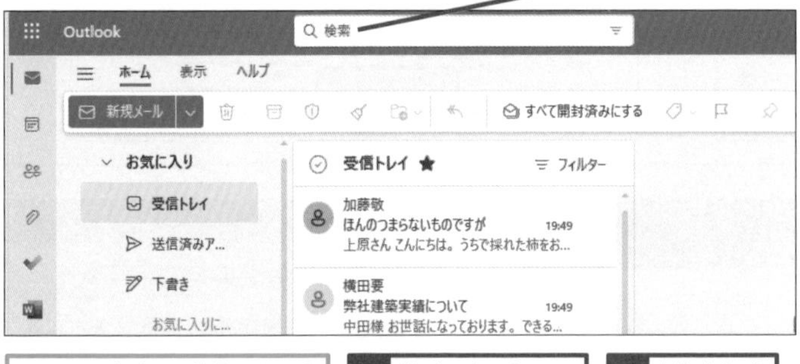

ここでは本文に「猫」という文字が含まれるメールを探す

2 検索ボックスにキーワードを入力

3 ［検索］をクリック

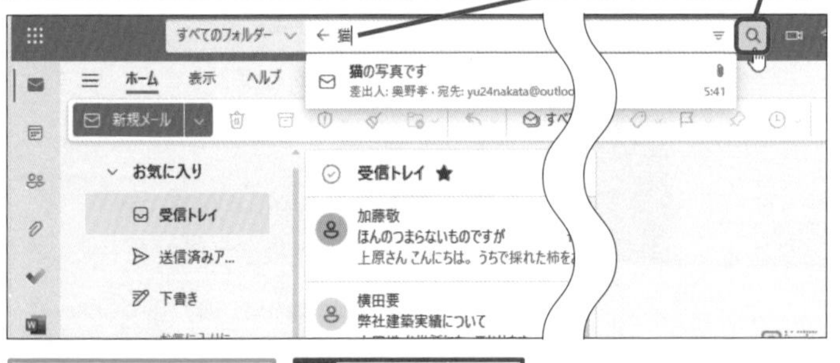

検索結果が表示された

4 メールをクリック

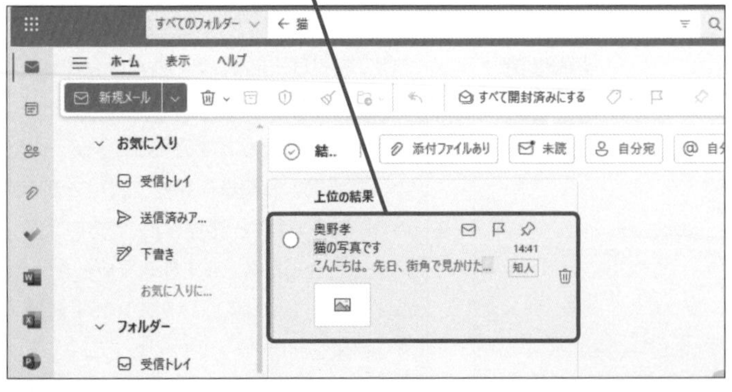

キーワード

Outlook.com	P.324
メール	P.325

ショートカットキー

メールの検索　/

使いこなしのヒント

検索内容を絞り込める

キーワードを使った検索結果から、日付や添付ファイルの有無などで絞り込むことができます。手順2で検索結果が表示された後に、［フィルター］（☰）をクリックすると、絞り込むときに指定できる条件の画面が表示されます。

［検索期間］のはじまりと終わりをそれぞれクリックして、日付で絞り込める

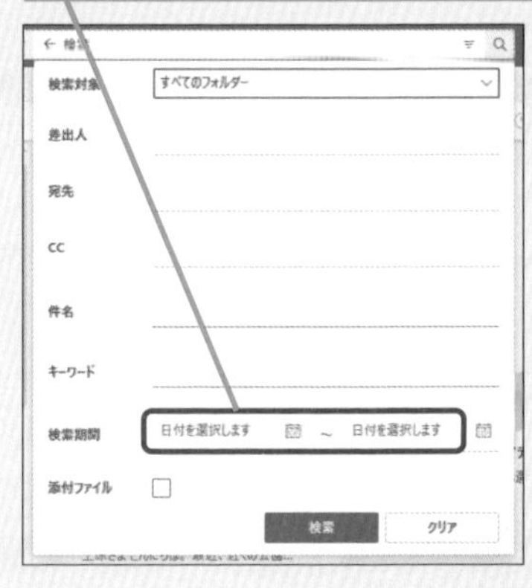

基本編　第5章　メールやビデオ会議でやり取りしよう

スキルアップ

フラグを付けて、メールを整理できる

メールが増えてくると、打ち合わせや重要事項の連絡など、大切なメールを見落としてしまいそうなことがあります。そのようなときは、重要なメールである目印として、フラグを付けておきましょう。メールが増えても目的のメールを見つけやすくなります。また、レッスン48で解説したフィルター機能を使って、フラグの付いたメールのみを一覧表示することもできます。用件が済んだメールについては、忘れずにフラグをはずしておきましょう。

1 ［このメッセージにフラグを付ける］をクリック

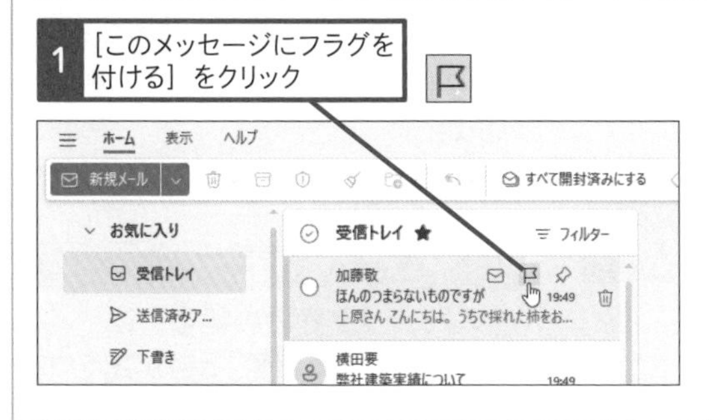

フラグを設定すると、アイコンが赤く表示される

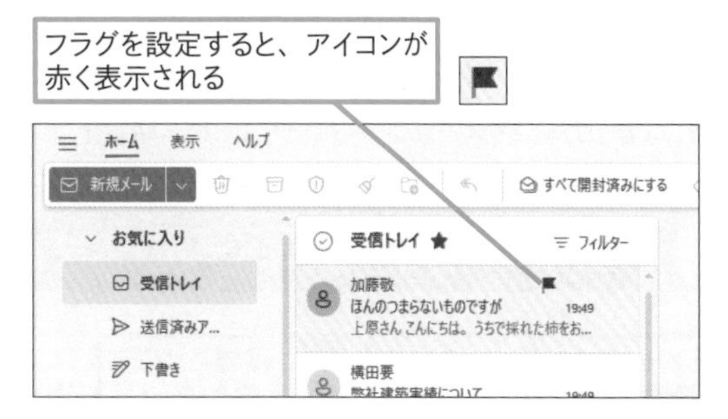

● メールの内容を確認する

検索結果の画面が表示され、キーワードを含むメールが表示された

ショートカットキー

フラグを付ける　Insert

使いこなしのヒント

複数のキーワードで検索できる

手順1でキーワードを入力するときに、空白（スペース）で区切って、複数のキーワードを入力すると、すべてのキーワードを含んだメールを検索できます。検索結果を絞りこむときに利用しましょう。

まとめ　検索機能で目的のメールがすぐに見つかる

メールのやり取りが増えると、必然的に保存されているメールの数が増え、目的のメールを見つけにくくなってしまいます。Outlook.comはWebページを同じように、検索ボックスにキーワードを入力して、メールを探すことができます。件名や差出人だけでなく、メールの本文も検索できるので、メールに書いてあった要件や場所、人名など、さまざまなキーワードでメールを検索でき、目的のメールを見つけやすくなっています。メールの数が増えてきたら、検索機能を使って、その便利さを実感してみましょう。

レッスン

50 迷惑メールに対処するには

迷惑メールに登録

Outlook.comでは好ましくない内容や詐欺などの迷惑メールを自動的に［迷惑メール］フォルダーに振り分けます。ここでは振り分けられなかった迷惑メールの対処について、説明します。

1 受信したメールを迷惑メールとして報告する

迷惑メールに登録するメールの内容を表示しておく

1 ［報告］のここをクリック

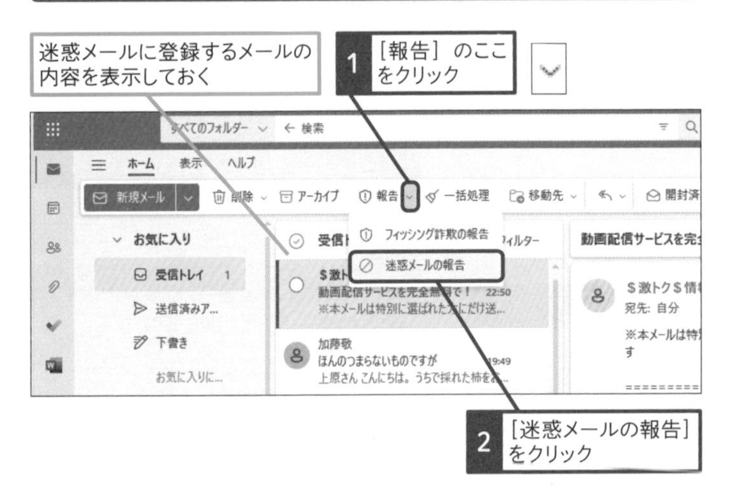

2 ［迷惑メールの報告］をクリック

2 迷惑メールとして報告された

メールが迷惑メールとして報告され、［迷惑メール］フォルダーに移動した

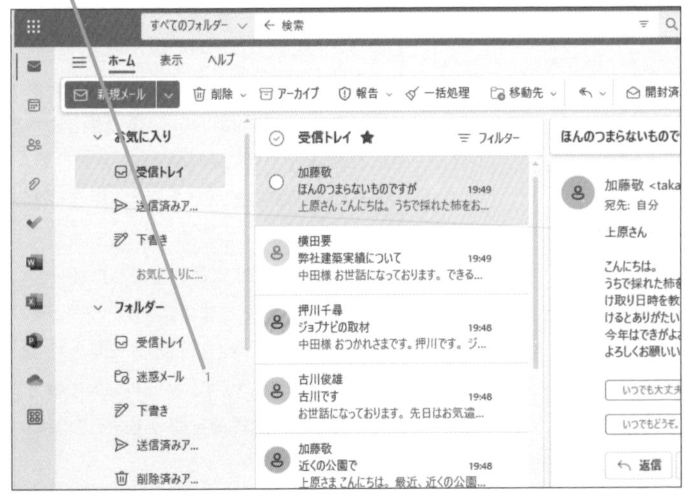

キーワード

使いこなしのヒント

［フィッシング詐欺の報告］は［迷惑メールの報告］と何が違うの？

手順1のように、［迷惑メールの報告］を選ぶと、そのメールは［迷惑メール］に振り分けられます。一方、［フィッシング詐欺の報告］を選ぶと、メールは［削除済みアイテム］に移動します。フィッシング詐欺のメールは、迷惑メールに比べ、危険性が高いため、すぐに削除されるようになっています。［フィッシング詐欺の報告］を選ぶと、メールの送信者の情報がマイクロソフトに報告され、今後のサービス向上に活かされます。

使いこなしのヒント

［Outlook］アプリで迷惑メールを報告するには

［Outlook］アプリでも［受信トレイ］フォルダーに届いた迷惑メールを報告できます。迷惑メールを［迷惑メール］フォルダーに移動すると、迷惑メールとして報告できます。

使いこなしのヒント

迷惑メールを解除するには

間違って迷惑メールとして報告してしまったときは、［迷惑メール］フォルダーを開き、間違って報告したメールを表示します。画面上部の［迷惑メールではない］をクリックして、解除します。

スキルアップ

メールを削除する

届いたメールが不要になったら、削除しましょう。削除したいメールをクリックして、メニューから［削除］をクリックします。この操作ではメールが［削除済みアイテム］フォルダーに移動するだけで、削除されません。［削除済みアイテム］フォルダーをクリックし、続いて［フォルダーを空にする］ボタンをクリックすることで、完全に削除することができます。

●メールの削除

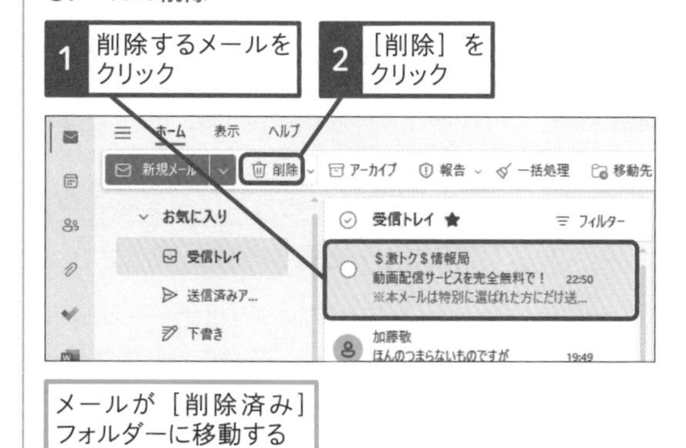

メールが［削除済み］フォルダーに移動する

●削除済みアイテムを空にする

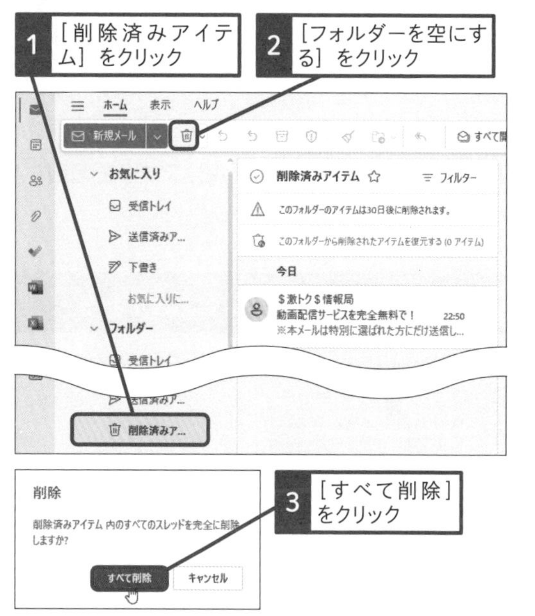

3 ［迷惑メール］フォルダーを確認する

ここでは迷惑メールとして報告したメールを確認する

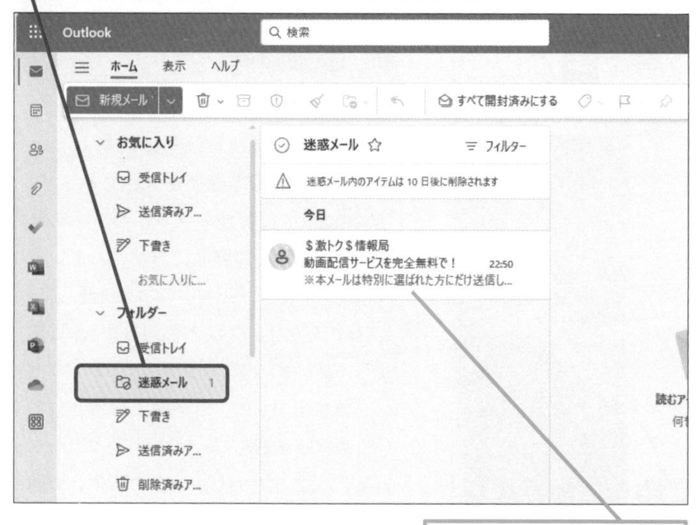

迷惑メールとして報告したメールが表示された

ここに注意

間違ってメールを削除したときは、［削除済みアイテム］フォルダーを開き、間違って移動したメールを［受信トレイ］にドラッグして、移動します。

まとめ 迷惑メールには正しく対処する

迷惑メールには偽サイトのリンクをクリックさせ、犯罪で利用するための個人情報の入力を誘うサイトに誘導するもの、マルウェアが添付されているものなどがあります。有名な企業をかたった「フィッシング詐欺」のメールも多く、普段やり取りのない相手からのメールには、十分な注意が必要です。［受信トレイ］フォルダーに届いたメールだから安全だと判断せず、むやみに添付ファイルを開いたり、URLをクリックしたり、返信しないように注意してください。

レッスン

51 [Outlook] アプリでメールを見るには

[Outlook] アプリ、受信

Windowsにはメールを送受信するアプリとして、[Outlook] アプリが用意されています。[Outlook] アプリを起動して、受信済みのメールを見る方法を説明します。

1 [Outlook] アプリを起動する

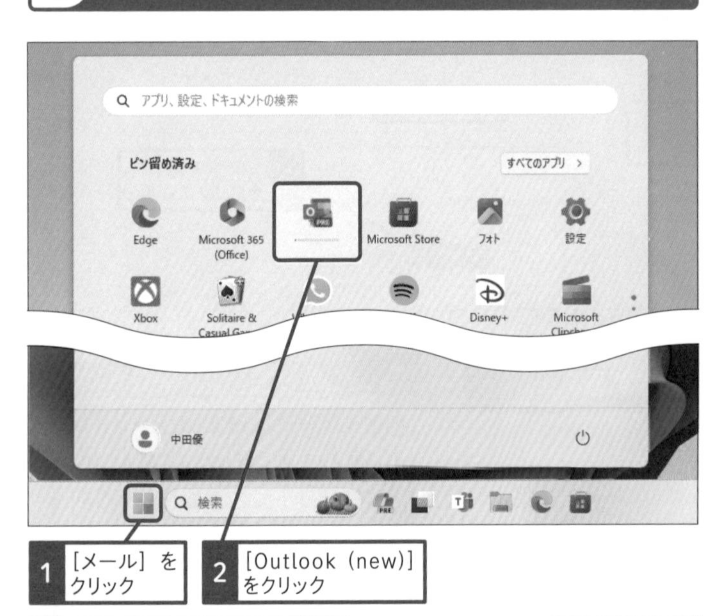

1 [メール] をクリック

2 [Outlook (new)] をクリック

3 自分のMicrosoftアカウントが表示されていることを確認

4 [続行] をクリック

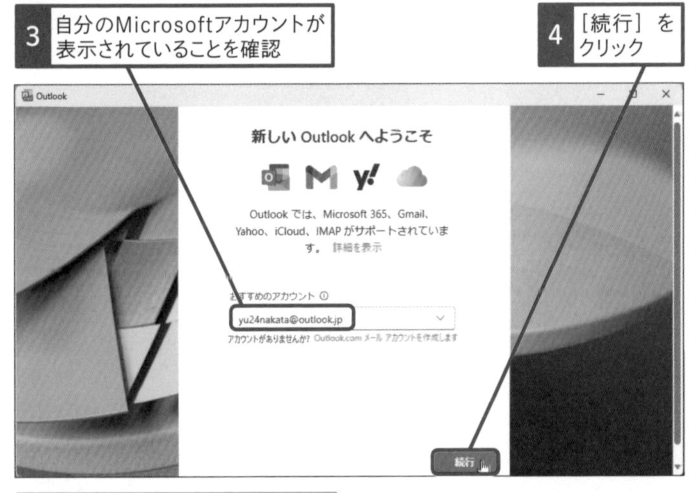

右の使いこなしのヒントを参考に、初期設定を進めておく

キーワード

Outlook	P.324
Outlook.com	P.324

ショートカットキー

[スタート] メニューの表示 

使いこなしのヒント

ブラウザーと同じ内容が表示される

[Outlook] アプリはブラウザーでOutlook.comにアクセスしたときと同じ内容が表示されます（レッスン43参照）。Outlook.comでカスタマイズしたフォルダ設定やルールなども反映されています。

使いこなしのヒント

初回起動時のみ、初期設定を実行する

[Outlook] アプリを最初に起動したときは、初期設定の画面が表示されます。「Microsoftはお客様のプライバシーを尊重しています」の画面に表示されているメールアドレスが正しいことを確認して、[次へ] をクリックします。「Outlookに関するオプションのデータをマイクロソフトへ送信しますか？」の画面で表示されている選択肢を選んで、[承諾] をクリックします。「エクスペリエンスの強化」の画面で [続行] すると、初期設定が完了します。

使いこなしのヒント

[メール] アプリは使えないの?

[メール] アプリは2024年にサポートが終了することがマイクロソフトから発表されているので、今後は [Outlook] アプリを使うことをおすすめします。すでに [メール] アプリを使っているときは、画面左上の [新しいOutlookを試してみる] をクリックするだけで、[Outlook] アプリに移行できます。ただし、2023年11月時点では、[Outlook] アプリはMicrosoftアカウントとGmail、iCloud、Yahoo.com、IMAP方式のメールにしか正式に対応していないので、それ以外のメールアドレスを使っているときは、注意が必要です。

2 メールの内容を表示する

1 [最大化] をクリック

2 メールをクリック

メールの内容が表示された

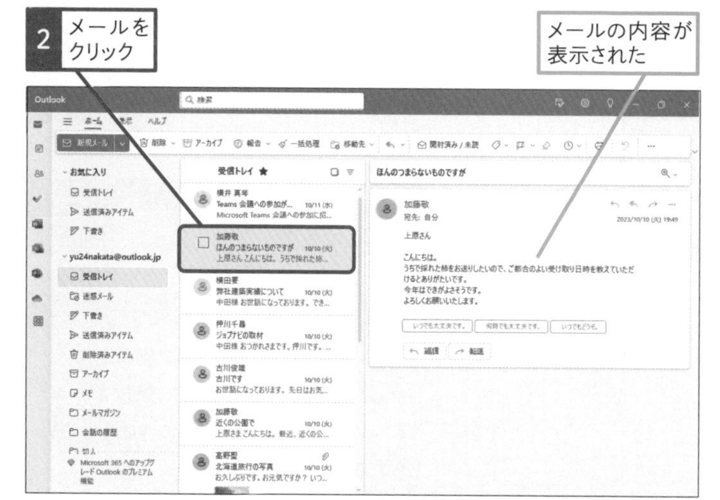

スキルアップ

メールを検索するには

受信メールが増えてくると、後でメールを確認するときに、目的のメールが見つけにくくなります。そのようなときは以下のように、メールを特定するキーワードを入力して、検索しましょう。その他にもメールを項目で並べ替えてみると、見つけやすくなります。

●メールの検索

1 キーワードを入力

2 ここをクリック

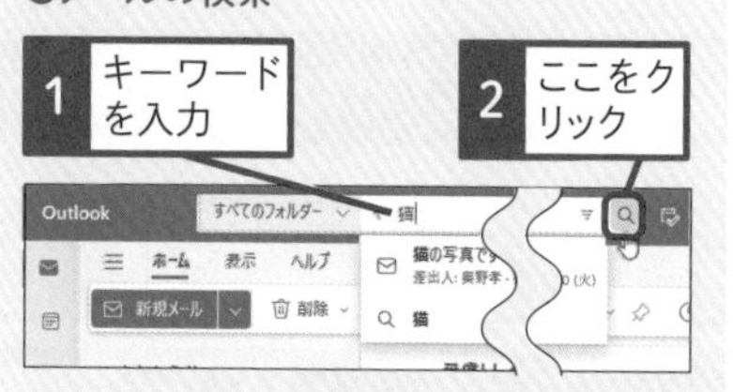

●メールの並べ替え

1 [フィルター] をクリック

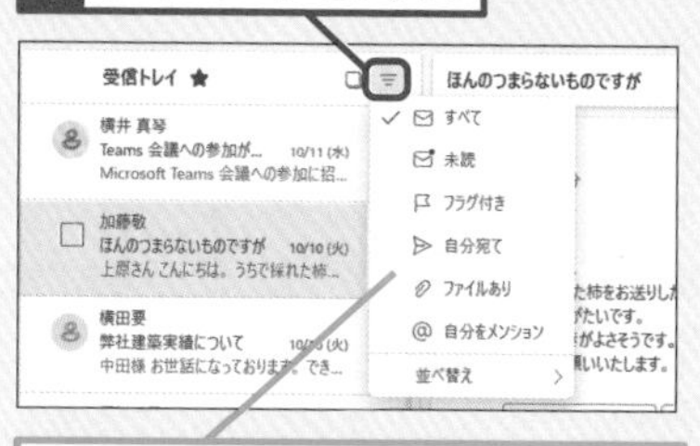

未読メールだけに絞り込んだり、日付や名前順で並べ替えたりできる

まとめ アプリを使ってメールを確認できる

Windows 11にはメールを扱える [Outlook] アプリが標準で搭載されています。[Outlook] アプリはブラウザーで「Outlook.com」にアクセスし、メールを操作するときと同様の機能が利用できます。2023年11月時点では、Outlook.comやGmail、iCloud、Yahoo.comといったメールサービスやIMAP方式のメールサービスであれば、[Outlook] アプリで対応できることが確認されています。一度、[Outlook] アプリを使ったメールを試してみましょう。

レッスン
52 [Outlook] アプリでメールを送信するには

[Outlook] アプリ、送信

[Outlook] アプリを使ったメールの送信方法について、解説します。レッスン44と同じように、宛先や件名、本文を入力したメールを作成して、メールを送信してみましょう。

1 メールの作成画面を表示する

レッスン51を参考に、[Outlook] アプリを起動しておく

1 [新規メール] をクリック

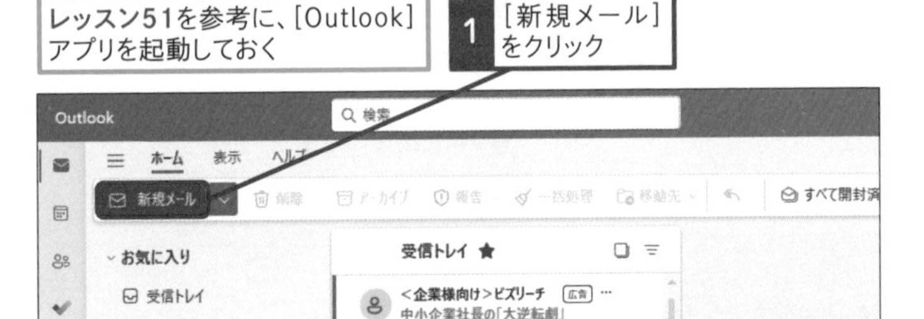

メールの作成画面が表示された

2 宛先のメールアドレスを入力

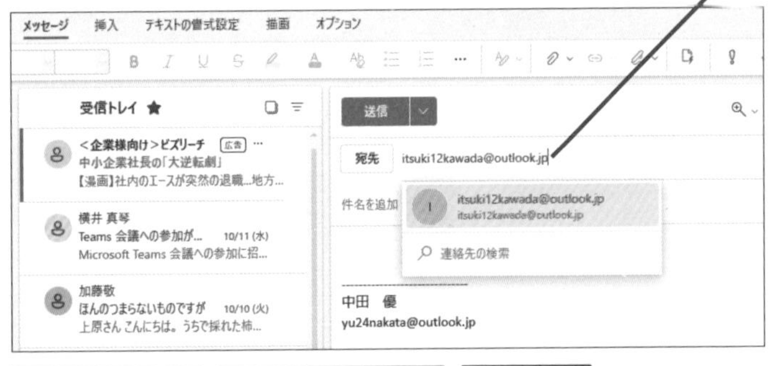

メールアドレスが入力された

続けてほかの宛先を入力できる

3 件名を入力

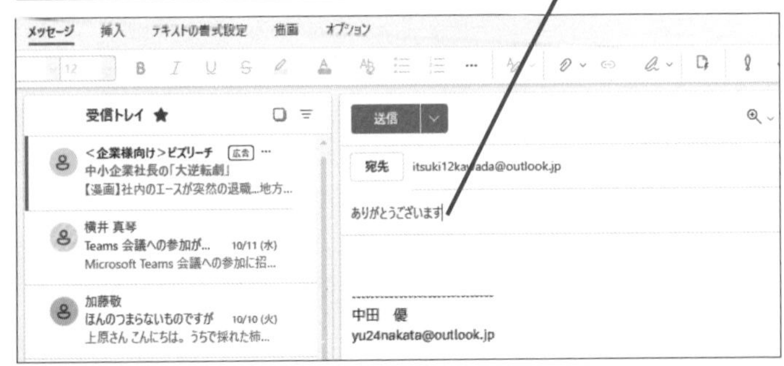

キーワード

Outlook P.324

ショートカットキー

新規メールの作成 Ctrl+N

使いこなしのヒント

ファイルを添付するには

メールにファイルを添付したいときは、メール作成画面で [挿入] タブをクリックします。表示されたメニューから [添付ファイル] をクリックして、添付したいファイルを選んで、[開く] をクリックすると、添付できます。

使いこなしのヒント

受信メールに返信するには

届いたメールに返信するときは、[受信トレイ] フォルダーなどを開き、返信したいメールを表示します。[返信] ボタンをクリックすると、送信してきた相手に対してのメール作成画面になります。

メールを表示しておく

1 [返信] をクリック

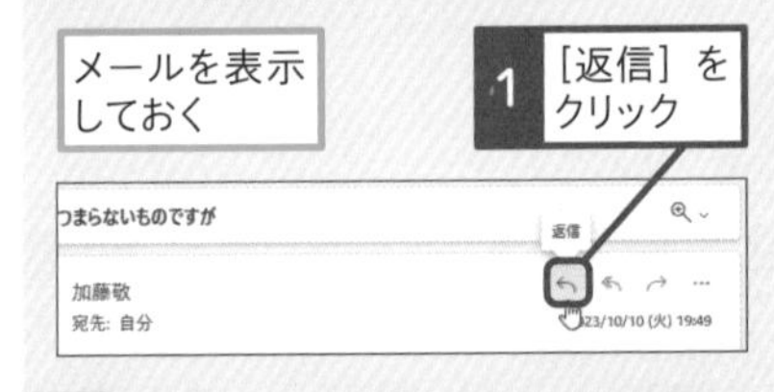

ショートカットキー

メールの送信 Ctrl+Enter

ここに注意

手順1で [新規メール] 以外の場所をクリックしたときは、もう一度、[新規メール] をクリックすると、メールの作成をはじめられます。

スキルアップ

署名を変更するには

[Outlook] アプリで署名を変更するには、画面右上に表示されている [設定] ボタン (⚙) をクリックして、[設定] の画面で [署名] をクリックします。現在設定されている署名が表示されるので、必要に応じて、編集しましょう。画面を閉じると、確認画面が表示されるので [保存] をクリックします。

1 [設定] をクリック

2 [署名] をクリック

設定
設定を検索
アカウント
全般
メール
予定表
連絡先
メール アカウント
自動応答
署名
分類
モバイル デバイス
ストレージ
メール アカウント
Outlook でリンクされているアカウントを...トを削除することができます。
+ アカウントの追加
yu24nakata@outlook...
Outlook.com

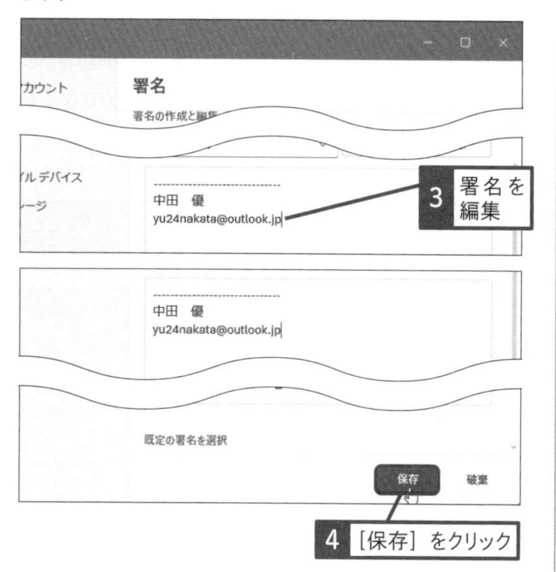

2 メールを送信する

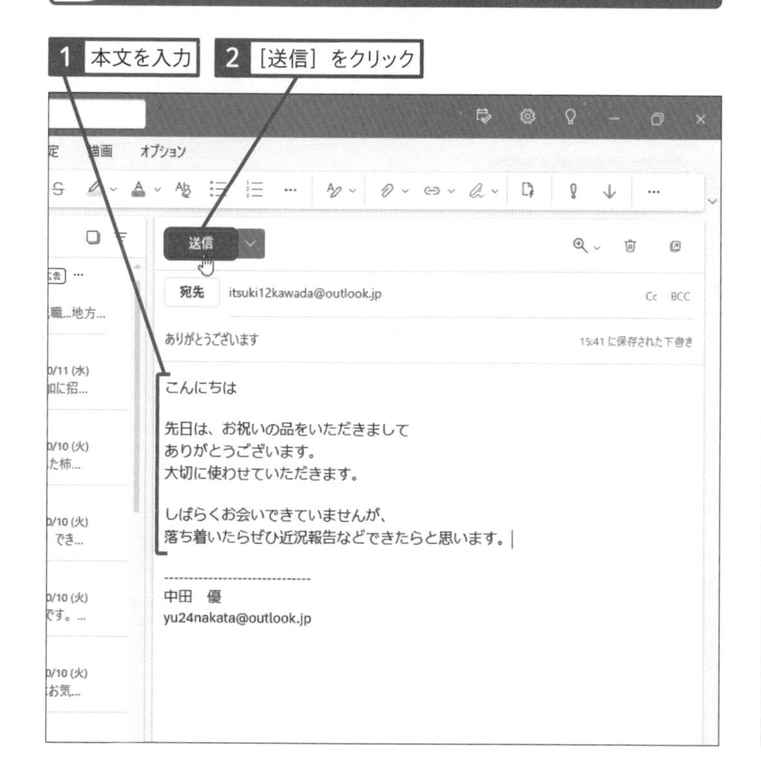

使いこなしのヒント

CCやBCCを指定するには

[Outlook] アプリでもCcやBCCを指定して、メールを送信できます。メールの作成画面の [宛先] の左端にある [Cc] や [BCC] をクリックすると、CcやBCCの宛先を入力する欄が表示されるので、そこにメールアドレスを入力します。

まとめ

[Outlook] アプリの操作に慣れよう

[Outlook] アプリをはじめて操作するときは、どこに宛先を入力するのか、どこをクリックして送信するのかなど、少し戸惑うかもしれません。このレッスンを参考に、少しずつ操作に慣れていきましょう。

レッスン

53 Gmailのアカウントを追加するには

アカウントを追加

Windows 11の［Outlook］アプリは、Outlook.comのメールだけでなく、Gmailのメールも送受信することができます。メールアカウントを登録する方法を解説します。

1 Gmailのアカウントを追加する

1 ［アカウントを追加］をクリック

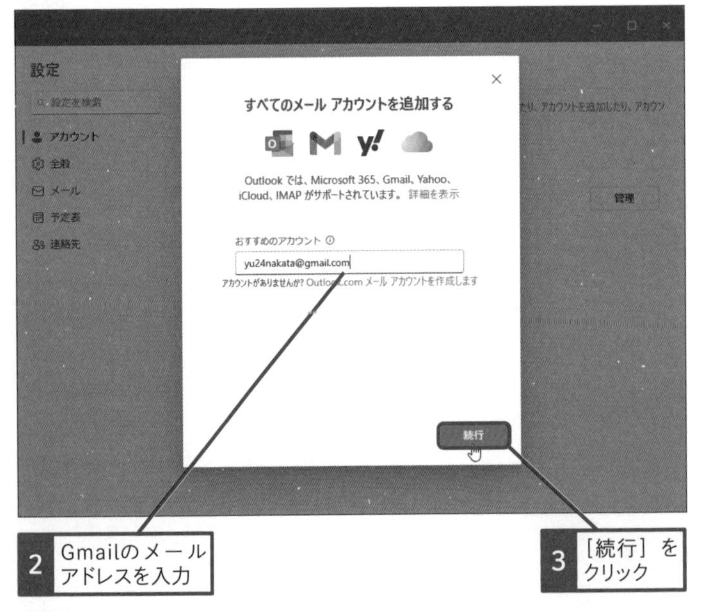

2 Gmailのメールアドレスを入力

3 ［続行］をクリック

キーワード

Outlook	P.324
Outlook.com	P.324
アカウント	P.325

使いこなしのヒント

プロバイダーのメールアカウントは追加できるの?

プロバイダーのメールがIMAP方式に対応していれば、［Outlook］アプリにアカウントを追加して、メールを扱うことができます。手順1で、プロバイダーのメールアドレスを入力し、［続行］をクリックします。しばらくすると、画面に［高度なセットアップ］が表示されるので、そこをクリックして、プロバイダーのIMAPのメール情報を登録します。プロバイダーのメールがIMAP方式に対応しているかは、プロバイダーのWebページや書類などで確認しておくようにしましょう。

ここに注意

手順1で［アカウントの追加］以外の場所をクリックしたときは、いったん［Outlook］アプリの画面を閉じます。もう一度、手順1からやり直します。

● ［Gmailアカウントを同期する］と表示された

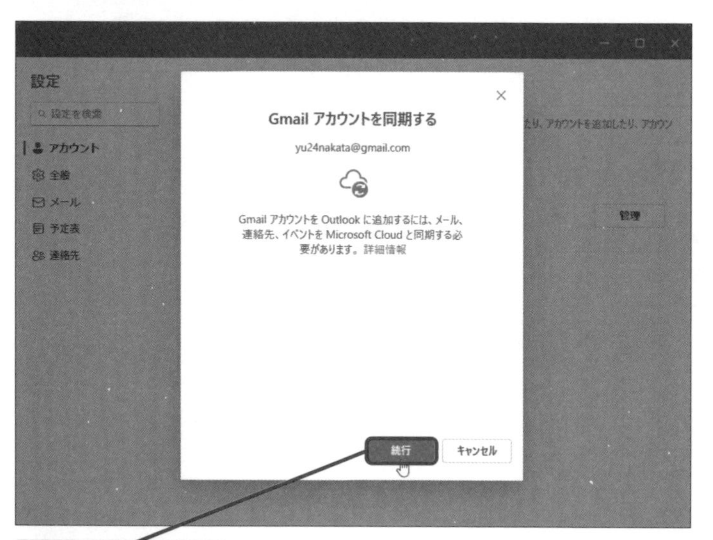

4 ［続行］をクリック

5 Gmailのアカウントをクリック

Google ドライブのすべてのファイルの表示、編集、作成、削除

連絡先の表示、編集、ダウンロード、完全な削除

Google カレンダーを使用してアクセスできるすべてのカレンダーの表示、編集、共有、完全な削除

お客様の機密情報をこのサイトやアプリと共有することがあります。アクセス権の確認、削除は、Google アカウントでいつでも行えます。

Google がデータを安全に共有する仕組みについて知る。

Microsoft apps & services のプライバシー ポリシーと利用規約をご覧ください。

キャンセル　許可

6 ［許可］をクリック

使いこなしのヒント

追加できるメールアカウントを知っておこう

［Outlook］のアプリは2023年11月現在、Outlook.comやGmail、iCloud、Yahoo.comといったメールサービスやIMAP方式のメールサービスに対応しています。POP方式のメールサービスについては、今後、サポートされる計画になっています。

使いこなしのヒント

スケジュールも管理できる

［Outlook］アプリ画面左端の［予定表］をクリックすると、カレンダーが表示され、イベント（予定）を登録できます。登録したい日付の升目をダブルクリックすると、予定の詳細を登録できます。スマートフォンに［Outlook］アプリをインストールし、同じMicrosoftアカウントを設定すれば、Windowsで登録した予定をスマートフォンでも確認できるので便利です。

スキルアップ

設定されたメールアカウントを削除できる

設定したメールアカウントが必要なくなったときは、［Outlook］アプリから削除しておきましょう。179ページの使いこなしのヒントの画面で、［削除］をクリックするとメールアカウントを削除できます。

次のページに続く ➡

●「このサイトは、Outlook（new）を開こうとしています。」と表示された

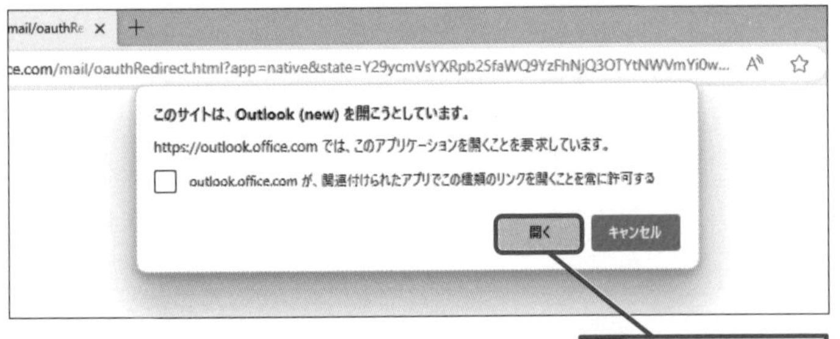

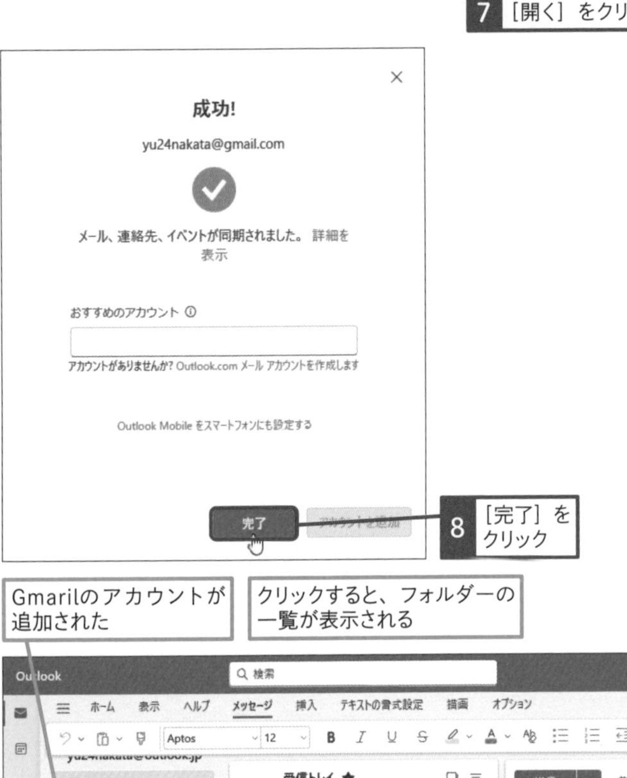

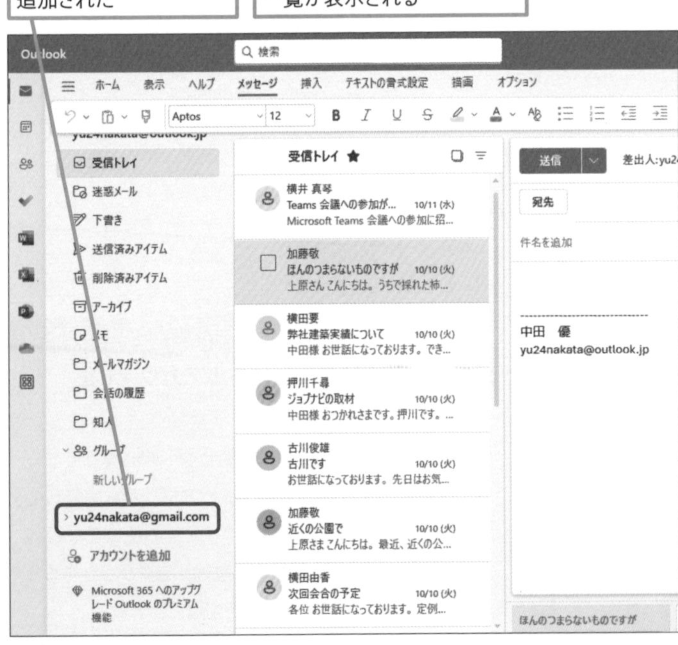

使いこなしのヒント

送信するメールアカウントを確認する

複数のメールアカウントを登録しているときは、どのメールアカウントでメールを送信するのかを必ず確認しましょう。新規メールの画面で、［差出人］を確認します。［差出人］をクリックして、送信するメールアカウントを変更することができます。

使いこなしのヒント

表示できるメールの一覧を増やすには

［Outlook］のメール一覧に表示されているメールの数は変更可能です。［表示］タブの［間隔］を変更すれば、一覧に表示されるメールの数は調整できます。送受信するメールの数やパソコンのディスプレイの大きさなどに合わせて、［間隔］を調整してみるといいでしょう。

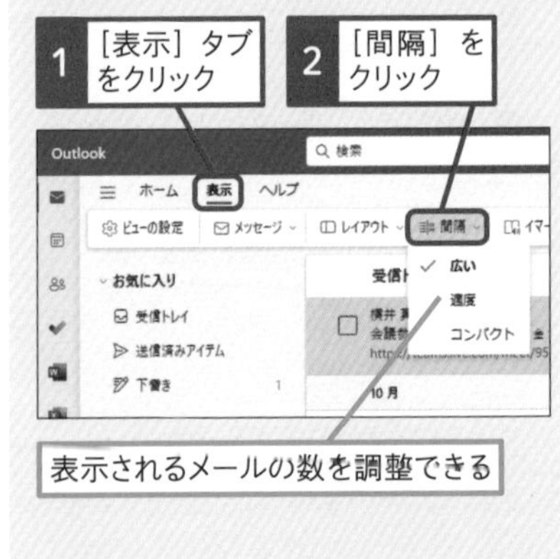

基本編 第5章 メールやビデオ会議でやり取りしよう

使いこなしのヒント

送信に使うメインのメールアドレスを変更するには

複数のメールアカウントを登録しているときに、普段使うメールアカウントを変更することができます。[設定] のメールアカウント画面でメインに使いたいメールアドレスの右側の [管理] をクリックし、[プライマリアカウントとして設定] をクリックします。[Outlook] アプリが自動的に再起動し、変更が完了します。

レッスン52のスキルアップを参考に、[設定] の画面を表示しておく

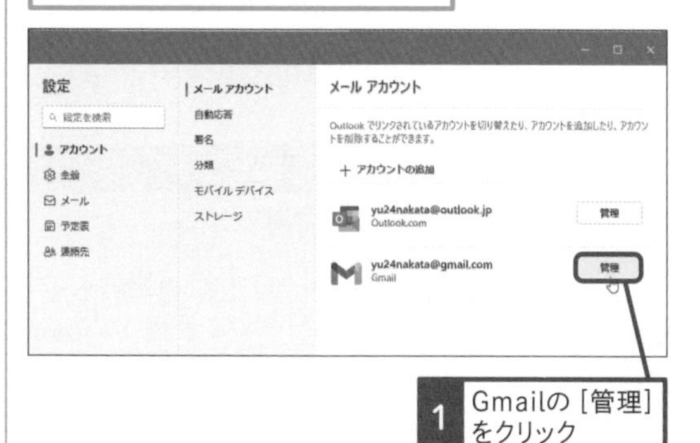

1 Gmailの [管理] をクリック

2 [プライマリアカウントとして設定] をクリック

表示された画面で [続行] をクリックすると、[Outlook] が再起動されて、選択したGmailがメインのアカウントに設定される

2 Gmalでメールを送信する

レッスン52を参考に、メールの作成画面を表示しておく

1 [差出人] のメールアドレスをクリック

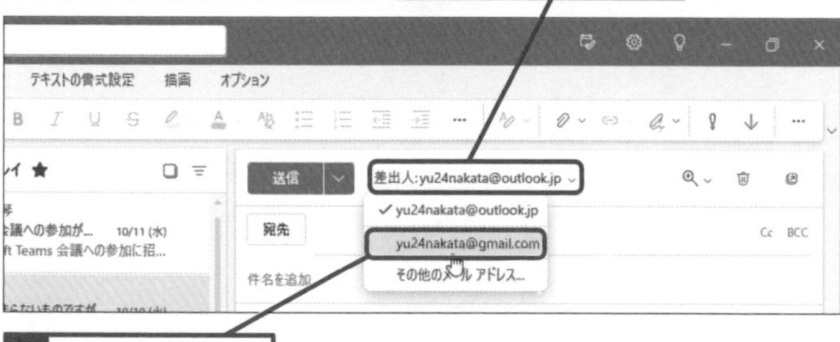

2 Gmailのアドレスをクリック

[新規メール] の画面が新しいウィンドウで表示された

宛先や件名、本文を入力して [送信] をクリックすると、Gmailのアドレスでメールを送信できる

まとめ 複数のメールアドレスをまとめて管理できる

Windowsの [Outlook] アプリは、Outlook.comのメールだけでなく、アカウントを登録することで、Outlook.com以外のメールも送受信できるようになります。複数のメールアドレスを持っているときは、[Outlook] アプリでまとめて管理すると便利です。ただし、[Outlook] アプリで登録したメールアカウントは、Outlook.comには反映されないので注意しましょう。

レッスン
54 ビデオ会議の準備をしよう

Microsoft Teams

Windows 11に標準で搭載されている「Microsoft Teams」の使い方を見てみましょう。WindowsにサインインしているMicrosoftアカウントを使って、［会議］や［通話］からビデオ会議を開始できます。

1 チャットの画面を表示する

1 ［Microsoft Teams］をクリック

利用するMicrosoftアカウントが表示された

ここではMicrosoftアカウントで利用を開始する

2 ［続行］をクリック

キーワード

Microsoftアカウント	P.324
Teams	P.324

使いこなしのヒント

「Teams」って何?

「Teams」はマイクロソフトが提供するコミュニケーションツールです。Microsoftアカウントを利用している人と文字を使った会話（チャット）、映像と音声を使ったビデオ通話ができます。無料版Teamsを利用する相手やスマートフォン版のTeamsアプリのユーザーとも会話ができます。ビデオ会議以外に、次のような機能も利用できます。

●ビデオ通話
映像と音声を使ったコミュニケーションができる

●チャット
文字による会話やファイルの共有などができる

●予定表
個人の予定やビデオ会議の予定を管理できる

●コミュニティ
家族や友だちなどのグループを作れる

●タスク管理
やるべきことや仕事を割り当てて管理できる

ここに注意

タスクバーに［Microsoft Teams］のアイコンがないときは、レッスン11を参考に、スタートメニューにある［Microsoft Teams］アプリを起動します。

2 チャットの画面を閉じる

［チャット］をクリックすると、チャットの画面が表示される

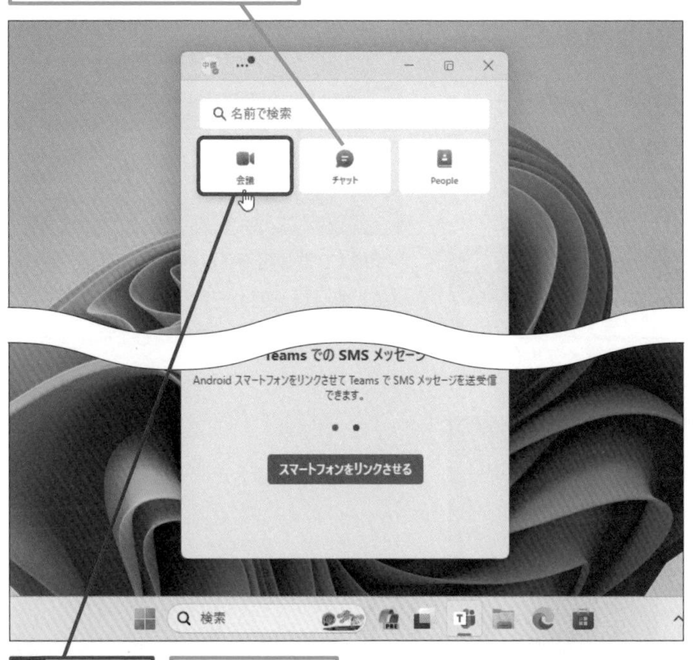

1 ［会議］をクリック

チャットの画面が閉じる

2 ［会議を開始］をクリック

使いこなしのヒント

連絡先を同期することもできる

以下のように操作すると、スマートフォンやSkype、Outlook、Gmailなどの連絡先と同期する画面を表示できます。

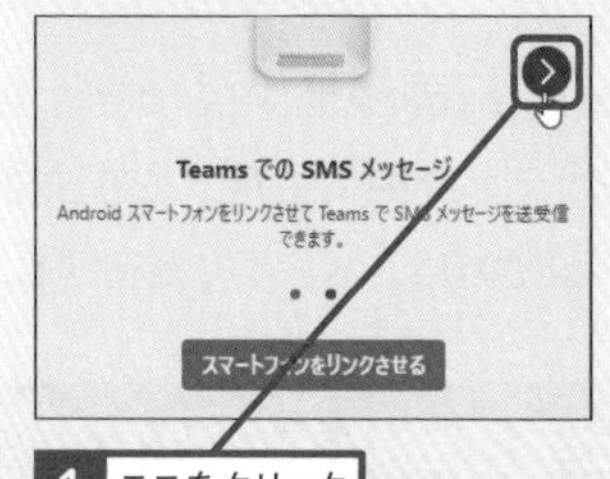

1 ここをクリック

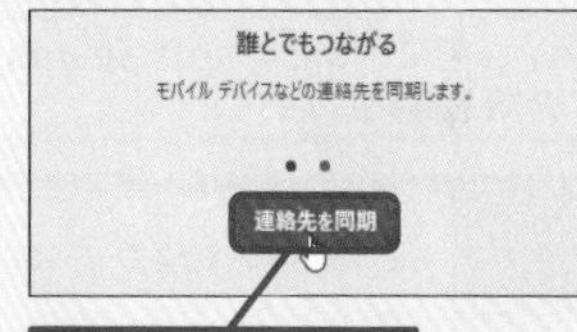

2 ［連絡先を同期］をクリック

同期する連絡先を設定する画面が表示された

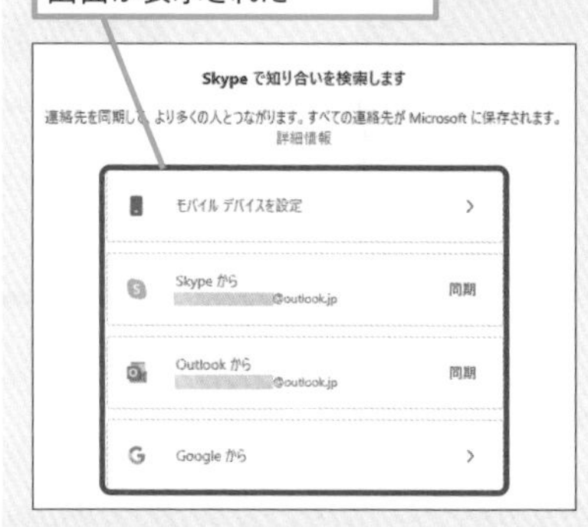

まとめ　ビデオ会議がすぐにはじめられる

離れたところに居る人と音声や映像でコミュニケーションができるビデオ会議を利用する機会が増えてきました。Windows 11にはビデオ会議のアプリとして、［Microsoft Teams］が標準で搭載されています。インストールや登録なども必要なく、タスクバーのアイコンから起動できます。Windowsにサインインしている Microsoftアカウントを使って、すぐにビデオ会議をはじめることができます。

レッスン

55 ビデオ会議をするには

Microsoft Teams／ビデオ会議

Microsoft Teamsを使って、ビデオ会議を開催してみましょう。ほかの人をビデオ会議に招待する方法はいくつかありますが、ここでは会議の開始時に、メールで招待する方法を説明します。

1 ビデオ会議を開始する

レッスン54を参考に、Microsoft Teamsを起動して会議を開始しておく

ここでは招待メールを送信する

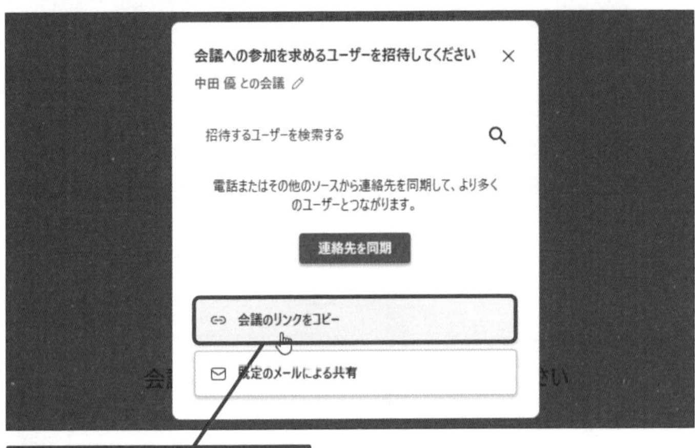

1 ［会議のリンクをコピー］をクリック

キーワード

Teams P.324

ここに注意

手順1で誰も招待しないまま、画面を閉じてしまったときは、下のスキルアップを参考に、後から参加者を招待します。

スキルアップ

後から参加者を招待するには

後から参加者を追加したいときは、右のように［参加者］から新しい参加者を招待します。チャットでは1対1だけでなく、複数の相手とビデオ会議を開催できるので、グループでの仕事やクラス単位での授業などにも活用できます。なお、あらかじめ複数のメンバーを登録したコミュニティを作成しておくことで、最初から登録メンバー全員を招待した状態で、ビデオ会議を開始することもできます。

1 ［参加者］をクリック

2 ［招待を共有］をクリック

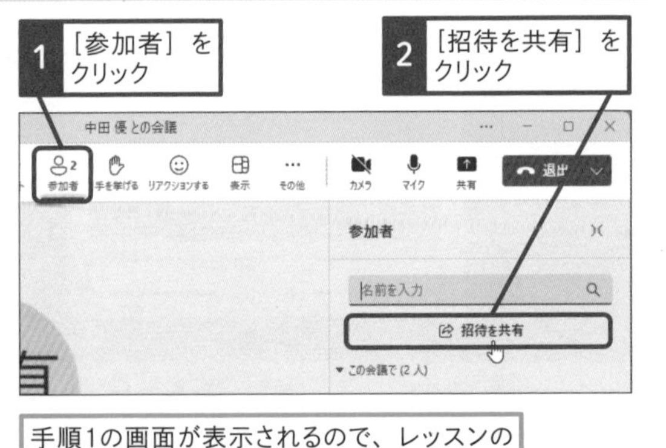

手順1の画面が表示されるので、レッスンの手順に従って操作する

●［Outlook］アプリで招待メールを作成する

2 ［Outlook］アプリを起動

複数のアカウントを登録しているときは、送信するアカウントをクリックして選択する

3 宛先を入力

4 手順1でコピーしたリンクを貼り付け

5 ［送信］をクリック

［メール］アプリを閉じておく

［会議への参加を求めるユーザーを招待してください］画面を閉じる

6 ［閉じる］をクリック

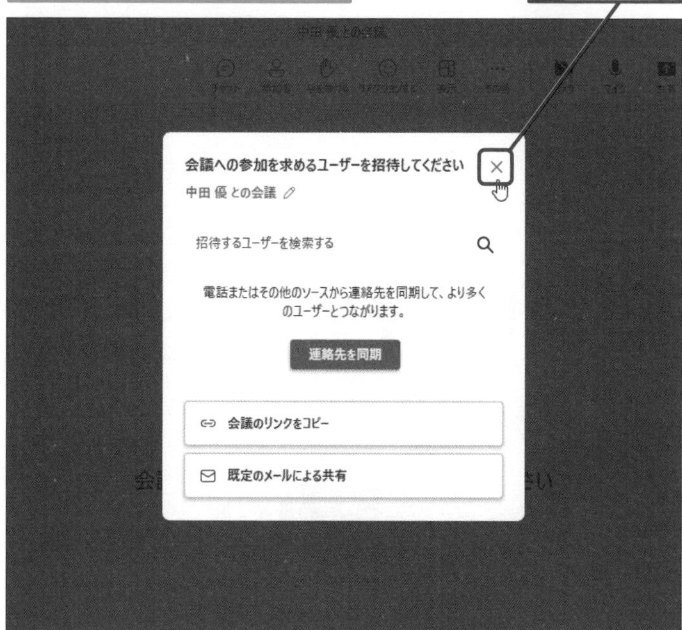

使いこなしのヒント

メール以外の方法で招待するには

手順1で［会議のリンクをコピー］を選択すると、会議に参加するためのリンクをコピーできます。SNSやほかのメッセンジャーアプリなどにリンクを貼り付けて、ほかの人を招待しましょう。

使いこなしのヒント

「既定のメールによる共有」って何?

手順1の［既定のメールによる共有］は、普段、Windowsで利用している標準のメールアプリを使った招待方法です。Windows 11の［Outlook］アプリやOutlook.comなど、他のメールアプリを使って、招待することができます。

次のページに続く ➡

2 ビデオ会議への参加を許可する

招待メールを受信したユーザーが参加すると、「ロビーで待機しています。」と表示される

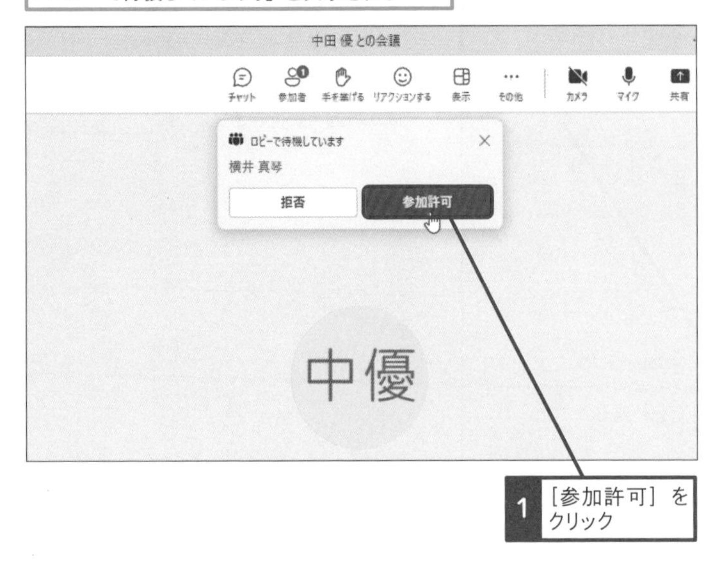

1 [参加許可] をクリック

使いこなしのヒント

カメラやマイクのオン／オフを切り替えるには

ビデオとマイクは以下のように、会議の開始後に簡単にオン／オフができます。プライベートな環境など、映像を見せたくないときは、ビデオをオフにして、参加することもできます。また、周囲の音が伝わらないようにするため、マイクをオフの状態で参加し、発言時のみオンにすることもできます。

◆カメラをオフにする／カメラをオンにする
カメラのオンとオフを切り替えられる

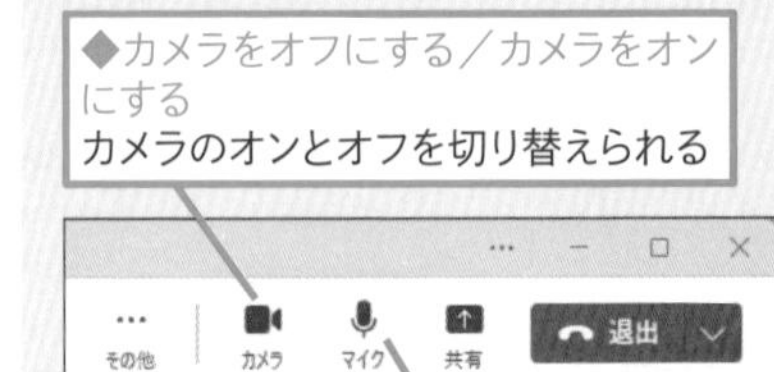

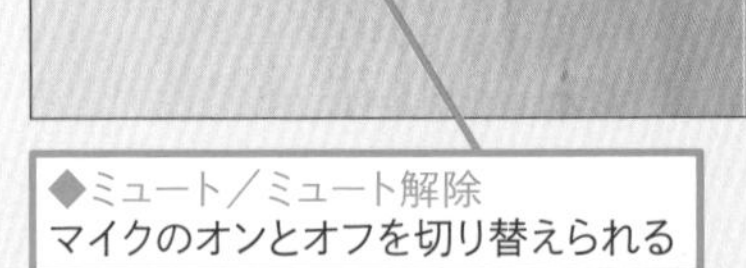

◆ミュート／ミュート解除
マイクのオンとオフを切り替えられる

スキルアップ

映像の背景をぼかすには

自宅など、ビデオ会議中にいる場所の様子を見られたくないときは、ビデオ会議開始後に以下のように操作することで、背景をぼかしたり、画像を背景に設定したりできます。プライバシーが気になるときは、忘れずに設定しておきましょう。

1 [その他] をクリック

2 [背景の効果] をクリック

3 [ぼかし] をクリック

4 [適用] をクリック

使いこなしのヒント

次回はチャットの一覧からすぐに招待できる

チャットアプリには最近、チャットをした相手の名前が一覧に表示されます。次回、同じ相手とビデオ会議をしたいときは、一覧から、その人にマウスポインターを合わせ、［ビデオ通話］選ぶことで、すぐにビデオ会議を開始できます。

3 ビデオ会議を終了する

相手の映像が表示された

1 ここをクリック

2 ［会議を終了］をクリック

会議を終了しますか?

すべてのユーザーの会議を終了します。

キャンセル　終了

3 ［終了］をクリック

使いこなしのヒント

ロビーって何?

ロビーはビデオ会議に招待された人が一時的に待機する場所です。参加者はリンクをクリックしただけではビデオ会議に参加できず、主催者が許可するまで、ロビーで待機する状態になります。主催者は忘れずに入室を許可しましょう。万が一、本来の参加者ではない人が参加しようとしてきたときは、手順2で［ロビーを表示］を選び、その相手の右側の［×］をクリックすることで、参加を拒否できます。

使いこなしのヒント

退出すると相手はどうなるの?

手順3で［退出］を選ぶと、自分だけが会議から退出し、他のメンバーは会議を続けることができます。一方、手順のように［会議を終了］をクリックすると、参加者全員の会議が終了します。通常、自分が主催者の場合は［会議を終了］を利用し、他の人が開催した会議に参加している場合は［退出］を利用します。

まとめ　ビデオ通話を活用しよう

チャットアプリを利用すると、同じWindows 11のチャットアプリ、またはWinodws 10で無料版Teamsを利用している人と簡単にビデオ会議ができます。家族や友だちを登録して、いつでもビデオ通話やチャットができるようにしておくといいでしょう。離れて暮らす家族とのコミュニケーション手段としても便利です。もちろん、小規模な会社でのビデオ会議に使ったり、塾や家庭教師などでのリモート授業などに活用したりすることもできます。

レッスン

56 ビデオ会議に招待されたときは

会議への参加

ビデオ会議に招待されたときの対応を確認してみましょう。ここではMicrosoft Teamsの操作方法を説明しますが、ほかのアプリもほぼ同様の操作で参加できるので、応用できます。

1 招待メールを確認する

[Outlook] アプリで招待メールを表示しておく

1 URLをクリック

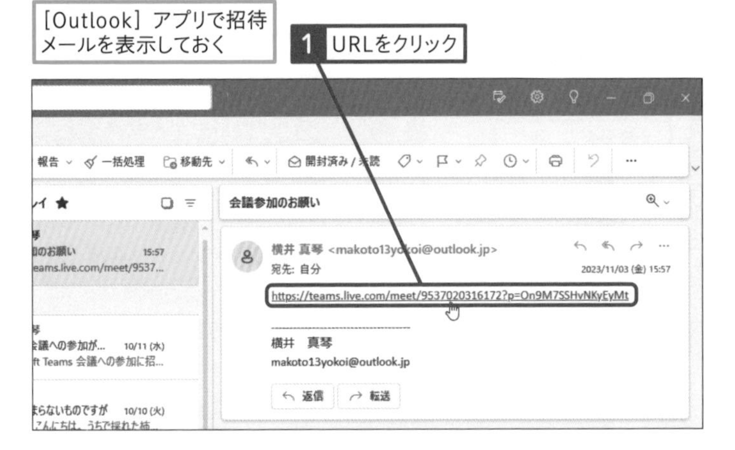

2 ビデオ会議を開始する

ここではカメラもマイクもオンにする

1 [マイク] と [カメラ] をクリックしてオンにする

2 [今すぐ参加] をクリック

キーワード

URL P.325

ブラウザー P.328

使いこなしのヒント

ブラウザーとアプリの2通りの参加方法がある

招待されたビデオ会議には、2通りの方法で参加できます。手順のように[Microsoft Teams] アプリで参加する方法のほかに、ブラウザーでも参加できます。ここでは [Microsoft Teams] アプリで参加していますが、以下の画面で [このブラウザーで続ける] をクリックすると、ブラウザーで会議に参加できます。

レッスン34を参考に、ブラウザーで開いておく

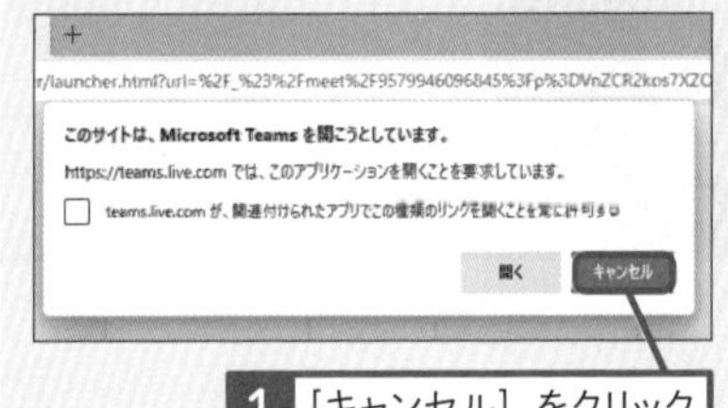

1 [キャンセル] をクリック

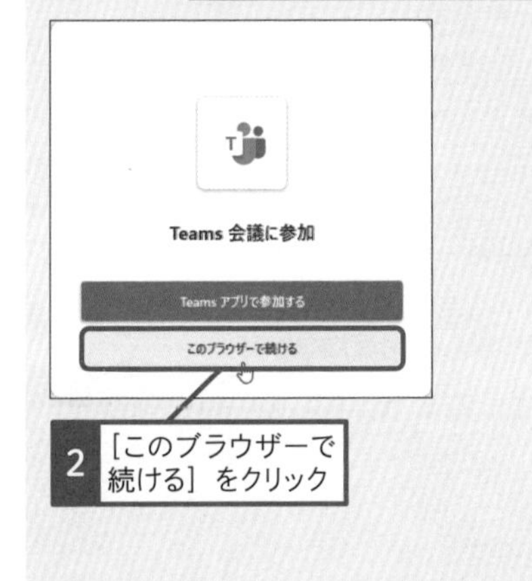

2 [このブラウザーで続ける] をクリック

使いこなしのヒント

スマートフォンなどでも参加できる

ビデオ会議にはスマートフォンやタブレットなどからも参加できます。同様にメールなどのリンクをタップし、画面の指示に従って、アプリ（TeamsやZoomなど招待されたビデオ会議用のアプリ）をインストールしたうえで、ビデオ会議に参加しましょう。

●ビデオ会議が開始された

「開催者にあなたが待っていることを知らせました。」と表示された

ビデオ会議が開始された

ここに注意

間違ってブラウザーを閉じてしまったときは、もう一度、メールのリンクをクリックし直して、ビデオ会議に参加します

使いこなしのヒント

参加前に映像と音声をチェックしよう

ほとんどのビデオ会議サービスでは、参加前に映像と音声を確認する画面が表示されます。実際に参加する前に、カメラやマイクが正しく動作することを確認しましょう。サービスによっては、プライバシーを保護するための背景を設定し、自宅などの様子などが映り込まないように設定することができます。

まとめ　基本的な流れはほぼ同じ

ここではMicrosoft Teamsを使ったビデオ会議に参加する手順を解説していますが、Zoomなど、ほかのビデオ会議でも招待された会議に参加するための流れは、基本的に同じです。招待メールなどのリンクをクリックして、ブラウザーや対応する各アプリから参加することができます。参加後の操作は、ツールによって違いますが、参加するだけなら、ほとんど操作は必要ありません。ビデオやマイクのオン/オフの切り替え操作など、最低限の操作は画面上のボタンでわかりやすく表示されているので、どのツールでも困ることはないでしょう。

レッスン

57 チャットをするには

チャット

ビデオ会議するほどではなく、ちょっとした連絡を取りたいときは、チャットで情報共有するといいでしょう。[Microsoft Teams] のチャットを使ったメッセージのやり取りを解説します。

1 チャットの相手を指定する

レッスン54を参考に、Microsoft Teamsを起動しておく

1 [チャット] をクリック

2 相手のMicrosoftアカウントのメールアドレスを入力

3 Enter キーを押す

キーワード

Microsoftアカウント	P.324
Teams	P.324
デスクトップ	P.327

使いこなしのヒント

大きな画面でやり取りできる

[Microsoft Teams] アプリの [閉じる] の左にあるボタンをクリックすると、[Microsoft Teams] の画面が大きく表示されます。大きく表示された画面では、画面左に [Microsoft Teams] をより便利に使うための機能がアイコンとして表示されます。「アクティビティ」は [Microsoft Teams] 内の自分や自分に関連するさまざまな情報が表示されます。「コミュニティ」は仕事や趣味などでつながるグループの情報共有の場を作成できます。「カレンダー」は、ビデオ会議の予定を登録して管理することができます。

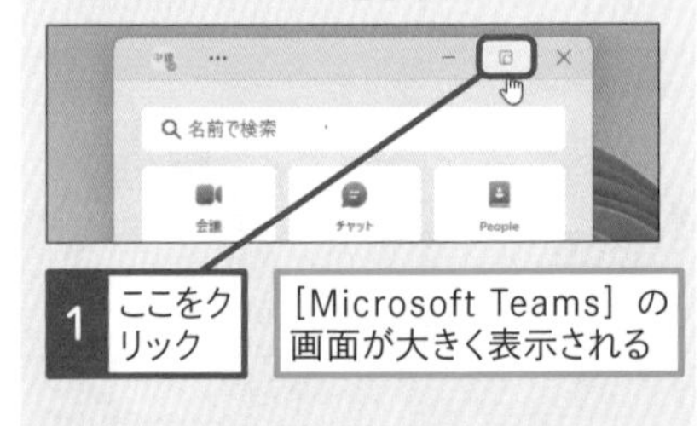

1 ここをクリック

[Microsoft Teams] の画面が大きく表示される

ここに注意

手順1で相手のMicrosoftアカウントを入力しますが、ここで入力したものがMicrosoftアカウントでなかったときは、一見、正常に送られたように見えますが、相手にはメッセージが送信されません。相手にMicrosoftアカウントであることを確認したうえで、入力しましょう。

2 チャットを開始する

使いこなしのヒント

メッセージが届くと通知が表示される

自分のMicrosoftアカウント宛てにメッセージが届くと、デスクトップに通知が表示されます。表示された通知をダブルクリックすると、［Microsoft Teams］が起動してチャットを続けることができます。通知の表示が消えてしまったときは、［スタート］メニューから［Microsoft Teams］を起動しましょう。

使いこなしのヒント

通知が表示されないときは

自分のMicrosoftアカウント宛てにメッセージが送られているのに、通知が表示されないことがあります。通常、［Microsoft Teams］はWindowsにサインインしたときに、自動的に起動しますが、正しく起動されなかったことが原因です。通知が表示されないときは、［スタート］メニューから［Microsoft Teams］を起動しておきましょう。

まとめ ビデオ会議と使い分けよう

ビデオ会議は同じ時間帯に集まり、会話や画面共有をして、リアルタイムに意思疎通ができます。ただ、同時間帯に集まることができなかったり、ちょっとした連絡など、文章や画像だけで意思疎通ができるときは、チャットが便利です。とりあえず、メッセージだけを伝えておいたり、やり取りした内容を後で見直したりできるなど、チャットならではの特徴もあります。目的によって、ビデオ会議とチャットを使い分けるといいでしょう。

この章のまとめ

便利なコミュニケーションツールとして活用しよう

メールは電話などと違い、お互いの状況に左右されずにやり取りできるため、ビジネスや生活に欠かせないコミュニケーションツールになりました。Windows 11ではメールをやり取りする方法はいくつかありますが、もっとも手軽なのがブラウザーを利用したWebメールです。多くのメールサービスはWebメールに対応しているので、まずはブラウザーでのメールの操作に慣れましょう。一方、Windows 11に搭載されている［Outlook］アプリは、Gmailやプロバイダーのメールなども送受信できるので、まとめて管理できるようにしておくと便利です。また、Windows 11ではビデオ会議やチャットなど、今の時代に必要な機能が［Microsoft Teams］アプリとして、用意されています。家族や友だちとのコミュニケーションだけでなく、小規模な会社のビデオ会議や営業用ツール、学習塾や習い事、教室でのリモート授業用ツールとしても十分、活用できます。有料サービスの契約やアプリのインストールなどをしなくても使えるので、ぜひ活用してみましょう。

思ったより簡単にメールを使えるので驚きました。Gmailも簡単に追加して、使えるようになりました！

過去のメールを探すのに便利な検索機能やフォルダーを使った整理なんかもためになりました。

添付ファイル付きのメールも送れるから、プライベートはもちろん、仕事にも対応できるのがポイントだよ。

ビデオ会議も思ったより簡単にできました。アプリを追加しなくてもできちゃうんですね！

ビデオ会議を使って、テレワークを無事にこなせたみたいだね。チャットでやり取りする方法も解説したけど、それぞれうまく使い分けられるようにしておくといいよ。

分かりました！　メールにビデオ会議、チャット、それぞれのメリットを見極めながら使いこなせるようになりたいです。

活用編

第6章

AIアシスタントを使いこなそう

話題の「AI」をWindows 11でも活用してみましょう。Windows 11に標準搭載されているAIアシスタント「Copilot」を利用すると、自然な言葉で話しかけるだけで、パソコンを操作したり、文章や画像を生成したり、情報を検索したりできます。

レッスン

58 Introduction この章で学ぶこと AIアシスタントって何?

Windows 11に搭載されているAIアシスタント「Copilot」とは、どのようなもので、何ができるのでしょうか？　まずは「AIアシスタント」の概要について見てみましょう。

自然な言葉で話しかけていろいろな操作を手助けしてくれる

AIアシスタントは映画やアニメなどの世界に登場する人工知能のように、自然言語でさまざまな処理ができるコンピュータープログラムです。知りたいことを調べてもらったり、アイデアを考えてもらったり、文章にあった画像を生成してもらったりすることができます。

Windows 11にAIの機能が追加されたって本当ですか！

そうなんだ。CopilotというAIアシスタントが新たに搭載されたんだ。

AIアシスタント……。最近よく聞くChatGPTのようなAIが使えるようになったということですか?

そう思ってもらっていいよ。タスクバーから呼び出したり、ブラウザーから呼び出したりできるようになっていて、とても手軽に使えるようになっているよ。

いつでも使えそうになっているのですね！　といいつつ、具体的にはどんなことができるんでしょう……?

具体的にはこんなことができるよ。
・インターネットで調べ物をしてもらう
・メールなどの文面を考えてもらう
・入力した文言に従って、画像を生成してもらう

ほかのAIにはできないCopilotの特徴を知ろう

AIを活用したサービスにはさまざまなものがありますが、「Copilot in Windows」ならではは特徴として挙げられるのは、Windowsとの連携ができる点です。「○○がしたい」と自然な会話を入力することで、Windowsの設定や操作をアシストしてくれます。

だいたいできることはわかったのですが、ChatGPTとできることは同じということですか？

ははは！　実はそれだけじゃないんだ。Copilotならではの大きな特長があるんだ！

そうなんですね!?　一体どんな特長があるんですか？

それはCopilotに話しかけるだけで、Windows 11の機能を実行したり、設定を変更したりできるんだ。簡単な例を挙げると、アプリの起動なんかができるよ。

Windows 11の操作をやってくれるということですか。ぜひ使ってみたいです！

使いこなしのヒント

話題の生成AI「ChatGPT」と同じしくみで動いている

Copilotは優れた回答精度のAIとして話題になった「ChatGPT」と同じしくみを採用しています。AIは用途によって、さまざまなことに活用できますが、主に言語や画像を生成できることから「生成AI」とも呼ばれています。

使いこなしのヒント

どんなしくみで動いているの？

現代のAIは、ニューラルネットワークと呼ばれる人間の神経細胞を模したしくみを利用しています。網目状に大量につながったプログラムに、大量のデータを読み込ませることで、言語や画像などの特徴量を自ら学習することができます。

レッスン
59 Copilotを使ってみよう

Copilotの実行

Windows 11に搭載されているAIアシスタント「Copilot」を使ってみましょう。タスクバーにあるアイコンをクリックすることで、いつでも画面右側に呼び出すことができます。

1 Copilotを起動する

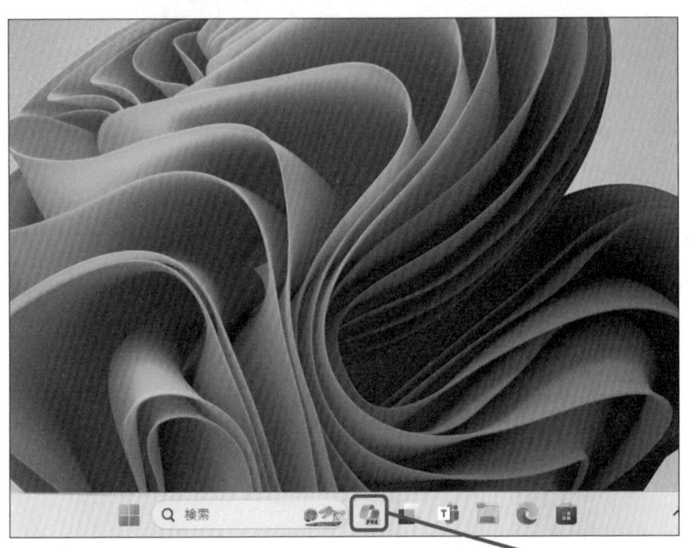

1 [Copilot]をクリック

Copilotが起動して、画面の右側に表示された

キーワード

Copilot	P.324
タスクバー	P.327

ショートカットキー

Copilotの起動	⊞+C

使いこなしのヒント
[会話のスタイル]って何?

手順1の下の画面では「会話スタイルの選択」が表示されています。Copilotではどのような回答を生成するかを3つの会話スタイルから選択できます。「より創造的に」は質問への回答に加えて、説明や付加的な情報も含めた内容を回答します。一方、「より厳密に」は質問になるべく簡潔に回答します。標準の「よりバランスよく」は、その中間として標準的な回答をします。

使いこなしのヒント
参考になるWebページも表示される

質問によっては、回答といっしょにに参照元のWebページも表示されます。回答の注番号や末尾の[詳細情報:]に表示されるリンクからWebページを開いて、詳細を確認することもできます。

[詳細情報]に参考となるWebページのリンクが表示された

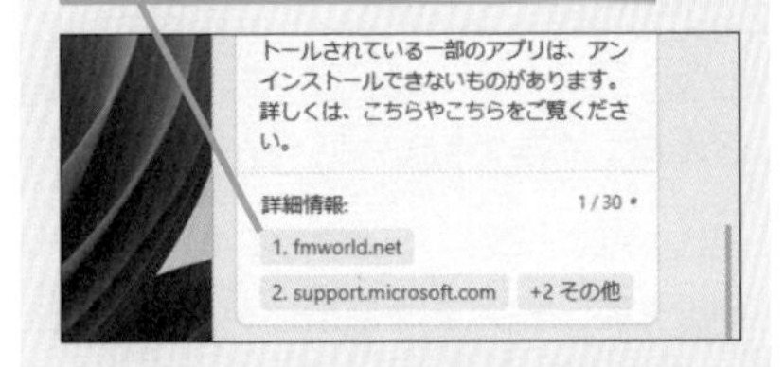

2 Copilotに質問する

手順1を参考に、Copilotを起動しておく

ここではアプリの削除方法を教えてもらう

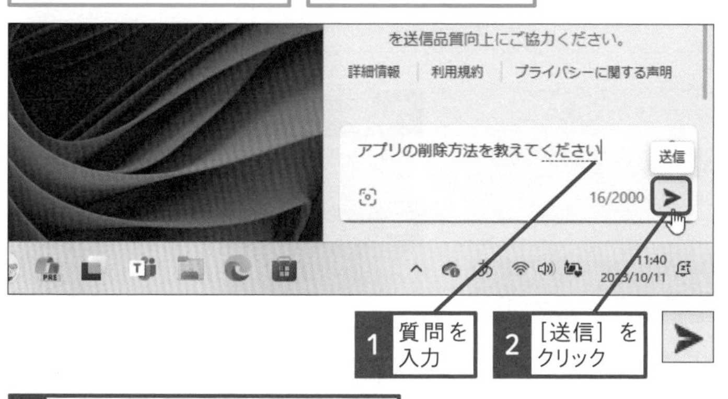

1 質問を入力

2 ［送信］をクリック

3 回答が表示されるまで、しばらく待つ

回答が表示された

4 ［閉じる］をクリック

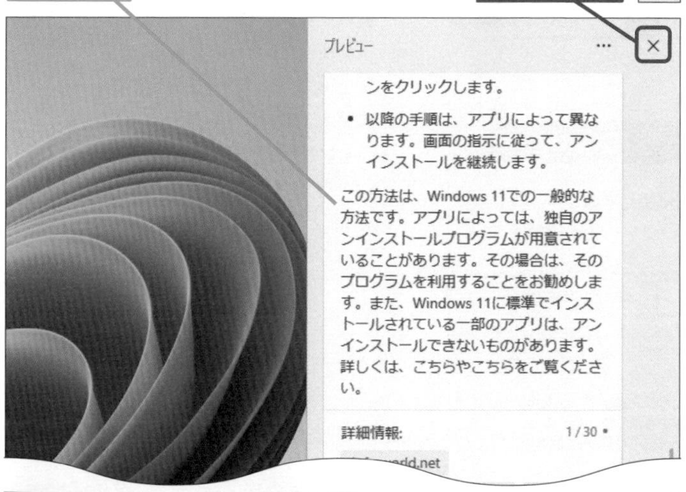

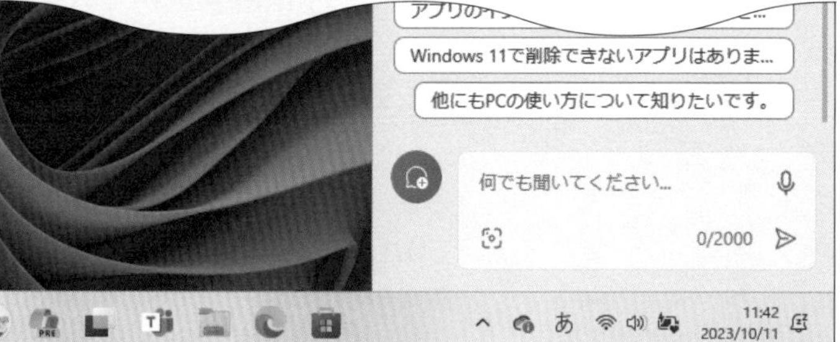

Copilotのウィンドウが閉じる

時短ワザ

音声でも操作できる

手順2で文字を入力する代わりに、マイクボタンをクリックして、音声で質問することもできます。キー入力に慣れてない場合や手が離せないときは、音声入力を使ってみましょう。

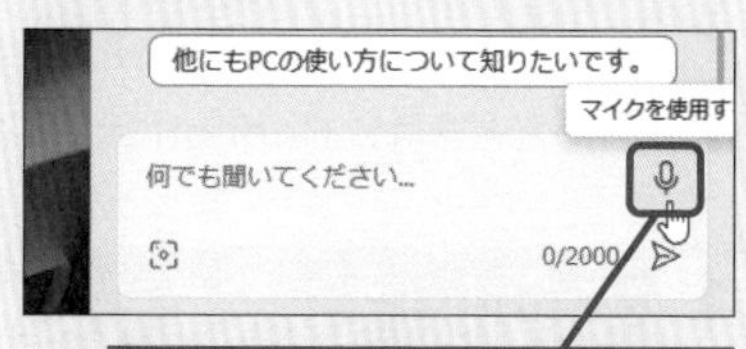

1 ［マイクを使用する］をクリック

音声でCopilotを操作できる

ここに注意

質問を間違えたときや明らかに意図と違う回答が表示されたときは、［応答を停止して］をクリックすることで、回答を中断できます。もう一度、質問を入力し直しましょう。

まとめ　気軽に話しかけてみよう

Copilotはいつでも何でも無料で質問できる機能です。「こんにちは」という挨拶でもかまわないので、まずは何か話しかけてみましょう。インターネット上の情報も検索できるので、検索エンジンの代わりとして利用するのもおすすめです。今までの検索と違って、役立ちそうなサイトから情報をまとめてくれるので、要点を的確に理解することができます。

レッスン
60 設定を変えてもらおう

Copilotによる設定変更

Windowsに標準搭載されるCopilotは、単に会話ができるだけでなく、会話からWindowsの操作を手伝ってくれるのが特徴です。操作に困ったときは、Copilotに助けてもらいましょう。

1 Copilotで設定を変更する

レッスン59を参考に、Copilotを起動しておく

ここではダークモードに切り替える

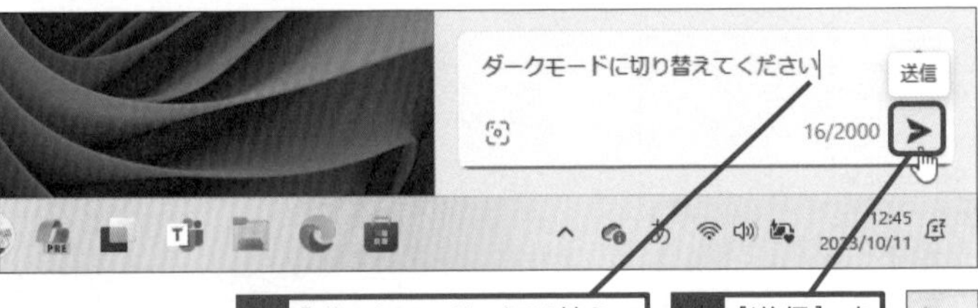

1 「ダークモードに切り替えてください」と入力

2 [送信] をクリック

3 [はい] をクリック

キーワード

Copilot P.324

ショートカットキー

Copilotの起動 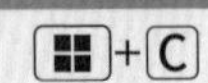

使いこなしのヒント

どんな設定ができるの?

Copilotでは一部のWindowsの設定をはじめ、アプリの起動、トラブルシューティングツールの起動などができます。たとえば、次のようなことができます。

- 応答不可モードをオンにする
- 音量をミュートする
- 壁紙を変更する
- スクリーンショットを撮る
- フォーカスタイマーを設定する
- エクスプローラーを表示する
- ウィンドウを整列する
- 「オーディオが機能しないのはなぜですか?」と質問して、トラブルシューティングツールを起動する

ここに注意

Copilotではすべての Windowsの操作ができるわけではありません。現状で操作できる機能は限られています。また、アプリや設定を起動することはできますが、アプリ内の操作をしたり、ファイルを操作したりすることはできません。

2 Copilotで設定を元に戻す

ダークモードに切り替わった

ここではライトモードに戻す

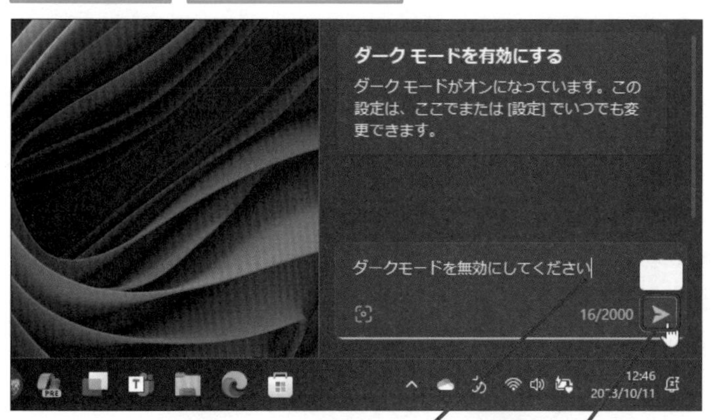

1 「ダークモードを無効にしてください」と入力

2 ［送信］をクリック

3 ［はい］をクリック

ライトモードに戻った

スキルアップ

画像について質問できる

Copilotには文字だけでなく、画像も扱うことができます。たとえば、写真やイラストなどをドラッグして、「説明して」とたずねると、どのような画像なのか、何が写っているのかなどを説明してくれます。

1 画像をドラッグ

画像について質問できるようになる

時短ワザ

アプリを起動するには

アプリを起動したいときは、「メモ帳を起動して」などとアプリ名を入力します。ただし、すべてのアプリを起動できるわけではありません。Copilotが認識できないアプリは起動できません。

まとめ 操作に迷ったらCopilotに聞いてみよう

Copilotはパソコンに詳しい友だちのような存在です。「変更したいWindowsの設定はどこにあるのか？」「どうやって設定すればいいのか？」など、操作に迷ったら、Copilotに聞いてみましょう。その項目の設定画面を開くための回答を表示してくれるので、設定画面を開いたり、項目を探したりする手間がかかりません。同じことをくり返し聞いても嫌な顔をされないので、遠慮なく活用しましょう。

レッスン

61 ブラウザーからCopilotを使ってみよう

Microsoft EdgeのCopilot

CopilotはブラウザーのMicrosoft Edgeでも利用できます。Microsoft EdgeのCopilotは、情報の検索や検索結果の要約、外国語の翻訳などに活用すると、便利です。

1 Copilotのサイドパネルを表示する

レッスン32を参考に、Microsoft Edgeを起動しておく

1 [Copilot] をクリック

Copilotのサイドパネルが表示された

キーワード

Copilot	P.324
Microsoft Edge	P.324

使いこなしのヒント

履歴を確認するには

Copilotでは過去のチャットの内容が履歴として、保存されます。履歴を確認したいときは、Copilotのウィンドウの左上にある [チャット履歴] ボタンをクリックします。

1 [チャット履歴] をクリック

履歴が表示された

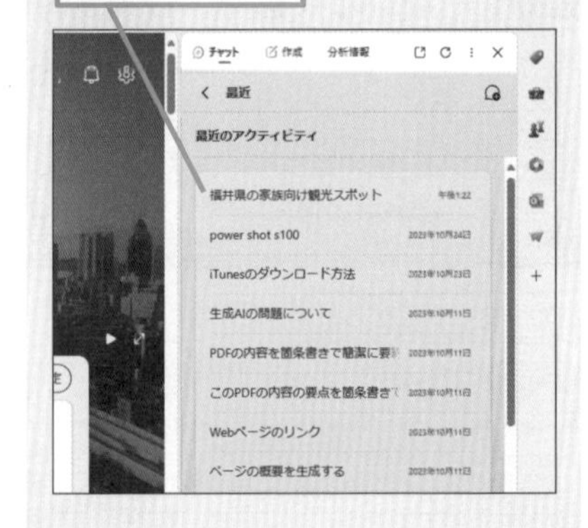

ここに注意

Copilotでは応答の途中でCopilotの画面を閉じても回答は中断されません。もう一度、Copilotを開くと、応答の続きが表示されます。ただし、Microsoft Edgeを終了すると、回答は中断されます。

2 質問を入力する

手順1を参考に、Copilotのサイドパネルを表示しておく

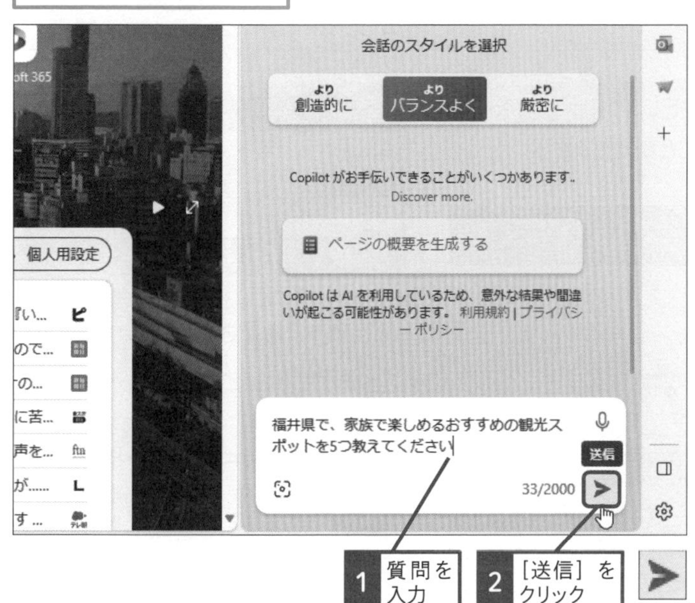

回答が表示された

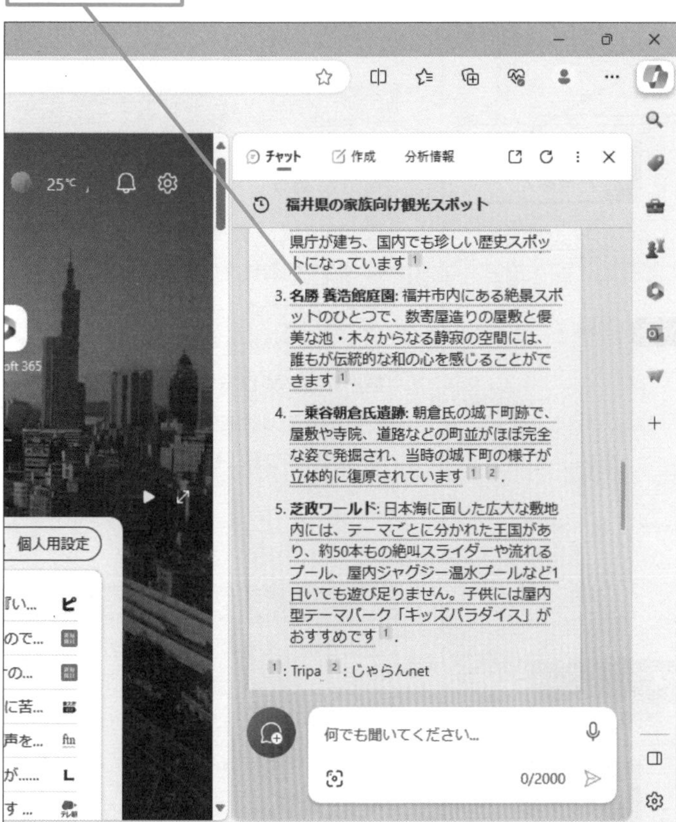

使いこなしのヒント

スマートフォンでも利用できる

Microsoft EdgeのCopilotで利用されているBingチャットは、スマートフォン用のアプリとしても提供されています。スマートフォンにインストールしておけば、外出先などでも同様にBingチャットで調べものなどができます。

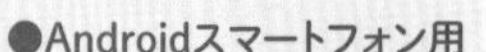

●iPhone用　●Androidスマートフォン用

使いこなしのヒント

回答の右下にある「1/30」って何？

Copilotでは1つの話題について、30回まで回答を求めることができます。回答の右下に現在の回数が表示されているので、その数を目安に会話を続けましょう。30を超える場合は、［新しいトピック］から会話をリセットする必要があります。

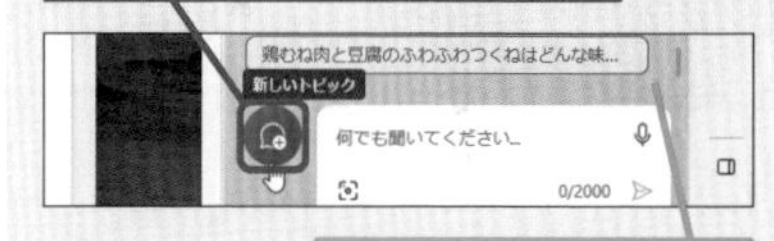

まとめ　新しい情報検索の手段として活用しよう

EdgeのCopilotは、情報を検索するときに活用すると便利です。従来のキーワードによる検索では、候補となるサイトから自分で情報を見つける必要がありましたが、Copilotなら複数のサイトから情報をまとめ、わかりやすく整理したうえで、表示してくれます。情報の概要をすばやく理解するのに役立ちます。ただし、参照するサイトが限られるのが欠点です。少数派の意見や異なる意見など、より広い範囲で情報を調べたいときは従来の検索が便利です。

レッスン
62 文章や画像を考えてもらおう

YouTube動画で見る
詳細は2ページへ

Copilotによる生成

Copilotをクリエイティブな用途に活用してみましょう。テーマを与えるだけで、自動的に文章や画像を生成することができます。

1 文章を生成する

レッスン61を参考に、Copilotのサイドパネルを表示しておく

ここでは新しく町内会長になったときのあいさつ文を生成する

1 ［作成］タブをクリック

2 生成する文章の内容を入力

ヒントを参考に、トーンや形式、長さを選択しておく

3 ［下書きの生成］をクリック

キーワード

使いこなしのヒント

トーンや形式、長さはどうやって指定すればいいの?

［作成］タブにはどのような文章を生成するかを指定するためのアイコンが表示されています。たとえば、［トーン］で［カジュアル］や［面白い］などの文体を指定したり、［形式］では文章のフォーマットや長さを指定したりできます。用途によって使い分けましょう。

使いこなしのヒント

生成物についての責任は自分にある

Copilotを使って、生成された文章や画像についての最終的な責任は利用者にあります。このため、生成された文章や画像が他人の著作権を侵害していないかの確認をする必要があります。なお、商用利用については明確な規定がないため、個別の判断になると考えられます。

ここに注意

生成された文章のトーンなどが思ったものと違うときは、生成後に［+］をクリックしてから、「もっとカジュアルに」など、リクエストを入力して書き換えてもらうこともできます。

● 文章が生成された

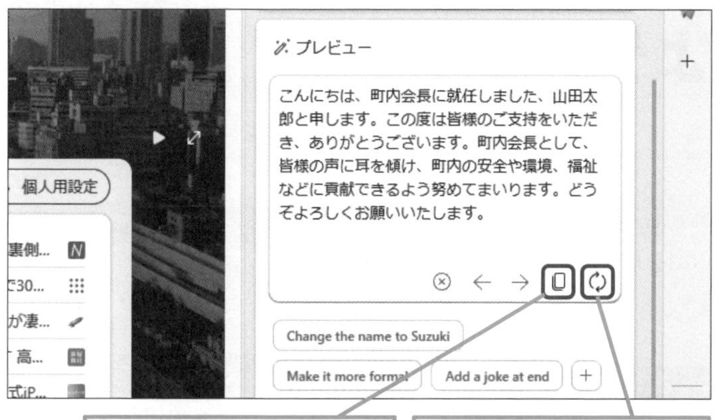

［コピー］をクリックして、生成された文章をコピーできる

［下書きを再生成］をクリックして、文章を再生成できる

2 画像を生成する

1 手順1を参考に［チャット］タブをクリック

ここでは絵画調のネコの画像を生成する

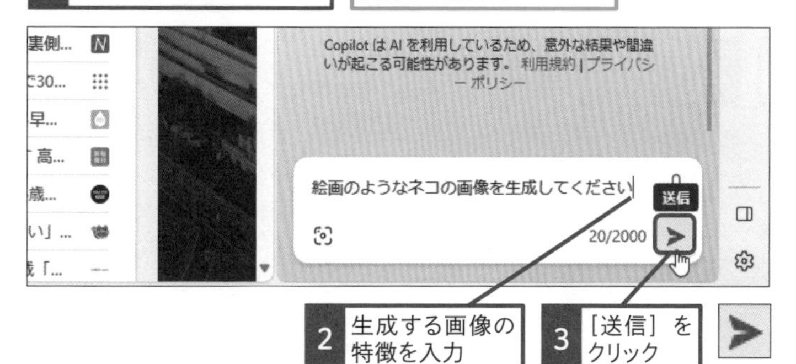

2 生成する画像の特徴を入力

3 ［送信］をクリック

［画像が生成されています］と表示され、しばらく待つと画像が生成された

使いこなしのヒント

Bing Image Creatorで作成した画像を確認できる

過去に作成した画像は以下のサイトにアクセスし、［作品］をクリックすることで確認できます。チャット欄に生成に時間がかかっていることが表示された場合も以下のサイトを後で確認することで、画像を確認できます。

▼Bing Image Creator
https://www.bing.com/images/create

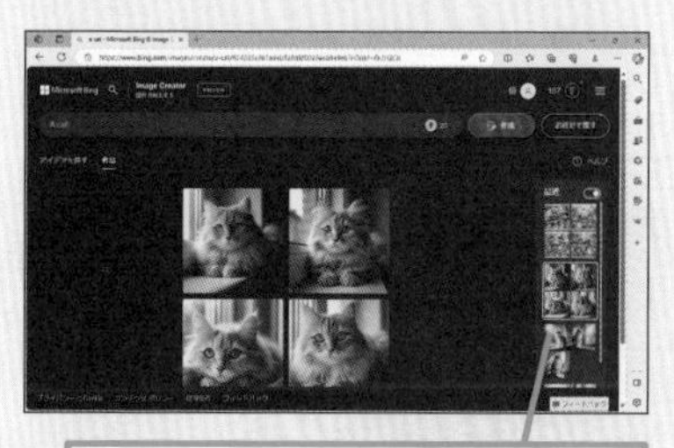

過去に生成された画像を確認できる

まとめ 時間短縮や作業効率化に役立つ

Copilotを利用すると、自動的に文書や画像を生成できます。そのまま使えるとは限りませんが、一から自分で考えなくて済むので、作業の効率化や時間短縮に役立ちます。仕事のメールや報告書の作成などに活用したり、プレゼンテーション資料に使う画像の作成などに利用するといいでしょう。

レッスン
63 Webページを要約してみよう

YouTube動画で見る
詳細は2ページへ

Copilotによる要約

情報を理解するための手助けとして、Copilotを活用してみましょう。ブラウザーで表示しているWebページをCopilotを使って要約することで、Webページの内容を簡単に把握できます。

1 Webページを要約する

レッスン61を参考に、Copilotのサイドパネルを表示しておく

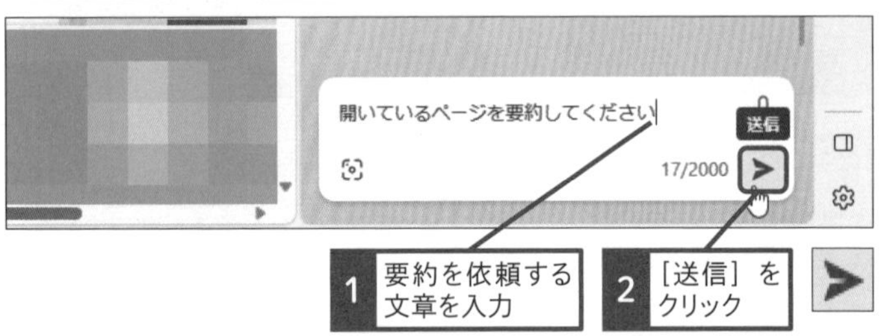

1 要約を依頼する文章を入力

2 ［送信］をクリック

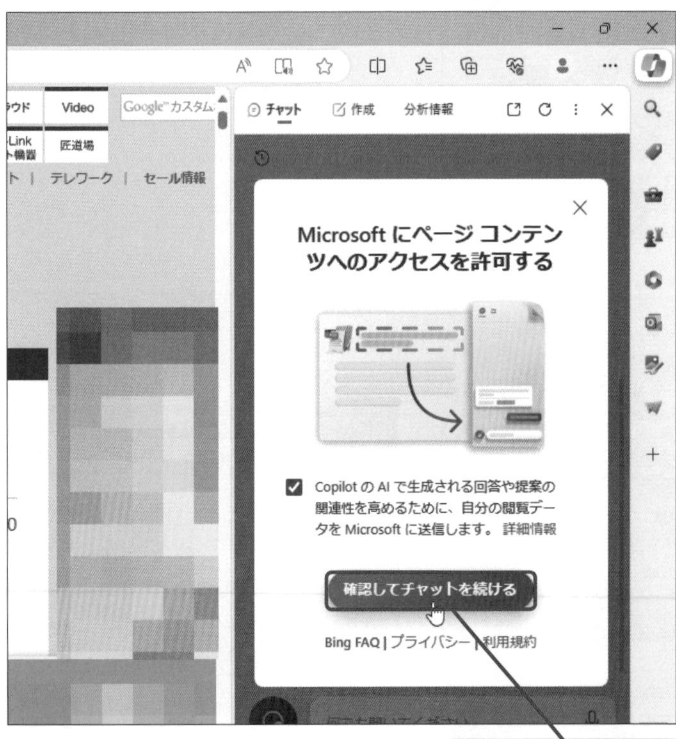

3 ［確認してチャットを続ける］をクリック

キーワード

Copilot	P.324
タスクバー	P.327

使いこなしのヒント

ページコンテンツへのアクセスを許可していいの?

手順1のアクセス許可画面は初回のみ表示されます。許可しないとページの内容について質問できないので許可しておきましょう。ただし、質問するときは、表示しているページの内容に注意が必要です。一般的なWebページであれば問題ありませんが、社内イントラネットの情報などの場合、機密情報が含まれる場合があります。意図せず、外部に情報が送信されてしまう可能性があるので注意しましょう。内部の情報が含まれる可能性がある場合、警告が表示されることがあります。

使いこなしのヒント

タスクバーのCopilotでWebページを要約するときは

タスクバーから起動したCopilotで、表示しているWebページに対して質問したい場合は、［…］の［設定］から［Bing ChatとMicrosoft Edgeコンテンツを共有する］をオンにする必要があります。

1 ［…］-［設定］をクリック

2 ［Bing ChatとMicrosoft Edgeコンテンツを共有する］のここをクリックしてオンにする

● Webページが要約された

ここではまだ長いので、文字数を指定して要約する

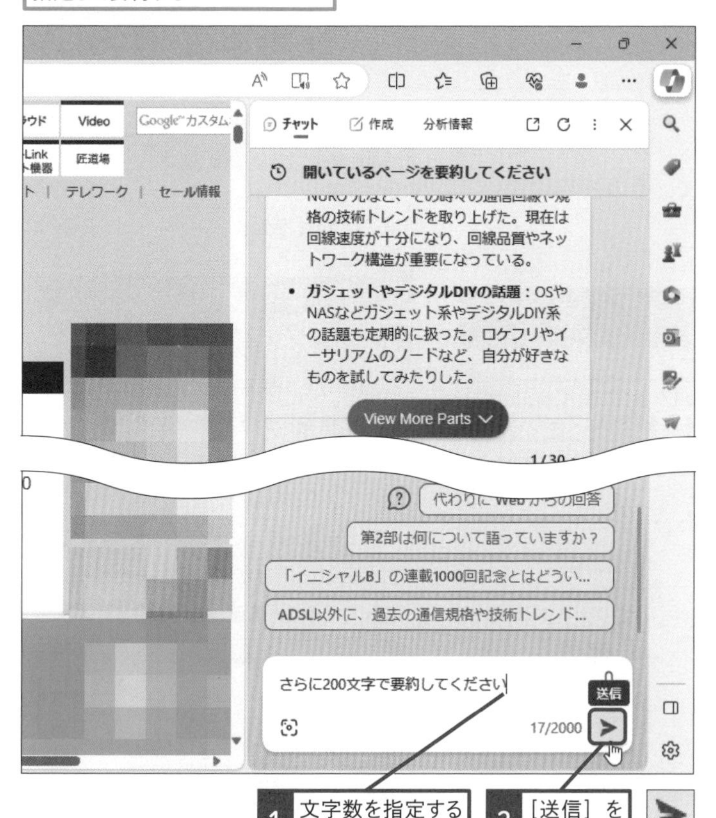

1 文字数を指定する文章を入力

2 ［送信］をクリック

指定した文字数で要約された

使いこなしのヒント

前の質問や依頼を受けた会話ができる

Copilotでは前の質問や回答に対して重ねて会話することができます。たとえば、表示された要約に対して、さらに詳細な内容を質問したり、箇条書きに書き換えてもらったりすることができます。

ここに注意

Copilotは、現在、開いているタブのページについて、回答します。複数のタブがある場合でも現在のタブしか回答しません。タブごとに、別々の回答を保持しつつ、切り替えながら使うことなどもできません。

使いこなしのヒント

［分析情報］タブも活用しよう

［分析情報］タブを利用すると、現在表示しているサイトの情報が表示されます。サイトの信頼性やランキング、ページによってはや関連する情報などを確認できるので、参考にするといいでしょう。

まとめ　読み込む手間をCopilotで効率化できる

インターネットを使った調べものは、時間がかかるものです。候補となるWebページを見つけるだけでも大変ですが、見つけたWebページから情報を読み取るのも時間がかかります。Copilotを利用すると、こうした手間を大幅に削減できます。ページの要約を作成したり、ページに記載されている内容について質問したりすることができます。場合によっては、斜め読みでも質問を重ねることで、内容を理解することができます。

レッスン

64 PDFから必要な情報を探してみよう

CopilotによるPDF検索

Copilotの機能は、Webページだけでなく、PDFファイルでも利用できます。PDFの文書をEdgeで表示して、その内容についてCopilotに質問してみましょう。

1 PDFから必要な情報を探す

情報を探すPDFをMicrosoft Edgeで表示しておく

レッスン61を参考に、Copilotのサイドパネルを表示しておく

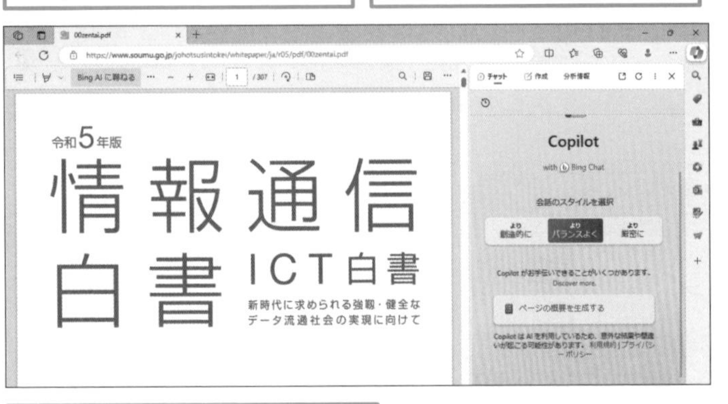

［ページの概要を生成する］をクリックすると、概要が生成される

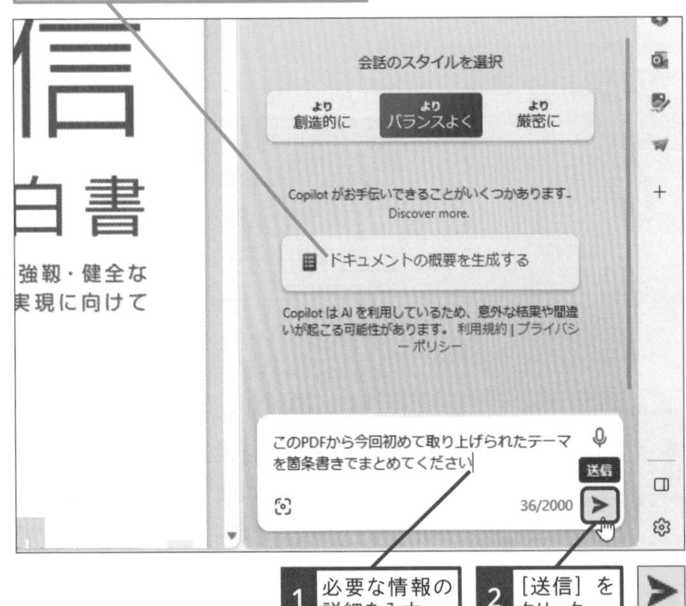

1 必要な情報の詳細を入力

2 ［送信］をクリック

キーワード

Copilot	P.324
Microsoft Edge	P.324

使いこなしのヒント

ページにジャンプできる

Copilotからの回答には、参照元のPDFファイルの情報へのリンクが表示されています。注釈番号や回答末尾の［詳細情報］のリンクをクリックすることで、参照元のページを表示することができます。生成された回答の内容が出典元のWebページと合っていることを確認しておきましょう。

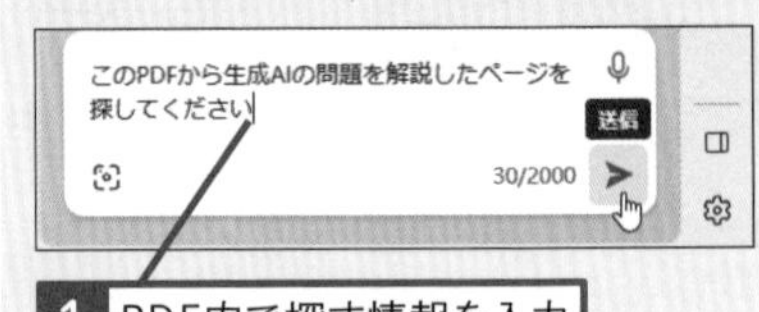

1 PDF内で探す情報を入力

リンクをクリックすると、PDF内で関連するページを表示できる

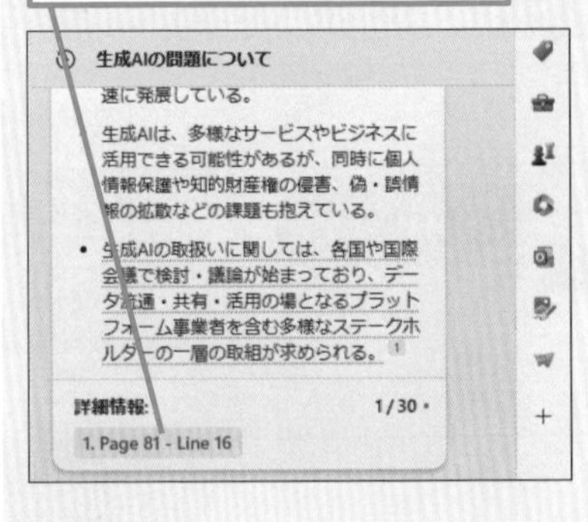

● 必要な情報が抽出された

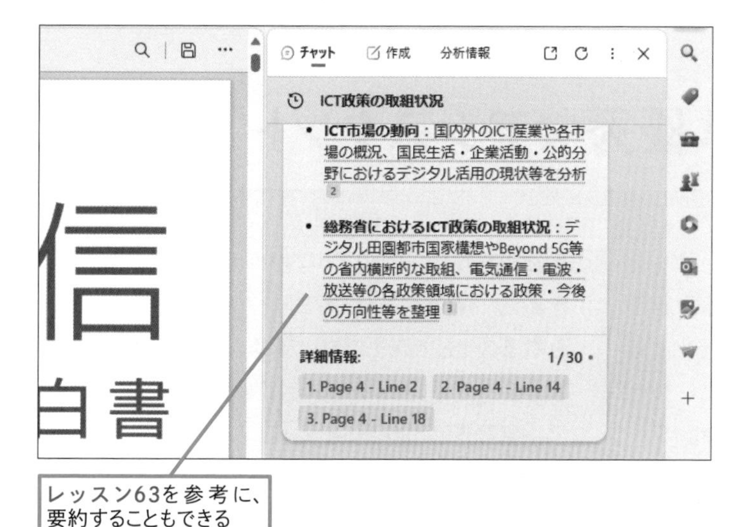

レッスン63を参考に、要約することもできる

2 抽出した情報を保存する

回答の最初が見える位置までスクロールしておく

1 回答にマウスポインターを合わせる

回答の上にボタンが表示された

2 ［エクスポート］をクリック

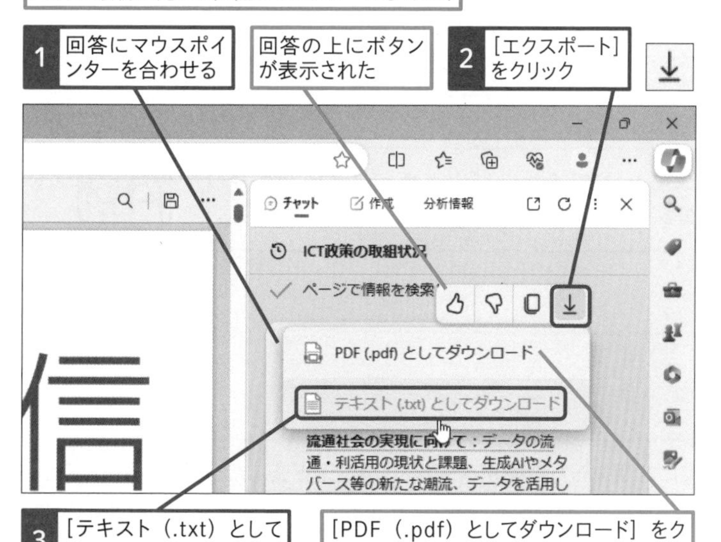

3 ［テキスト（.txt）としてダウンロード］をクリック

［PDF（.pdf）としてダウンロード］をクリックすると、PDFにエクスポートされる

抽出した情報がテキスト形式でダウンロードされた

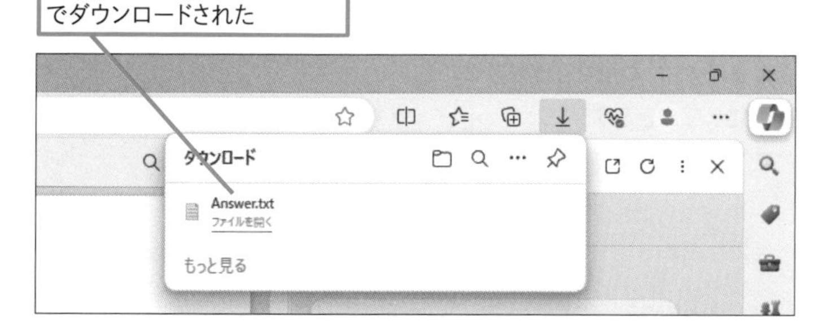

使いこなしのヒント

回答の上に表示されるほかのボタンは何？

Copilotの回答の上には、回答を評価したり、再利用したりするためのボタンが表示されています。［いいね！］や［低く評価］で評価すると、その結果が学習され、以後の回答に反映されます。また、コピーやダウンロードで、別のアプリに貼り付けて利用したり、回答を保存したりできます。

［いいね!］と［低く評価］で、回答の内容を評価できる

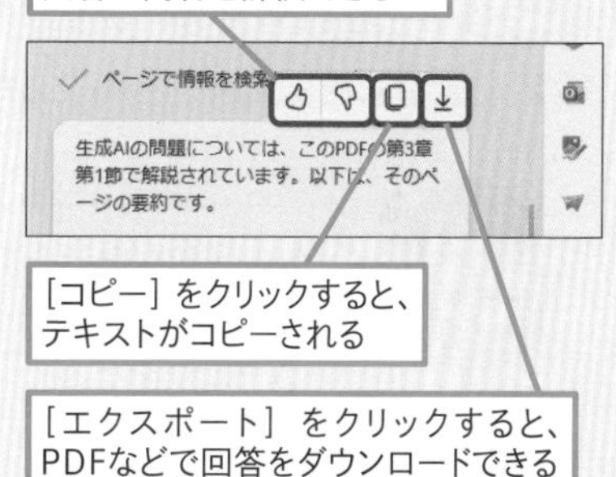

［コピー］をクリックすると、テキストがコピーされる

［エクスポート］をクリックすると、PDFなどで回答をダウンロードできる

ここに注意

契約情報や個人情報、機密情報などが記載されたPDFファイルは利用しないように注意しましょう。機密情報についての回答を生成する際に、一部の情報が外部に送信される恐れがあります。

まとめ 代わりに資料を読み込んでくれる

仕様書やマニュアルなど、ページ数の多いPDFファイルを読み、内容を理解するのは大変です。しかし、Copilotを利用すれば、こうしたファイルの要約を作成したり、特定の内容について質問したりすることが簡単にできます。最初から最後まで、しっかりPDFファイルを読み込む必要がないので、時間短縮や作業効率化に役立ちます。

この章のまとめ

Copilotは優秀なアシスタント

Windowsに搭載されたCopilotは、キーボードやマウスでの操作から、人間と同じ自然言語を使った操作へとパソコンの操作体系が進化する第一歩といえる画期的な技術です。まだ、できることは限られていますが、アプリを起動したり、設定を変更したり、調べものをしたり、画像を生成したりと、いろいろな操作が「言葉」でできます。WebページやPDFファイルの内容を読み取ることもできるので、優秀なアシスタントと言えます。活用方法によってはかなり便利なので、ぜひ使ってみましょう。

AIの便利な機能をすぐ起動できて手軽に扱えるなんて、画期的ですね、Copilotは！

Copilotを使って、調べ物をしたり、文章を書かせたり、画像を生成させたり……。こんなに便利なら、Copilotにすべてお任せできそうです！

そういいたいところだけど、CopilotをはじめとしたAIの回答や生成された結果をうのみにするのはちょっと待ってほしい。

どういうことですか……？

回答や生成された結果には間違った情報が含まれていることがあるんだ。しっかりと確認して、きちんと判断をするように心がけよう。あくまで「AIアシスタント」として、最後は自分が判断して使うようにしたいね！

そういうことがあるのですね！　わかりました。しっかりと肝に銘じておきます！

活用編

第7章

写真や音楽を楽しもう

パソコンは仕事だけでなく、普段の生活や趣味にも活用できます。パソコンで写真を見たり、音楽を聴いたりできるようにしてみましょう。ここではデジタルカメラやスマートフォンで撮影した写真をパソコンに取り込んだり、音楽CDから楽曲を取り込んだりする方法を説明します。

レッスン
65 Introduction この章で学ぶこと 写真や音楽を取り込んで楽しもう

パソコンはクリエイティブな用途にも活用できる道具です。写真や動画、音楽など、さまざまなデジタルデータを扱えるようにすることで、生活を豊かにしたり、趣味の幅を広げるのに役立ちます。まずは、写真や音楽の扱い方の基本を学びましょう。

撮りっぱなしはもったいない！　取り込めば、安心&楽しさが広がる

この間、工場夜景を撮りに行ったんですけど、見てくださいよ！

おー、キレイに撮れてるね。すごい！

デジタル一眼で撮ったんだね？　なかなかよく撮れてるね。そういえば、撮影した写真はどうしているのかな？

メモリーカードに撮りためてます！

もし、容量がいっぱいになったらどうするつもりだったの？　いざ撮りたいときに容量がいっぱいで撮れないなんてことになったら、困るんじゃないかな？

たしかに！　なんとなく面倒でそのままにしていました・・・。

その気持ちはわからなくもないけど、カメラとパソコンを接続するだけで、簡単に取り込めるから、やっておこうね。万が一、不慮の事故でカメラを紛失してしまったとしても、マメに取り込んでおけば、データは失わずに済むしね！　ちなみに、スマートフォンの写真も簡単に取り込めるよ。

パソコンならではのメリットを知っておこう

取り込んだ写真をパソコンで改めて見ると……、カメラの小さな画面より見やすいし、細かいところまで見られていいですね！

スマートフォンで撮った写真もいつでも見られるのはいいけど、やっぱり画面が大きい方がいいかも。

その通り！　スマートフォンにはいつでも持ち歩ける良さがある一方で、パソコンには大画面で楽しめる良さがあるんだ！　写真の編集作業なんかも、やりやすいよね。パソコンならではの良さを知って、うまく使い分けるといいよ。

パソコンは音楽プレーヤーとしても活躍できる

最近、よく見かけるアーティストのCDですね。

そうなんだ♪　購入特典に惹かれて衝動的にCDを買ったのはいいけど、うちにはCDプレーヤーがないのよね……。

パソコンがあるじゃないか！　パソコンにはCDの再生機能が備わっているから、光学ドライブさえあれば、問題解決だよ。それにCDの楽曲を取り込んで、CDはキレイに保管しておくことも可能だ！

レッスン

66 写真をパソコンに取り込むには

[フォト] アプリ

デジタルカメラやスマートフォンで撮影した写真を取り込んでみましょう。機器を接続し、簡単な操作をするだけで、手軽に写真をパソコンに保存できます。

活用編 第7章 写真や音楽を楽しもう

1 [フォト] アプリを起動する

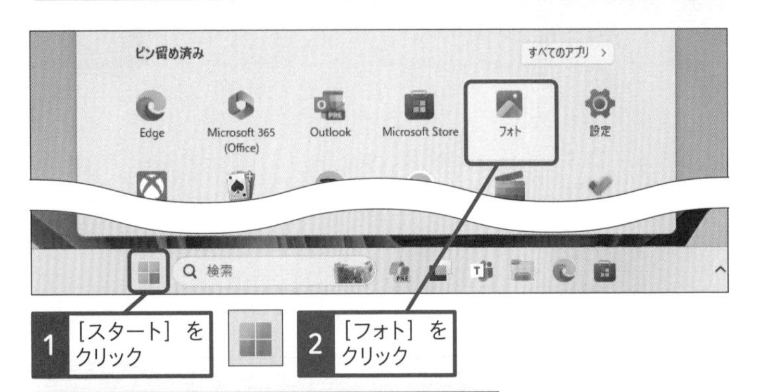

1 [スタート] をクリック

2 [フォト] をクリック

3 [次] をクリック

手順 2/2

自分の写真をすべて 1 か所に

Microsoft フォト アプリを使用すると、PC、OneDrive、スマートフォン、その他のデバイスから写真を表示、整理、共有できます。

Microsoft フォトでお使いの iCloud フォトにアクセスして表示できるようになりました。

戻る　フォトに移動

4 [フォトに移動] をクリック

キーワード

OneDrive	P.324
インポート	P.325
サムネイル	P.326

使いこなしのヒント

写真はOneDriveと同期される

[フォト] アプリで取り込んだ写真は、標準で [ピクチャ] または [画像] フォルダーに保存されます。[ピクチャ]フォルダーは、OneDriveと同期しているため、結果的に写真はOneDriveにもアップロードされます。

スキルアップ

スマートフォンから写真を取り込むときは

スマートフォンから写真を取り込むには、接続時に端末のロックや接続設定が必要です。iPhoneでは [このコンピュータを信頼しますか?] で [信頼] をタップします。Androidスマートフォンでは、通知からUSBの設定で [ファイル転送] を選びます。

Androidスマートフォンの [USBの設定] 画面を表示しておく

1 [ファイル転送] をタップ

iPhoneでは [信頼] をタップする

2 パソコンとデジタルカメラを接続する

1 デジタルカメラにUSBケーブルを接続

USBケーブルはデジタルカメラに付属しているものを利用する

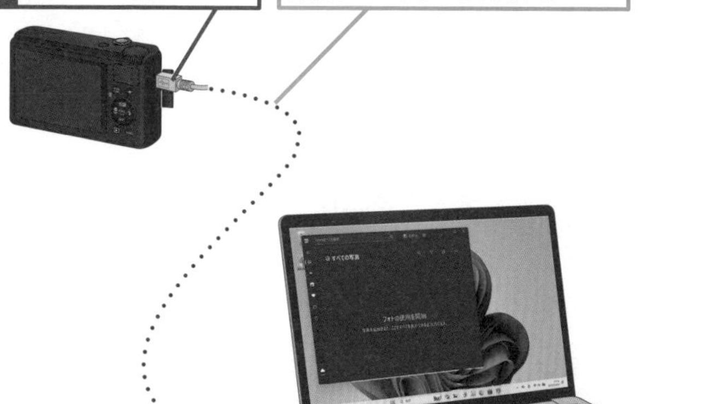

2 パソコンにUSBケーブルを接続

3 デジタルカメラの電源を入れる

通知バナーが表示されたときは、表示されなくなるまでしばらく待つ

3 画像の取り込みを開始する

［フォト］アプリのウィンドウを最大化する

1 ［インポート］をクリック

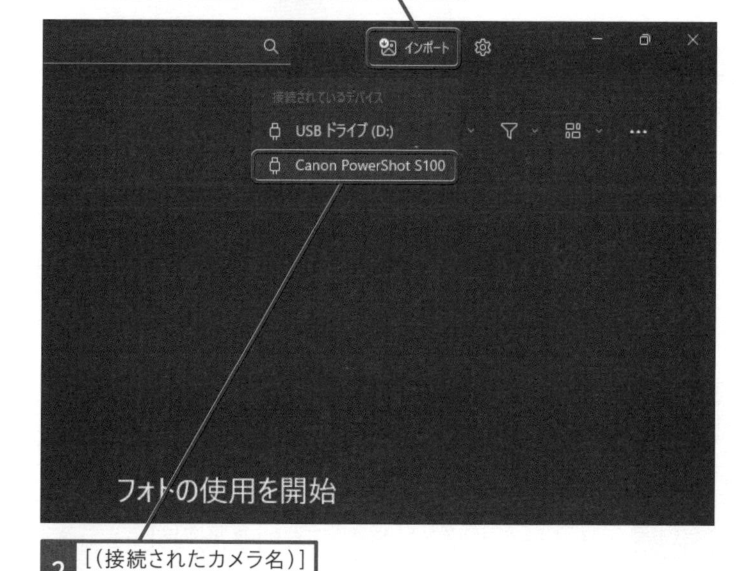

2 ［(接続されたカメラ名)］をクリック

使いこなしのヒント
ファイル転送モードでパソコンに接続しよう

デジタルカメラやスマートフォンによっては、パソコンに接続するときのモードを選択したり、接続を許可する必要があります。デジタルカメラやスマートフォンの取扱説明書を参考に操作しましょう。スマートフォンで接続するモードを選べるときは、「ファイル転送」や「MTP」モードを選びます。

スキルアップ
［フォト］アプリで管理できるフォルダーを追加できる

手順3の画面で左の［フォルダー］をクリックし、［フォルダーを追加する］クリックすると、［フォト］アプリで管理するフォルダーを追加できます。すでに写真が保存されたフォルダーがあるときには、この方法でフォルダーを追加しておくと便利です。

使いこなしのヒント
機器接続時に通知が表示されたときは

環境によっては手順2でデジタルカメラやメモリカードを装着したときに通知が表示されることがあります。通知をクリックして、［写真とビデオのインポート］から写真を取り込むこともできます。

次のページに続く

● 写真を取り込む

写真や動画の選択画面が表示された

ここではすべての画像を取り込む

3 ［すべて選択］をクリックしてチェックマークを付ける

4 ［(写真の数) 項目の追加］をクリック

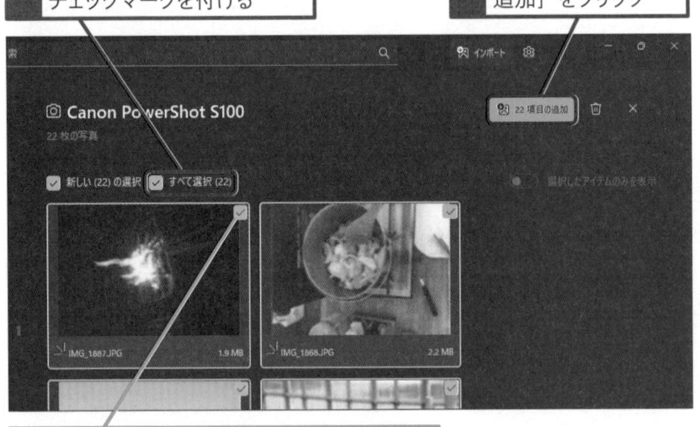

ここをクリックして、チェックマークをはずしたファイルは取り込まれない

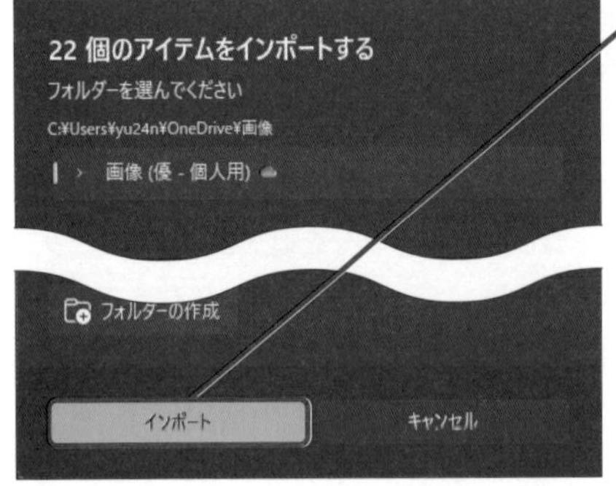

5 ［インポート］をクリック

写真がインポートされる

使いこなしのヒント

メモリーカードから写真を取り込むには

デジタルカメラやスマートフォンに装着されているメモリーカードから、直接、写真を取り込みたいときは、本体からメモリーカードを取り出し、パソコンのメモリーカードスロットに装着します。その後、手順3と同じように［インポート］から［接続されているデバイスから］を選択すると、メモリーカードの写真を取り込むことができます。なお、メモリーカードの形状によっては、メモリーカードリーダーやアダプターが必要になることがあります。

ここに注意

手順3の操作2のあとに［問題が発生しました］と表示されたときは、デジタルカメラなどの取り込み元の機器を認識できていません。ケーブルでの接続や接続の許可などを確認して、もう一度、インポートし直しましょう。

スキルアップ

写真を編集できる

［フォト］アプリは写真の編集にも使えます。以下のように操作することで、印刷用に写真の余計な部分を切り取ったり、暗い写真を明るく修正したり、特殊効果やAIで加工したり、手書きでメッセージを書き込んだりできます。

1 ［画像の編集］をクリック

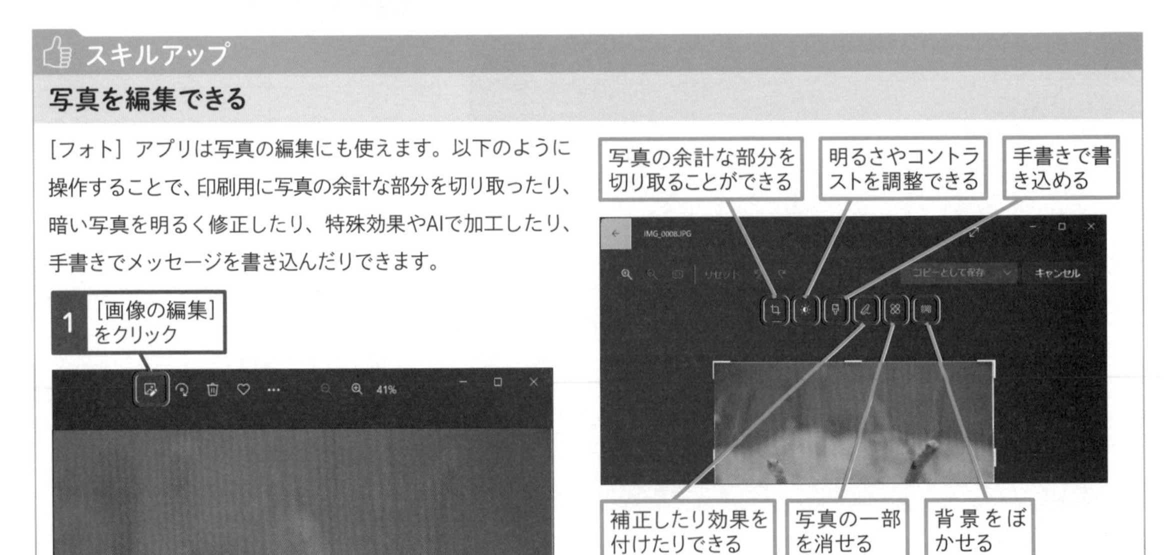

写真の余計な部分を切り取ることができる

明るさやコントラストを調整できる

手書きで書き込める

補正したり効果を付けたりできる

写真の一部を消せる

背景をぼかせる

時短ワザ

新しい写真だけを取り込める

同じ機器から写真を取り込む場合、前ページの操作3の画面で、[新しい（写真の数）の選択］を選ぶことで、新しく撮影された写真だけを取り込むことができます。この方法なら、写真を取り込む時間が短く済みます。

4 取り込んだ写真を表示する

1 ［すべての写真］をクリック

2 写真をダブルクリック

選択した写真が大きく表示された

デジタルカメラの電源を切り、パソコンからはずしておく

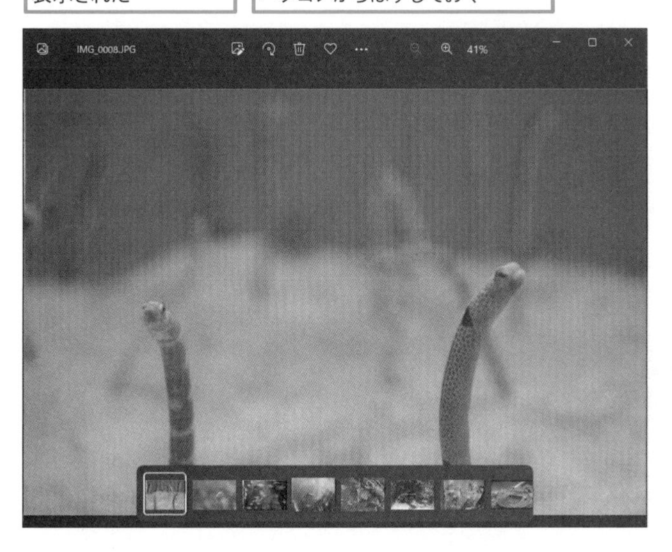

スキルアップ

取り込んだ写真をパソコンだけに保存できる

標準では写真がOneDriveと同期されるため、OneDriveの空き容量が少ないと、たくさんの写真を取り込んだときに同期しきれません。211ページのスキルアップを参考に、OneDriveと同期されないフォルダーを追加し、インポート時に［変更］をクリックして追加したフォルダーを取り込み先として指定します。たとえば、[ダウンロード］の中に［取り込み写真］などのフォルダーを作成して利用すると、パソコンのみに取り込んだ写真が保存されます。

AIアシスタント活用

背景をぼかせる

［フォト］アプリでは、AIを活用した写真の編集が可能です。前ページのスキルアップを参考に写真の編集画面を表示し、上部にある［背景のぼかし］をクリックすると、自動的に写真の背景を認識してぼかすことができます。人物写真で被写体を際立たせたいときなどに利用しましょう。

まとめ パソコンでもっと写真を活用しよう

撮影した写真がデジタルカメラのメモリーカードにたまったままになっていませんか？　パソコンを活用すれば、倉庫のように、多くの写真を保管することができるうえ、印刷したり、編集したり、文書の素材として使ったりと、活用の幅を広げることができます。取り込みの操作も簡単なので、早速、手元の機器で試してみましょう。

レッスン

67 取り込んだ写真を簡単に見るには

ギャラリー

パソコンに取り込んだ写真を見てみましょう。取り込んだ写真はエクスプローラーから参照できます。[ギャラリー]で見たい写真を探して、[フォト] アプリで大きく表示しましょう。

1 ギャラリーを表示する

エクスプローラーを表示しておく

1 [ギャラリー]をクリック

キーワード

エクスプローラー P.326

使いこなしのヒント

保存された時期で写真を表示できる

たくさんの写真が取り込まれているときは、日付で写真を探してみましょう。手順2の画面右側に表示されている日付をクリックすると、その日に撮影された写真を表示できます。古い写真を見返したいときなどに便利です。

スキルアップ

写真を表示するフォルダーを追加しよう

[ギャラリー] では標準で [ピクチャ(画像)] フォルダーにある写真のみを表示します。他のフォルダーに保存されている写真も表示したいときは、次のようにフォルダーを追加してください。

1 [もっと見る] をクリック

2 [コレクション] にマウスポインターを合わせる

3 [コレクションの管理] をクリック

4 [追加] をクリック

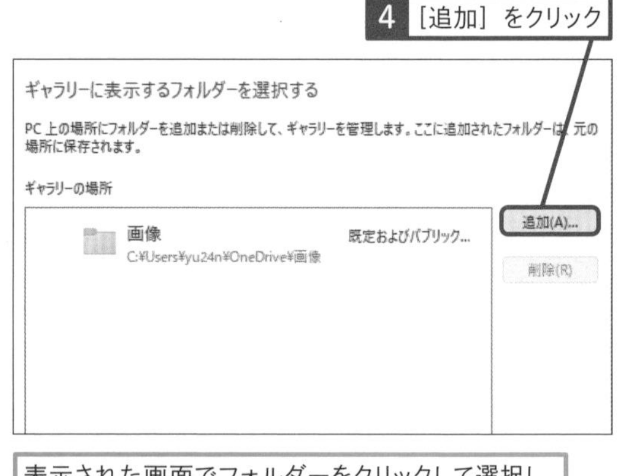

表示された画面でフォルダーをクリックして選択し、[フォルダーを追加] をクリックしておく

活用編 第7章 写真や音楽を楽しもう

2 写真を［フォト］アプリで表示する

［ギャラリー］の画面が表示された

初期設定では［ピクチャ（画像）］フォルダーの内容が表示される

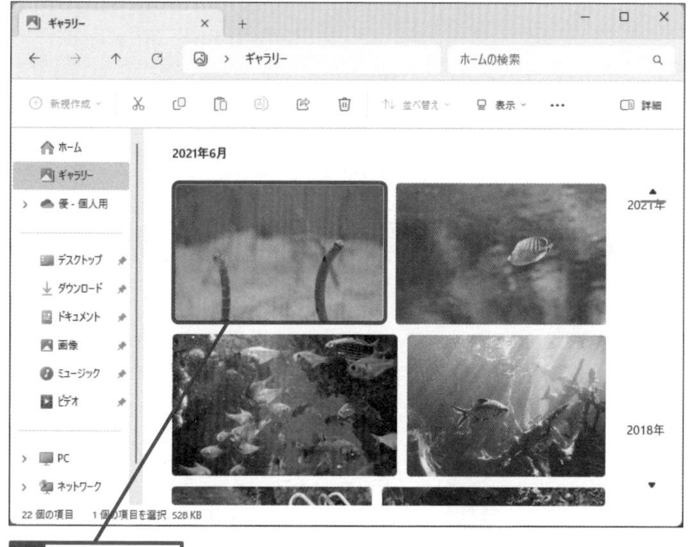

1 写真をダブルクリック

ダブルクリックした写真が［フォト］アプリに表示された

使いこなしのヒント

ファイルの場所を確認したいときは

［ギャラリー］では、日付ごとに写真を表示するため、どのフォルダーに写真があるのかがわかりにくくなることがあります。そのようなときは、以下のように、写真を右クリックして、表示されたメニューから［ファイルの場所を開く］をクリックします。エクスプローラーが起動し、写真が保存されているフォルダーが表示されます。

写真を右クリックして［その他のオプションを確認］をクリックしておく

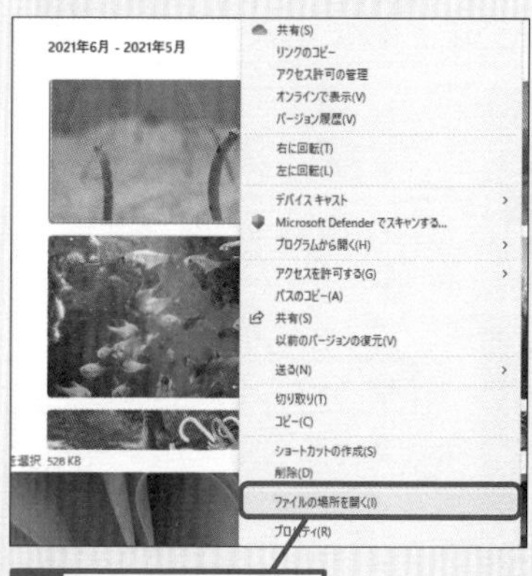

1 ［ファイルの場所を開く］をクリック

エクスプローラーが起動し、写真のファイルが表示される

まとめ　写真を手軽に見られる

パソコンに取り込んだ写真を見たいときは、エクスプローラーの［ギャラリー］を使うと便利です。大きな画面で、日付ごとに写真を確認できるので、全体を確認したり、見たい写真を探したりするのが簡単です。もちろん、そのまま写真をアプリにドラッグすることもできるので、メールで送信したり、資料として貼り付けたりすることもできます。他のアプリと連携させたいときにも活用しましょう。

レッスン
68 CDの曲をパソコンに取り込むには

メディアプレーヤー

パソコンで音楽を楽しんでみましょう。［メディアプレーヤー］アプリを利用すると、音楽CDに収録されている楽曲を取り込んだり、楽曲を再生したりできます。

1 メディアプレーヤーを起動する

レッスン06を参考に、［すべてのアプリ］を表示しておく

1 ［メディアプレーヤー］をクリック

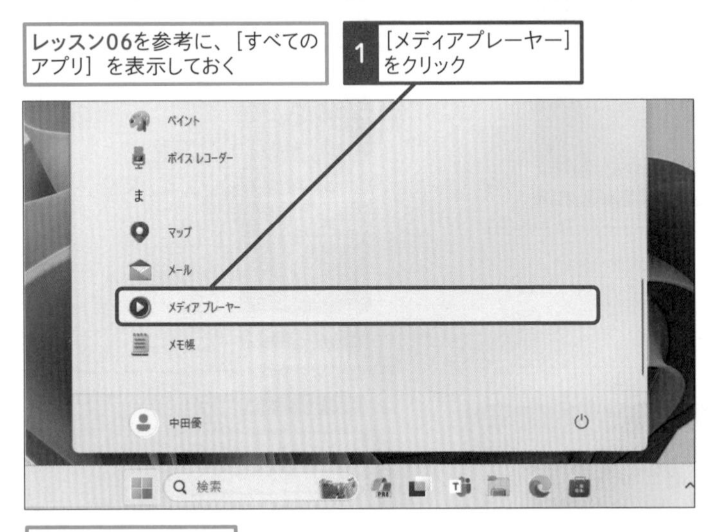

メディアプレーヤーが起動した

キーワード

Copilot P.324

メディアプレーヤー P.328

使いこなしのヒント

光学ドライブがないときは

［メディアプレーヤー］アプリで音楽CDを扱うには、光学ドライブが必要です。パソコンに光学ドライブがないときは、USBポートに接続する外付けタイプのCD/DVDドライブを購入しましょう。

ここに注意

Windows 11には、音楽を扱うためのアプリが2つ搭載されています。ひとつはここで説明する［メディアプレーヤー］アプリ、もうひとつは［Windows メディアプレーヤー従来版（Windows Media Player Legacy)］です。後者は将来的に廃止される予定のアプリとなっています。アプリを検索すると、候補として表示される場合もあるので、間違えて起動しないように注意しましょう。

2 CDの曲を取り込む

手順1を参考に、メディアプレーヤーを起動しておく

1 CDをパソコンにセット

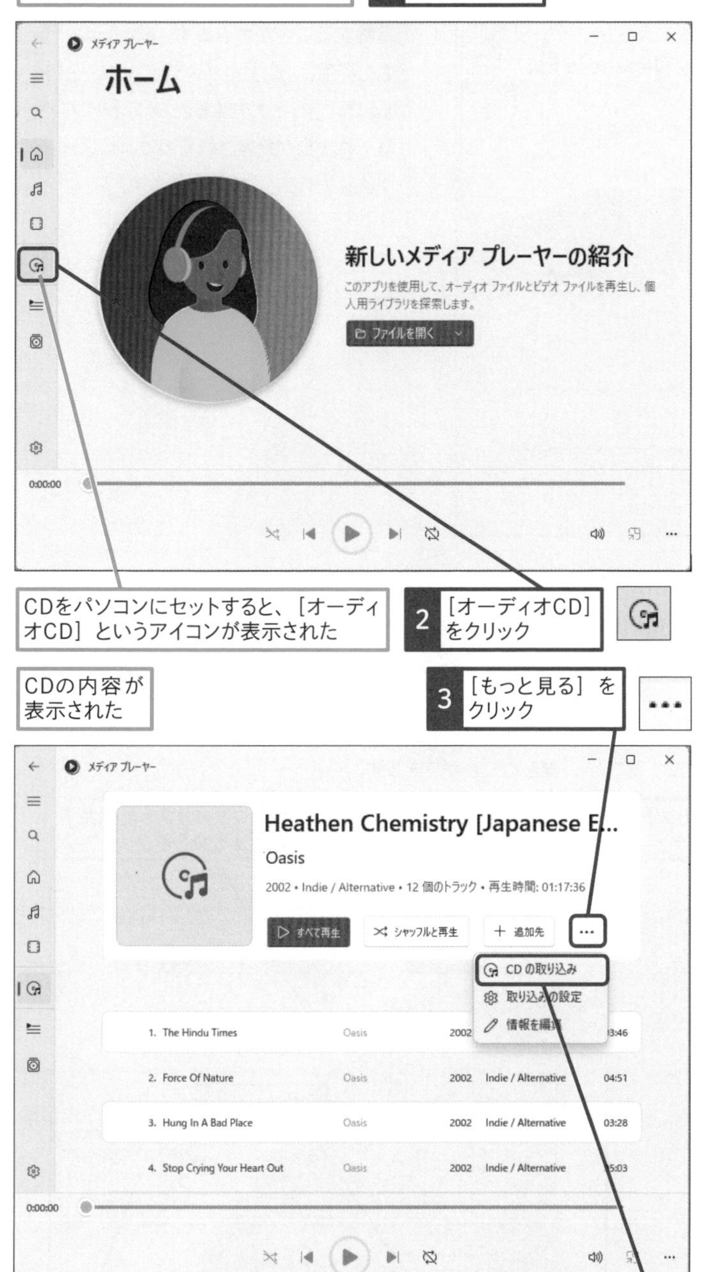

CDをパソコンにセットすると、［オーディオCD］というアイコンが表示された

2 ［オーディオCD］をクリック

CDの内容が表示された

3 ［もっと見る］をクリック

4 ［CDの取り込み］をクリック

使いこなしのヒント

「サブスク」サービスを楽しもう

音楽や動画の楽しみ方は、タイトルごとに購入する方法から、月額一定の料金を支払うことで聞き放題や見放題になる「サブスクリプション（定期購入）」と呼ばれる方法へと主流が変化しつつあります。Windows 11にもこうしたサービスを楽しむためのアプリが豊富に用意されています。以下のようなサービスを活用して、音楽や動画を楽しんでみましょう。

◆Amazonプライムビデオ
すでに会員なら映画がすぐに楽しめる

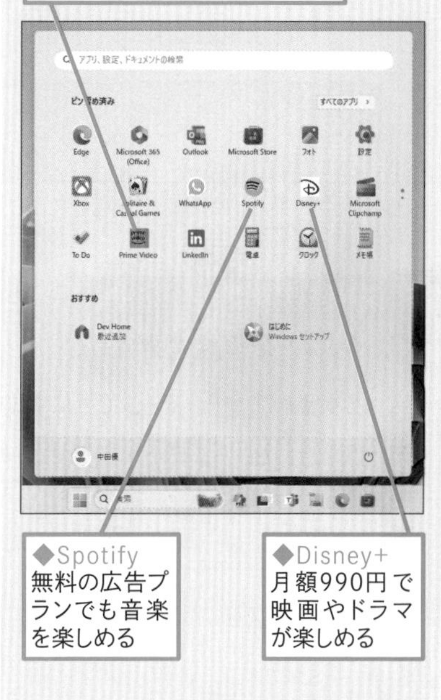

◆Spotify
無料の広告プランでも音楽を楽しめる

◆Disney+
月額990円で映画やドラマが楽しめる

次のページに続く

● CDの曲の取り込みが開始した

5 しばらく待つ

取り込みが完了したら、音楽CDをパソコンから取り出しておく

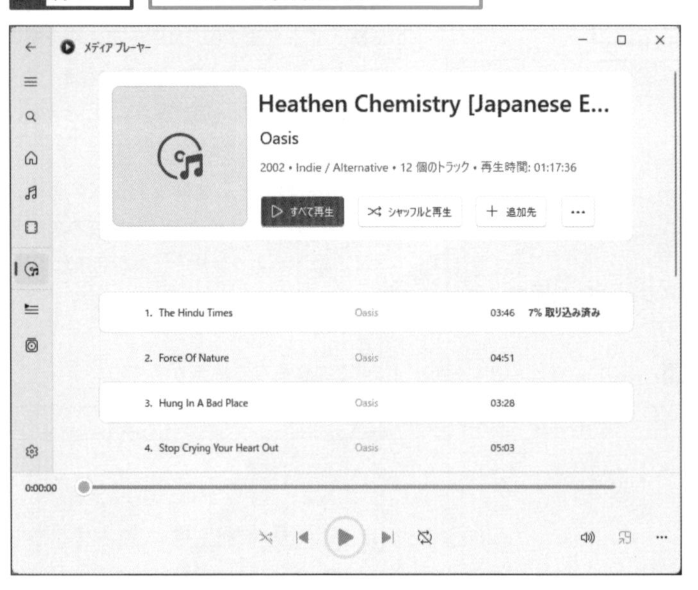

AIアシスタント活用

[メディアプレーヤー]を起動できる

[メディアプレーヤー]はCopilotを使って、起動することができます。Copilotに「音楽を再生したい」や「メディアプレーヤーを起動して」と入力すると、メディアプレーヤーの起動が提案されるので、[はい]をクリックすると、起動できます。

スキルアップ

プレイリストを作成できる

いろいろな音楽CDから、テーマごとに楽曲をピックアップしたプレイリストを作ってみましょう。以下のようにすることで、「マイベスト」を作ったり、季節ごとの楽曲を集めたりして、楽しむことができます。

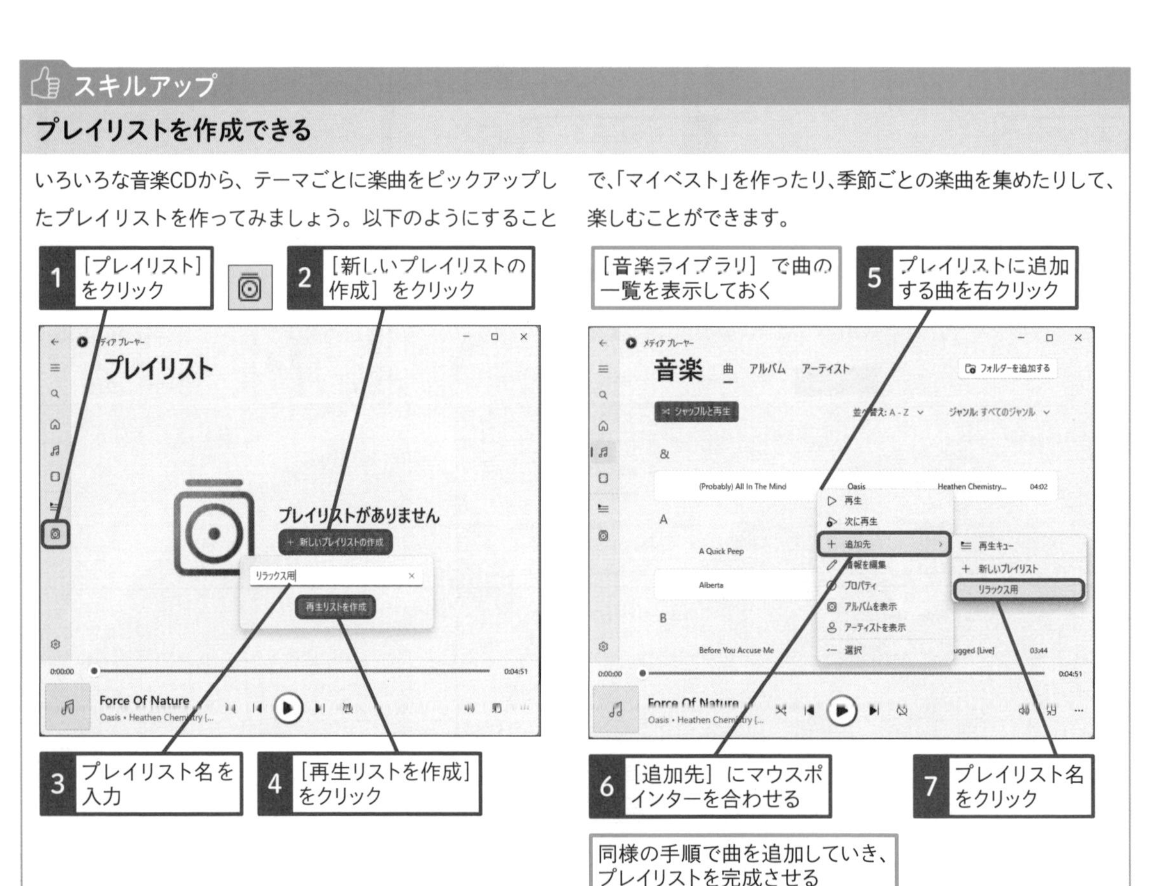

3 取り込んだ曲を再生する

1 [音楽ライブラリ]をクリック

曲名のアルファベット順で取り込んだ曲の一覧が表示された

曲名をダブルクリックすると、その曲が再生される

2 [アルバム]をクリック

3 アルバムにマウスポインターを合わせる

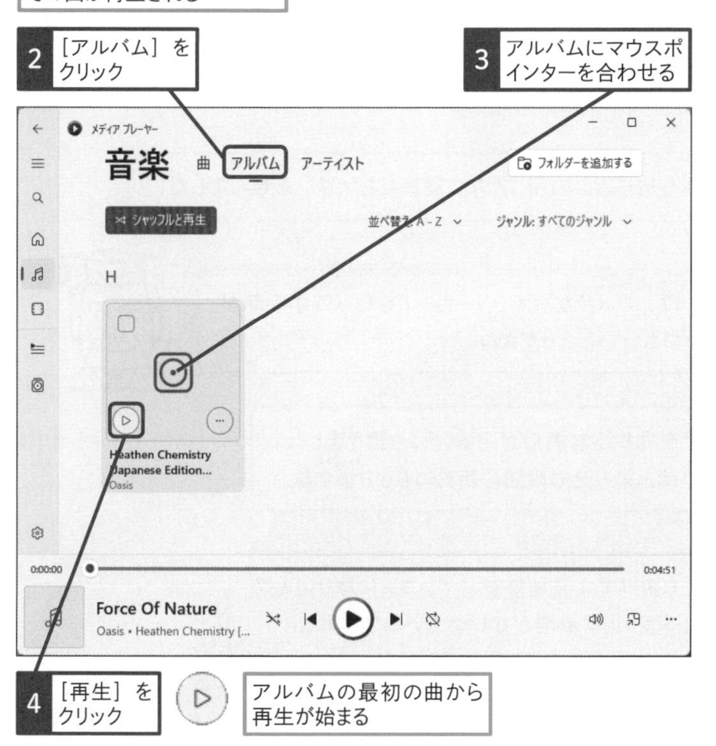

4 [再生]をクリック

アルバムの最初の曲から再生が始まる

使いこなしのヒント

シャッフル再生するには

再生時に[シャッフルと再生]ボタンをクリックすると、アルバム内の楽曲の順番をランダムに変更して再生できます。いつもと違う順番で楽曲を楽しみたいときに試してみましょう。

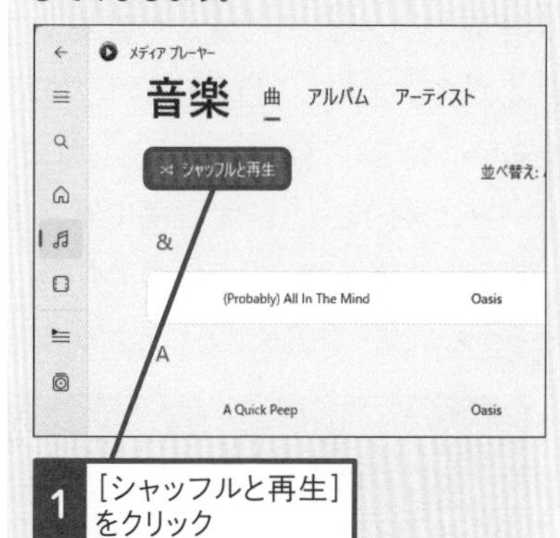

1 [シャッフルと再生]をクリック

まとめ パソコンで音楽CDを管理しよう

手元に音楽CDのコレクションがあるときは、それらをパソコンに取り込んでおくといいでしょう。何百曲ものコレクションを集めておくことで、画面上で選ぶだけで、好きな楽曲を手軽に聴けるようになります。もちろん、再生しながら他のアプリを使うこともできるので、パソコンでの作業中のBGMとして楽しむこともできます。

この章のまとめ

パソコンならではの方法で楽しもう

最近ではスマートフォンで写真や音楽を楽しむ人が多いため、「わざわざパソコンを使わなくてもいいのでは?」と考えるかもしれません。しかし、パソコンを使うと、大画面で写真を楽しんだり、手元にある音楽CDをいつでも楽しめるようになるうえ、バックアップとして大切な写真や音楽を保管することもできます。また、AIの助けも借りながら、写真を編集したり、加工したりすることもできます。デジタルカメラやスマートフォンから簡単に写真を取り込むことができるので、ぜひ試してみましょう。

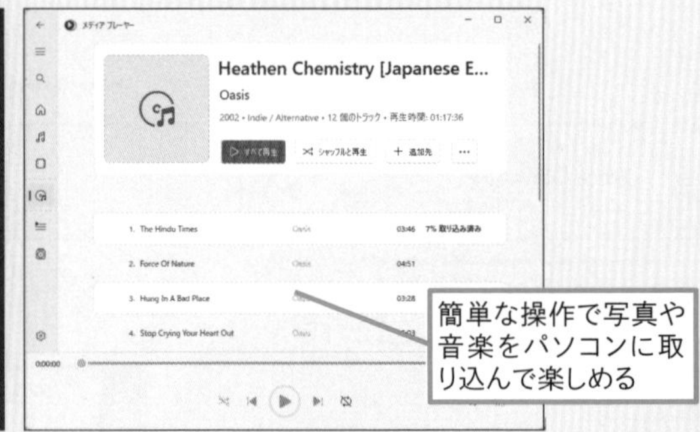

簡単な操作で写真や音楽をパソコンに取り込んで楽しめる

カメラからパソコンに写真を取り込むのがこんなに簡単だとは思いませんでした!

そうだろう? カメラからメモリーカードを取り外す手間がいらないのもいいところだよね。

それに、新しい写真だけを取り込む機能があるのにも驚きました。これならマメにやっておけば、取り込む時間の節約にもなりますね。

私は買ったCDをパソコンで聴けて大満足です。パソコンに取り込んでおけば、いちいちCDを引っ張り出す必要がないのもいいですね。

今はスマートフォンですべてできてしまうと思いがちだけど、パソコンをうまく組み合わせることで、使い道の幅がもっと広がることがわかってきたみたいだね!

活用編

第8章

クラウドサービスを活用しよう

Windowsをインターネット上のクラウドサービスと連携させて、より便利に使えるようにしましょう。この章では、自分のデータをクラウドと同期できる「OneDrive」の使い方、マイクロソフトが提供するアプリストア「Microsoft Store」からゲームをダウンロードして楽しむ方法を解説します。

レッスン

69 Introduction この章で学ぶこと クラウドサービスの特徴を知ろう

クラウドサービスはこれまでパソコン上で利用していたアプリやデータを扱うための機能をインターネット経由で使えるようにしたサービスです。Windows 11にも標準の機能として、いろいろなクラウドサービスが組み込まれています。その活用方法を見てみましょう。

クラウドサービスのメリット

クラウドサービス……。データをインターネット上に保存して使うという漠然としたイメージしかないです。

ブラウザーで使えるメールサービスもクラウドサービスですよね?

ははは! そうだね。だいたいその認識は合っているよ。インターネット上のデータやアプリをパソコンから使えるようにしたのがクラウドサービスだね。Windows 11にはクラウドサービスとの強力な連携機能が備わっているんだ。この章では「OneDrive」というクラウドストレージサービスを中心に、「Microsoft Store」というコンテンツ配信サービスも解説していくよ。

パソコン内のデータが自動で同期される

クラウドストレージサービスなら使ったことがあります。ブラウザー経由でデータをやり取りできて便利ですよね。

Windows 11ならブラウザーを使わずにクラウド上のデータを扱えるよ。パソコン内のデータにアクセスする感覚で、とても手軽に使えるようになっているんだ。

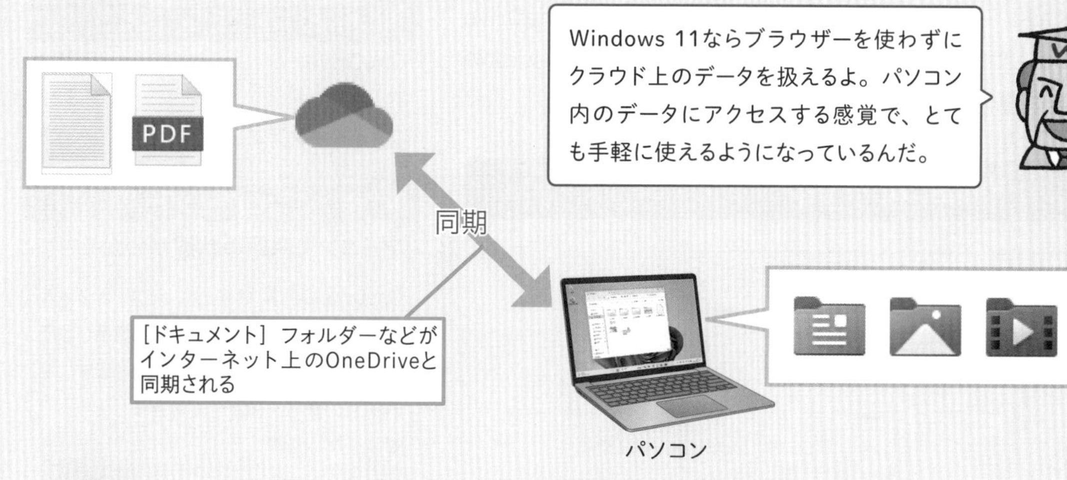

なるほど。パソコン上のフォルダーが自動的にクラウドと同期されるようになっているんですね！

スキルアップ

OneDriveとの同期を後から設定する

OneDriveでは標準で、[ドキュメント] [ピクチャ] [デスクトップ] の3つのフォルダーを同期します。OneDriveでは無料で5GBまでしかデータを保存できないので、パソコン上のデータの容量が多いときは、以下の設定で同期するフォルダーを変更しましょう。有料のMicrosoft 365 Basic/Personal/Familyを契約して、容量を増やすこともできます。

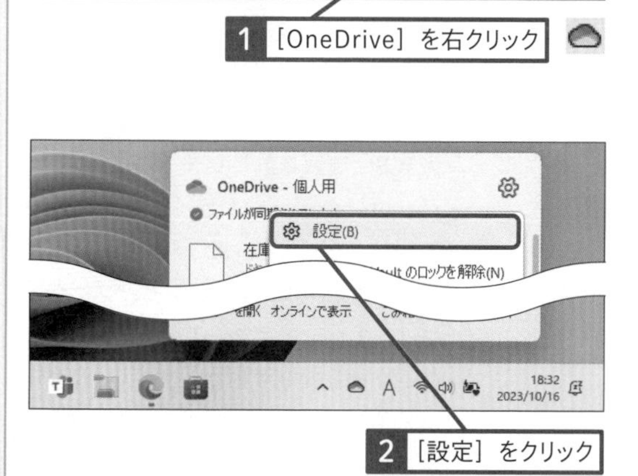

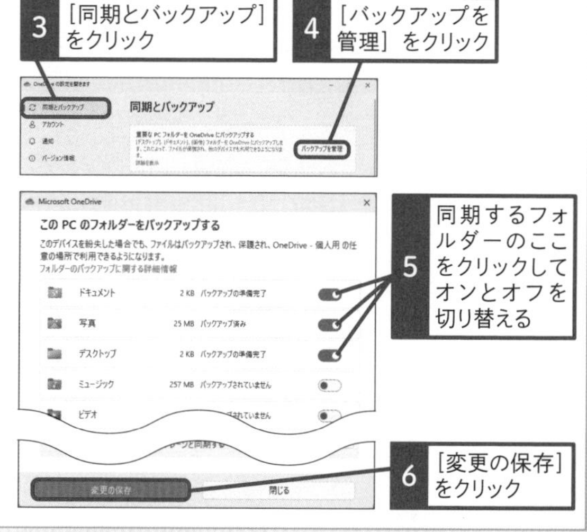

レッスン
70 OneDriveと同期されたファイルを確認するには

［OneDrive］フォルダー

クラウドストレージの「OneDrive」を使ってみましょう。OneDriveのフォルダーにファイルをコピーすると、自動的にインターネット上の自分専用の領域と同期されます。

1 ファイルをコピーする

ここでは［ダウンロード］フォルダーのファイルを［ドキュメント］フォルダーにコピーする

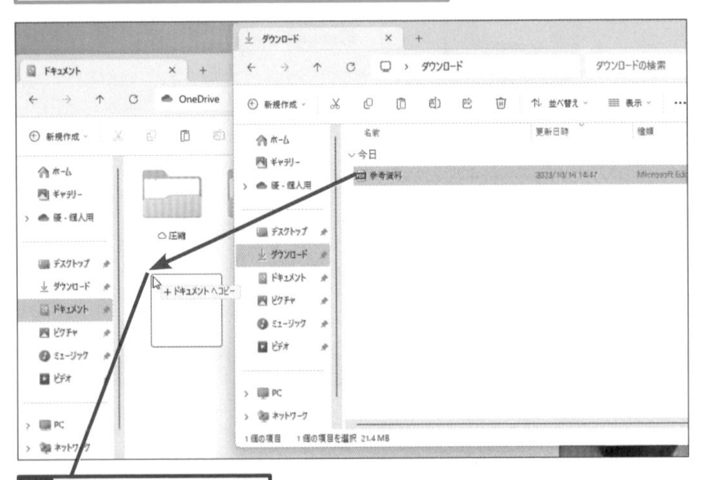

1 Ctrlキーを押しながら、ファイルをドラッグ

ファイルがコピーされました

2 ［（名前の一部）- 個人用］をクリック

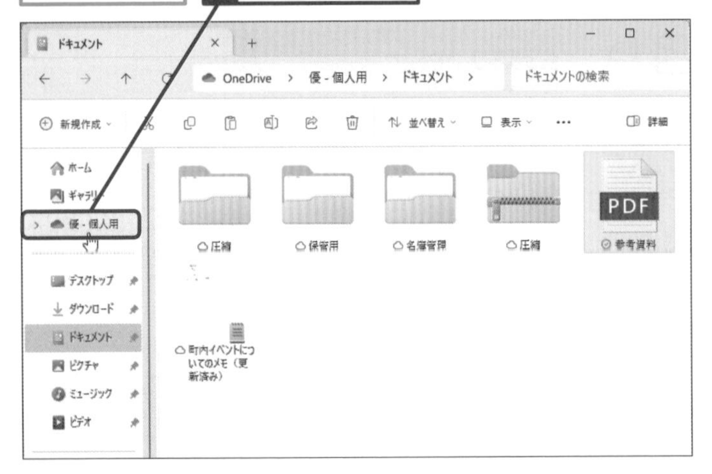

キーワード

使いこなしのヒント

アイコンで同期の状態がわかる

OneDriveの同期対象となっているフォルダーやファイルは、アイコンに表示されるマークによって、状態を確認できます。それぞれの意味を確認しておきましょう。

●マークと状態

マーク	状態
（チェックマーク）	同期が完了したファイル（パソコン上にもOneDrive上にもある）
（塗りつぶしチェックマーク）	［このデバイス上で常に保持する］を選択したファイル（パソコン上にもOneDrive上にもある）
（矢印マーク）	同期中のファイル（アップロード／ダウンロード中）
（雲マーク）	OneDriveのみに保存されたファイル（パソコンで開くと、ダウンロードされる）

使いこなしのヒント

OneDriveの容量が足りなくなったときは

無料で利用できるOneDriveの容量は、最大5GBに制限されています。そのため、パソコンのデータが多くなると、同期できなくなります。223ページのスキルアップを参考に、［バックアップ］をオフにして、必要なファイルだけを手動でOneDriveと同期するか、227ページのヒント「OneDriveの容量を追加できる」を参考に、容量を増やしましょう。

スキルアップ

「ファイルオンデマンド」でパソコンの記憶領域を節約しよう

OneDriveには同期対象のパソコン上のデータ容量を節約できる「ファイルオンデマンド」という機能が標準でオンになっています。ファイルオンデマンドがオンの状態で、同期済みのファイルを右クリックして、[空き領域を増やす]を選択すると、雲のアイコンになり、そのファイルの分、パソコンの空き容量が増えます。パソコン上にはファイルを開くための情報（ファイル名など）だけが残り、ファイルの中身が削除されるためです。もちろん、ダブルクリックすれば、OneDriveから自動的にファイルの内容がダウンロードされ、ファイルを開くことができます。ただし、インターネットに接続されていない状態ではファイルを開くことができないので、パソコンの空き容量が少ないときに活用しましょう。

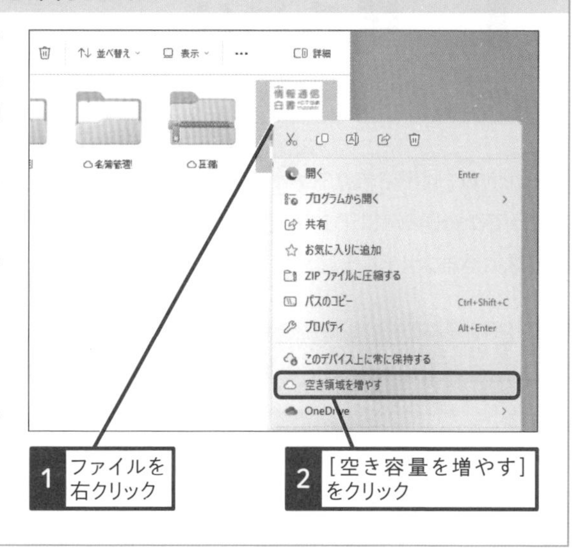

1 ファイルを右クリック

2 [空き容量を増やす]をクリック

2 OneDriveと同期されたことを確認する

OneDriveのフォルダーが表示された

1 [ドキュメント]をダブルクリック

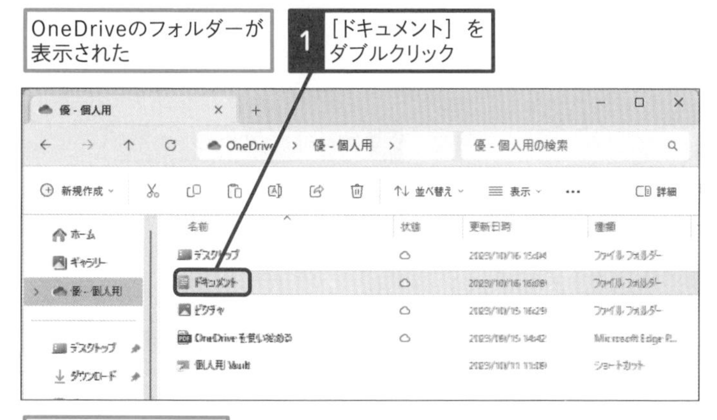

コピーしたファイルが表示された

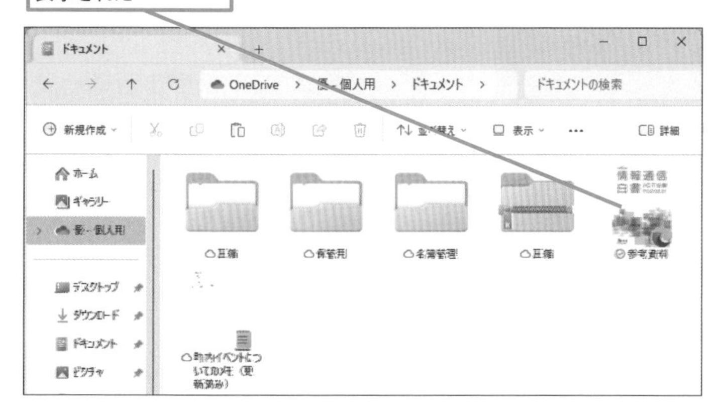

まとめ　OneDriveのフォルダーで同期されたデータを確認できる

エクスプローラーから表示できるOneDriveのフォルダーは、OneDriveとパソコンをつなぐ特殊なフォルダーです。このフォルダーを開くことで、OneDrive上にあるファイルを確認できます。アイコンでファイルやフォルダーの同期状態を確認してみましょう。標準では同期が有効なため、[OneDrive]内には、普段使っている[ドキュメント]などのフォルダーも表示されます。つまり、[ドキュメント]フォルダーに保存したデータは、パソコン上にもOneDrive上にも存在することになります。

レッスン
71 OneDriveのファイルを見るには

[OneDrive] のWebページ

OneDriveに同期されたファイルを確認してみましょう。ブラウザーを使ってOneDriveにアクセスすると、インターネット上の自分専用の領域にあるファイルを確認できます。

1 OneDriveのWebページを表示する

レッスン32を参考に、Microsoft Edgeを起動しておく

1 右記のURLを入力

▼OneDriveのWebページ
https://onedrive.live.com/

2 アドレスをクリック

「はじめましょう」と表示されたら、[開始] をクリックして解説を読むか、[スキップ] をクリックして画面を閉じておく

OneDriveのWebページをはじめて表示したときは、プレミアム機能についての画面が表示される

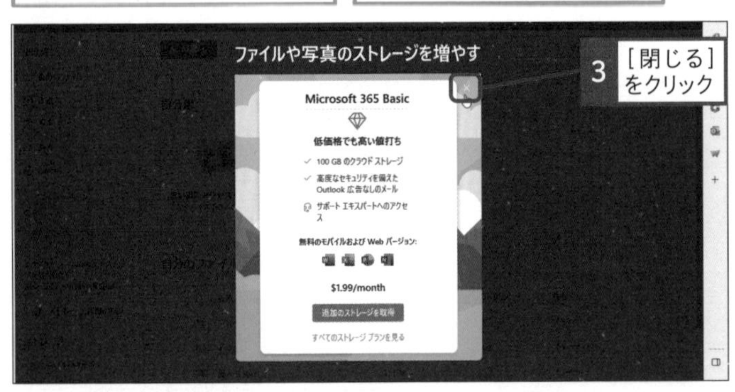

3 [閉じる] をクリック

スキルアップ

スマートフォンでも表示できる

OneDriveに保存されたファイルは、スマートフォンやタブレットからも参照できます。外出先でもOneDrive上のファイルを参照できるうえ、スマートフォンで撮影した写真をアップロードすることもできます。詳しくはレッスン75を参照してください。

キーワード

Microsoft Edge	P.324
OneDrive	P.324

使いこなしのヒント

自動でサインインができなかったときは

操作2の後で、OneDriveのホームページが表示されたときは、Microsoftアカウントでサインインします。

1 ここをクリック

2 Microsoftアカウントを入力

3 [次へ] をクリック

表示された画面でパスワードを入力する

使いこなしのヒント

自分のパソコン以外からアクセスするときは

OneDriveには自分のパソコン以外からもアクセスできます。ただし、Microsoftアカウントでサインインするため、ブラウザーにアカウント名やパスワードを記憶させたりしないように注意しましょう。

スキルアップ

OneDriveの残り容量を調べるには

OneDriveの容量は、手順2の画面の左下に表示されています。また、Windows 11の［設定］の［ホーム］画面に表示される［クラウドストレージ］の項目でも容量を確認できます。

2 ブラウザーで同期されたファイルを表示する

レッスン70で確認した同期済みのフォルダーが表示された

1 ［ドキュメント］をクリック

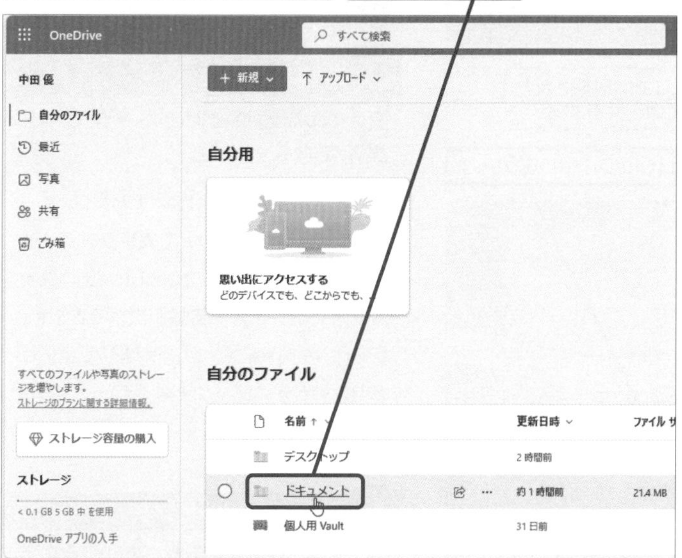

［ドキュメント］フォルダーの内容が表示された

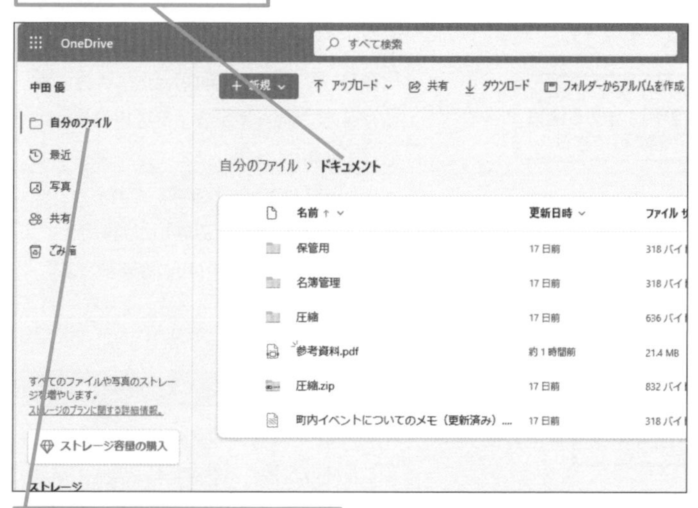

［自分のファイル］をクリックすると、上の画面が表示される

使いこなしのヒント

［個人用Vault］って何?

［個人用Vault］は大切なファイルを安全に保管できる機能です。フォルダーを開くには、スマートフォンなどを使った2段階認証が必要になるため、万が一、Microsoftアカウントのパスワードが第三者に知られてもそれだけでは［個人用Vault］が開かれることはありません。

◆個人用Vault

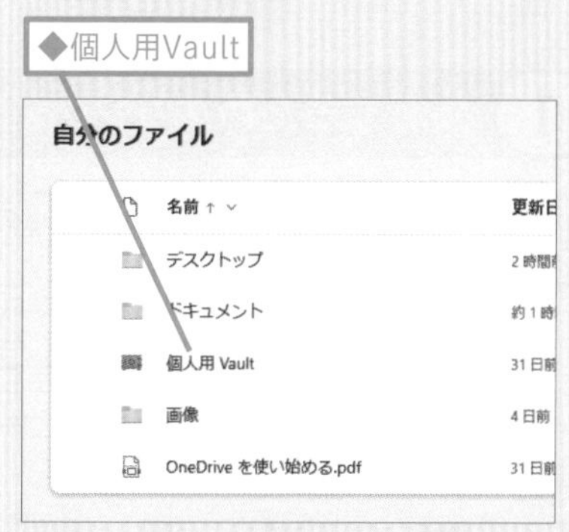

使いこなしのヒント

OneDriveの容量を追加できる

手順2の画面で、上部の歯車のアイコンから［アップグレード］を選ぶと、OneDriveの容量を増やすことができます。OneDriveの容量が足りないときは、有料プランの契約を検討しましょう。100GBの場合、月額260円（2023年11月時点）で利用できます。

まとめ どこからでも使える自分専用の領域

OneDriveはインターネットに接続できれば、いろいろな機器から使える自分専用のストレージ領域です。パソコンのSSD/HDDがそのままインターネット上にあるのと同じ感覚で使えるので、自分のファイルにいつでもアクセスすることができます。外出先のスマートフォン、海外旅行時のホテルのパソコンなど、いろいろなところからファイルにアクセスできます。積極的に活用しましょう。

レッスン

72 OneDriveにあるファイルを共有するには

写真の共有

OneDriveに保存したファイルは、インターネット上に保存されているため、ほかの人と共有することができます。共有したいファイルを選んで、招待メールを送りましょう。

1 共有するためのリンクを取得する

レッスン70の手順1を参考に、OneDriveのフォルダーを表示しておく

ここでは同期された画像を共有する

1 ファイルを右クリック

2 ［OneDrive］をクリック

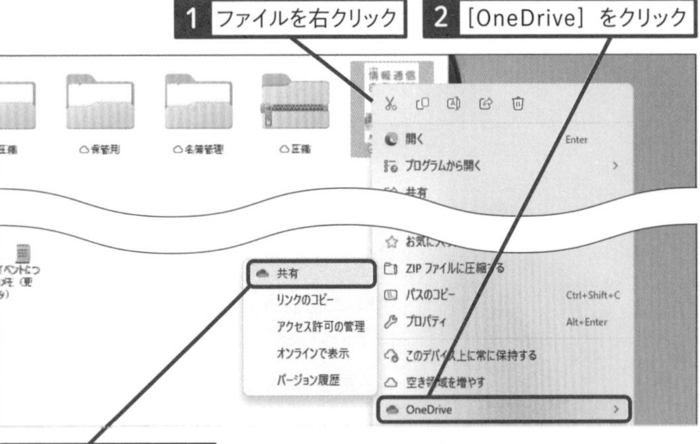

3 ［共有］をクリック

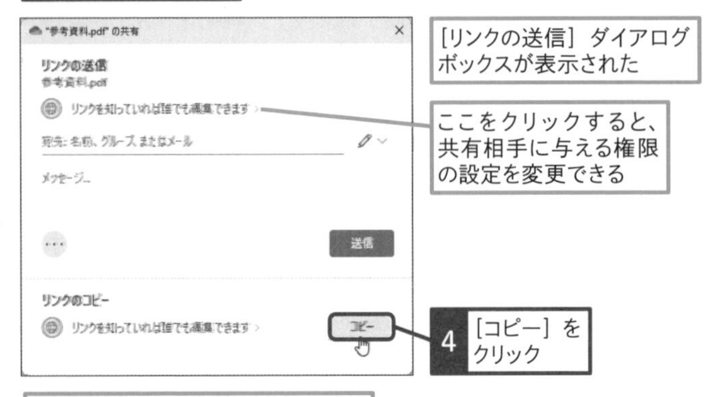

［リンクの送信］ダイアログボックスが表示された

ここをクリックすると、共有相手に与える権限の設定を変更できる

4 ［コピー］をクリック

クリップボードにURLがコピーされた

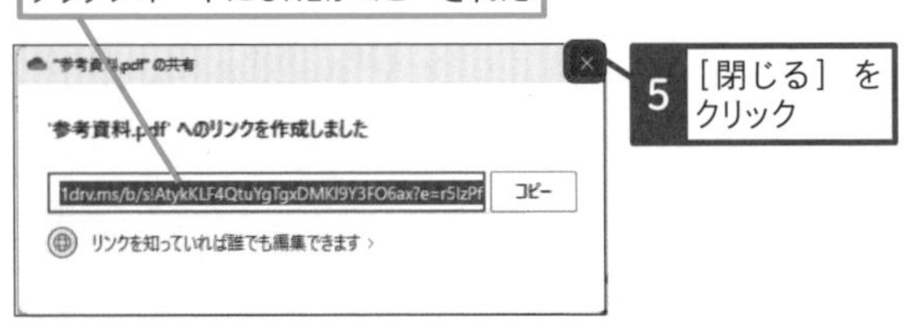

5 ［閉じる］をクリック

キーワード

OneDrive	P.324
スクリーンショット	P.327
フォルダーウィンドウ	P.328
ブラウザー	P.328

時短ワザ

ファイルを簡単にWebページで表示できる

手順1で［OneDrive］にマウスポインターを合わせ、［オンラインで表示］をクリックすると、ブラウザーでOneDrive上のフォルダーやファイルを直接、表示できます。OneDriveのWebページにすばやくアクセスしたいときに使うと便利です。

使いこなしのヒント

ファイルを削除すると、どうなるの？

OneDriveと同期されたファイルを削除すると、OneDrive上でもファイルが削除されます。削除されたファイルは、［ごみ箱］に移動しますが、OneDrive上にのみ、実体が保存されたオンライン専用ファイルは［ごみ箱］に移動しないことを警告するメッセージが表示されます。これらのファイルはパソコンの［ごみ箱］には移動せず、OneDrive上の［ごみ箱］にのみ移動します。

ここに注意

手順1でファイルを右クリックできなかったときは、［共有］が表示されません。ファイル名やアイコンの上で右クリックして、操作をやり直しましょう。

スキルアップ

OneDriveのWebページからファイルを共有できる

OneDriveに同期されたファイルは、ブラウザーで表示できるOneDriveのページ（レッスン71参照）からも共有できます。外出先などで自分のパソコン以外を使っているときでもOneDrive上のファイルを共有できます。

レッスン71を参考に、OneDriveと同期されたファイルを表示しておく

1 ファイルにマウスポインターを合わせる

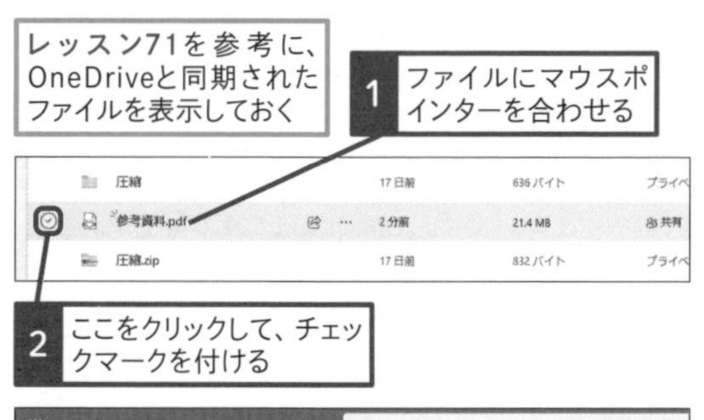

2 ここをクリックして、チェックマークを付ける

3 ［共有］をクリック

4 共有相手のメールアドレスを入力

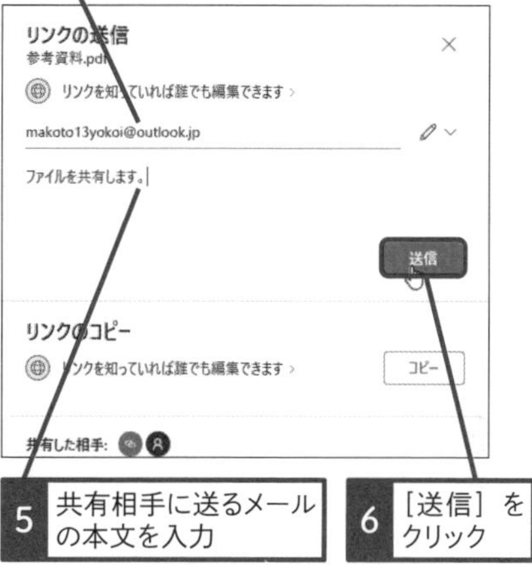

5 共有相手に送るメールの本文を入力

6 ［送信］をクリック

2 コピーされた共有リンクを貼り付ける

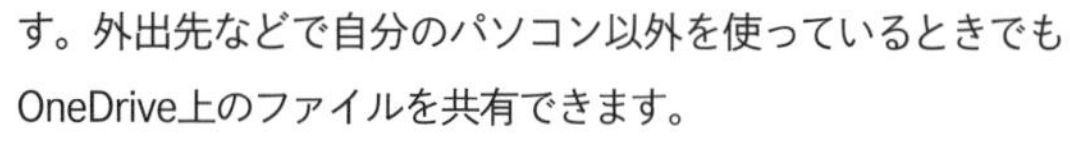

ここでは［メール］アプリでURLを貼り付けたメールを作成する

レッスン51を参考に、［Outlook］アプリを起動しておく

宛先や件名を入力しておく

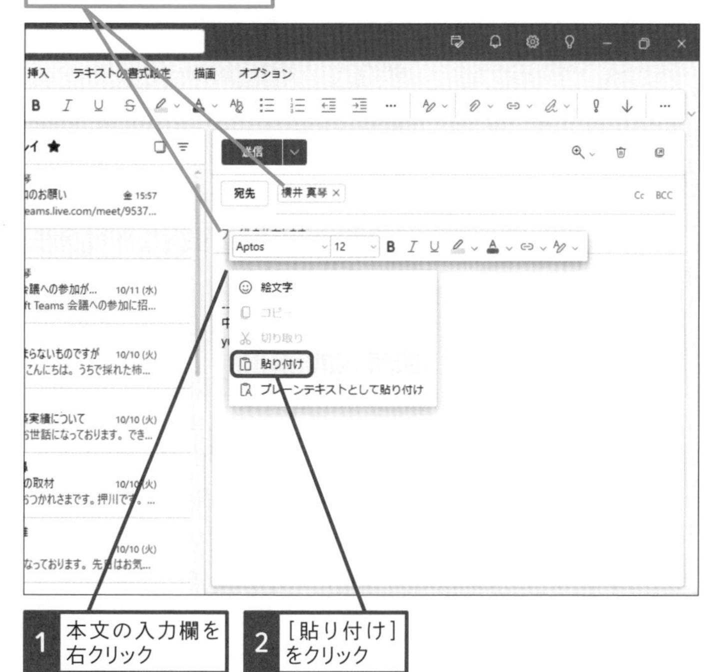

1 本文の入力欄を右クリック

2 ［貼り付け］をクリック

使いこなしのヒント

共有しているファイルを確認するには

OneDriveのWebページで、左側のメニューから［共有］をクリックすると、これまでに共有したファイルの一覧を確認できます。これにより、共有リンクを忘れてしまった場合でもファイルにアクセスできます。［あなたと共有］がほかの人があなたと共有しているファイルで、［あなたが共有］が自分が共有を設定したファイルです。

使いこなしのヒント

文字化けするときは

OneDriveでテキストファイルやCSVファイルを共有したときに文字化けが発生することがあります。OneDriveではUTF-8という形式のファイルのみに対応しています。「Shift-JIS」や「ANSI」形式のファイルは正しく表示できないので、ファイルをダウンロードして、メモ帳などでUTF-8形式でファイルを保存し直しましょう。

次のページに続く

● メールにリンクが貼り付けられた

スキルアップ

OneDriveでOfficeのファイルを表示できる

OneDrive上のOfficeファイルは、ブラウザー上で動作するOfficeアプリを使って開くことができます。そのため、共有する相手がOfficeアプリを持っていなくてもファイルを開くことができます。また、以下のように、ブラウザーを使って、OneDriveのページからOfficeアプリでファイルを開くことができます。ただし、ビジネス目的で使用する場合は、Microsoft 365のライセンスが必要です。

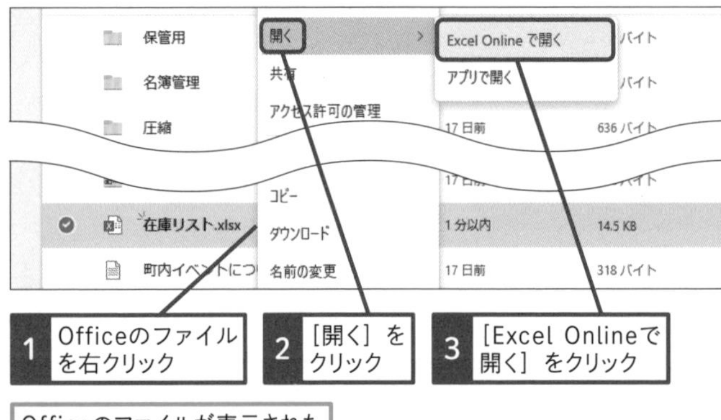

Officeのファイルが表示された

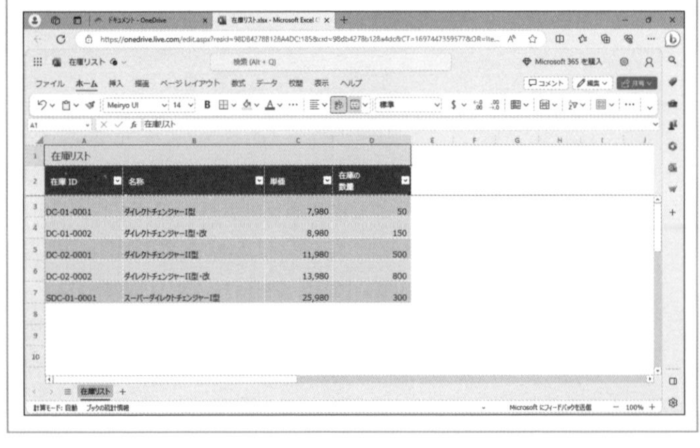

使いこなしのヒント

複数のファイルをまとめて共有するには

複数のファイルをまとめて共有したいときは、OneDriveの同期対象となるフォルダーに、共有用の新しいフォルダーを作成し、そこに共有したいファイルを保存しましょう。ファイルがフォルダーごと同期され、OneDrive上にも保存されます。この状態で、作成したフォルダーを共有すると、相手はフォルダー内に保存されたファイルにアクセスできます。フォルダーを共有した場合、後からフォルダーにファイルを追加しても以前のリンクをそのまま使って、追加されたファイルにアクセスできるため、時間を空けて、継続的にファイルを送りたいときに便利です。

使いこなしのヒント

バックアップにも活用できる

OneDriveはWindows 11のバックアップ機能でも利用されます。データを簡単にバックアップしたり、復元したりできるので、パソコンの故障や買い替えなどのときでも安心です。バックアップについてはQ&Aの17で解説します。

まとめ OneDriveでデータを共有できる

OneDriveに保存されたファイルは、ほかの人と簡単に共有できます。メールでは送信できない大きなサイズの写真を見せたり、Office文書を共有してリアルタイムに共同編集したりできるので、ぜひ活用してみましょう。ちなみに、OneDriveはエクスプローラーとブラウザーのどちらかでも同じように使えます。普段はエクスプローラーを使って操作し、自分以外のパソコンで操作するときや共有を停止したいときなどはブラウザーというように、用途や環境によって、使い分けましょう。

スキルアップ

共有を停止するには

ファイルの共有を停止し、ほかの人がアクセスできないようにしたいときは、ブラウザーを使って、OneDriveにアクセスし、次のように共有を停止します。リンクで共有したときは［リンク・1］から削除しましょう。ちなみに、以下の操作1～2の画面で、左上の［共有］をクリックすると、過去に共有したファイルを一覧表示できます。

1 ファイルを右クリック
2 ［詳細］をクリック

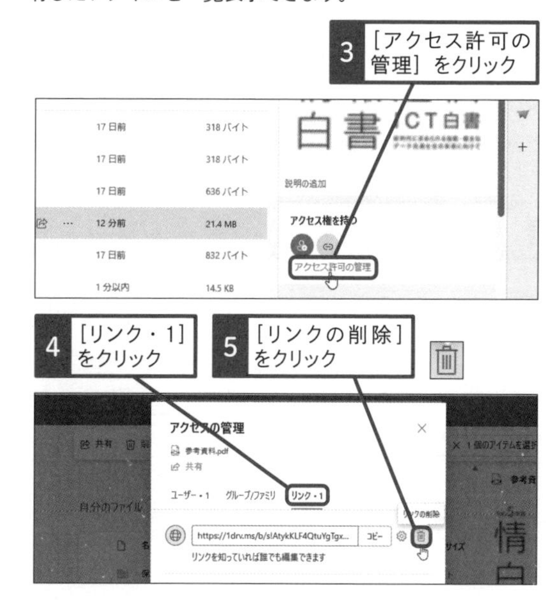

スキルアップ

自分が契約しているサブスクリプションを確認するには

パソコンによっては、購入時にMicrosoft 365の有料プランが一定期間、付属している場合があります。現在、自分のアカウントがMicrosoft 365のどのプランを契約しているのかは、［設定］の［アカウント］画面を表示し、画面をスクロールして、下に表示されている［サブスクリプション］をクリックすることで確認できます。料金や期限なども確認できます。何も契約していない場合は、有料プランを紹介する画面が表示され、そこから契約することもできます。

レッスン88を参考に、［設定］の画面を表示しておく

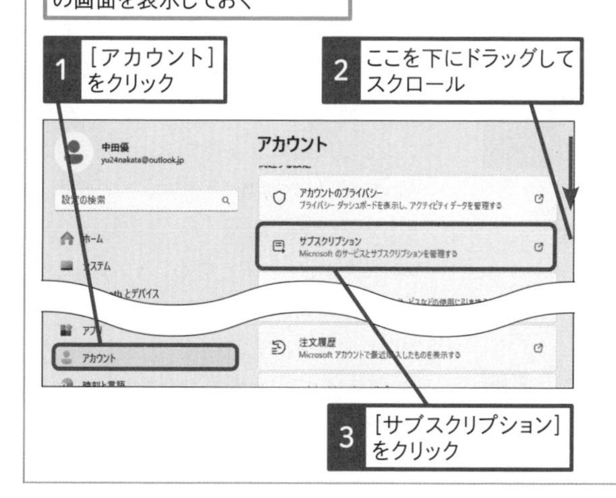

［サービスとサブスクリプション］の画面が表示された

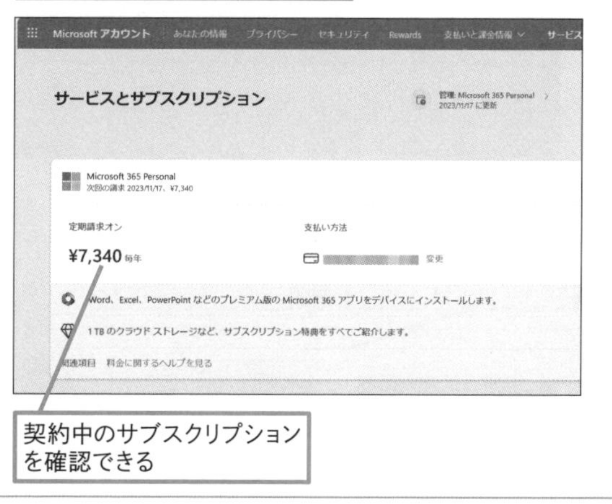

レッスン

73 Microsoft Storeから ゲームをダウンロードするには

Microsoft Store

パソコンに新しいアプリやゲームを追加してみましょう。Microsoft Storeを利用すると、アプリやゲーム、映画などを簡単にダウンロードできます。ここでは例として、ゲームをダウンロードしてみます。

1 ［Microsoft Store］アプリで検索を実行する

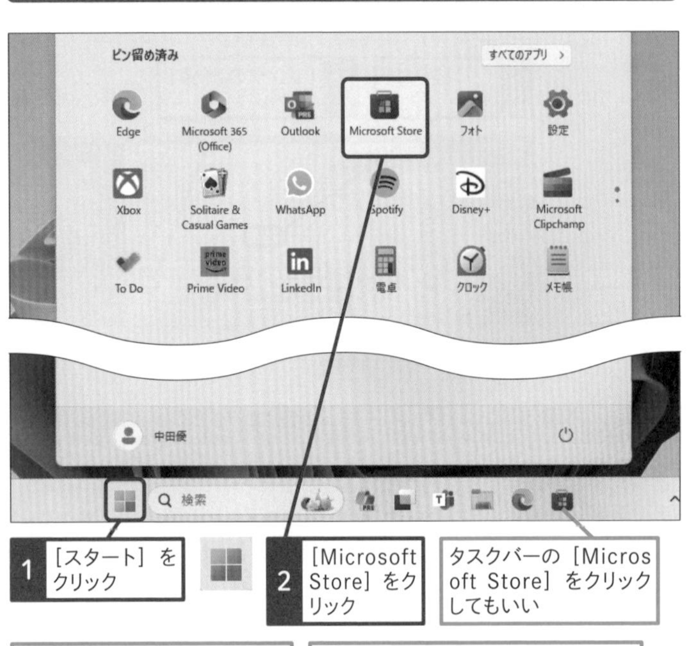

1 ［スタート］をクリック

2 ［Microsoft Store］をクリック

タスクバーの［Microsoft Store］をクリックしてもいい

［Microsoft Store］アプリを全画面で表示しておく

ここではアプリ名の一部を入力して、目的のアプリを検索する

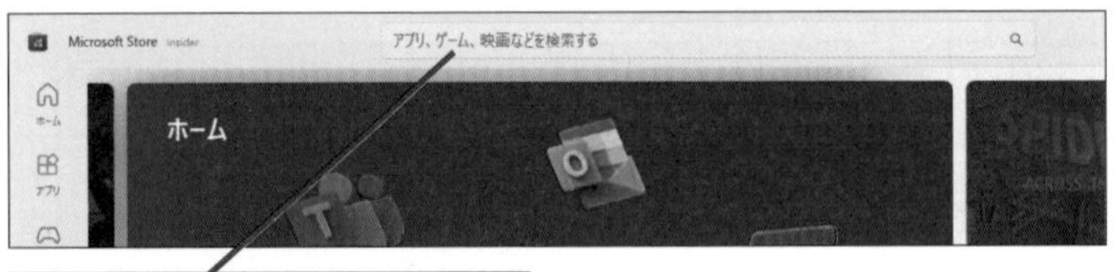

3 ［アプリ、ゲーム、映画などを検索する］をクリック

4 「Minecraft」と入力

5 Enter キーを押す

Minecraft
minecraft
minecraft for windows
minecraft launcher

キーワード

Microsoft Store	P.324
インストール	P.325
ダウンロード	P.327

使いこなしのヒント

映画やドラマなどの映像コンテンツもダウンロードできる

Microsoft Storeではゲームやアプリだけでなく、映画やドラマなどの映像コンテンツもダウンロードできます。一定期間、視聴できるレンタル、またはダウンロードして、いつでも視聴できる権利を購入することで、映像コンテンツを楽しめます。

使いこなしのヒント

「Game Pass」を活用しよう

たくさんのゲームを楽しみたいときは、ゲームのサブスクリプションサービスである「Game Pass」の利用を検討しましょう。月額850円で、対象の有料ゲームがプレイし放題になります。Game PassはWindows 11の初期セットアップで有効にするか、後から［Xbox］アプリを起動して、契約できます。なお、マイクロソフトが提供するサービスは、以下のWebページで契約や解約を管理できます。

▼サービスとサブスクリプション
https://account.microsoft.com/services/

2 アプリのインストールを開始する

検索結果が表示された

1 「Minecraft Launcher」をクリック

Windowsアプリの詳細画面が表示された

2 ［入手］をクリック

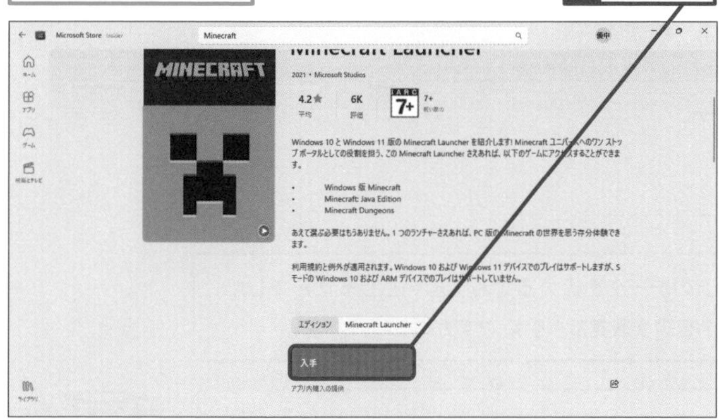

［ユーザーアカウント制御］ダイアログボックスが表示されたときは、［はい］をクリックしておく

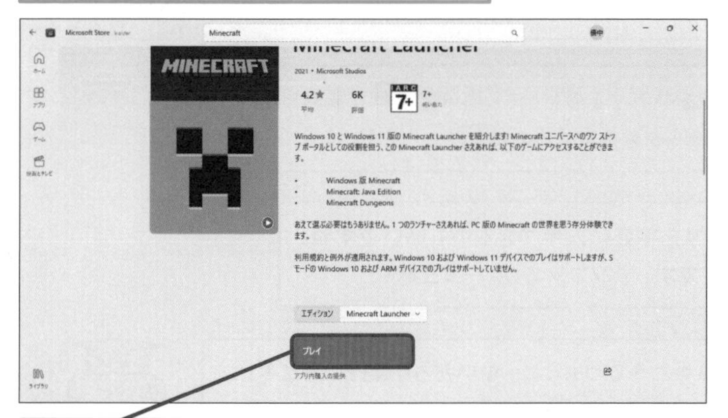

3 ［プレイ］をクリック

「Minecraft Launcher」が起動する

次回以降は［すべてのアプリ］から起動する

使いこなしのヒント

有料版を購入するには

有料版を購入するには、Microsoftアカウントに決済手段を登録する必要があります。以下のように、画面の指示に従って、クレジットカード、または「PayPal」のアカウントを登録し、支払いをしましょう。

表示された画面でPINを入力しておく

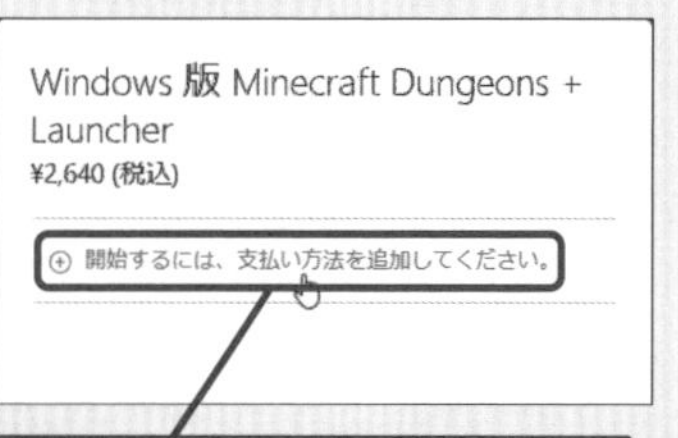

1 「開始するには、支払い方法を追加してください」をクリック

画面の指示に従って、支払い方法を追加する

ここに注意

間違ったゲームをダウンロードしてしまったときは、スタートメニューの［すべてのアプリ］からゲームを右クリックして、［アンインストール］を選択することで削除できます。

まとめ ゲーミング環境としても注目

パソコンはゲーミング環境としても注目が高まっています。高性能なハードウェアを搭載したパソコンでなくてもたくさんのゲームをプレイすることができるので、楽しんでみましょう。特に、Minecraftは子どもたちといっしょに楽しんだり、学習教材として活用されたりすることも多い良質なゲームです。大人でも時間を忘れて楽しめるので、この機会に試してみるといいでしょう。キーボードでの操作になりますが、別途、ゲームパッドを接続して、プレイすることもできます。

この章のまとめ

クラウドサービスを積極的に使ってみよう

クラウドサービスと聞くと、「何ができるのかがよくわからないし、難しそう」というイメージがあるかもしれません。しかし、Windowsはクラウドの機能をOSに統合したり、使いやすいアプリを用意したりすることで、クラウドサービスを誰でも手軽に使えるように作られています。この章では、OneDriveとMicrosoft Storeの使い方を説明しましたが、このほかにも映画や音楽のサブスクリプションサービスを利用するためのアプリ、SNSを楽しむためのアプリなども利用できます。クラウドサービスを積極的に楽しんでみましょう。

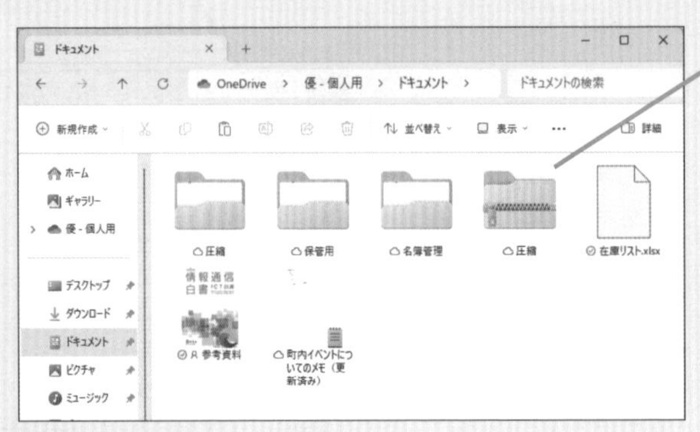

Windows 11はクラウド上のデータと自動的に同期されるようになっている

こんなに手軽にクラウド上のデータを扱えるなんて思いもしませんでした。本当にパソコン上のデータを扱う感覚じゃないですか！

そうだろう？　Windows 11の前身であるWindows 10でもやり取りしやすかったけれど、Windows11でより磨きがかかって、グッと使いやすくなったんだよ。

OneDrive上にあるデータを共有するのもとても簡単ですね。撮影した写真はもちろん、仕事のデータを共有するのにも役立ちそうです。

Microsoft Storeでアプリを手軽に入手できるのもいいですね。まさにスマートフォン感覚です。パソコンでもゲーム三昧！

まさか、仕事中にやるつもりじゃないだろうね!?　ちなみに、OneDrive上のデータはスマートフォンからもアクセスできるんだ。これについては第9章で解説していくよ。

活用編

第9章

スマートフォンと連携して使いこなそう

普段使っているスマートフォンがパソコンと連携できたら便利だとは思いませんか？　この章では、パソコンのデータをスマートフォンからも参照できるようにしたり、逆に普段スマートフォンで使っているアプリをパソコンでも使えるようにする方法を説明します。

レッスン
74 Introduction この章で学ぶこと
スマートフォンと組み合わせて活用しよう

スマートフォンでもパソコンでもいつでもどこでも同じデータやアプリが扱えたら、便利だとは思いませんか? こうした機能を実現できるのがOneDriveなどのクラウドサービスやWindows 11のスマートフォン連携機能です。何が便利なのかを見てみましょう。

パソコンとスマートフォンをシームレスに連携できる

パソコン上のデータを簡単にスマートフォンからアクセスできればいいんだけどな……。

簡単にできるよ! Windows 11はクラウドストレージサービスのOneDriveと自動的に同期してくれるから、スマートフォンからOneDriveにアクセスすればいいんだよ。

そうか! OneDriveとパソコン上のデータは常に同期されているから、OneDriveにスマートフォンからアクセスすることで実現できるってことですね。

その通り! しかもアクセスできるのはデータだけじゃないんだ。実はブラウザーに保存されたお気に入りなんかも同期されていて、スマートフォンからアクセスすることが可能なんだよ。

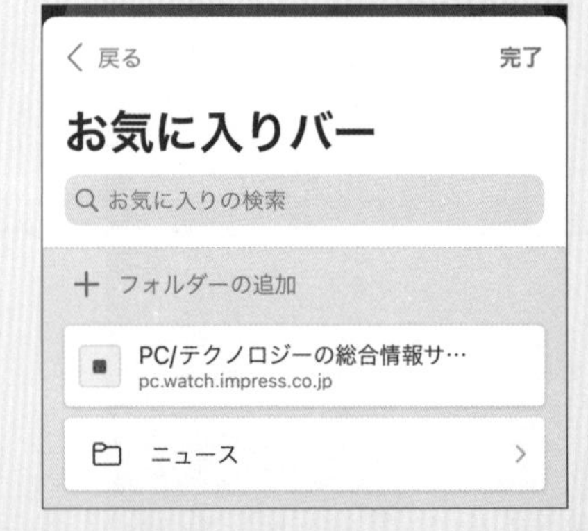

ええっ! そんなこともできるんですか? パソコンで見たWebページをスマートフォンで表示しようとして、四苦八苦したことがあったので、それはぜひ教えて欲しいです。

パソコンからスマートフォンにアクセスできる

スマートフォンの写真をサッとパソコンに取り込む方法はないものかしら?

Windows 11のスマートフォン連携という機能なら、簡単にパソコンからスマートフォンにアクセスできるよ。必要な写真を表示しながら取り込む、なんてことが可能だ!

スマートフォンの写真を直接、見られるんですか?
それは便利な機能じゃないですか!

スマートフォンのアプリをパソコンで使える

スマートフォンでよく使っているアプリのパソコン版が出てくれればいいのにな……。

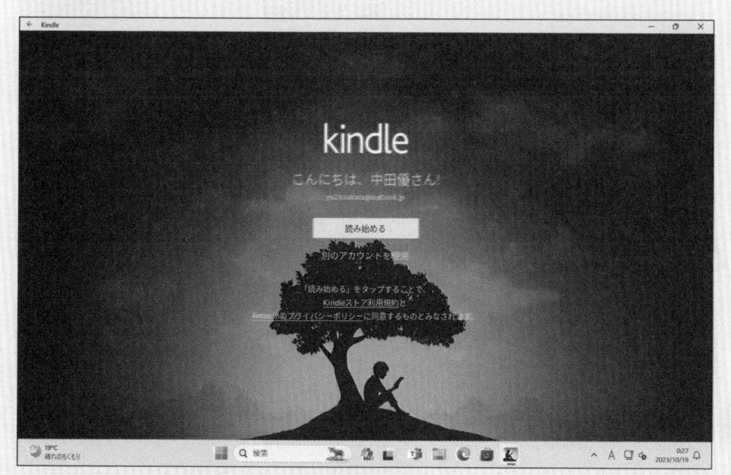

Windows 11にはスマートフォンのアプリを使う機能があるんだよ……。すべてのアプリとはいかないけど、パソコン上の大画面でスマートフォンのアプリを楽しめるよ!

レッスン
75 スマートフォンから OneDriveを使うには

［OneDrive］アプリ

パソコンと同期したOneDriveのデータをスマートフォンからも参照できるようにしてみましょう。スマートフォン向けの［OneDrive］アプリを使えば、外出先などでもパソコンのデータを参照できます。

キーワード

Microsoftアカウント	P.324
OneDrive	P.324
サインイン	P.326

1 ［OneDrive］を起動する

右のヒントを参考にiPhoneにアプリをインストールしておく

1 ［OneDrive］をタップ

パソコンに設定したMicrosoftアカウントを使う

2 Microsoftアカウントを入力

3 ここをタップ

Microsoft

yu24nakata@outlook.jp

パスワードの入力

•••••••••

パスワードを忘れた場合

yu*****@gmail.com についての電子メール コード

サインイン

4 Microsoftアカウントのパスワードを入力

5 ［サインイン］をタップ

使いこなしのヒント

［OneDrive］アプリをインストールするには

［OneDrive］アプリは、iPhoneの［AppStore］、Androidスマートフォンの［Playストア］から無料でダウンロードできます。以下のQRコードをスマートフォンのカメラで読み取って、アプリをダウンロードしましょう。

● iPhoneの［OneDrive］アプリ

● Androidスマートフォンの［OneDrive］アプリ

ここに注意

操作5でサインインをタップした後に、パスワードが正しくありませんと表示されたときは、パスワードが間違っている可能性があります。［パスワードを忘れた場合］をタップ後、画面の指示に従って、パスワードをリセットしましょう。

● アプリの初期設定を完了する

お客様のデータをお客様の方法で

Microsoft が収集するデータとその使用方法を確認できるよう、OneDrive のプライバシー設定が更新されました。データを Office に委ねる場合でも、お客様だけがデータの所有者です。

次へ

診断データについて確認する画面が表示された

6 ［次へ］をタップ

一緒に進歩しましょう

追加の診断と利用状況データをお送りください。これにより、継続的に改善を続けることができます。このデータには、Office に関連のない、お客様の名前、ファイル コンテンツ、アプリに関する情報は含まれません。

同意する

7 ［同意する］をタップ

OneDrive のアップグレード

現在のプラン: 5 GB の無料ストレージ

Microsoft 365 Basic

OneDriveのアップグレードを確認する画面が表示された

8 ここをタップ

Microsoft 365の解説と再びOneDriveのアップグレードを確認する画面が表示されるが、いずれの画面も右上の［×］をタップする

ファイルの変更の把握

ファイル アクティビティに関する通知を受け取ります。

OK

使用しない

ファイル変更の通知を受け取るかを設定する画面が表示された

9 ［使用しない］をタップ

人生では予期せぬ出来事が起こります

わかりました。カメラ アップロードを有効にすると、思い出を OneDrive に保存しておくことができます。

カメラ アップロードを有効にする

試してみる

カメラアップロードの設定画面が表示された

10 ［試してみる］をタップ

使いこなしのヒント

診断データって何？

操作7で同意している診断データとは、［OneDrive］アプリの使い方や改善点を調査する目的で収集されるデータです。実際のファイルやアカウントなどの個人情報が収集されるわけではないので、同意しても問題ありません。

使いこなしのヒント

ファイルが変更されたことを把握できる

操作9の画面は、OneDrive上のファイルに関する操作を通知として表示する設定です。［OK］をタップして有効にすると、OneDrive上のファイルが更新されたり、共有されたりしたときにスマートフォンに通知されます。ほかの人とファイルを共同編集する機会が多い場合は、有効にすると便利です。

使いこなしのヒント

カメラアップロードって何？

操作10の［カメラアップロードを有効にする］は、スマートフォンで撮影した写真を自動的にOneDriveにアップロードするための設定です。自動的に写真がバックアップされるため、大切な写真を保護したり、アップロード済みの写真を本体から削除して、スマートフォンの空き容量を増やしたりできます。

次のページに続く ➡

2 同期されたフォルダーを表示する

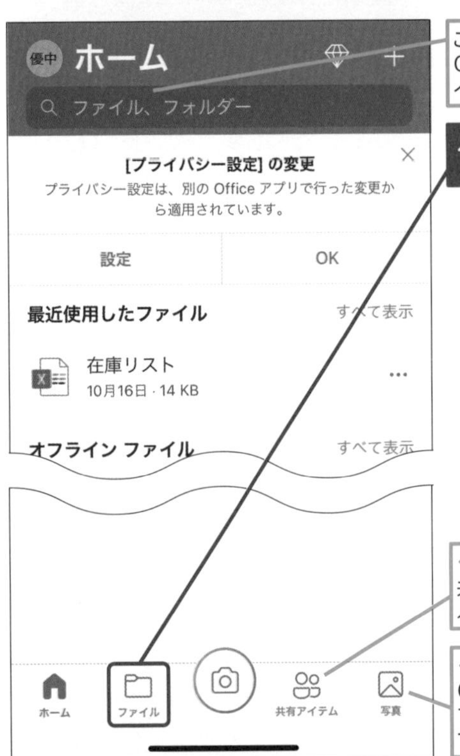

ファイル
ファイル、フォルダー
[プライバシー設定] の変更
プライバシー設定は、別の Office アプリで行った変更から適用されています。
設定
OK
名前順に並べ替え
デスクトップ
9月15日 · 0 KB
ドキュメント
9月15日 · 21.4 MB
個人用 Vault
画像
9月15日 · 25.3 MB
OneDrive を使い始める
9月15日 · 1.4 MB
表示する他のファイルはありません...
検索
ごみ箱

OneDriveと同期されているフォルダーが表示された

フォルダーをタップすると、開いて確認できる

使いこなしのヒント

最近使ったファイルが表示される

[OneDrive] アプリの [ホーム] 画面には、最近使ったファイルが表示されます。直前にパソコンで作成した文書が表示されるので、わざわざフォルダーを開いたり、ファイルを検索したりしなくても、すばやくファイルを開けます。

スキルアップ

フォルダーやファイルを作成できる

[OneDrive] アプリでは新しくフォルダーを作って、ファイルを整理したり、Office ファイルを新規作成して、編集することができます。画面右上にある [+] をタップして、作成したい項目を選びましょう。

ここに注意

表示したいファイルが保存されているフォルダーを間違って選択してしまったときは、画面左上の<をタップして、前のフォルダーに戻ってから、もう一度、正しいフォルダーを選び直しましょう。

3 写真をOneDriveに保存する

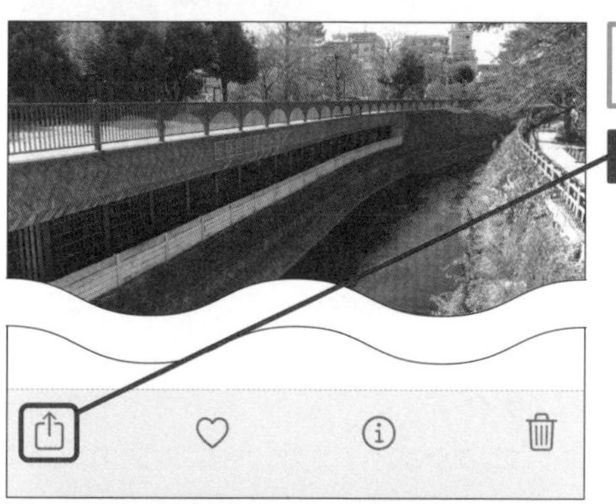

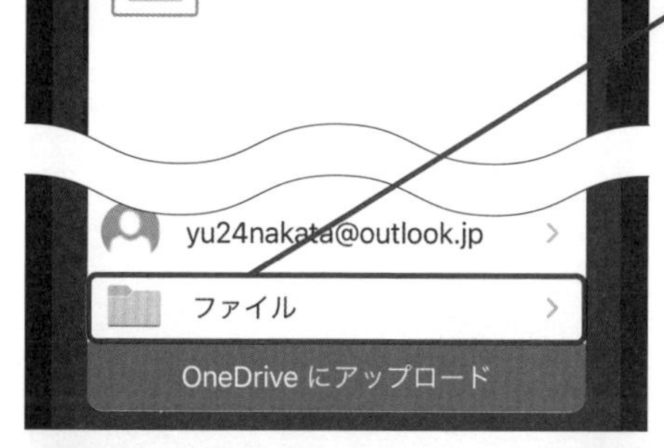

使いこなしのヒント

Androidスマートフォンで保存するには

Androidスマートフォンの写真をアップロードするには、[フォト] アプリで写真を表示後、[共有] から [その他] をタップし、アプリの一覧から [OneDrive] を選択します。保存先のフォルダーを選んでから、画面上部の✓をタップするとアップロードできます。

使いこなしのヒント

複数の写真を保存できる

複数の写真をまとめてアップロードしたいときは、あらかじめ複数の写真を選択しておきます。iPhoneの場合は写真の一覧画面で右上の [選択] をタップしてから、複数の写真を選択します。Androidスマートフォンの場合は、一覧画面で1枚目の写真をロングタップして選択モードにしてから、複数の写真を選択します。

まとめ パソコンと簡単にデータをやり取りできる

OneDriveを利用すると、パソコンとスマートフォンで同じデータを簡単に扱えるようになります。パソコンで作成した文書を移動中にスマートフォンで確認したり、スマートフォンで撮影した写真をパソコンで作成中の文書に貼り付けたりと、いろいろな活用ができます。クラウドサービスならではのシームレスなデータ連携を体験してみましょう。

レッスン

76 スマートフォンのブラウザーと同期するには

[Microsoft Edge] アプリ

スマートフォンでもパソコンでも同じ環境でWebページを閲覧できるようにしてみましょう。[Microsoft Edge] を利用することで、お気に入りの同期など、機器間でブラウザーの機能を簡単に共有できます。

1 [Microsoft Edge] アプリを起動する

右のヒントを参考にiPhoneにアプリをインストールしておく

1 [Edge] をタップ

こんにちは、優 中田 さん

yu24nakata@outlook.jp を使用して、サインインしているすべてのデバイスのお気に入り、パスワード、履歴などを取得します。

Sync

続行

パソコンに設定したMicrosoftアカウントを使う

2 Microsoftアカウントを確認

3 [続行] をタップ

Microsoft Edge を既定のブラウザーにする

すべてのリンクを毎回安心して開く

既定のブラウザーとして設定

今は実行しない

既定のブラウザーを確認する画面が表示された

4 [今は実行しない] をタップ

キーワード

使いこなしのヒント

[Microsoft Edge] アプリをインストールするには

ブラウザーの機能を共有するには、スマートフォンとパソコンで同じブラウザーを使う必要があります。本書ではパソコンの環境に合わせて、スマートフォンに [Microsoft Edge] をインストールします。以下のQRコードをスマートフォンで読み取って、アプリをインストールしておきましょう。

● iPhoneの [Microsoft Edge] アプリ

● Androidスマートフォンの [Microsoft Edge] アプリ

使いこなしのヒント

既定のブラウザーって何?

操作5で設定している「規定のブラウザー」とは、Webページを表示するときに標準で起動するアプリとして、[Microsoft Edge] を利用するかどうかを決める設定です。ここでは [今は実行しない] をタップして、iPhoneの標準のブラウザーを普段利用しつつ、パソコンと連携させたいときだけ、Microsoft Edgeを使うようにします。

● アプリの初期設定を完了する

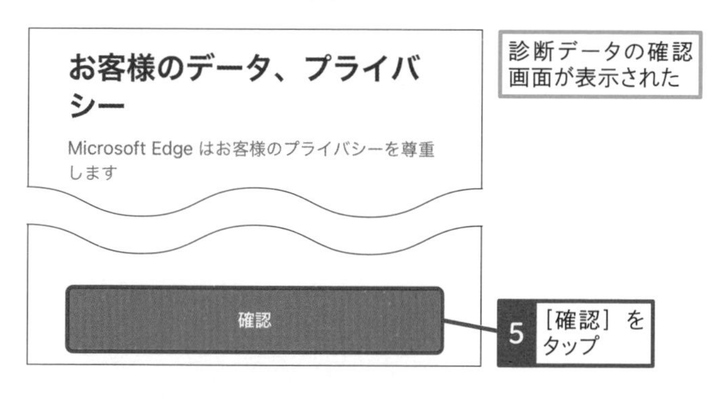

診断データの確認画面が表示された

5 ［確認］をタップ

2 同期されたお気に入りを表示する

レッスン32を参考に、パソコンでMicrosoft Edgeを起動しておく

1 ［個人］をクリック

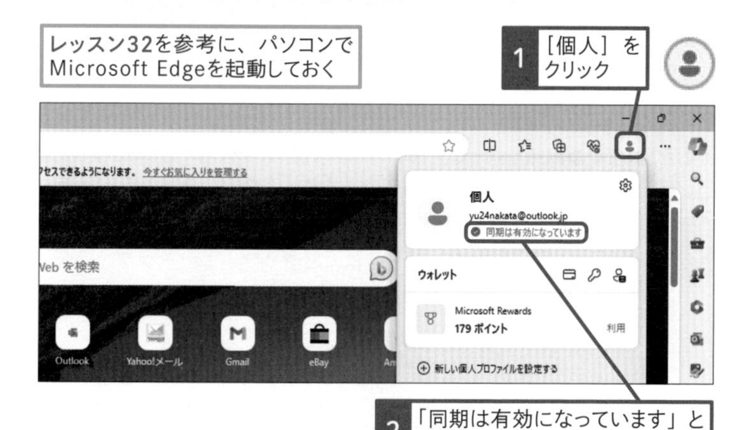

2 「同期は有効になっています」と表示されていることを確認する

スマートフォンの［Microsoft Edge］アプリに戻る

3 ここをタップ

ここに注意

間違ってMicrosoft Edgeを規定のブラウザーとして設定してしまったときは、スマートフォンの設定で標準のアプリを変更します。iPhoneの場合は［設定］から［Safari］をタップして、［デフォルトのブラウザアプリ］を変更します。Androidスマートフォンは機種によって違いますが、多くの機種では［設定］の［デフォルトのアプリ］の［ブラウザアプリ］から変更できます。

使いこなしのヒント

同じMicrosoftアカウントでサインインする必要がある

パソコンとスマートフォンの間でデータを同期するには、両方で同じMicrosoftアカウントを利用する必要があります。手順1のスマートフォンと手順2のパソコンのMicrosoftアカウントが同じになっていることを確認しましょう。

使いこなしのヒント

何を同期できるの?

スマートフォン向けのMicrosoft Edgeを利用すると、「お気に入り」「住所などの情報」「パスワード」「履歴」「開いているタブ」「コレクション」をそれぞれの機器の間で同期することができます。スマートフォンとパソコンだけでなく、パソコン同士、スマートフォン同士でも同期可能です。

次のページに続く

● お気に入りを表示する

メニューが表示された

4 ［お気に入り］をタップ

ここではパソコンと同期されているお気に入りを表示する

5 ［お気に入りバー］をタップ

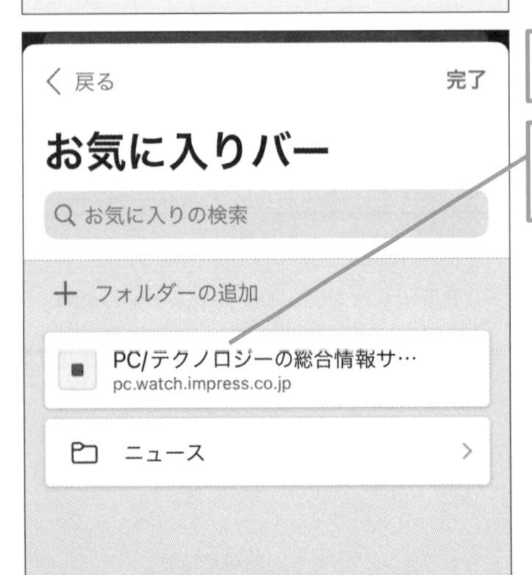

パソコンのお気に入りが表示された

お気に入りをタップして、ホームページを表示できる

使いこなしのヒント

フォルダーを作って、整理できる

お気に入りはパソコンとスマートフォンの両方で追加できるため、お気に入りの数が増えてしまうことがあります。そのようなときは244ページの3枚目の画面で、［フォルダーの追加］でフォルダーを作成し、それぞれのフォルダーにお気に入りを登録します。いくつかのフォルダーに分けておけば、整理され、見つけやすくなります。

スキルアップ

同期項目を設定するには

Microsoft Edgeではいろいろな情報を同期できますが、何を同期するかは設定で指定できます。同期元の機器の設定画面で同期する項目を選択しましょう。環境によっては、履歴や開いているタブなどが標準でオフになっている場合もあります。必要に応じて、設定しましょう。

レッスン32の123ページのスキルアップを参考に、Microsoft Edgeの設定画面を表示しておく

1 ［同期］をクリック

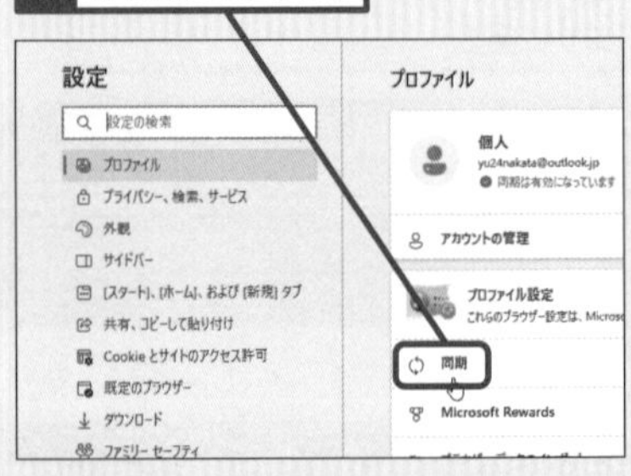

各項目のここをクリックして、同期するかしないかを設定する

3 Webページをパソコンに送信する

パソコンに送信するWebページを表示しておく

1 ここをタップ

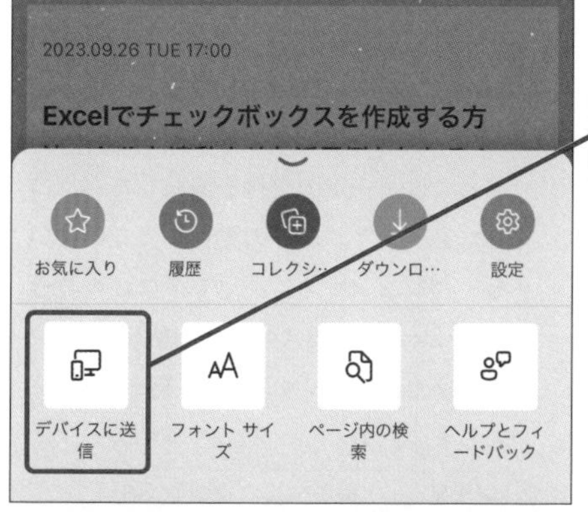

共有メニューが表示された

2 ［デバイスに送信］をタップ

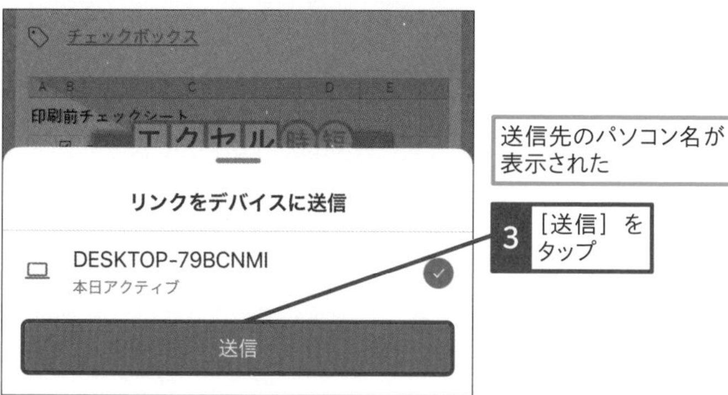

送信先のパソコン名が表示された

3 ［送信］をタップ

パソコンのMicrosoft Edgeに送信されたWebページの通知が表示された

4 ［新しいタブで開く］をクリック

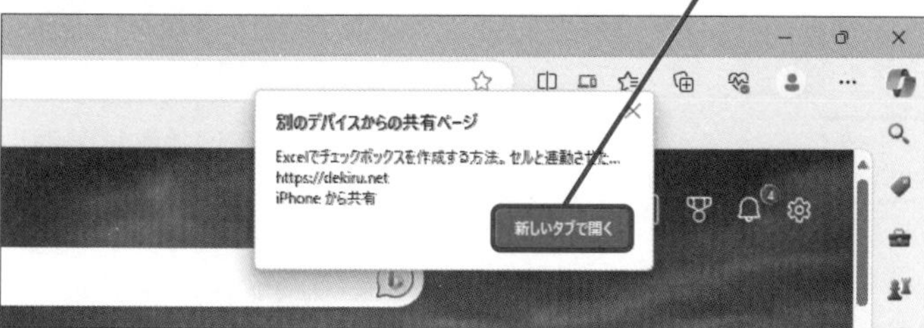

送信されたWebページが表示される

使いこなしのヒント

Androidスマートフォンで Webページを送信するには

Androidスマートフォンの場合は、送信したいWebページを表示後、画面下の［共有］から［デバイスに送信］を選択します。一覧から宛先のパソコンを選択して送信しましょう。

使いこなしのヒント

パソコンの電源がオフでも送信できる

手順3のWebページの送信は、送信先のパソコンが起動していない状態でも送信できます。送信後、パソコンを起動し、オンラインになると、Microsoft Edgeに通知が表示され、送信されたWebページを表示できます。

ここに注意

手順3の操作2で［デバイスに送信］がないときは、メニューを左にスワイプしましょう。

まとめ ブラウザーの同期で情報共有が簡単になる

ブラウザーの同期を有効にすると、パソコンでもスマートフォンでも同じ環境でブラウザーを利用できます。いつも見ているニュースサイトをサッと開いたり、スマートフォンで調べたWebページをパソコンに送ったりと、使う機器が変わっても操作が途切れることなく、情報を簡単に共有できます。パスワードの共有でサインインも簡単にできるなど、メリットも多いので、ぜひ活用しましょう。

レッスン
77 パソコンにスマートフォンのアプリを追加するには

Amazonアプリストア

Windows 11では［Amazonアプリストア］を利用することで、一部のAndroidスマートフォン向けのアプリを使えるようになります。Windows 11に［Amazonアプリストア］を設定してみましょう。

1 ［Amazonアプリストア］をインストールする

1 レッスン73を参考に、Microsoft Storeで「Amazonアプリストア」を検索

2 ［インストール］をクリック

［Amazonアプリストア］のインストール画面が表示された

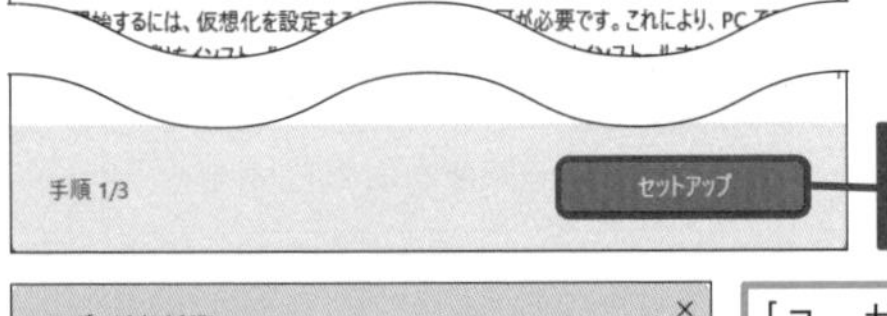

3 ［セットアップ］をクリック

ユーザー アカウント制御

このアプリがデバイスに変更を加えることを許可しますか?

DISM イメージ サービス ユーティリティ

確認済みの発行元: Microsoft Windows

詳細を表示

はい　いいえ

［ユーザーアカウント制御］が表示された

4 ［はい］をクリック

キーワード

インストール	P.325
サインイン	P.326
ユーザーアカウント制御	P.328

使いこなしのヒント

要件を確認しよう

［Amazonアプリストア］を使って、Androidスマートフォン向けのアプリを動作させるには、一定の条件を満たしたパソコンが必要です。以下の要件を満たしていないパソコンでは、利用できない可能性があります。推奨スペックを確認したうえで、［Amazonアプリストア］をインストールしましょう。

メモリ	最小8GB（推奨16GB）
ストレージ	SSD推奨
プロセッサ	最小Core i3、Ryzen 3000、Snapdragon 8c以上
Windows	Windows 11 22H2以降

用語解説

ユーザーアカウント制御

ユーザーアカウント制御（操作4の画面）は不正なプログラムが勝手に実行されないようにするための機能です。システムに重要な変更が加えられそうなとき、本当に実行してもいいかどうかを確認する画面を表示します。

● アプリの初期設定を実行する

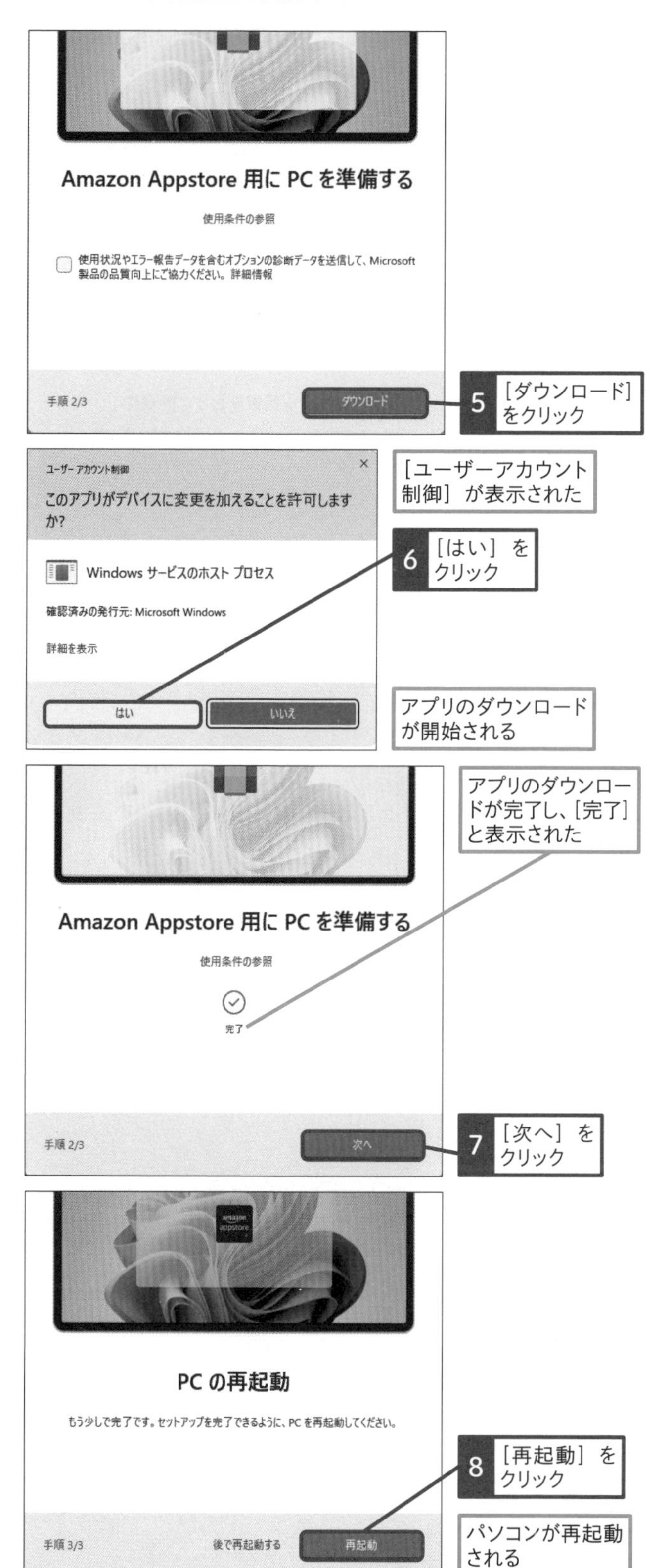

使いこなしのヒント

利用にはAmazon.co.jpのアカウントが必要

Windows 11ではAmazonが提供する[Amazonアプリストア]からAndroidスマートフォン向けのアプリをインストールする仕様になっています。そのため、[Amazonアプリストア]の利用には、Amazon.co.jpのアカウントが必要になります。

使いこなしのヒント

2つのアプリが追加される

本書の手順を実行すると、[アプリストア]と[Android用Windowsサブシステム]という2つのアプリがインストールされます。後者はパフォーマンス設定など、実行環境のAndroidの各種設定をするためのアプリです。

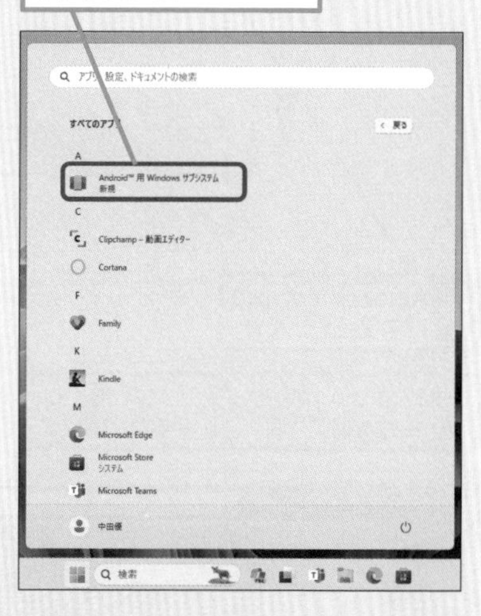

ここに注意

ユーザーアカウント制御の画面で[いいえ]を選択してしまうと、インストールが中断されてしまいます。最初からインストールし直す必要があるので、手順1から操作をやり直しましょう。

次のページに続く

● アプリのインストールを完了する

パソコンが再起動すると、[Amazon アプリストア] が自動的に起動する

9 [Amazon.co.jpをご利用中ですか?サインイン] をクリック

10 Amazon.co.jpのアカウントを入力

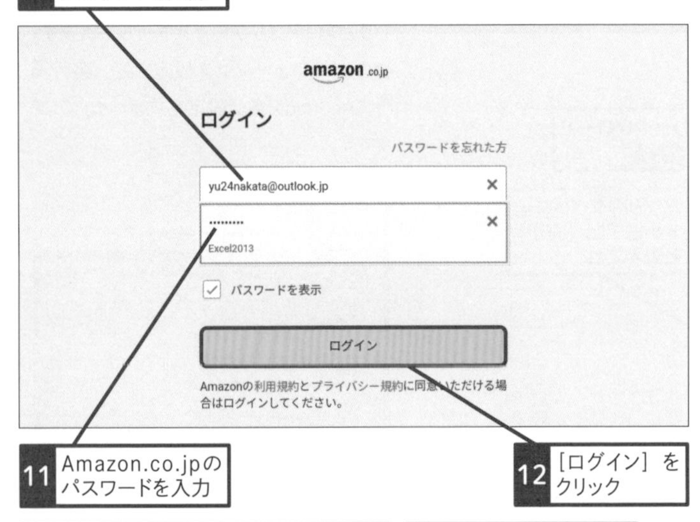

11 Amazon.co.jpのパスワードを入力

12 [ログイン] をクリック

Amazon.co.jpのサインインが完了し、[Amazonアプリストア] が表示された

[Amazonアプリストア] を閉じておく

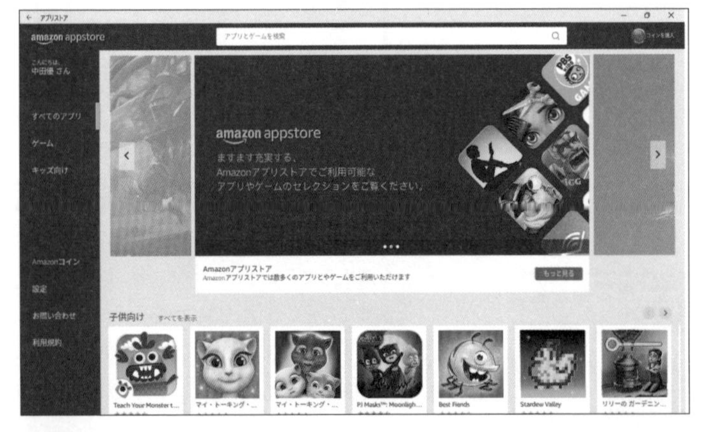

使いこなしのヒント

アカウント回復の設定画面が表示されたときは

環境によっては、以下のような［アカウント回復をもっと簡単に］という画面が表示されることがあります。パスワードを忘れたときなどに携帯電話のテキストメッセージ（SMS）経由で変更できるので、設定しておくといいでしょう。

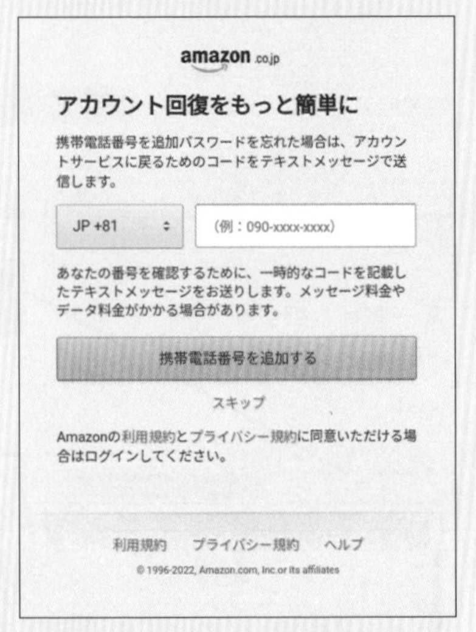

携帯電話の電話番号を登録しておくと、パスワードを忘れてもアカウントにログインできる

使いこなしのヒント

仮想環境で動いている

Androidアプリは「Android用Windowsサブシステム」という、Android端末のCPUやメモリなどを仮想的に実現した仮想マシン上で動作しています。このため、実際のAndroidスマートフォンで利用したときに比べて、アプリのパフォーマンスが低下する場合があります。

2 [Amazonアプリストア]を起動する

レッスン06を参考に、[すべてのアプリ]を表示しておく

1 [アプリストア]をクリック

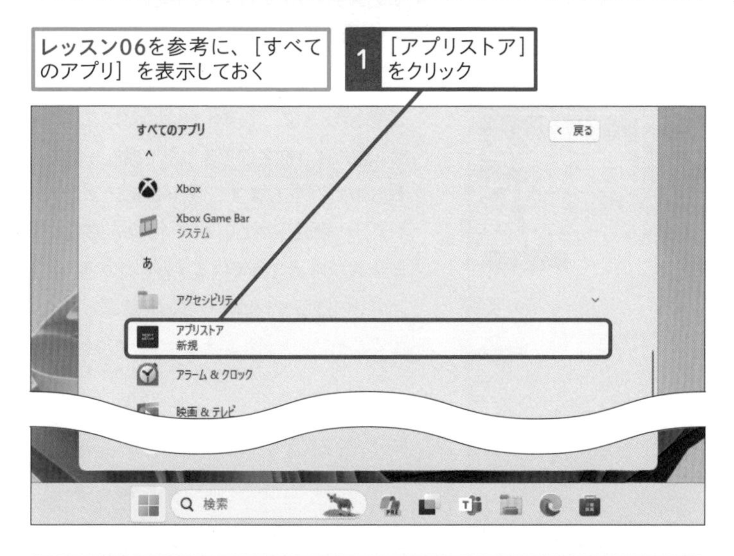

3 アプリをインストールする

[Amazonアプリストア]が起動した

ここではKindleのアプリをインストールする

1 検索ボックスをクリック

2 [kindle]と入力し、Enter キーを押す

アプリの検索結果が表示された

3 [Kindle for Android]をクリック

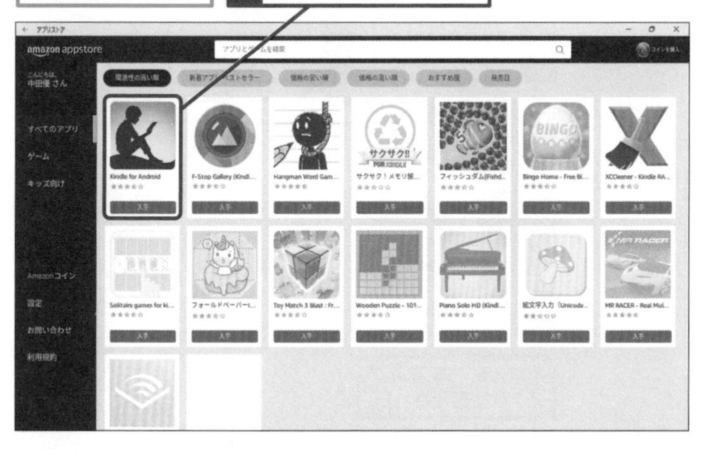

使いこなしのヒント

Playストアのアプリがすべて使えるとは限らない

Windowsから利用できるのは、[Amazonアプリストア]で提供されているアプリのみです。一般的なAndroidスマートフォンで利用できるGoogleの「Playストア」は使えないため、限られたアプリしか利用できません。現時点では使えるアプリは限られていますが、今後、追加されていく予定です。

使いこなしのヒント

Microsoft Storeで検索することもできる

[Amazonアプリストア]で提供されているAndroidスマートフォン向けのアプリは、Microsoft Storeでも検索して、インストールすることができます。Windowsアプリと同じように、簡単に入手することができます。

[Amazon Appstoreから入手]をクリックすると、[Amazonアプリストア]の画面が表示される

次のページに続く

● 検索したアプリをインストールする

アプリの詳細画面が表示された

インストールが完了し、[開く] と表示された

使いこなしのヒント

インストールするアプリをよく確認する

[Amazonアプリストア] に掲載されているAndroidスマートフォン向けのアプリには、似たような名前でまったく機能が異なるものが存在します。[Amazonアプリストア] に掲載されているアプリは、事前に安全性が確認されていますが、念のため、アプリの内容やレビューなどを確認したうえで、インストールしましょう。

スキルアップ

Amazon.co.jpでアプリストアを使っていれば、同期される

AmazonアプリストアはブラウザーでアクセスできるAmazon.co.jpのWebページやFireタブレットのアプリストアでも利用できます。同じAmazon.co.jpのアカウントでサインインすることで、有料アプリなどで利用できる「Amazonコイン」を同期したり、ダウンロード済みのアプリを参照したりできます。

1 アカウント名をクリック

2 [マイアプリ] をクリック

インストール済みのアプリが表示された

4 追加されたアプリを起動する

レッスン06を参考に、[すべてのアプリ] を表示しておく

1 [Kindle] をクリック

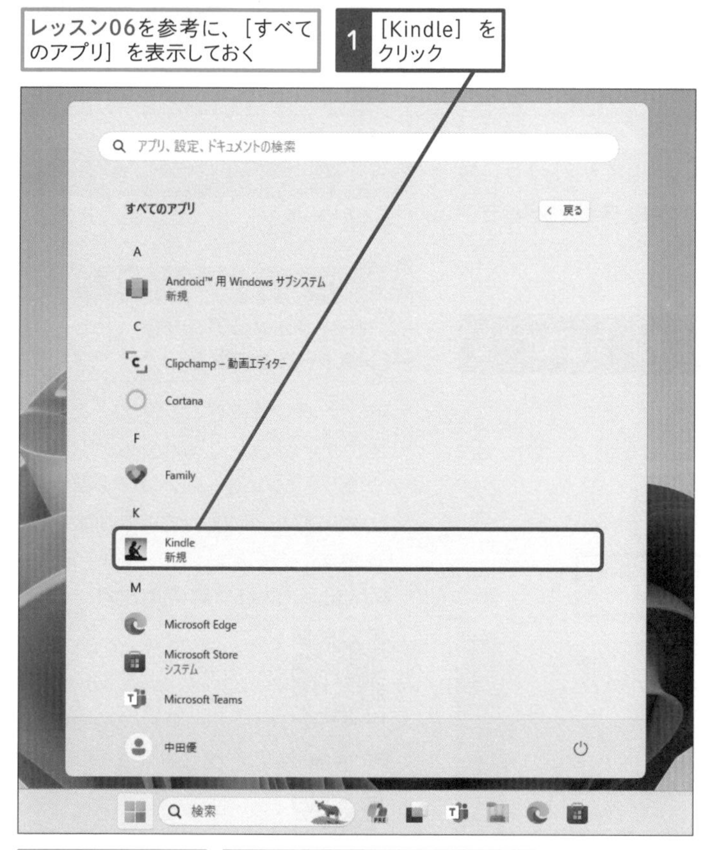

[Kindle] アプリが起動した

[読み始める] をクリックすると、ライブラリが表示される

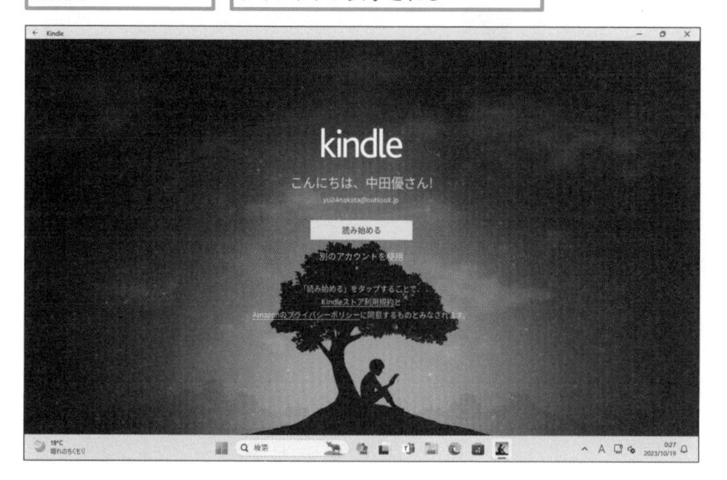

スキルアップ

[Amazonアプリストア] からインストールしたアプリを削除するには

Amazonアプリストアからインストールしたアプリは、通常のWindowsアプリと同様に管理できます。スタートメニューやタスクバーにピン留めできるのはもちろん、右クリックから [アンインストール] を選んだり、[設定] の [アプリ] の [インストールされているアプリ] からアンインストールしたりできます。

まとめ スマートフォン向けのアプリが使える

[Amazonアプリストア] を利用すると、Androidプラットフォーム向けに開発されたアプリをWindowsで動かすことができます。利用できるアプリは限られていますが、ゲームなど、今までスマートフォンでしか使えなかったアプリがWindowsで利用できます。動作環境が少し厳しいですが、試してみる価値はあるでしょう。

レッスン

78 スマートフォンと連携するには

スマートフォン連携／Windowsにリンク

パソコンからスマートフォンの機能を使えるようにしてみましょう。スマートフォンの写真を表示したり、電話をかけたり、テキストメッセージを利用したりできます。

1 パソコンで［スマートフォン連携］を起動する

右のヒントを参考に、Androidスマートフォンにアプリをインストールしておく

ここではパソコンで［スマートフォン連携］を起動して、スマートフォンと連携できるように設定を開始する

レッスン06を参考に、［すべてのアプリ］を表示しておく

1 ［スマートフォン連携］をクリック

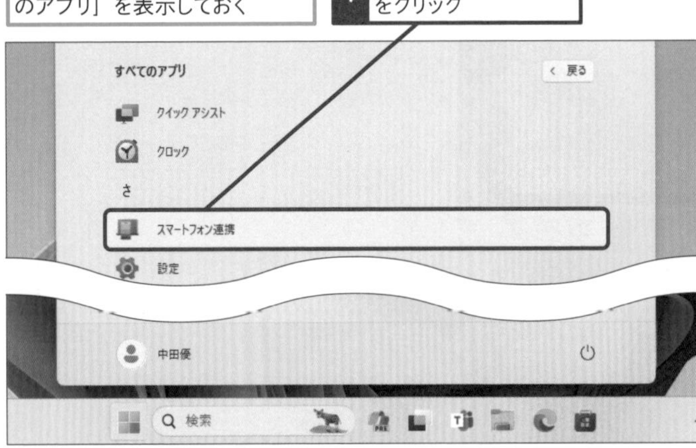

［スマートフォン連携］が起動した

ここではAndroidスマートフォンと連携する

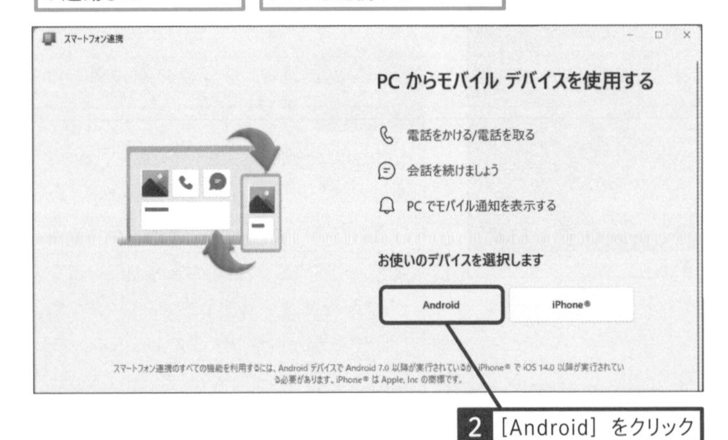

2 ［Android］をクリック

キーワード

インストール P.325

使いこなしのヒント

スマートフォンにアプリをインストールしておく

スマートフォンを連携させるには、あらかじめスマートフォンに［Windowsにリンク］のアプリをインストールしておく必要があります。スマートフォンで以下のQRコードを読み取って、インストールしましょう。

●Androidスマートフォン用のアプリ

●iPhone用のアプリ

ここに注意

このレッスンの設定をするときは、パソコンがインターネットに接続されている必要があります。自宅のWi-Fiなどに接続した状態で操作しましょう。

使いこなしのヒント

アプリの更新画面が表示されたときは

環境によっては、スマートフォン連携アプリの起動前に最新版への更新が必要になることがあります。自動的に更新されますが、完了後、もう一度、手動でアプリを起動する必要があります。

● 初期設定のQRコードを表示する

QRコードが表示されるので、そのままにしておく

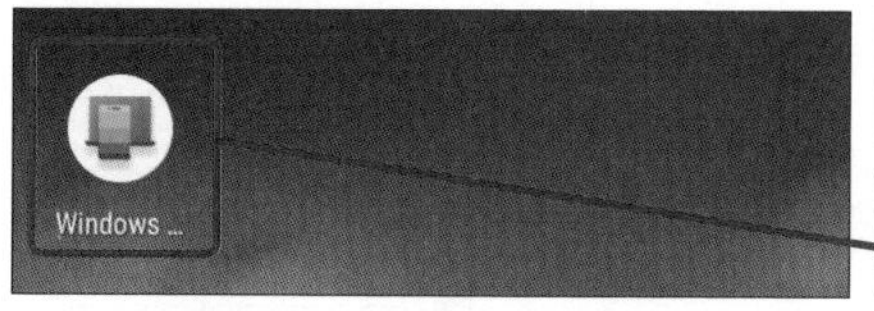

パソコンで表示したQRコードを読み取る

3 [Windowsにリンク]をタップ

[Windowsにリンク]アプリが起動した

PC からスマートフォンを使用する

PC でお気に入りの電話アプリを使用したり、テキストに返信したり、通話を発信したり、写真を表示したりできます。

モバイル デバイスと PC をリンクする

Windows PC を持っていません

4 [スマートフォンとPCをリンクする]をタップ

PC の QR コードの準備はできていますか?

PC に QR コードが表示されない場合は、ブラウザーを開き「**www.aka.ms/linkphoneqr**」と入力して開始します。メッセージが表示されたら、Microsoft アカウントでサインインします。

続行

5 [続行]をタップ

写真と動画の撮影の許可を求められたら、[今回のみ]をタップしておく

2 スマートフォンで初期設定を実行する

パソコンの画面にQRコードが表示されている

1 スマートフォンでQRコードを読み取る

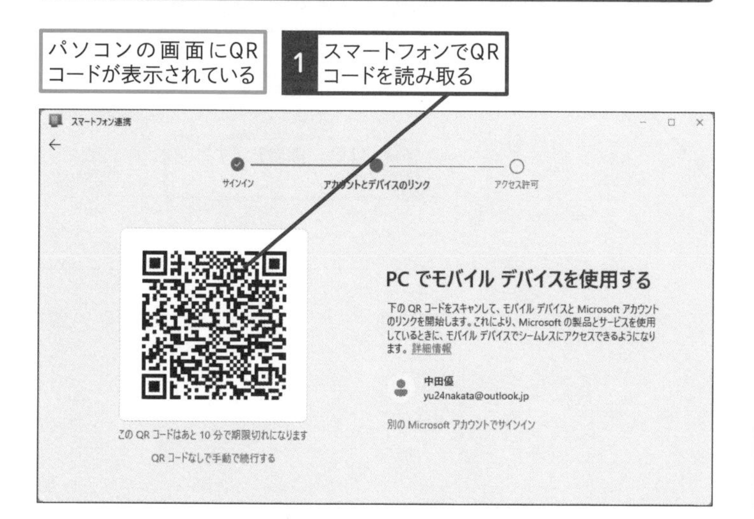

使いこなしのヒント

[Windowsにリンク]って何?

[Windowsにリンク]はスマートフォンをWindowsに接続するためのアプリです。**レッスン79**で説明する写真の転送などにも使います。また、マイクロソフトのさまざまなアプリをインストールすることもできます。

使いこなしのヒント

iPhoneで設定を進めるときは

iPhoneで設定するときは、パソコンとiPhoneをBluetoothでペアリングする必要があります。[Windowsにリンク]でQRコードを読み取り、画面の指示に従って、Bluetoothでパソコンとペアリングしましょう。なお、iPhoneの場合、通知と通話、メッセージの同期はできますが、写真の同期はできません。

ここに注意

パソコンからスマートフォンの情報にアクセスするには、[Windowsにリンク]アプリにスマートフォンへのアクセスを許可しておく必要があります。各種権限を求める画面が表示されたときは、許可しておきましょう。なお、権限はスマートフォンの[設定]から[アプリ]を選択し、[Windowsにリンク]の[権限]から変更できます。[カメラ][音楽とオーディオ][写真と動画][通知][通話履歴][電話][付近のデバイス][連絡先][SMS]など、連携させたい機能を許可しておきましょう。

次のページに続く

● パソコンの画面に6桁のコードが表示された

スマートフォンに6桁のコードを入力する

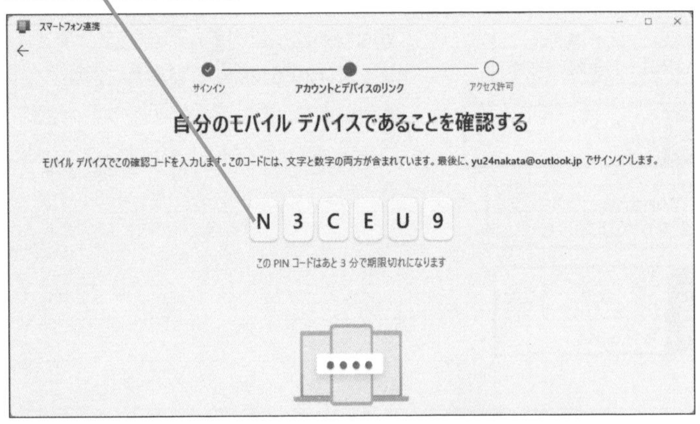

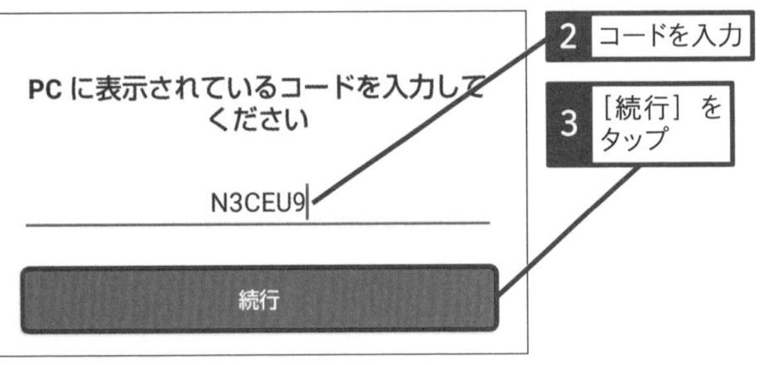

2 コードを入力

3 ［続行］をタップ

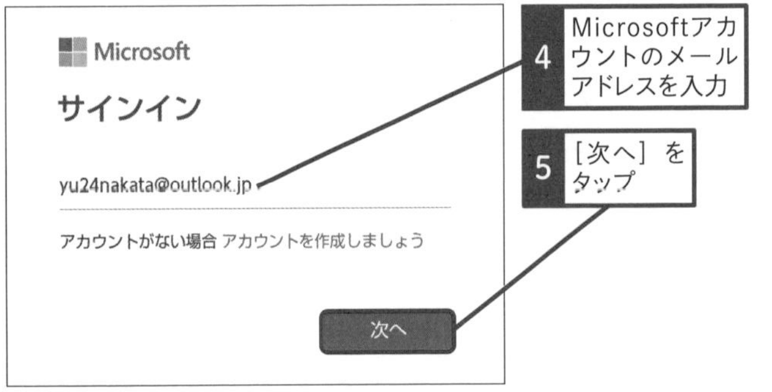

4 Microsoftアカウントのメールアドレスを入力

5 ［次へ］をタップ

6 ［個人用アカウント］をタップ

使いこなしのヒント

スマートフォンとの連携を解除するには

スマートフォンの連携を解除するには、次のように［スマートフォン連携］の［設定］にある［自分のデバイス］から削除します。

1 ［設定］をクリック

2 ［自分のデバイス］をクリック

3 ここをクリック

4 ［削除］をクリック

5 ここをクリックして、チェックマークを付ける

6 ［はい、削除します］をクリック

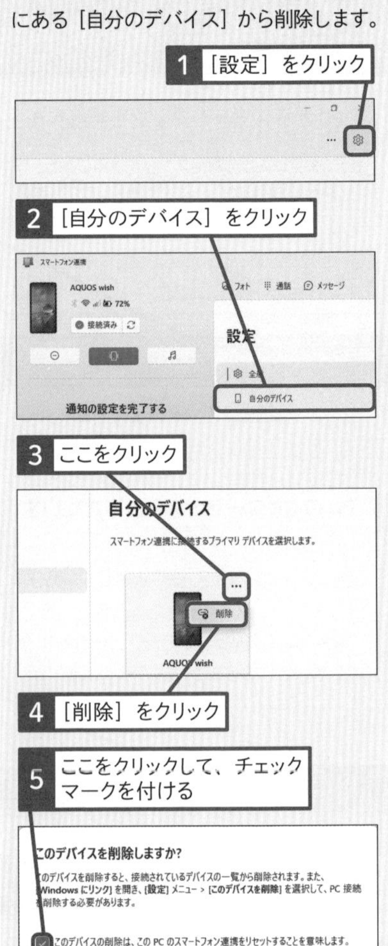

活用編 第9章 スマートフォンと連携して使いこなそう

● Microsoftアカウントへサインインする

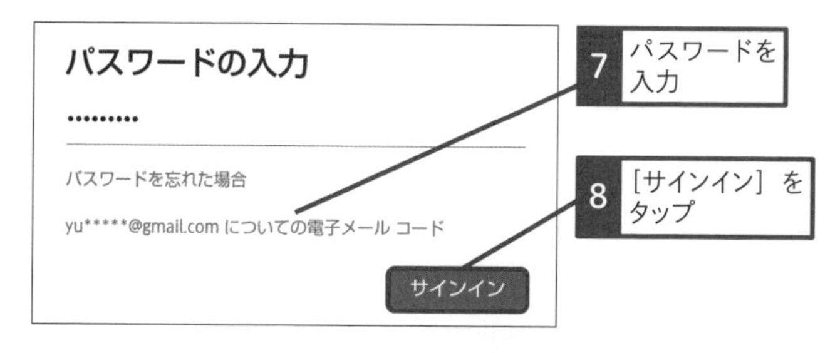

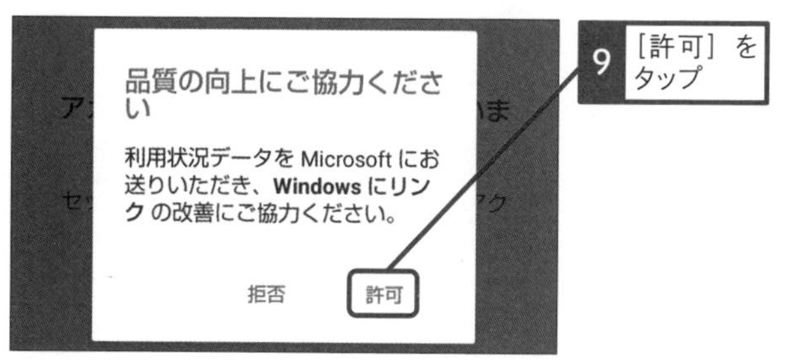

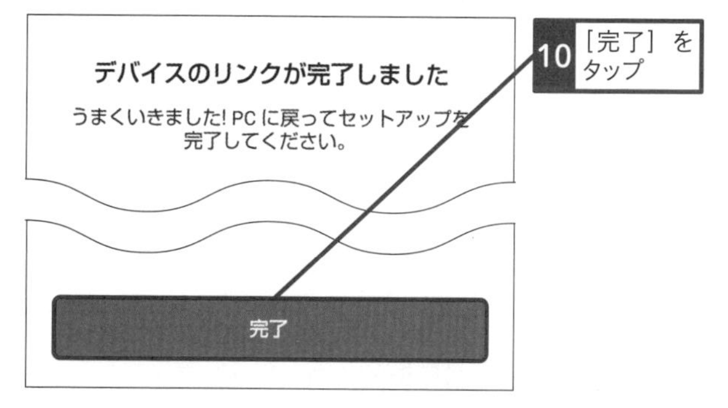

3 パソコンでの設定を完了する

パソコンの設定も完了している

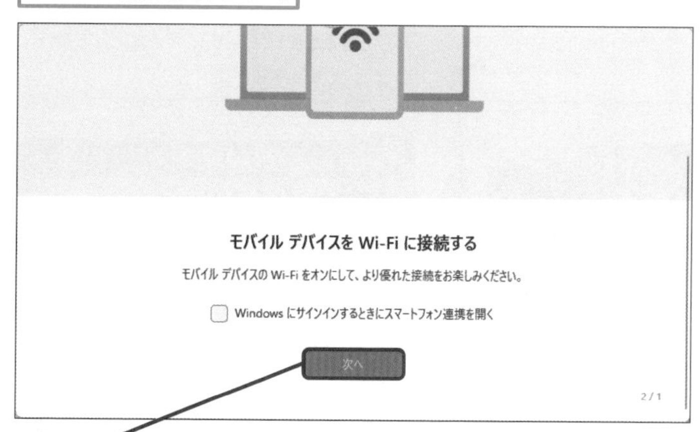

使いこなしのヒント

[動的ロック] も使える

Windows 11にはスマートフォンを画面ロックのデバイスとして使う [動的ロック] ([アカウント] の [サインインオプション]) という機能が搭載されています。スマートフォンをBluetoothでパソコンと接続することで、スマートフォンがパソコンから一定距離離れたときに、それを検知して、パソコンを自動的にロックできます。カフェなどでパソコンを使うとき、一時的に席を離れても画面を他人に見られないようにできるので便利です。

使いこなしのヒント

スマートフォンの通知をパソコンに表示できる

スマートフォンを連携すると、スマートフォンに表示される通知をパソコン上でも確認できるようになります。パソコンでの作業中、スマートフォンがカバンの中などにあっても、パソコン上で通知を確認できます。

まとめ スマートフォンを連携させる準備をしておこう

次のレッスンで説明するスマートフォンの連携機能を利用するには、あらかじめパソコンとスマートフォンの両方で連携設定が必要です。[Windowsにリンク] アプリをスマートフォンにインストールし、[スマートフォン連携] アプリの指示に従って、初期設定を済ませておきましょう。特に、スマートフォンの権限の設定が重要です。権限を許可しておかないと、パソコンから情報を取得できません。

レッスン

79 スマートフォンの写真を表示するには

スマートフォン連携

Androidスマートフォンの場合、Windows 11と連携させると、スマートフォンで撮影した写真をパソコンから参照できます。パソコンで文書を作成するときなどにスマートフォンの写真を活用できます。

1 スマートフォンに保存された写真の一覧を表示する

レッスン78のヒントを参考に、Androidスマートフォンに［Windowsにリンク］をインストールして設定しておく

パソコンとスマートフォンを同じ無線LANに接続しておく

レッスン78を参考に、［スマートフォン連携］アプリを起動しておく

1 ［フォト］をクリック

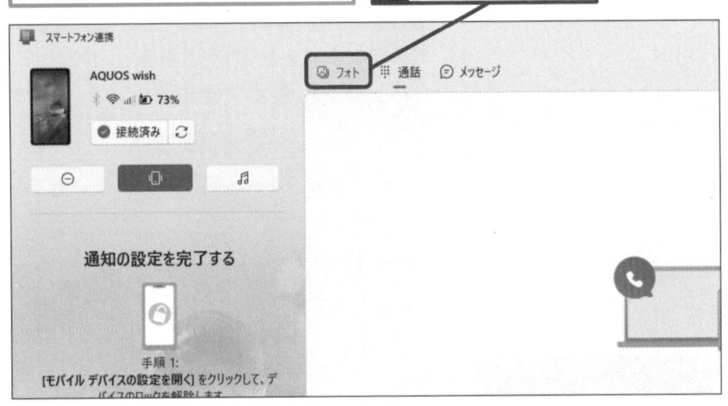

スマートフォンに保存されている写真の一覧が表示された

スマートフォンの機種によっては、写真が保存されているフォルダーが違うので、表示されないことがある

2 写真をクリック

キーワード

Microsoftアカウント	P.324
インストール	P.325
無線LAN	P.328

使いこなしのヒント

インターネット接続が必要

［Windowsにリンク］はパソコンとスマートフォンがインターネットに接続されている状態で動作します。接続するパソコンと同じ無線LANに接続するのがおすすめですが、［Windowsにリンク］アプリの設定を変更することで、スマートフォンのモバイルデータ通信でも連携させることができます。

使いこなしのヒント

対応機種ならアプリも操作できる

マイクロソフトのSurface Duoやサムスンの Galaxyなど、一部の機種ではWindowsのデスクトップにスマートフォンの画面を表示して、スマートフォンのアプリを遠隔操作することができます。スマートフォンでしか利用できないアプリをパソコン上で操作したいときに便利です。

使いこなしのヒント

写真をコピーしたり、保存したりできる

手順1の操作2の画面で、写真を右クリックして、［コピー］を選択すると、写真をコピーし、PowerPointなど、ほかのアプリに貼り付けられます。また、［名前を付けて保存］を選び、ファイルとして保存することもできます。

2 スマートフォンの写真をパソコンで表示する

ここでは［フォト］アプリで写真を表示する

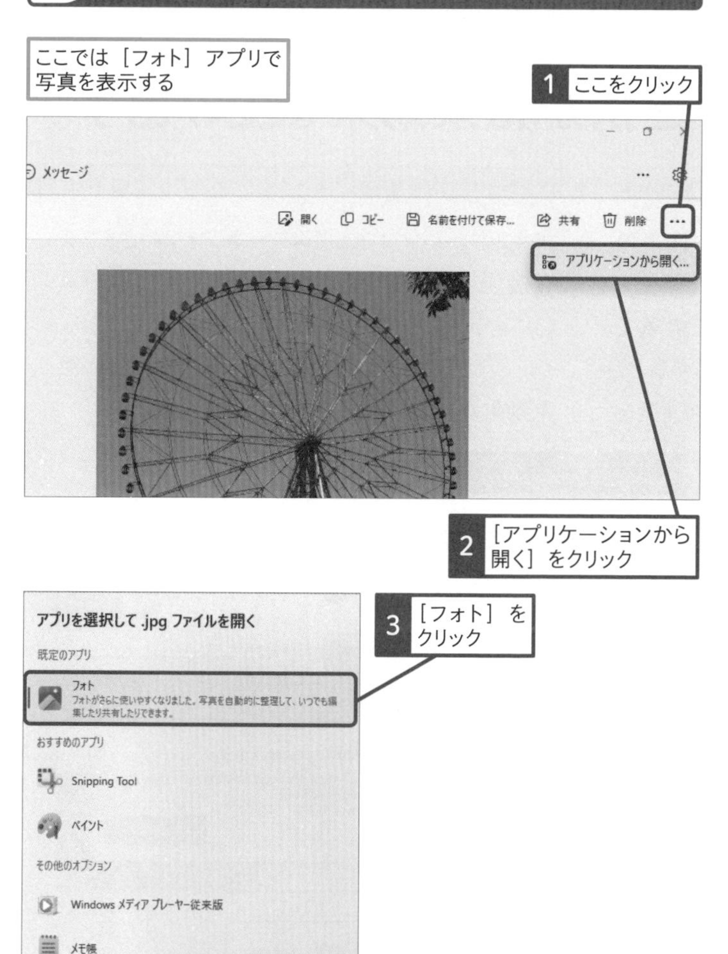

編集や共有ができる

使いこなしのヒント

SMSのメッセージを表示するには

手順2の画面で、左側にある［メッセージ］アイコンをクリックすると、スマートフォンのSMS機能を使って、やり取りしたメッセージを表示できます。表示するだけでなく、メッセージをコピーしたり、新しいメッセージをパソコンから送ることもできます。一部の機種では表示できないことがあります。

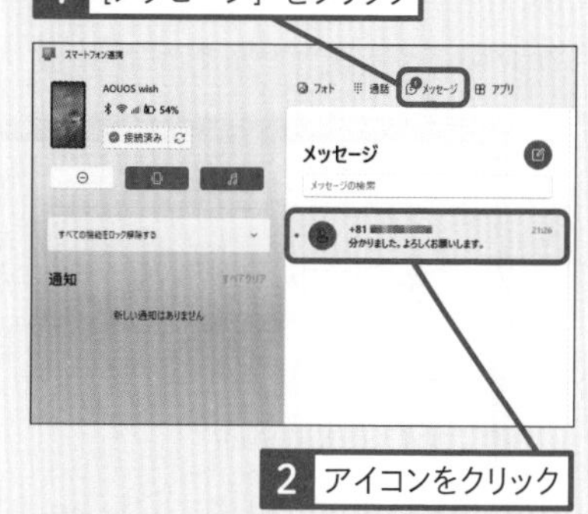

SMSで送受信したメッセージの一覧が表示された

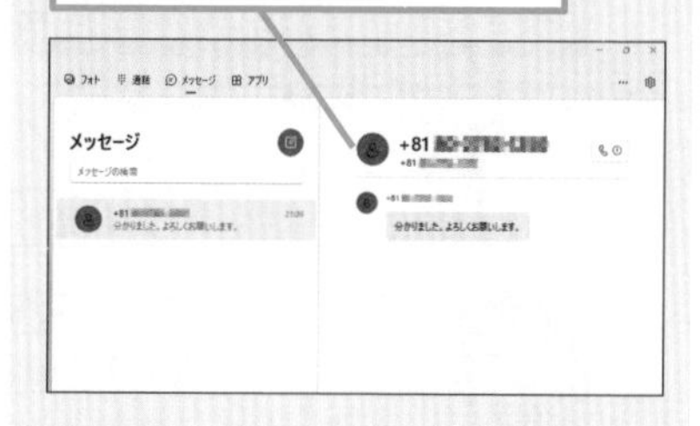

まとめ ワイヤレスでつながる手軽さを体験しよう

［Windowsにリンク］を使うと、まるでスマートフォンがパソコンの機能の一部になったかのように使えます。今までのように、スマートフォンをケーブルでパソコンにつないだり、メールに写真やメッセージを添付して転送する必要はなく、写真をアプリに貼り付けたり、キーボードでメッセージをやり取りしたりできます。ただし、対応機種が限られるため、利用できない機種もあります。

この章のまとめ

スマートフォンとの連携が相乗効果を生み出す

今まで、普段は手軽なスマートフォン、仕事のときはパソコンなどと、用途によって、機器を使い分けるのが一般的でした。しかし、この章で説明した［スマートフォン連携］を利用すると、パソコンとスマートフォンで同じデータや機能を扱えたり、パソコン上でスマートフォンのさまざまな機能を利用できるようになります。機器の違いによって、作業の流れが止まったりすることなく、どこでも同じように作業できるので、その相乗効果が期待できるでしょう。

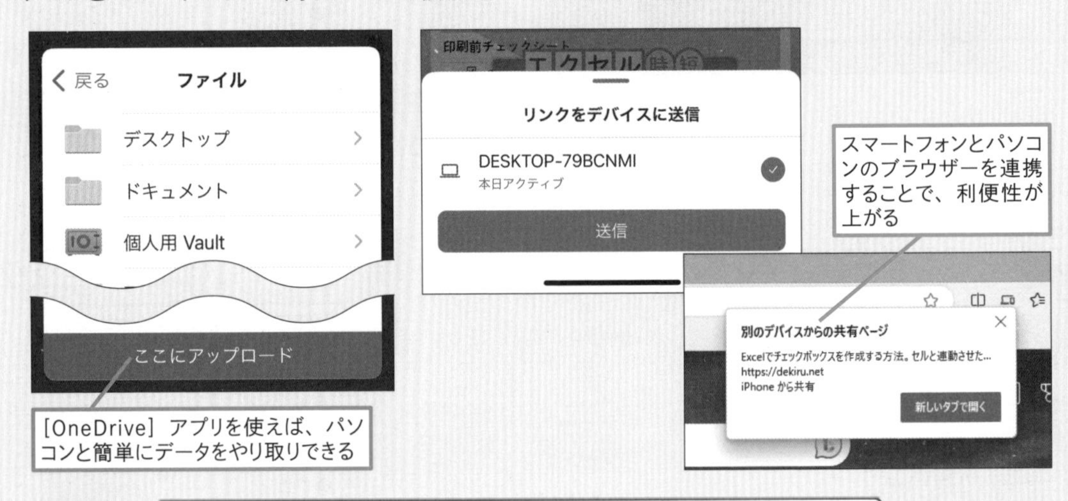

パソコンのお気に入りをスマートフォンと同期できるなんて、思いもしませんでした。1つのお気に入りをパソコンとスマートフォンで共有していることで、グッと効率が上がった気がします。

スマートフォンからWebページをパソコンに送信できる機能も便利です！通勤途中に見つけたWebページを会社のパソコンに送っておく、なんて使い方をしています。

スマートフォンの写真をパソコンに送る方法もOneDriveを使ったり、［Windowsにリンク］アプリを使ったりと、目的に応じて柔軟に使い分けられそうです。

スマートフォンだけ、パソコンだけ、という考え方ではなく、それぞれをうまく使い分けて、シームレスに連携できるのがWindows 11のよいところだよ。ぜひ、自分なりのベストマッチな使い方を編み出してみてほしい！

活用編

第10章

Windows 11を使いこなそう

Windows 11の基本的な使い方を覚えたら、パソコンをさらに活用するために、Windows 11ならではの便利な機能を試してみましょう。パソコンを簡単に操作したり、いつもの作業がより快適になったりします。

レッスン

80 Introduction この章で学ぶこと Windowsの便利な機能を使いこなそう

パソコンをすばやく操作できたり、快適に作業できたら、便利だと思いませんか？ Windows 11には知っておくと便利な機能が数多く搭載されています。作業環境を整えたり、画面に表示されている情報を保存したり、文書編集に便利なコピー機能の使い方などを見てみましょう。

デスクトップやアプリが使いやすくなる機能をおぼえよう

2つのアプリを同時に使うと、微妙に重なってて作業しにくいことが……。

そんなときは画面をキレイに整列して表示する機能がおすすめ！ ぴったりと合わせて整列できるから、切り替えを意識する必要もなくなるよ。

やっぱり、パソコンの画面より外部モニターの方が大きくて見やすいわ！

確かにそうだけど、同じ内容を表示するのはもったいない！ パソコンと外部モニターに別々の内容を表示する機能を使えば、パソコン上の作業スペースをグッと広げられるよ。また、パソコンの画面上で2つの仮想デスクトップを切り替えながら使うことだってできるんだ。

スナップレイアウトでウィンドウを整列して表示できる

接続されたモニターを使ってデスクトップを拡張できる

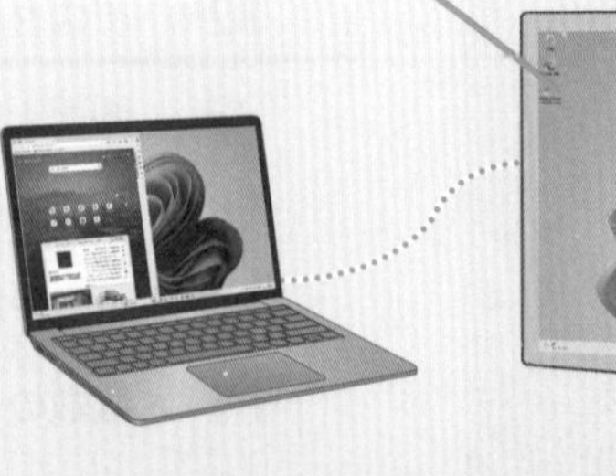

表示している画面を保存して活用しよう

Webページの一部分だけピンポイントに使いたいのだけど、ブラウザー上でコピーして貼り付ける方法だと、表示が崩れちゃってうまくいかない……。

表示されている画面をそのまま画像にして、貼り付けられる機能を使うといいよ。簡単な操作で機能を呼び出せる点もおすすめしたいポイントだ！

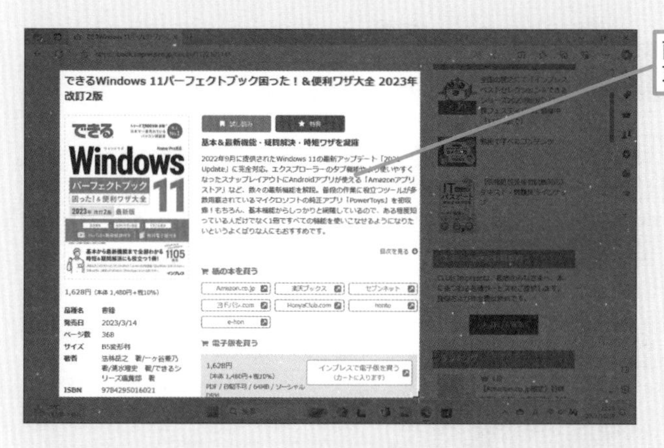

画面の一部分だけを切り取って、コピーできる

コピー&ペーストがもっと便利になる機能をおぼえよう

コピーして貼り付けて、今度は違うデータをコピーして貼り付け……。

データのコピーと貼り付けは、コピーしたデータの履歴をさかのぼれる機能を使うと、グッと作業効率が上がるよ！

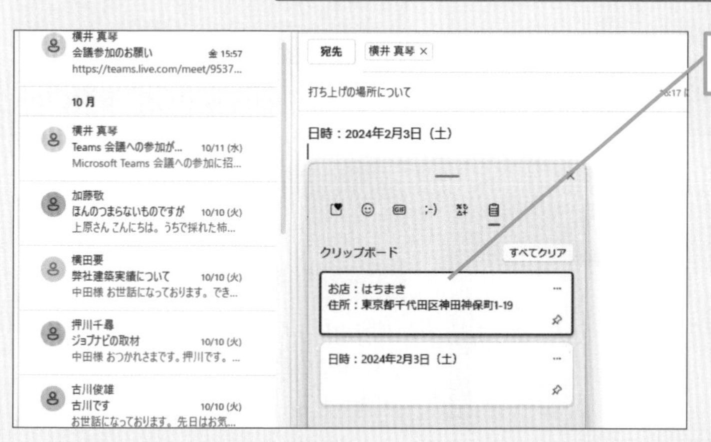

クリップボードのデータを再利用できる

レッスン

81 ウィンドウをきれいに整列させるには

スナップレイアウト

資料を見ながら文書を作成するときなどは、複数のウィンドウを並べておくと、作業がしやすくなります。画面上端に表示される［スナップレイアウト］を活用して、ウィンドウを整列させてみましょう。

1 Microsoft Edgeを画面の左端に表示する

1 Microsoft Edgeのタイトルバーにマウスポインターを合わせる

2 画面の上端までドラッグ

スナップレイアウトメニューが表示された

表示されるレイアウトの数は環境によって異なる

3 ここにドラッグ

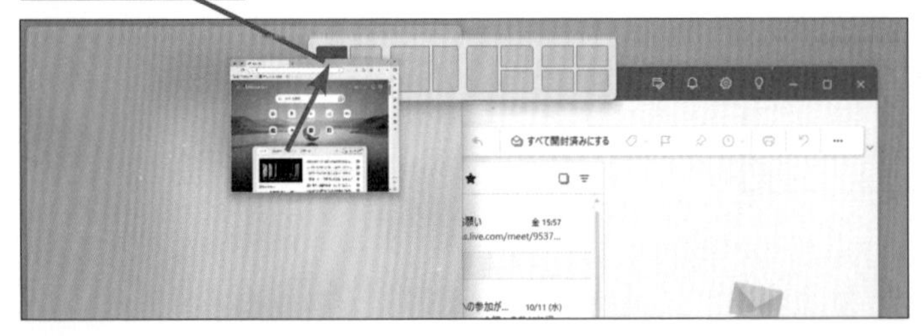

キーワード

Microsoft Edge	P.324
スナップ	P.327

ショートカットキー

ウィンドウを左側に固定 ⊞+←

使いこなしのヒント

ドラッグでもウィンドウを整列できる

ウィンドウは配置したい方向に直接、ドラッグして、整列させることもできます。左右の端で左右に2分割、画面の四隅で4分割で配置できます。また、上端に移動後、何も選択せずに離すと最大化できます。

1 タイトルバーを画面の左上にドラッグ

ウィンドウが4分割された

AIアシスタント活用

自動でウィンドウを整列できる

Copilotで「画面を整理して」や「アプリを並べて」と入力することでもウィンドウを整列させることができます。

ここに注意

間違ったレイアウトを選んでしまったときは、もう一度、ウィンドウをドラッグし直しましょう。

2 [Outlook] アプリを画面の右端に表示する

Microsoft Edgeが画面の左端に表示された

1 [Outlook] アプリをクリック

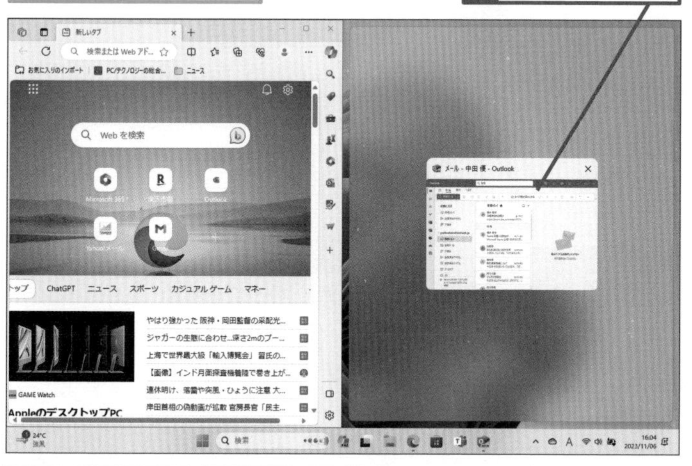

[Outlook] アプリが画面の右端に表示された

再びMicrosoft Edgeのウィンドウを最大化する

2 [最大化] をクリック

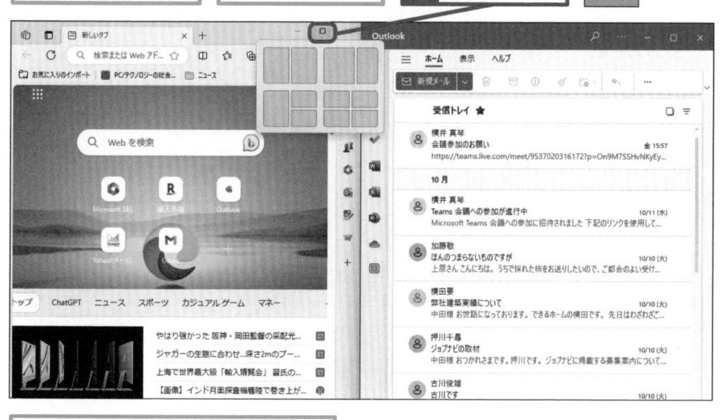

[Outlook] アプリのウィンドウは、右端に整列したままになっている

ショートカットキー

ウィンドウの最大化	⊞+↑
ウィンドウを右側に固定	⊞+→
スナップレイアウトを表示	⊞+Z

時短ワザ

キーボードで整列できる

キーボードによる操作でもウィンドウを整列させることができます。⊞+Zでメニューを表示後、配置したい場所の数字キーを押すことで、その場所にウィンドウを配置できます。

1 ⊞+Zキーを押す

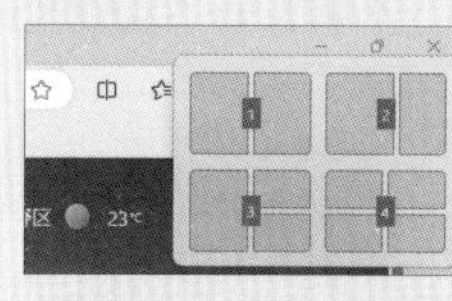

2 4キーを押す

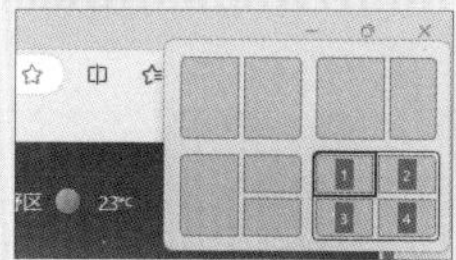

3 1キーを押す

ウィンドウが4分割で左上に表示された

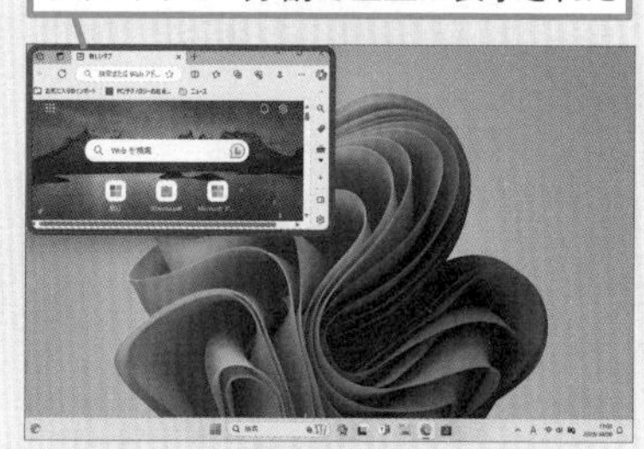

まとめ 「ながら」作業が楽になる

パソコンを使った作業では、何か情報を調べながら、文書を作成することがよくあります。こうしたシーンで便利なのがスナップレイアウトです。ウィンドウの位置やサイズを自分で調整しなくても左右や四隅にすばやく整列させることができます。2つの資料を並べて違いをチェックしたり、動画を見ながら資料を作ったりと、いろいろなシーンで活用できるので、試してみましょう。

レッスン

82 デスクトップの画面を追加するには

仮想デスクトップ

Windows 11の「仮想デスクトップ」を活用して、ウィンドウを配置するためのデスクトップ領域を追加してみましょう。用途によって、デスクトップを切り替えながら利用できます。

1 新しい仮想デスクトップを作成する

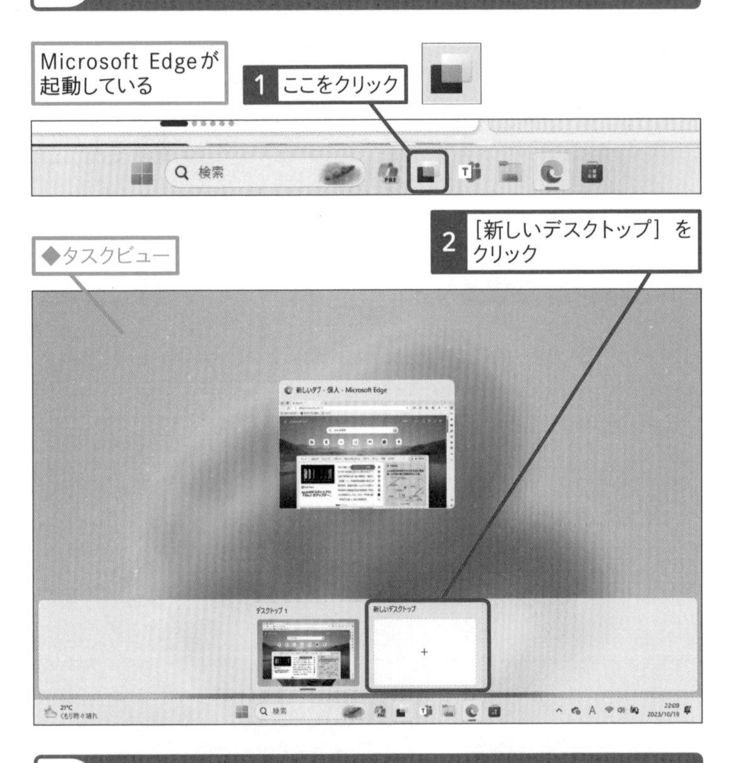

2 仮想デスクトップを切り替える

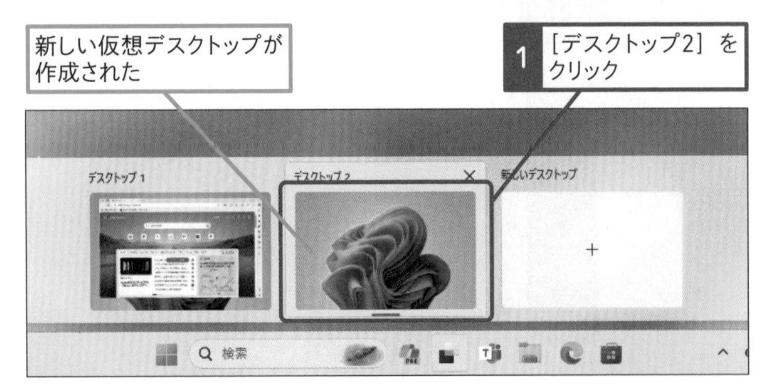

キーワード

タスクビュー	P.327
デスクトップ	P.327

ショートカットキー

仮想デスクトップを移動
⊞+Ctrl+←／→

仮想デスクトップを作成
⊞+Ctrl+D

用語解説

仮想デスクトップ

仮想デスクトップは複数のデスクトップ画面を用意し、切り替えながら使えるようにする機能です。デスクトップごとに、配置するアプリを変えることで、たくさんのウィンドウを表示したり、作業ごとにデスクトップを使い分けることができます。

時短ワザ

すばやく仮想デスクトップを切り替えられる

ここではタスクバーの［タスクビュー］ボタンをクリックしていますが、マウスポインターを合わせるだけでも仮想デスクトップを追加したり、切り替えたりできます。

ここに注意

間違って仮想デスクトップを追加してしまったときは、手順2で仮想デスクトップにマウスポインターを合わせ、右上の☒をクリックして削除できます。

3 仮想デスクトップの一覧を表示する

新しいデスクトップが表示された

Microsoft Edgeは起動していない

1 ここをクリック

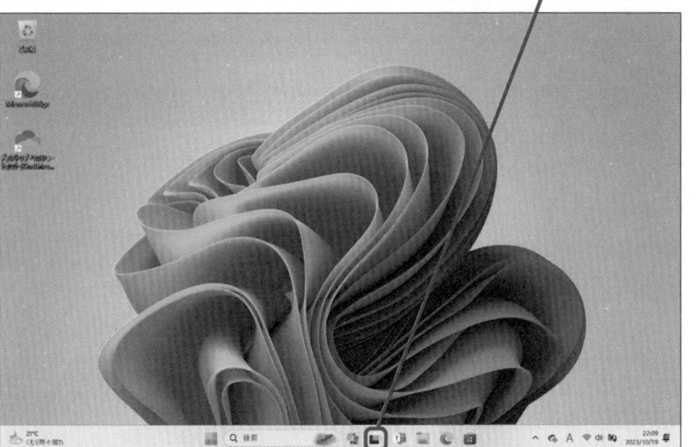

デスクトップの一覧が表示された

2 ［デスクトップ1］をクリック

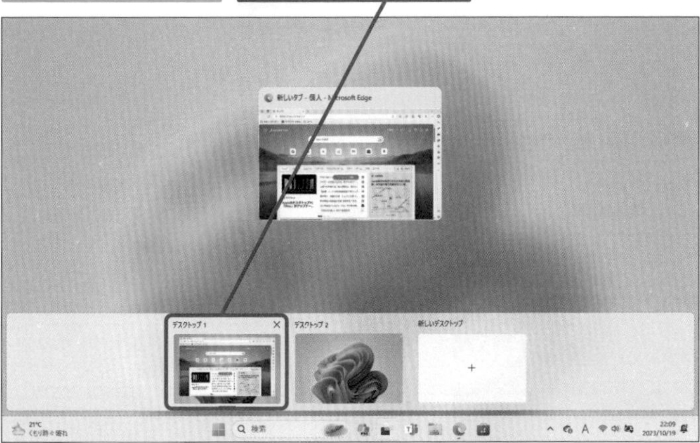

元のデスクトップが表示された

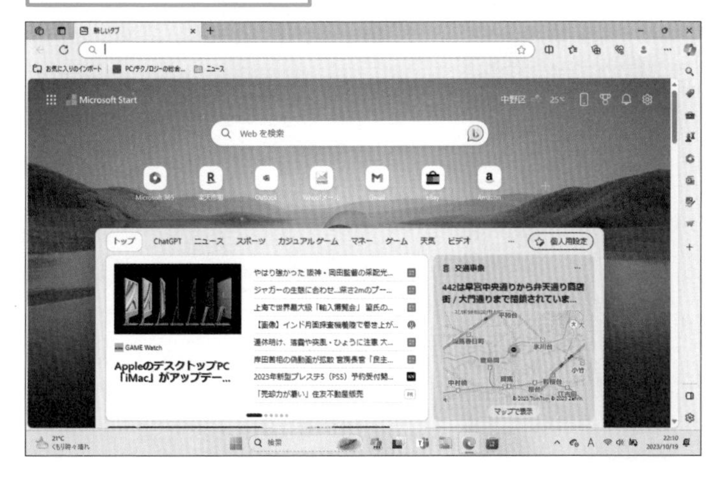

ショートカットキー

仮想デスクトップを終了

⊞+Ctrl+F4

スキルアップ

背景画像を個別に設定できる

用途ごとにデスクトップを使い分けたいときは、デスクトップごとに壁紙を変えるといいでしょう。手順2で画面下の一覧から仮想デスクトップを右クリックし、［背景の選択］から好みの画像を選択できます。仕事用とプライベート用で壁紙を分けるなどすると、間違えにくくなります。

使いこなしのヒント

ウィンドウを別のデスクトップに移動するには

手順3の操作２の画面で、画面上に表示された縮小表示されたアプリのウィンドウを右クリックして、［移動先］から仮想デスクトップ名を選択すると、そのウィンドウを別のデスクトップに移動できます。また、［このウィンドウ（アプリのウィンドウ）をすべてのデスクトップに表示する］を選択すると、どのデスクトップにも共通で選択したウィンドウやアプリを表示できます。

まとめ 作業の効率化や集中に効果的

仮想デスクトップは作業ごとに別々のデスクトップを割り当てられる機能です。たとえば、デスクトップ1は調べ物用のブラウザーとビジネス文書作成用のWord、デスクトップ2は個人的な買い物検討用のブラウザー、デスクトップ3はゲームなど、デスクトップごとに別々のアプリを配置し、切り替えながら作業できます。デスクトップが1つしかないと、こうした別々の用途のアプリが混在し、作業効率が落ちますが、仮想デスクトップを使えば、切り替えが簡単にできるうえ、それぞれのデスクトップで集中して作業できます。

レッスン

83 画面を画像として保存するには

Snipping Tool

画面に表示されている情報をそのまま画像ファイルとして保存できる「スクリーンショット」を取得してみましょう。画面の情報を資料などとして、手軽に活用できます。

1 画面領域の切り取り画面を表示する

ここではMicrosoft Edgeで表示したWebページの一部を切り取る

1 Print Screenキーを押す

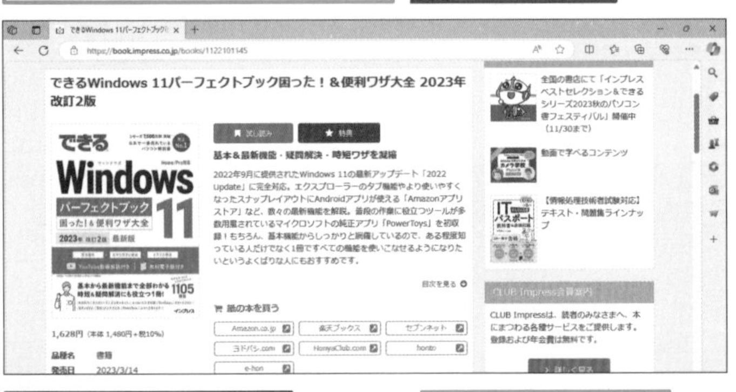

2 [四角形の領域切り取り]をクリック

マウスポインターの形が変わった

3 ここにマウスポインターを合わせる

4 ここまでドラッグ

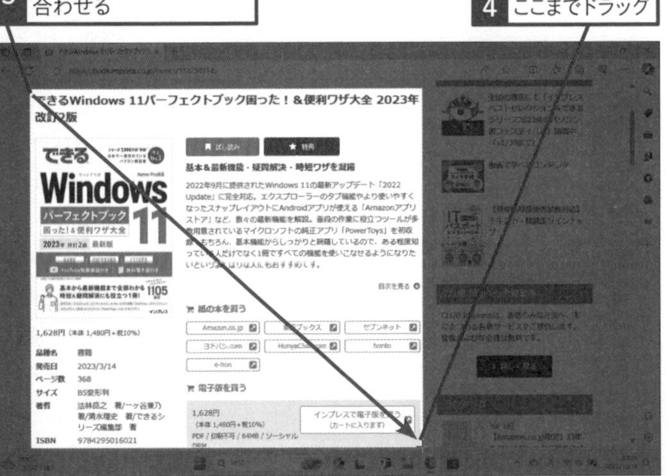

キーワード

インストール	P.325
スクリーンショット	P.327

ショートカットキー

スクリーンショットの保存
Print Screen ／ ⊞＋Shift＋S

使いこなしのヒント

切り取り方を変えるには

手順1の操作2の画面に表示されているアイコンを選択すると、次の表のように画面の切り取り方を変更できます。用途によって使い分けましょう。

アイコン	機能名	内容
	四角形モード	四角く指定した領域を切り取る
	フリーフォームモード	好きな形で切り取る
	ウィンドウモード	ウィンドウごと切り取る
	全画面モード	画面全体を切り取る

AIアシスタント活用

Snipping Toolを起動できる

Copilotで「画面を保存して」「キャプチャして」「スクリーンショット撮って」と入力して撮影することもできます。

ここに注意

操作2～4で切り取る領域を間違えてしまったときは、手順2で通知をクリックせずに、もう一度、手順1から操作をやり直して、切り取る領域を指定し直します。

2 画面が画像として保存された

通知が表示された

続けて撮影したいときは、通知をクリックせずに、手順1から操作を繰り返す

3 保存された画像を確認する

1 [閉じる]をクリック

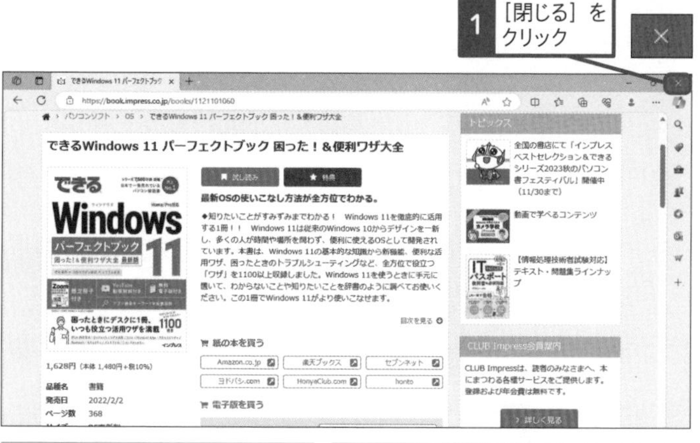

[ピクチャ]の[スクリーンショット]フォルダーを開いておく

スクリーンショットがファイルとして保存されている

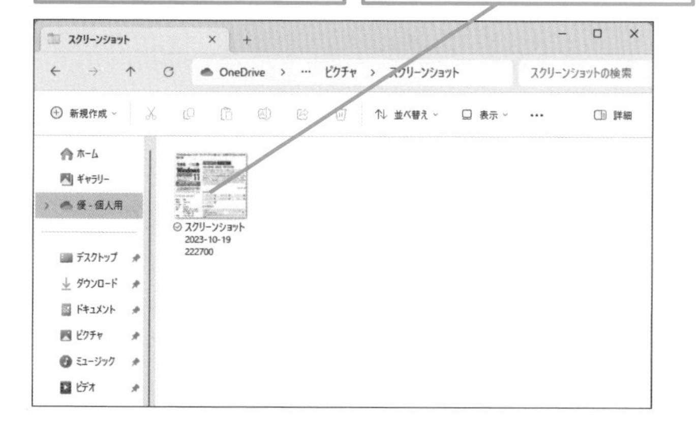

スキルアップ

メモを記入するには

切り取った画像には、手書きのメモを描き込むことができます。手順2で通知をクリックして表示された画面で、使いたいペンのアイコンをクリックし、画面上をマウスでドラッグして、文字や図形を記入しましょう。

[ボールペン][蛍光ペン]で、メモを記入できる

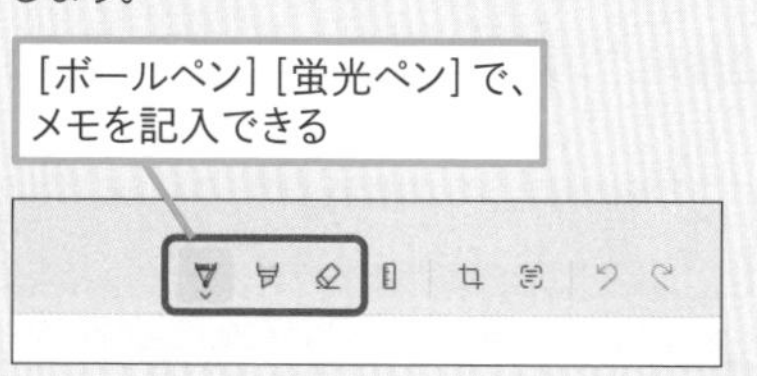

AIアシスタント活用

AIで画面上の文字を認識できる

手順2で通知をクリックし、表示された画面のツールバーにある[テキスト アクション]をクリックすると、AIを利用して、画像内の文字を認識することががができます。認識された文字はコピーして、他のアプリに貼り付けることなどができます。Webページの図版や写真などから文字を取り出したいときに活用しましょう。

◆テキストアクション

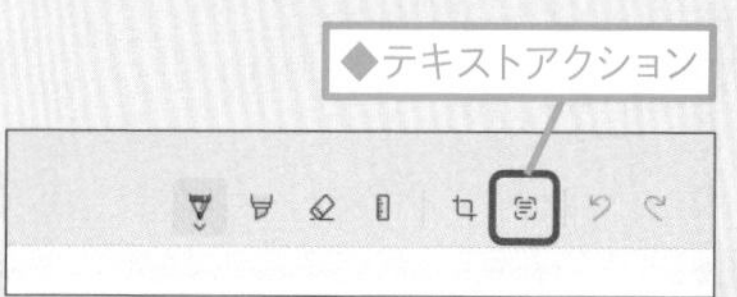

まとめ 今、画面に表示されている情報を保存できる

Snipping Toolを使うと、画像や地図など、今、画面に表示されている情報をそのまま保存できます。別の資料に貼り付けて使いたいときやファイルに保存して後で見られるようにしたいときに便利です。また、パソコンでトラブルが発生したときに、表示されたエラーメッセージや状況を保存しておくと、サポートを受けるときに役立ちます。いろいろなシーンで活用してみましょう。

レッスン

84 画面を動画として保存するには

画面の録画

Snipping Toolはスクリーンショット（静止画）だけでなく、動画も撮影することができます。Windows 11の画面操作を動画として記録してみましょう。

1 録画を開始する

ここでは［設定］画面の操作を録画する

レッスン06を参考に、［すべてのアプリ］を表示しておく

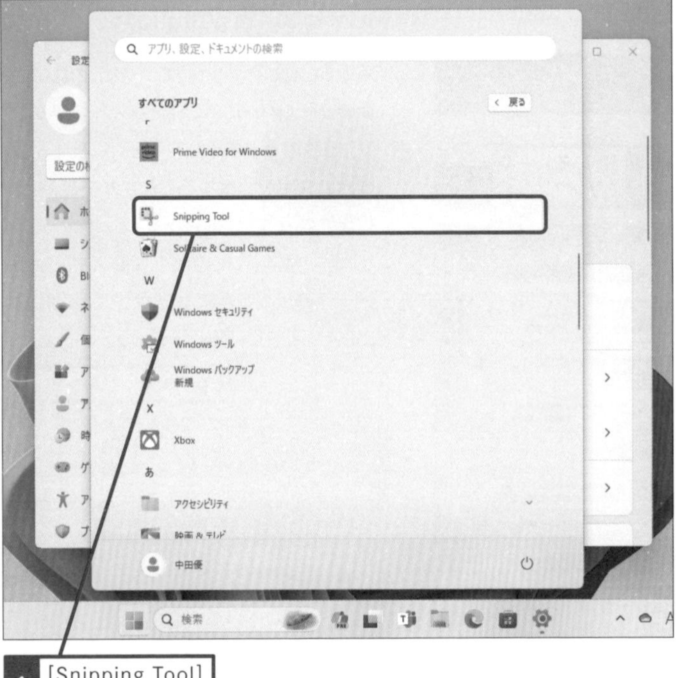

1 ［Snipping Tool］をクリック

Snipping Toolが起動した

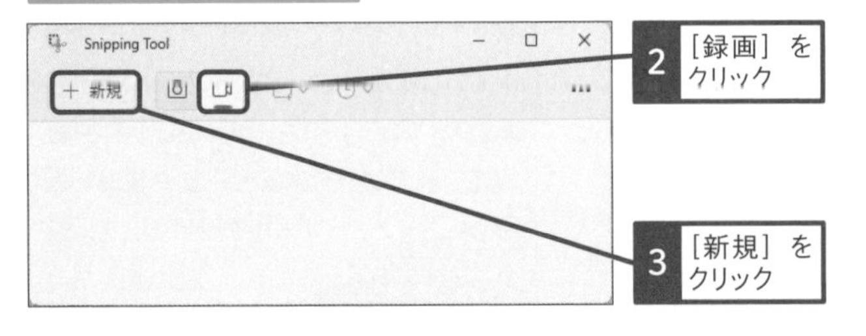

2 ［録画］をクリック

3 ［新規］をクリック

キーワード

インストール	P.325
スクリーンショット	P.327

ショートカットキー

画面の録画 ［⊞］+［Shift］+［R］

使いこなしのヒント

録画された動画を確認できる

録画された動画は、Snipping Toolで直接、再生して、確認できます。手順2の画面で録画を停止すると、画面下方に再生ボタンが表示されます。クリックして動画の内容を確認してみましょう。

使いこなしのヒント

手動で保存する必要がある

Snipping Toolsで録画した動画は、スクリーンショットと違って、自動的に保存されません。ファイルとして保存したいときは、手順2で録画を停止後、忘れずに［名前を付けて保存］ボタンから保存しておきましょう。

ここに注意

録画をスタートする前に操作をキャンセルしたいときは、手順1の操作4で、ツールバーの右端にある［×］をクリックしましょう。

● 録画する範囲を指定する

4 録画する範囲をドラッグして選択

5 ［スタート］をクリック

カウントダウンが表示されて、録画が始まる

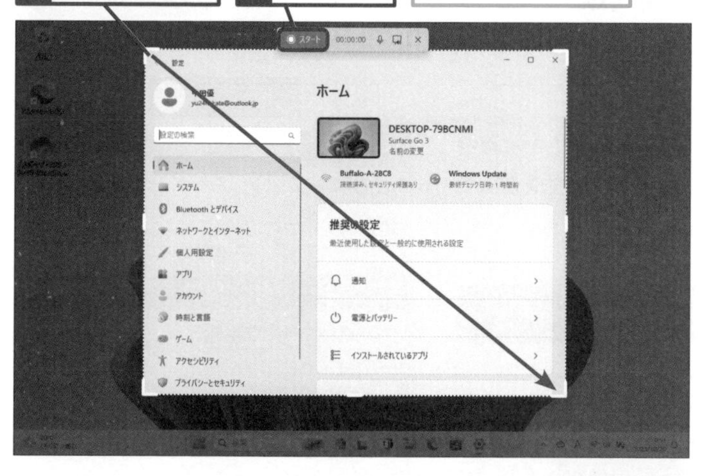

2 録画を停止する

1 ［録画を停止］をクリック

録画が完了した

［名前を付けて保存］をクリックすると、動画を保存できる

スキルアップ

動画を編集できる

録画の停止後、ツールバーの［Clipchampで編集］をクリックすると、無料の動画編集アプリ［Clipchamp］を使って、動画を編集できます。簡単な操作で、動画から不要なシーンをカットしたり、文字などを追加したりできます。

1 ［Clipchampで編集］をクリック

Clipchampが起動した

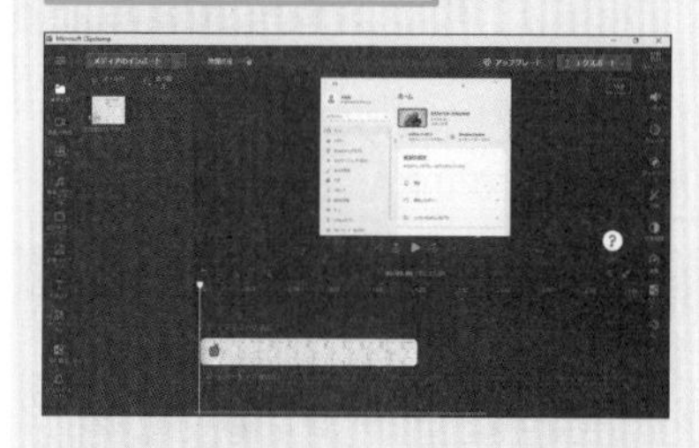

まとめ

連続した操作を記録できる

Snipping Toolによる動画の撮影は、画面の動きをそのまま、記録できるのがメリットです。操作方法を説明したいとき、特定操作で発生するエラーを報告したいときなどに活用するといいでしょう。ただし、動画はファイルサイズが大きくなりがちです。撮影範囲を小さくしたり、撮影時間をなるべく短くしたりと、サイズが大きくなりすぎないように工夫するといいでしょう。

レッスン

85 コピーしたデータを再利用するには

クリップボードの履歴

Windows 11ではクリップボードの設定を変更することで、過去の履歴をさかのぼれるようになります。クリップボードの履歴を使ってみましょう。

キーワード

Webページ P.325

クリップボード P.326

ショートカットキー

クリップボードの履歴 ⊞+V

用語解説

クリップボード

クリップボードはコピーしたデータを一時的に保存しておくための領域です。Wordの文書内のテキスト（文字列）やPowerPointに貼り付けた画像、フォルダーのファイルなど、コピーされたあらゆる情報がここに蓄えられます。これまでクリップボードは直近の一回の情報しか保存できず、新しい情報がコピーされると、古い情報が消えてしまいましたが、Windows 11では履歴を有効にすることで、複数の情報を保存できます。

1 クリップボードの履歴を有効にする

初期設定ではクリップボードの履歴は無効になっている

1 ⊞キーを押しながらVキーを押す

[クリップボード] ダイアログボックスが表示された

2 [オンにする] をクリック

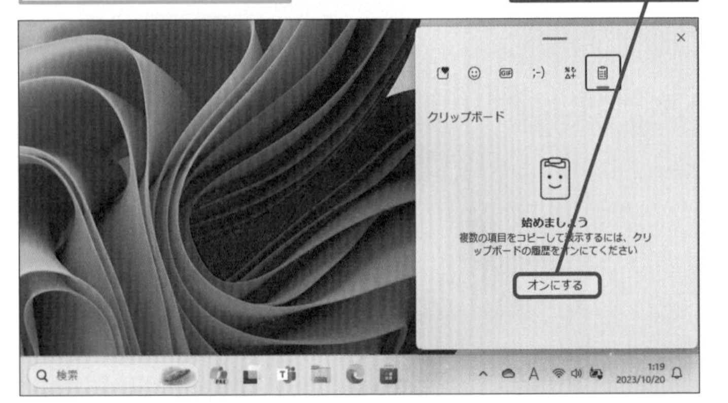

クリップボードの履歴が有効になった

[ここには何もありません] と表示された

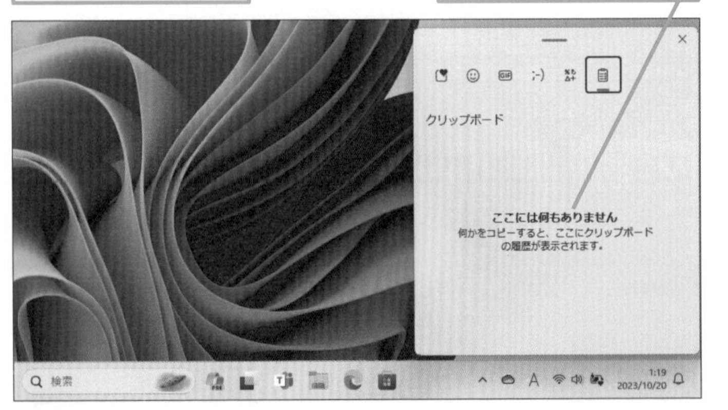

ここに注意

手順1で間違って⊞+Gキーを押してしまうと、[ゲームのキャプチャ] 画面が表示されてしまいます。Escキーを押してキャンセルしてから、もう一度、⊞+Vキーを押します。

活用編 第10章 Windows 11を使いこなそう

2 クリップボードの履歴からデータを貼り付ける

ここではメモ帳で作成したテキストファイルの文字列をコピーする

作成したテキストファイルを開き、コピーする文字列を選択しておく

1 ［編集］をクリック

2 ［コピー］をクリック

1つめの文字列がクリップボードの履歴に保存される

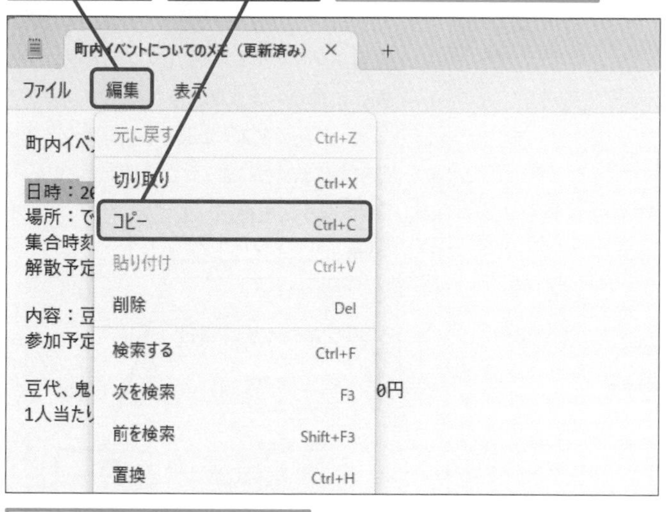

ここでは続けて、Webページに表示された文字列をコピーする

コピーする文字列を選択しておく

3 選択した文字列を右クリック

4 ［コピー］をクリック

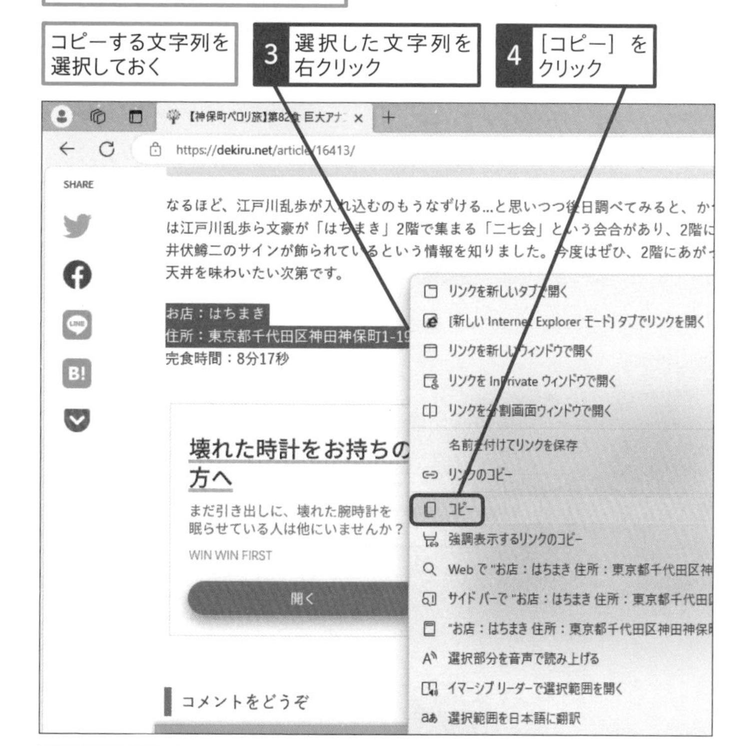

2つめの文字列がクリップボードの履歴に保存される

使いこなしのヒント

クリップボードの画面は最適な位置に固定される

クリップボードの画面は、自動的に最適な場所に表示されます。手順3では画面右下ですが、貼り付ける場所の近くに表示されることもあります。いずれの場合も表示される場所は、その都度、システムで決められるため、画面をドラッグして、別の場所に移動することはできません。

ショートカットキー

コピー　Ctrl + C

使いこなしのヒント

どんなデータでもコピーしておけるの？

クリップボードにはテキストや画像、ファイルなど、さまざまな情報を一時的に保存できますが、履歴として保存されるのは、テキストやHTML、画像のみです。ファイルなどをコピーしたとしても履歴としては保管されません。また、容量が大きすぎるデータは保存できないことがあります。

次のページに続く

3 クリップボードの履歴を表示する

ここでは［Outlook］アプリで作成したメールの本文にコピーした2つの文字列を貼り付ける

1 貼り付ける位置をクリック

2 キーを押しながらⓋキーを押す

使いこなしのヒント

複数のパソコン間でクリップボードを共有できる

［設定］の［システム］にある［クリップボード］で、［複数のデバイス間で同期］を［オン］にすると、クリップボードの履歴を複数のパソコンで共有できます。同じMicrosoftアカウントでサインインしているパソコン同士に限られますが、ほかのパソコンでコピーしたテキストを別のパソコンのアプリなどに貼り付けることができます。

1 ［デバイス間の共有］の［開始する］をクリック

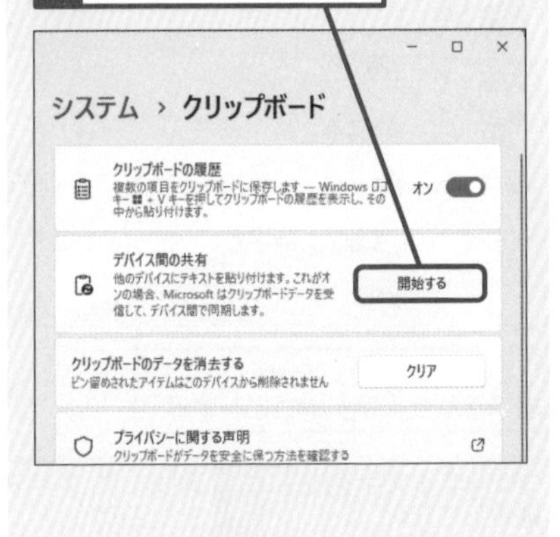

スキルアップ

コピーしたデータを残しておくには

何度も貼り付ける可能性があるデータは、常に一覧に表示できるようにしておくと便利です。手順4の画面で、残しておきたい項目の右下にある［アイテムの固定］をクリックすると、クリップボードに残しておくことができます。たとえば、会社名などを固定しておけば、書類などに入力するときに活用できます。ただし、パスワードなどの重要な情報を固定しておくことは避けましょう。保護されない状態で保管されるため、外部に漏洩する危険があります。

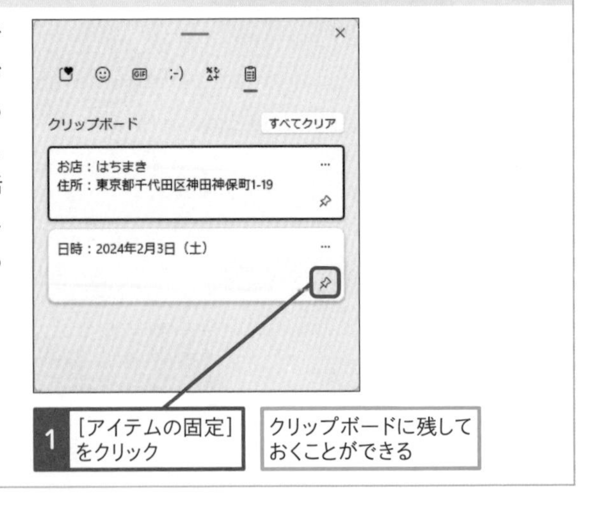

1 ［アイテムの固定］をクリック

クリップボードに残しておくことができる

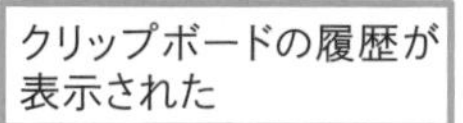

貼り付ける文字列を選択する

クリップボードの履歴が表示された

1 貼り付ける文字列をクリック

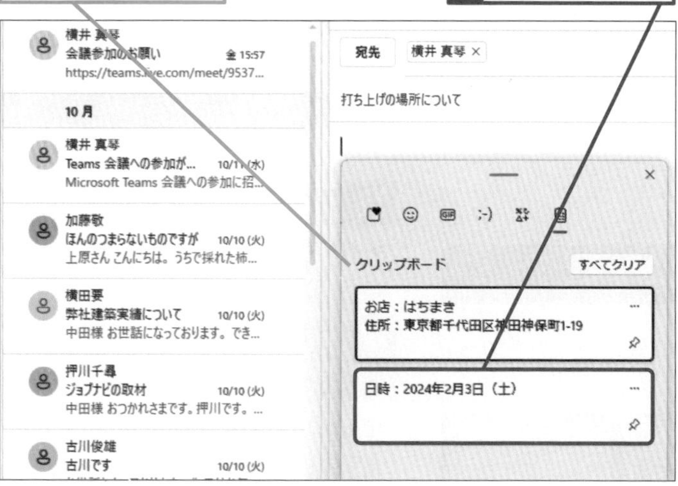

選択した文字列が貼り付けられた

同様の手順で次の文字列を貼り付ける

2 ⊞キーを押しながらⓋキーを押す

3 貼り付ける文字列をクリック

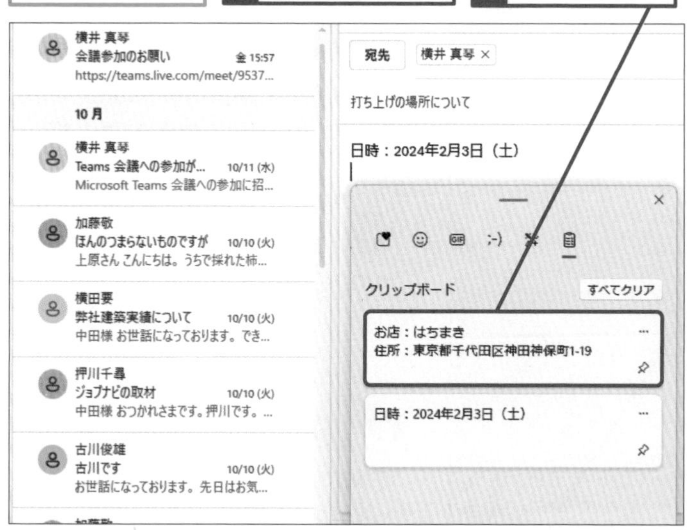

次の文字列が貼り付けられる

使いこなしのヒント

コピーしたデータを個別に削除できる

コピーしたテキストデータは、どのようなデータなのかに関わらず、クリップボードに履歴として保存されます。パスワードなど、他人に見られては困る情報をコピーしたときは、手順4の一覧画面で、［…］から［削除］を選ぶことで、一覧から削除することができます。

ここに注意

コピーしたデータが手順4の一覧に表示されないときは、ファイルなど、履歴として保存できない情報をコピーした可能性があります。履歴として保存できるデータは、テキストなどに限られています。

まとめ　コピーと貼り付けを無駄にくり返さずに済む

クリップボードの履歴を使うと、文字列のコピーと貼り付けをくり返すような作業がとても効率的にできます。複数の情報をコピーする場合でも最初にまとめてコピー操作をしておけば、後から貼り付けるときに履歴から選択するだけで済みます。それぞれの操作を交互にくり返さずに済むので、時間と手間を大幅に短縮できます。また、「さっきコピーしたWebページのURLなんだっけ？」といったときでも履歴を参照できるので、もう一度、Webページの検索からやり直す必要がなくなります。

レッスン

86 複数のディスプレイに画面を表示するには

マルチディスプレイ

パソコンに外部ディスプレイをつないでみましょう。作業領域を拡張できるうえ、アプリのウィンドウを移動することで作業の効率化が図れます。プレゼンテーションでも活用できます。

1 ディスプレイの設定画面を表示する

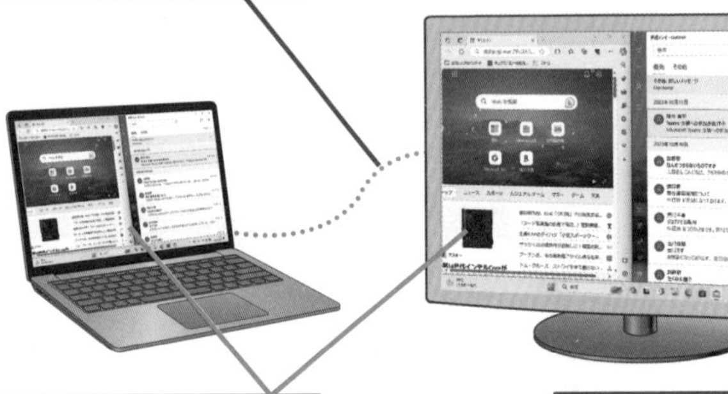

2 デスクトップを拡張する

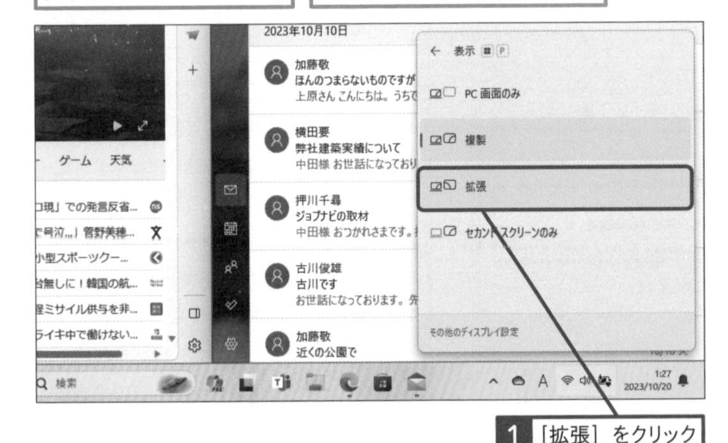

キーワード

デスクトップ P.327

ショートカットキー

ディスプレイ出力モードの切り替え ⊞+P

使いこなしのヒント

複製して表示することもできる

手順2で選択する［拡張］や［複製］は、用途によって使い分けることができます。［拡張］はデスクトップの領域が広がり、複数の画面を別々の用途に使えるもので、オフィスや自宅で作業領域を広げたいときに便利です。一方、［複製］は両方のディスプレイに同じ画面を表示します。会議室のテレビやプロジェクターに接続して、パソコンと同じ画面を表示したいときに便利です。

使いこなしのヒント

映像と音声が出力される

HDMIやDisplay Port（DP）、USB Type-C、Thunderboltで接続したときは、映像だけでなく、音声も出力されます。ただし、ディスプレイにスピーカーが内蔵されているか、外付けスピーカーが接続されている必要があります。

ここに注意

手順2で表示方法を間違えたときは、もう一度、⊞+Pを押して表示方法を選び直します。

3 拡張したデスクトップにウィンドウを移動する

接続したディスプレイの画面には、デスクトップのアイコンや右下の通知領域が表示されない

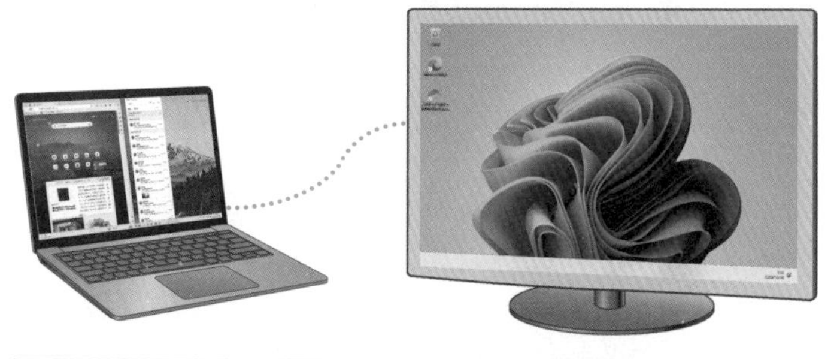

移動するウィンドウをクリックしておく

1 ⊞キーとShiftキーを押しながら→キーを押す

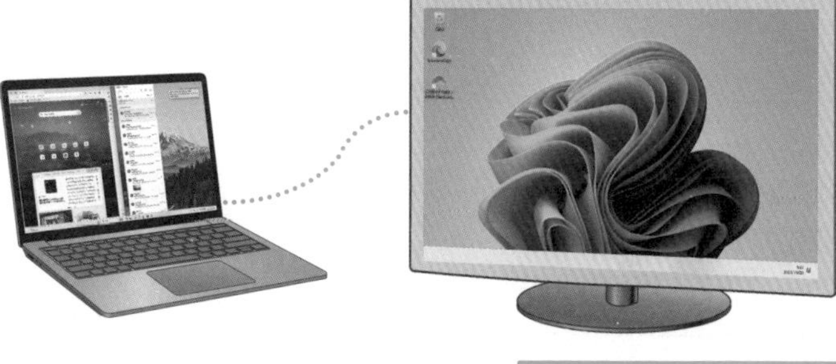

ウィンドウが拡張したデスクトップに移動した

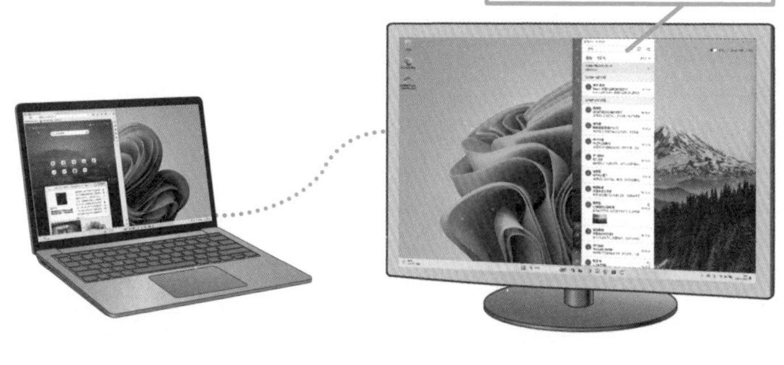

スキルアップ

ウィンドウの位置が記憶される

Windows 11ではマルチディスプレイ環境でのウィンドウの配置が記憶されます。たとえば、ノートパソコンを外付けディスプレイに接続して作業しているときに、一時的に会議などでパソコンをディスプレイから外したとします。従来のWindowsでは、ディスプレイをつなぎ換える度に、ウィンドウの配置をやり直す必要がありましたが、Windows 11は、以前のウィンドウ配置が記憶されているため、ディスプレイを再接続するだけで、元のウィンドウ配置が再現されます。

ショートカットキー

ウィンドウを外部ディスプレイに移動
⊞+Shift+←/→

使いこなしのヒント

ディスプレイの配置をカスタマイズできる

［設定］の［ディスプレイ］を開くと、2台のディスプレイの配置を変更できます。ディスプレイが実際に配置されている場所に合わせ、画面をドラッグして配置することで、ディスプレイ間でのマウスポインターやウィンドウの移動がスムーズにできます。

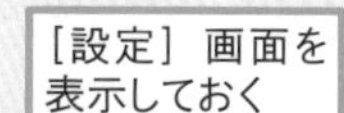

［設定］画面を表示しておく

1 ［システム］をクリック

2 ［ディスプレイ］をクリック

［1］と［2］をそれぞれドラッグして、左右を入れ替えたり、上下の位置関係にしたりできる

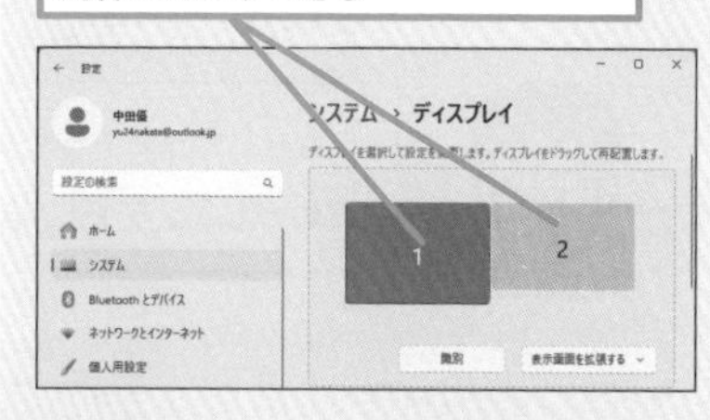

まとめ マルチディスプレイで作業効率アップ

外付けのディスプレイにデスクトップを拡張すると、2つのデスクトップを同時に利用することができます。片方ではブラウザーで調べ物をしながら、もう片方で文書を作るというように、多くのアプリをより広いデスクトップで利用することができます。プレゼンテーションのときなどにもよく使う機能なので、つなぎ方や画面表示方法を覚えておくと、慌てずに済みます。

この章のまとめ

Windows 11ならではの最新の機能を使いこなそう

Windows 11はパソコンを使った作業を快適にするための特徴的な機能がいくつも搭載されています。ウィンドウを簡単に整列できるスナップレイアウト、作業ごとにデスクトップを使い分けられる仮想デスクトップ、画面に表示されている情報を記録できるSnipping Tool、コピーと貼り付けのくり返し作業を簡単にできるクリップボードの履歴、マルチディスプレイによる作業領域の拡張などは、実際に使ってみると、とても便利で、一段と効率良くWindowsを活用できるようになります。ぜひ、普段の生活や仕事に活用してみましょう。

ウィンドウの整列機能をおぼえたら、効率がグッと上がりました。2つの文書を比較したり、Webページで調べ物をしながら資料を作成するのに欠かせない機能ですね。

スナップレイアウトだね。ショートカットキーをおぼえると、もっと便利に使えるようになるから、ぜひ試してみて！

ショートカットキーといえば、画面をコピーできる機能も便利です。サッとコピーして、すぐに貼り付けられるので、作業がはかどるようになりました。

Snipping Toolの使い方をおぼえたみたいだね。コピーした画面に手書きすることもできるから、ぜひ使ってみてほしいね。

クリップボードの履歴機能は使い方を工夫すると、かなり便利な機能ですね。最初にまとめてコピーしておいて、必要なデータを随時、貼り付けるようにしてみたら、すごい作業が楽になりました。

早速、自分なりの使い方を見つけ出したみたいだね。ほかにも画面を動画として保存する機能は、アプリの使い方を教えるのに重宝するから、活用してみるといいよ！

活用編

第11章

もっと使いやすく設定しよう

Windows 11をもっと使いやすくするための機能を見てみましょう。この章では、Windowsを最新の状態にしたり、周辺機器を接続したり、好みや用途に合わせてカスタマイズする方法を説明します。

レッスン

87 Introduction この章で学ぶこと
使いやすく安全なWindowsにするには

パソコンを快適に使うにはどうすればいいのでしょうか？　これには使いやすくすることと安全に使えるようにすることの2つのポイントがあります。使いやすくするには、周辺機器を活用したり、画面のデザインを変更したりします。一方、安全に使うには、最新の更新プログラムを適用したり、アカウント設定を見直したりします。

見やすくて使いやすい設定のコツをおぼえよう

Windows 11ではスタートボタンの位置が変わったけど、Windows 10のときのように、左端にあった方が自分にとってはなじみがあって使いやすいかも……。

私はパソコンの画面が小さくて、もう少し文字を大きく表示したいのだけど、その都度、アプリ上で拡大／縮小するのはちょっと面倒だわ……。

2人とも不便な思いをしているみたいだね。そんなときはWindows 11の設定を変更して、自分なりに使いやすくしていくのがいいよ。スタートボタンをWindows 10のように左端に表示することもできるし、文字やアプリが表示される大きさを一括で変えることもできるんだ。

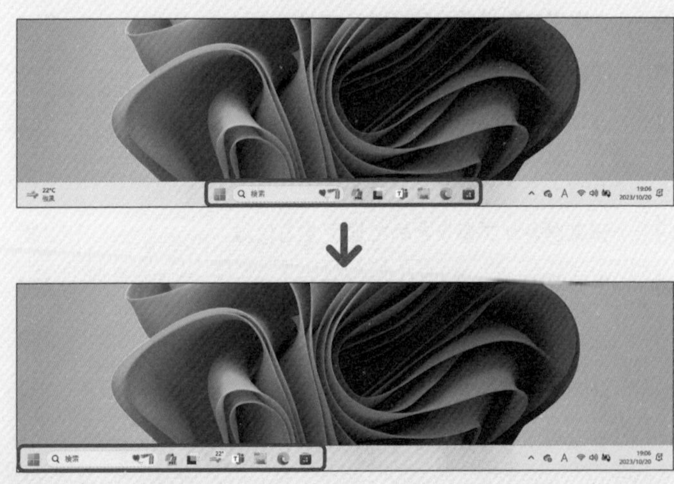

活用編 第11章 もっと使いやすく設定しよう

自分に必要な周辺機器を設定しよう

2人はパソコンでどんな周辺機器を使っているのかな？

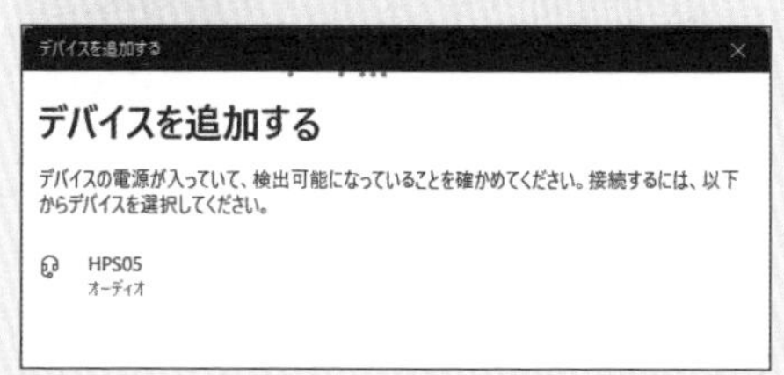

Bluetoothマウスですね。最近はテレワークすることも多いので、ヘッドセットも使っています。

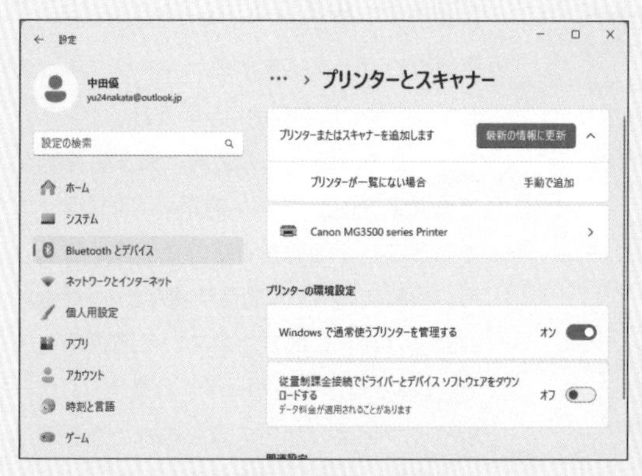

私はプリンターを使いたいです。画面でも見られますけど、印刷して最終チェックするのに欠かせないですね。

Windows 11ではどの周辺機器もしっかりと対応しているよ。この章では設定方法を解説していくね。

安全に使うための機能をおぼえよう

大切なデータが入っているパソコンだからこそ、セキュリティ対策はとても重要だ。常に最新の状態に更新しておくことはもちろん、生体認証を使ったり、アカウントを分けたりする方法も覚えておこう！

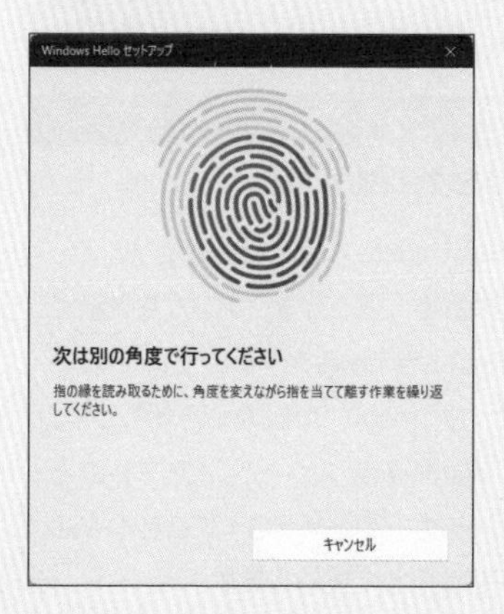

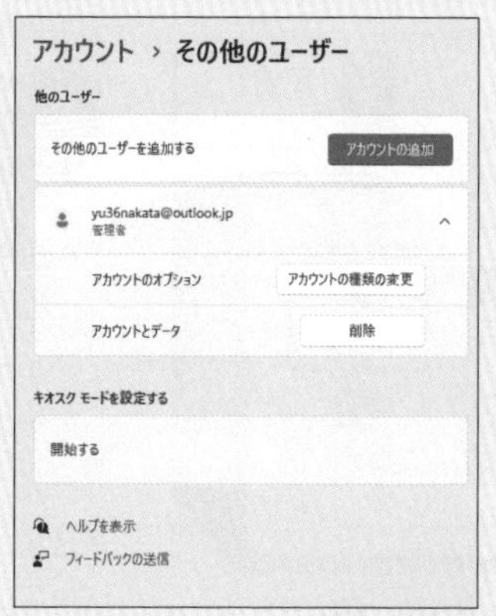

確かにそうですね！　生体認証にアカウントを分ける方法……。ぜひとも教えてください。

レッスン

88 更新プログラムの状況を確認するには

Windows Update

Windowsを安全に使えるようにしましょう。Winodwsの更新機能である「Windows Update」を使うことで、プログラムの不具合を修正したり、新機能を追加したりできます。

Windowsの更新プログラムの役割

最新の更新プログラムがないかを確認し、更新プログラムがあるときにダウンロードする機能がWindowsに用意されている

Windowsの不具合を狙った不正アクセスを防止できる

1 ［設定］の画面を表示する

レッスン06を参考に、［スタート］メニューの［ピン留め済み］を表示しておく

1 ［設定］をクリック

キーワード

更新プログラム	P.326
ダウンロード	P.327

使いこなしのヒント

更新プログラムは自動的にインストールされる

更新プログラムは基本的にインターネットから自動的にダウンロードされ、インストールされます。このため、通常は手動で更新する必要はなく、最新の状態になっていることを確認するだけでかまいません。なお、モバイル通信環境など、［従量制課金接続］に設定されている通信環境では自動的にダウンロードされません。自宅やオフィスなど、定額で接続できる環境に移動してから、手動で更新しましょう。

ショートカットキー

［設定］の画面の表示　⊞+I

使いこなしのヒント

アプリを更新するには

Windows UpdateではWindowsやMicrosoft IMEの辞書などを除き、アプリを更新できません。Windowsアプリを更新したいときは、Microsoft Storeから更新します。一方、Windowsデスクトップアプリの場合は、メーカーやソフトウェア会社のWebページを参照して更新します。

2 ［Windows Update］の画面を表示する

［設定］の画面が表示された

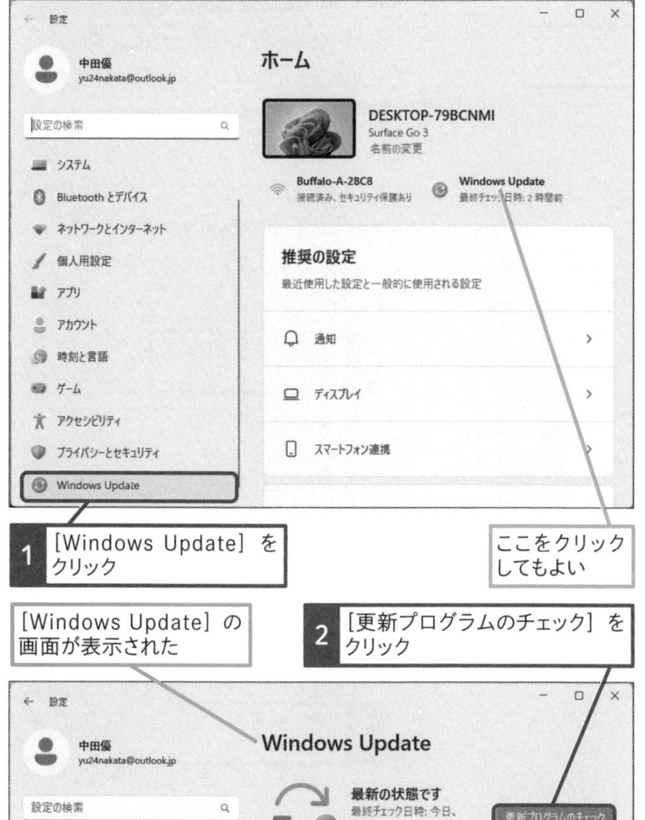

1 ［Windows Update］をクリック

ここをクリックしてもよい

［Windows Update］の画面が表示された

2 ［更新プログラムのチェック］をクリック

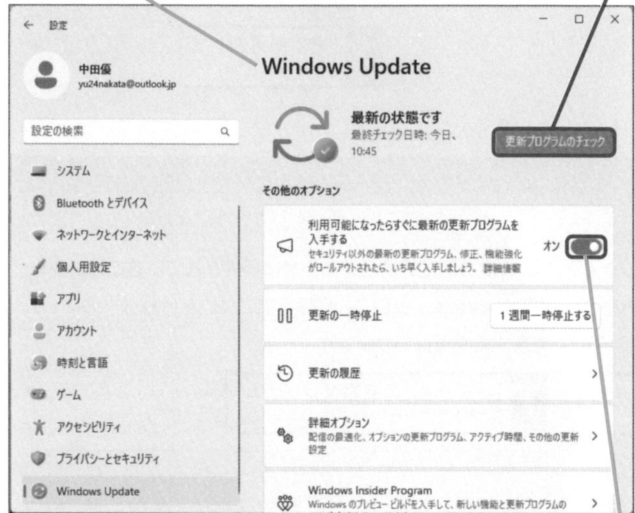

［再試行］が表示されているときは、クリックして、操作を進める

ここをオンにしておくと、新機能が追加されたときに、なるべく早く適用できる

使いこなしのヒント

クイック設定から［設定］の画面を表示できる

クイック設定の画面を表示して、以下の手順で［設定］の画面を表示することができます。

1 ［通知領域］をクリック

2 ［すべての設定］をクリック

使いこなしのヒント

設定画面のホームって何?

［設定］の［ホーム］は、Windowsの設定に関するさまざまな情報がまとめて表示される画面です。推奨される設定やクラウドストレージの利用状況、カスタマイズ設定などがまとめて表示されます。最近使った設定や使用頻度が高い機能などに素早くアクセスできるので便利です。

ここに注意

手順2で［Windows Update］以外をクリックしたときは、もう一度、［Windows Update］をクリックして、操作をやり直しましょう。

次のページに続く

3 更新プログラムをインストールする

「最新の状態です」と表示されたときは、[閉じる] をクリックして、操作を終了する

更新プログラムがあるときは、自動的にインストールが行なわれる

1 インストールが完了するのを待つ

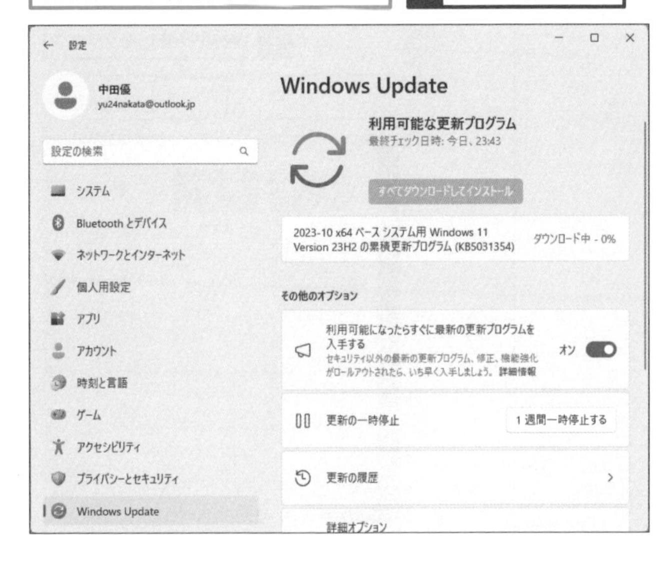

使いこなしのヒント

Office製品を更新するには

パソコン購入時にインストールされているOffice製品や一般向けに発売されているパッケージのOffice製品、Microsoft 365製品がインストールされている場合、Officeを起動したときに、自動的に更新プログラムがダウンロードされ、実行されます。Officeの [アカウント] の製品情報の画面にある [Office更新プログラム] のボタンをクリックして、手動で更新することもできます。

1 [更新オプション] をクリック

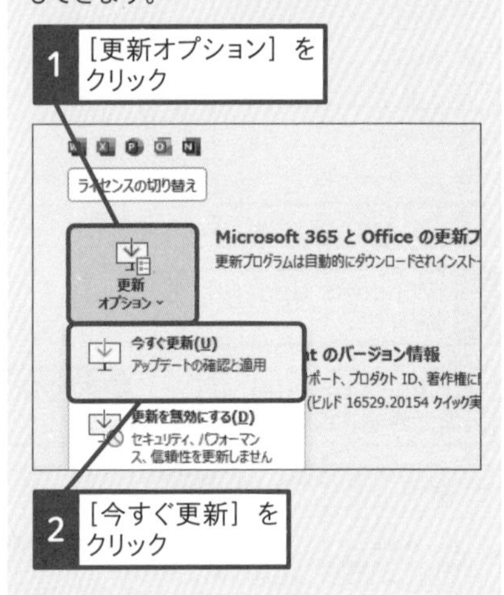

2 [今すぐ更新] をクリック

スキルアップ

オプションの更新プログラムって何?

「Windows Update」の [詳細オプション] にある [オプションの更新プログラム] は、パソコンの各種ドライバーなどを更新できることがあります。ここに表示されるドライバーは、特定の問題を解決するために提供されていることが多く、Windowsを使っていて、問題を感じていなければ、必ずしも更新する必要はありません。

手順1～2を参考に、[Windows Update] の画面を表示しておく

1 [詳細オプション] をクリック

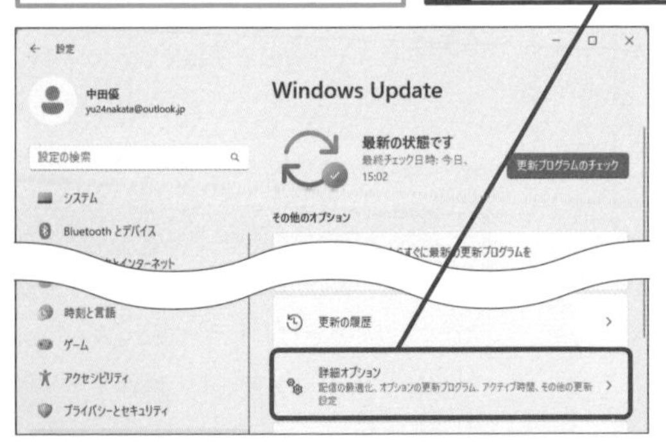

2 [オプションの更新プログラム] をクリック

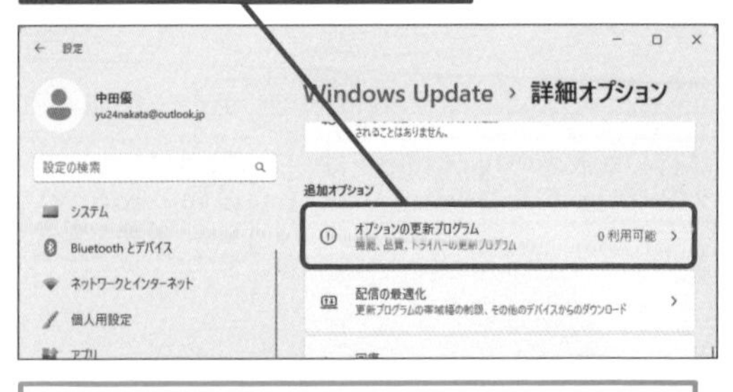

表示された画面の指示に従って、オプションの更新プログラムをインストールする

● インストールが完了した

再起動をする前に、必要なファイルなどを保存しておく

2 ［今すぐ再起動する］をクリック

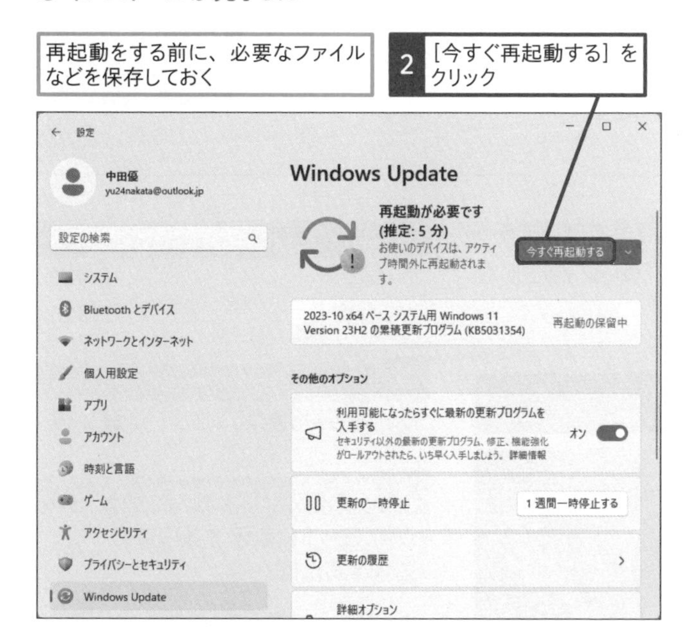

スキルアップ

再起動のスケジュールを設定できる

更新プログラムによっては、パソコンの再起動が必要になります。作業中など、すぐに再起動したくないときは、以下の手順で再起動する時間のスケジュールを設定できます。

手順1～2を参考に、［Windows Update］の画面を表示しておく

1 ここをクリック

2 ［再起動のスケジュール］をクリック

［再起動のスケジュール］の画面が表示された

3 再起動する日時を選択

4 ［再起動のスケジュール］をクリック

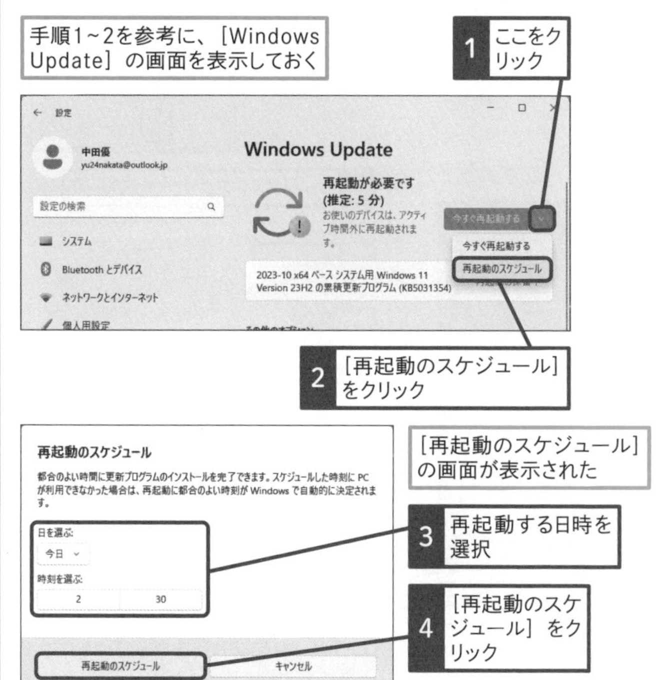

使いこなしのヒント

「再起動が必要です」と表示されたときは

更新プログラムは自動的にダウンロードされ、インストールされますが、パソコンの再起動が必要なことがあります。作業中のアプリによっては、再起動によって、保存していないデータが失われてしまう可能性があるので、気をつけましょう。アプリで作業中のときは、［今すぐ再起動する］ボタンをクリックせずに、作業中のデータを保存し、アプリを終了してから、パソコンを再起動させて、更新プログラムのインストールを完了させます。

使いこなしのヒント

終了時に更新されることもある

タイミングによっては、スタートメニューの電源ボタンをクリックしたときに［更新して再起動］や［更新してシャットダウン］と表示されることがあります。これは更新プログラムのダウンロードが完了し、再起動したときに適用される状態を表わしています。そのため、普段に比べ、シャットダウンや再起動に時間がかかりますが、忘れずに適用しておきましょう。

まとめ 更新プログラムは定期的に確認しよう

Windowsは出荷された後も機能向上や細かい修正が加えられます。「Windows Update」はこうした修正などを反映するための更新プログラムをインターネットからダウンロードし、インストールする機能です。パソコンをより快適かつ安全に利用するために、ときどき、Windows Updateを実行するように心がけましょう。更新プログラムは自動的にインストールされますが、更新内容によっては、再起動が必要になることもあります。

レッスン

89 さまざまな情報を表示するには

ウィジェット

Windowsにはニュースや天気予報、株価などを簡単に確認できる「ウィジェット」という機能が搭載されています。「ウィジェット」を活用してみましょう。

1 ウィジェットを起動する

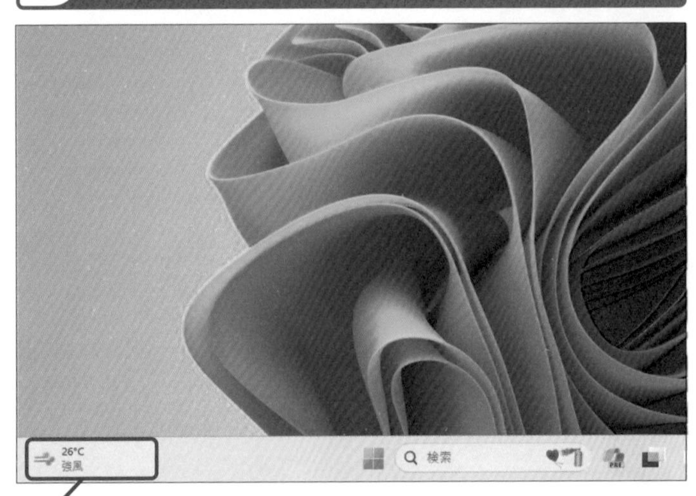

1 ウィジェットにマウスポインターを合わせる

ウィジェットが表示された

2 ここにマウスポインターを合わせる

3 ドラッグして下にスクロール

キーワード

ウィジェット	P.326
ブラウザー	P.328

ショートカットキー

ウィジェットの表示 ⊞+W

使いこなしのヒント

ウィジェットに表示する項目を追加するには

ウィジェットに表示する項目は、以下のように操作すると、追加できます。追加した項目を削除したいときは、ウィジェットを表示し、削除したいパネルの右上の…をクリックして、表示されたメニューから[ウィジェットのピン留めを外す]をクリックします。

1 [ウィジェットを追加] をクリック

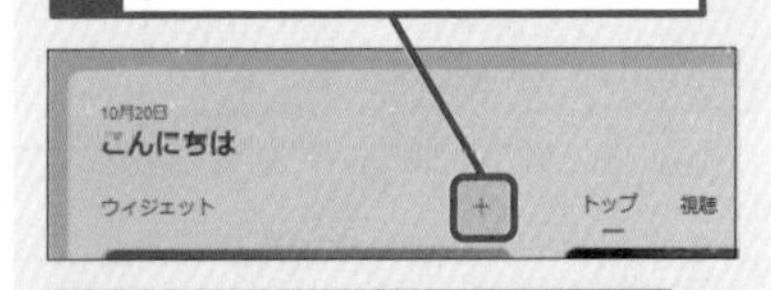

2 ウィジェットをクリックして選択

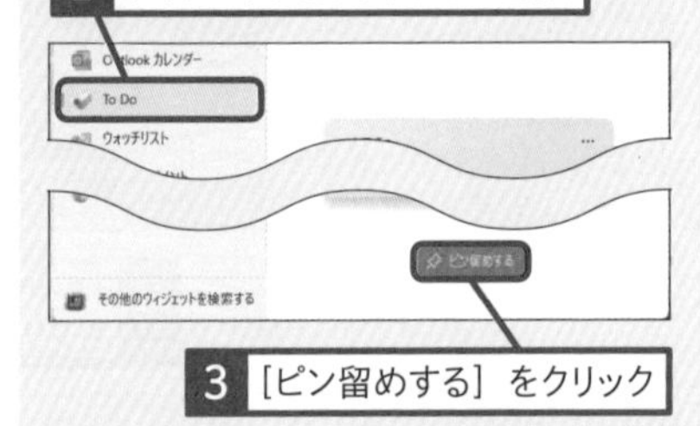

3 [ピン留めする] をクリック

ここに注意

ウィジェットのいずれかの項目をクリックしたときは、ブラウザーが起動し、ウィジェットが表示されなくなります。もう一度、[ウィジェット] をクリックして、表示してください。

スキルアップ

ウィジェットをカスタマイズするには

ウィジェットは好みに応じて、大きさや表示内容をカスタマイズできます。以下のようにウィジェットの…から、サイズを選んだり、天気の地域や株価の銘柄などの表示内容を変更したりできます。また、[パーソナライズ設定] で好みの記事を優先して表示することもできます。なお、ウィジェットの削除はレッスン96のヒントで解説します。

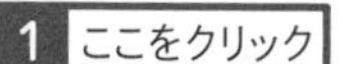

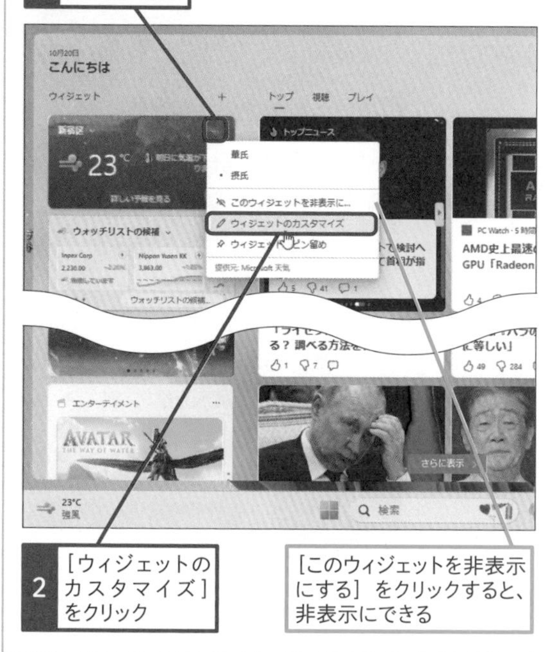

2 ［ウィジェットのカスタマイズ］をクリック

［このウィジェットを非表示にする］をクリックすると、非表示にできる

ウィジェットごとに細かい設定ができる

2 ウィジェットを終了する

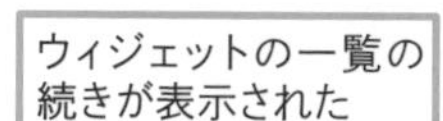

1 ウィジェットの外側をクリック

ウィジェットが終了し、デスクトップが表示される

まとめ 最新の情報をすぐに確認できる

Windows 11では、タスクバー左端にある天気のアイコンをクリックすると、すぐにニュースや天気予報などのウィジェットを表示できます。ウィジェットに表示される内容は、自分の使い方に合わせてカスタマイズできるため、自宅や会社の天気など、普段の生活に役立つ情報をすぐに入手できます。また、ウィジェットをクリックすることで、ブラウザーでより詳細な情報を参照できるので、ニュースなどのチェックにも役立ちます。

レッスン

90 Bluetooth機器を接続するには

ペアリング

Bluetoothに対応した機器をパソコンに接続してみましょう。マウスやヘッドセット、スピーカーなど、さまざまな機器をワイヤレスでパソコンに接続できます。

1 Bluetoothの設定画面を表示する

レッスン88を参考に、[設定] 画面を表示しておく

1 [Bluetoothとデバイス] をクリック

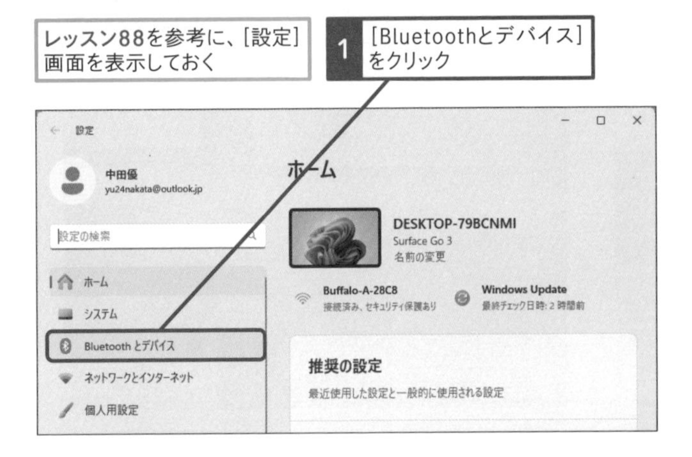

2 Bluetooth接続を開始する

[Bluetoothとデバイス] 画面が表示された

1 [デバイスの追加] をクリック

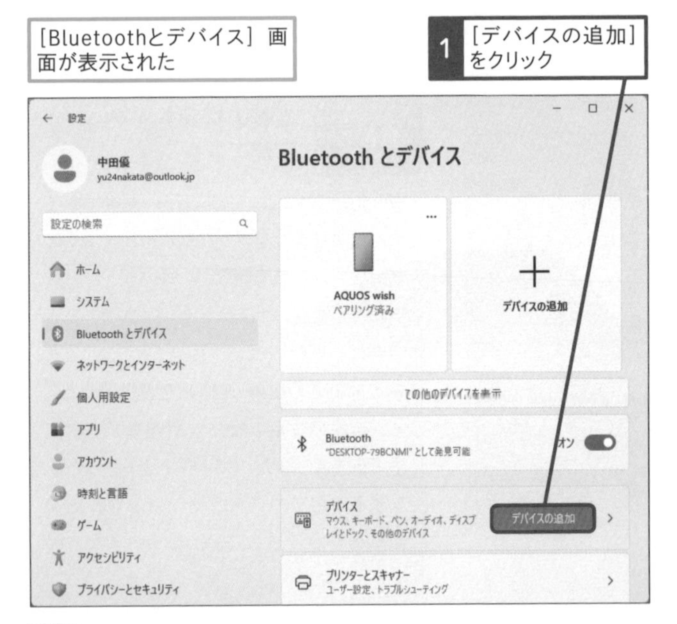

キーワード

Bluetooth P.324

使いこなしのヒント

パソコンがBluetoothに対応していない場合は

手順2の画面に [Bluetooth] という項目が表示されないときは、パソコンがBluetoothに対応していません。USBポートに装着するBluetoothアダプターが市販されているので、購入を検討しましょう。

使いこなしのヒント

ペアリングって何?

Bluetooth機器を使うには、接続する機器との「ペアリング」が必要です。ペアリングはBluetooth機器をパソコンやスマートフォンに接続できるように、登録する操作のことです。Bluetooth機器のボタンを長押しすることなどで、登録可能な「ペアリングモード」に切り替えると、パソコンやスマートフォンなどから検出できるようになります。製品によっては「0000」などのパスコードの入力が必要です。ペアリングは初回のみ必要な操作です。

ここに注意

手順2の操作3で接続するBluetooth機器が表示されないときは、取扱説明書を参考に、Bluetooth機器のボタンなどを操作して、ペアリングモードに変更しましょう。また、Bluetooth機器のバッテリーの残量も確認しましょう。

● 追加するデバイスの種類を選択する

Bluetooth機器でペアリング操作を実行しておく

[デバイスを追加する]画面が表示された

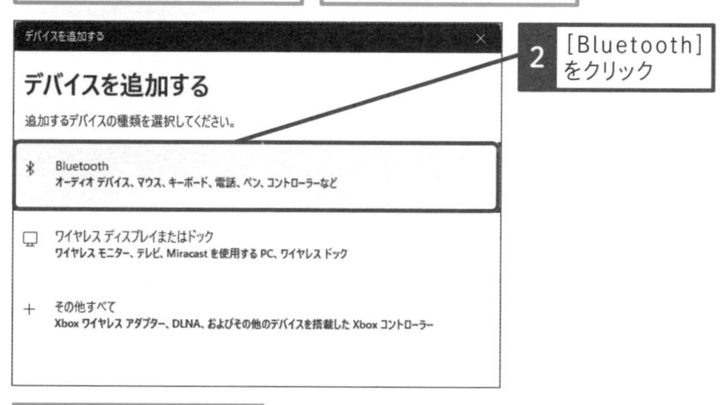

接続する機器を選択する

Bluetooth機器が一覧で表示された

ここではワイヤレスヘッドフォンを接続する

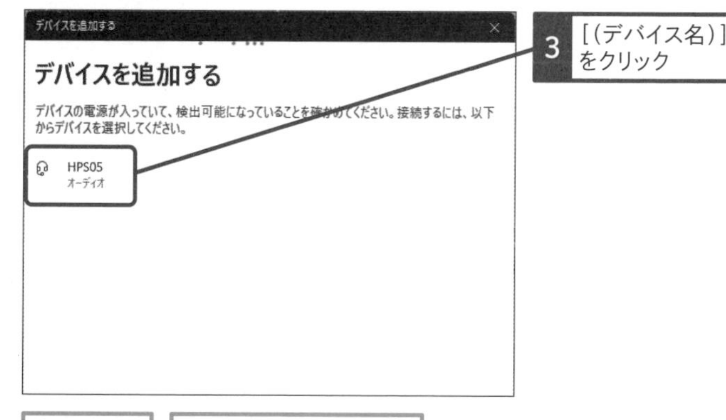

機器が接続された

ワイヤレスヘッドフォンが利用可能になった

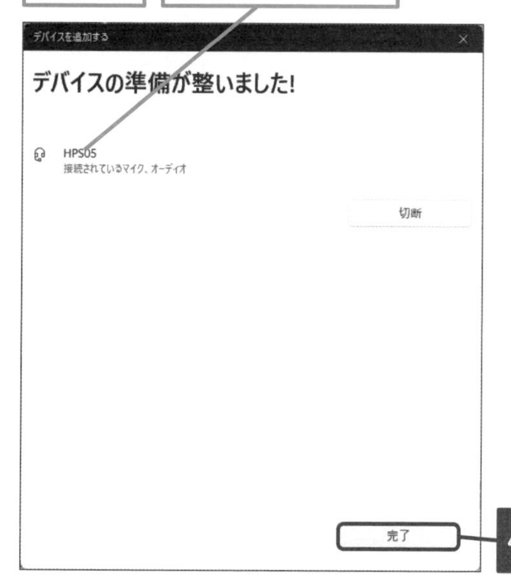

使いこなしのヒント

ペアリングモードに切り替えるには

Bluetoothヘッドセットなどのbluetooth機器は、本体のボタンを長押しすることなどで、ペアリングモードに切り替えられます。機器によって、切り替え操作が異なるので、各製品の取扱説明書を確認しましょう。機器によってはペアリングモードに切り替わると、LEDなどが点滅し、待機状態であることを通知します。

時短ワザ

クイックペアリングで自動的に検出できる

Windows 11は「クイックペアリング」と呼ばれる機能が標準でオンになっています。そのため、パソコンの近くで周辺機器の電源をオンにしたり、ペアリングモードにしたりするだけで、自動的に機器を検出できます。デスクトップの右下に［新しい●●が見つかりました］と表示されたら、［接続］をクリックするだけで、ペアリングが完了します。

まとめ　手軽に使えるBluetooth

Bluetooth機器はワイヤレスで使えるうえ、扱いも簡単です。はじめて使うときだけ、ペアリング操作が必要ですが、一度、ペアリングしてしまえば、次回からは電源をオンにするだけで、自動的に認識され、すぐに使える状態になります。複数のBluetooth機器を同時に接続することもできます。接続する機器としてはマウスやヘッドセットなどが一般的ですが、スマートフォンとWindows 11を連携させるときなどにも使うので、設定方法を覚えておきましょう。

レッスン

91 プリンターを設定するには

プリンターとスキャナー

パソコンにプリンターを接続して、印刷できるようにしてみましょう。文書や写真、Webページなど、いろいろな情報を紙に出力することができます。

1 ［Bluetoothとデバイス］画面を表示する

レッスン88を参考に、［設定］画面を表示しておく

1 ［Bluetoothとデバイス］をクリック

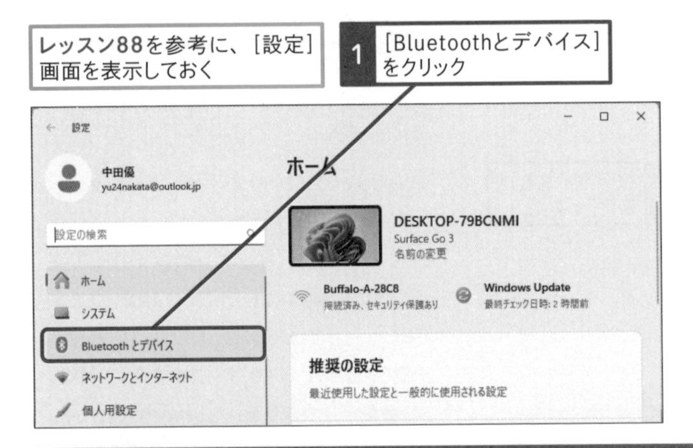

2 プリンターとの接続を開始する

ここではプリンターを追加する

1 ［プリンターとスキャナー］をクリック

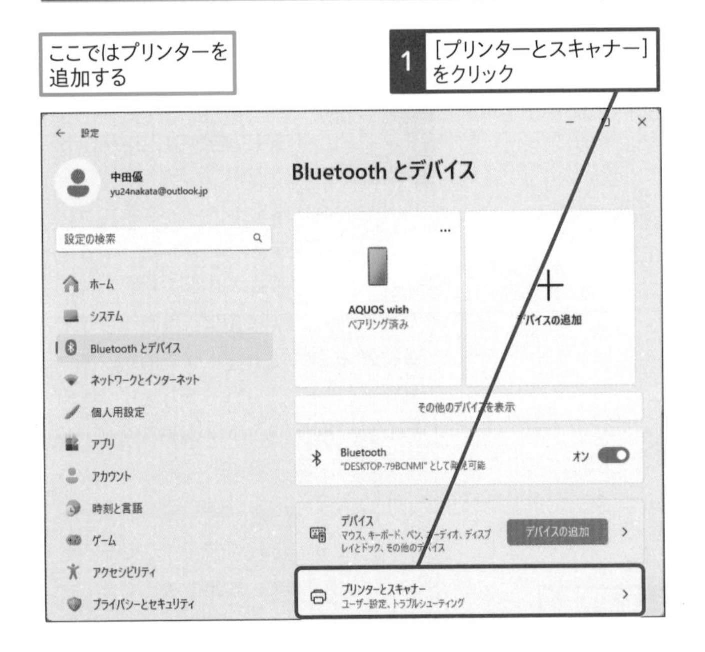

キーワード

Bluetooth	P.324
インストール	P.325

使いこなしのヒント

メーカーのアプリやドライバーも確認してみよう

周辺機器を利用するには、それぞれの機器に対応した「ドライバー」と呼ばれるソフトウェアが必要です。Windows 11ではほとんどのプリンターのドライバーが自動的にインストールされますが、機種によっては認識されないことがあります。各メーカーのWebページから最新のソフトウェアをダウンロードして、インストールしましょう。製品によっては、ドライバーだけでなく、プリンターを活用するためのアプリも提供されている場合があります。

使いこなしのヒント

Wi-Fiで接続するには

プリンターがWi-Fiに対応しているときは、Wi-Fiで接続することができます。自宅のWi-Fiにプリンターを接続後、同様の手順でプリンターを接続しましょう。自動的に検出できないときは、プリンターの取扱説明書やメーカーのサポートページなどで、Wi-Fiでの接続方法を確認しましょう。

ここに注意

プリンターが認識されないときは、ケーブルの接続やプリンターの電源を確認しましょう。それでも認識されないときは、メーカーのホームページなどでWindows 11対応機器かどうか確認します。

● プリンターをパソコンに接続する

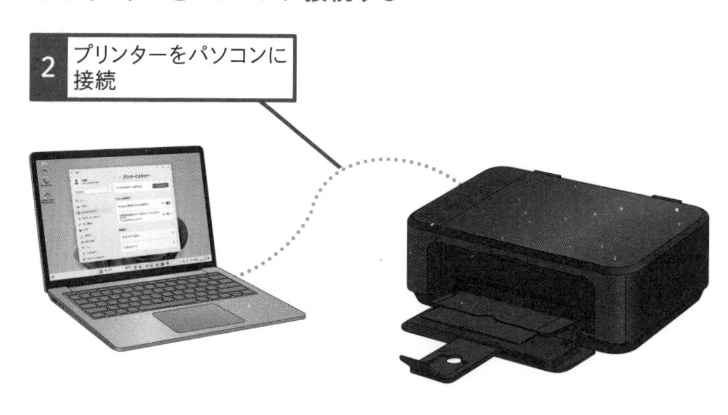

ドライバーをインストールする

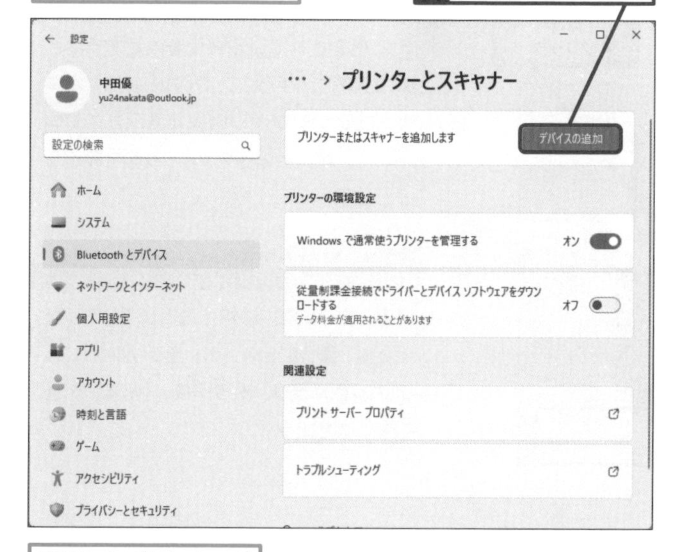

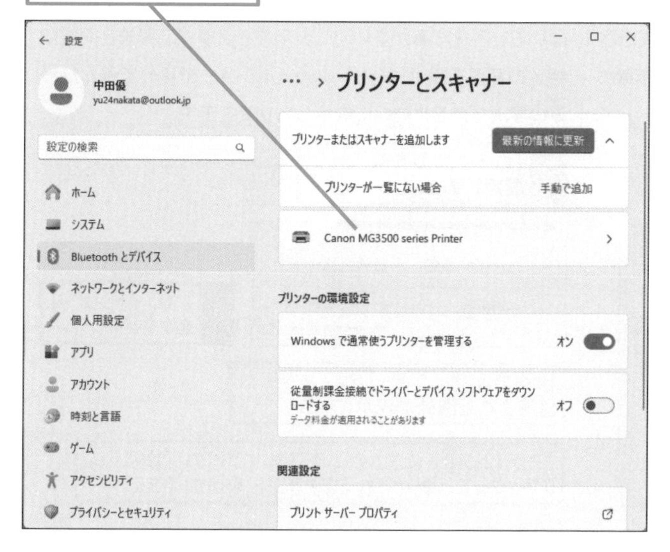

時短ワザ

通常使うプリンターを変更するには

複数台のプリンターが登録されているときは、以下の手順で通常使うプリンターを設定できます。すぐに印刷できるようになるので、よく使うプリンターを設定しておきましょう。

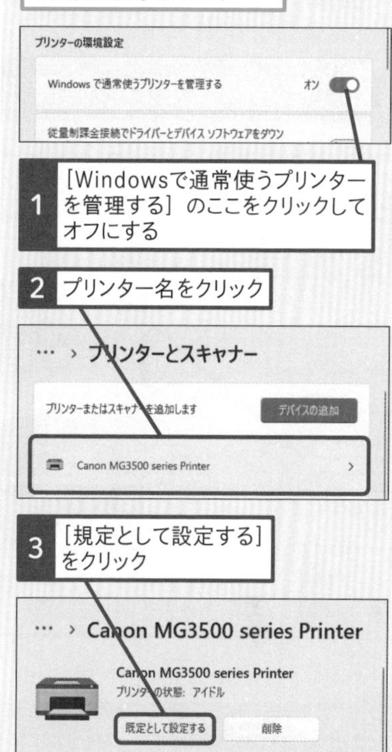

まとめ　プリンターを活用しよう

テレワークやオンライン学習などで、自宅で作業する機会が増えたことで、資料や提出物などを印刷したいというニーズが増えてきました。プリンターをパソコンに接続しておけば、いつでも文書や写真、Webページなどを印刷できます。必要なときだけ、USBケーブルで接続して印刷したり、Wi-Fiを経由してワイヤレスで印刷したりと、さまざまな使い方ができます。つなぎ方や設定方法を覚えておきましょう。

レッスン

92 デスクトップの画像を変更するには

個人用設定、背景

デスクトップの背景に表示される画像を変更してみましょう。ペットや家族、お気に入りの風景写真などを設定できます。また、自動的に画像が切り替わる設定もできます。

1 ［個人用設定］の画面を表示する

レッスン88を参考に、［設定］画面を表示しておく

1 ［個人用設定］をクリック

2 ［背景］をクリック

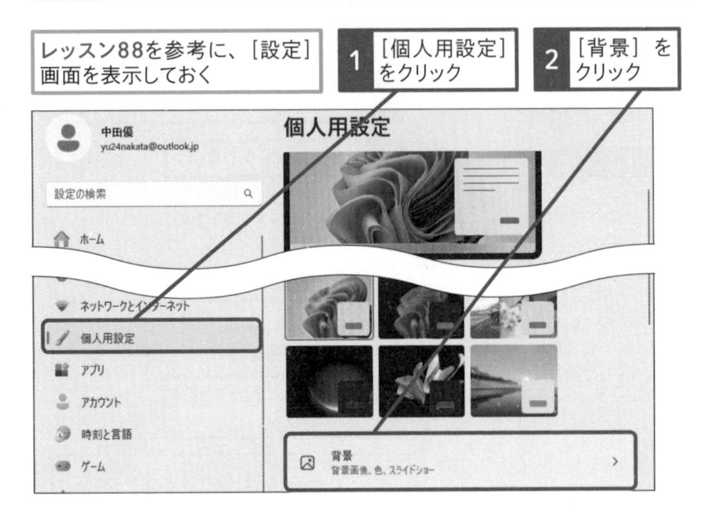

キーワード

ロック画面 P.328

使いこなしのヒント

用意された画像から選ぶこともできる

デスクトップの背景には、Windowsに標準で用意されている画像を設定することができます。手順2で［写真を参照］ボタンの上にいくつかの画像が表示されているので、好みの画像をクリックして設定しましょう。

ここに注意

手順1で［背景］以外を選択してしまったときは、画面左上の［←］をクリックして、元の画面に戻り、もう一度、［背景］を選び直しましょう。

スキルアップ

ロック画面も変更できる

Windows 11の起動完了時やスリープからの復帰時に表示されるロック画面の背景も変更できます。以下の手順を参考に設定しましょう。標準設定の「Windowsスポットライト」ではいろいろな写真が自動的に表示できますが、背景と同様に特定の写真を設定したり、スライドショーで自分で選んだ好みの写真だけを自動的に表示したりできます。

1 ［個人用設定］をクリック

2 ［ロック画面］をクリック

3 ［ロック画面を個人用に設定］のここをクリック

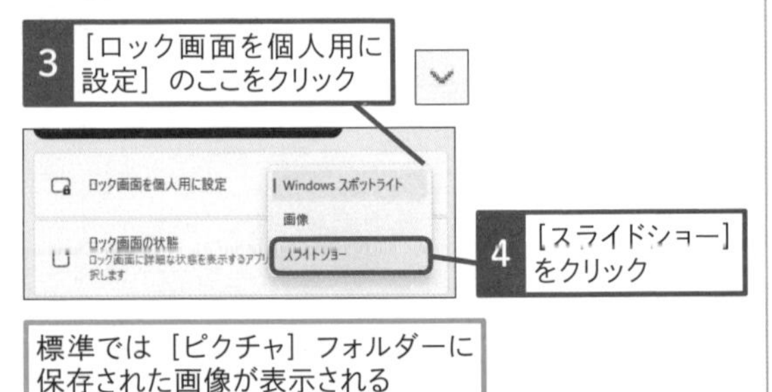

4 ［スライドショー］をクリック

標準では［ピクチャ］フォルダーに保存された画像が表示される

［スライドショーにアルバムを追加する］の［参照］をクリックして、表示されるフォルダーを追加できる

活用編 第11章 もっと使いやすく設定しよう

2 背景の画像を変更する

［個人用設定］の画面が表示された

ここでは［ピクチャ］フォルダーに保存されている画像から選択する

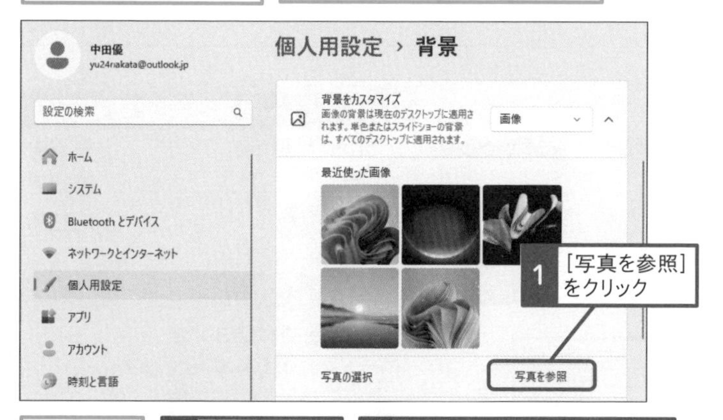

画像を選択する

デスクトップの画像が変更された

［設定］の画面を最小化しておく

使いこなしのヒント

画像の表示を調整できる

選択した画像によっては、サイズや縦横比がデスクトップと合わないことがあります。このようなときは、手順2で画面を下にスクロールし、［デスクトップ画像に合うものを選択］で別の表示方法を選択してみましょう。拡大・縮小したり、並べたりと、いろいろな方法で表示できます。

使いこなしのヒント

美しい写真が自動的に切り替わるWindowsスポットライト

背景やロック画面に［Windowsスポットライト］を選択すると、マイクロソフトが世界中から収集した珍しい写真や美しい写真を自動的に表示できます。定期的に画像が切り替わるので、いろいろな写真を楽しめます。

まとめ デスクトップの画像をカスタマイズしよう

デスクトップは言わば、自分の部屋のようなものです。作業に集中しやすいシンプルな壁紙もいいですが、せっかくなので、好みの壁紙に変えてみましょう。家族やペットの写真や自分で撮影した風景など、好みの画像に変更すれば、いつでもお気に入りの写真を見ながら作業ができます。お気に入りの写真が画像が見つからないときは、Windowsスポットライトもおすすめです。

レッスン

93 デスクトップをまとめて変更するには

テーマの設定

デスクトップの背景やウィンドウの色、サウンドなどをカスタマイズしてみましょう。「テーマ」を利用すれば、これらをまとめて変更することができます。

1 テーマの設定画面を表示する

レッスン92を参考に、[個人設定] 画面を表示しておく

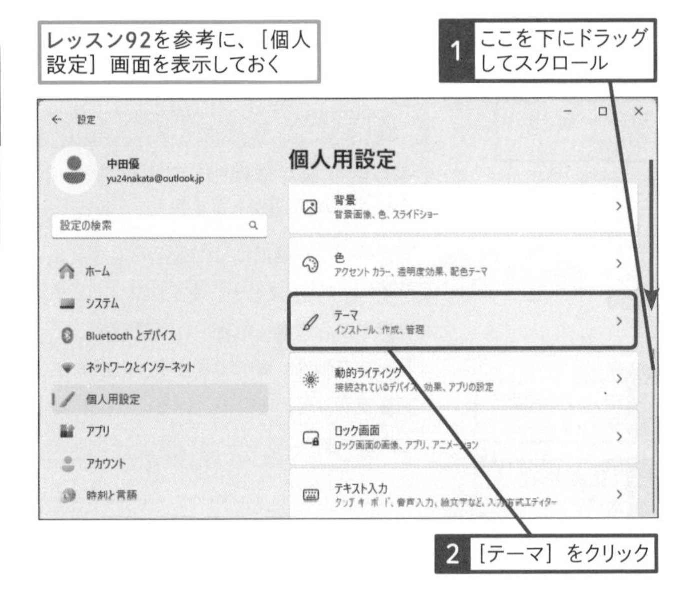

キーワード

使いこなしのヒント

暗い部屋でパソコンを使うときに適したテーマは?

夜間に暗い部屋で作業をするときなどは、明るいテーマのままだと、画面が明るすぎて見にくく感じることがあります。ここで説明した[光彩]や[ダーク]などの暗いテーマを選ぶといいでしょう。

AIアシスタント活用

ダークモードに切り替えられる

ダークモードはCopilotで「画面がまぶしい」や「画面を暗くして」と入力することでも設定できます。

スキルアップ

Microsoft Storeから新しいテーマを入手しよう

テーマはMicrosoft Storeからダウンロードすることができます。以下のように、Microsoft Storeから好みのテーマをダウンロードすると、手順2の画面に新しいテーマが追加されます。テーマを選択すれば、テーマに含まれる壁紙などが表示されます。ちなみに、ほとんどのテーマは無料でダウンロードできます。

手順2の画面を表示しておく

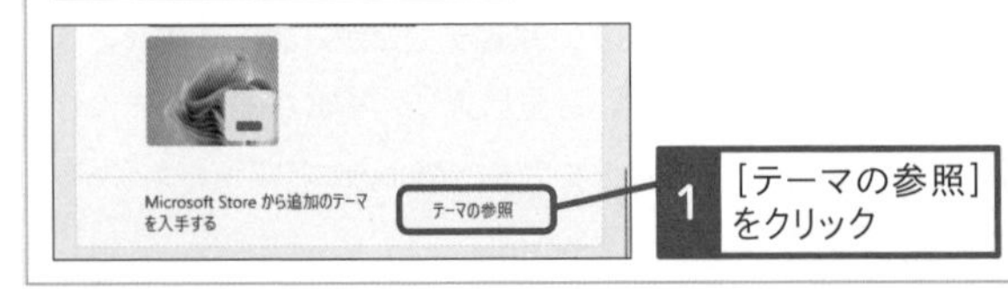

[Microsoft Store] アプリが起動した

活用編 第11章 もっと使いやすく設定しよう

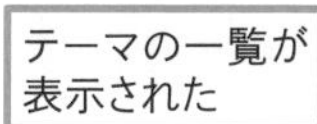

2 テーマを変更する

テーマの一覧が表示された

1 ［光彩］をクリック

［閉じる］をクリックして、［個人用設定］の画面を閉じておく

デスクトップやウィンドウの配色が変わった

［光彩］のテーマでは、自動でデスクトップの背景画像が切り替わる

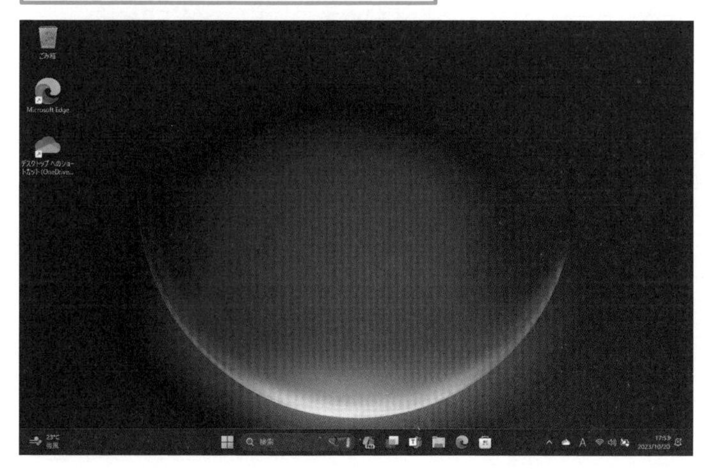

使いこなしのヒント

パソコンを使いやすくする［アクセシビリティ］を活用しよう

手順1で左側の一覧から［アクセシビリティ］を選択すると、テキストサイズやマウスポインターを変更したり、カラーフィルターやコントラストテーマを設定したりできます。パソコンが使いにくいと感じたときはアクセシビリティから設定を変更してみましょう。

ここに注意

間違ったテーマを選んでしまったときは、もう一度、操作をやり直してテーマを変更しましょう。

使いこなしのヒント

標準のテーマに戻すには

手順2の画面でテーマの一覧にある［Windows（ライト）］を選択すると、Windows 11標準のテーマに戻すことができます。ちなみに、パソコンメーカーオリジナルのテーマが設定されていたときは、メーカーが用意したテーマを選ぶことで、元のテーマに戻せます。

まとめ テーマを使えばまとめて設定を変更できる

テーマを利用すると、デスクトップやウィンドウのデザインをまとめて変更できます。デスクトップの背景が変更され、ウィンドウの色もこれまでとはイメージの違うデザインになります。テーマを選ぶだけで手軽に設定できるうえ、ほかのテーマにもすぐに変更できるので、その日の気分によって変えてみるのも楽しいでしょう。

レッスン

94 生体認証でサインインするには

指紋認証

パスワードの代わりに、指紋や顔など、身体の情報を使ってサインインする機能を「生体認証」と呼びます。Windowsに指紋を使って、サインインしてみましょう。

1 ［サインインオプション］画面を表示する

レッスン88を参考に、［設定］画面を表示しておく

1 ［アカウント］をクリック

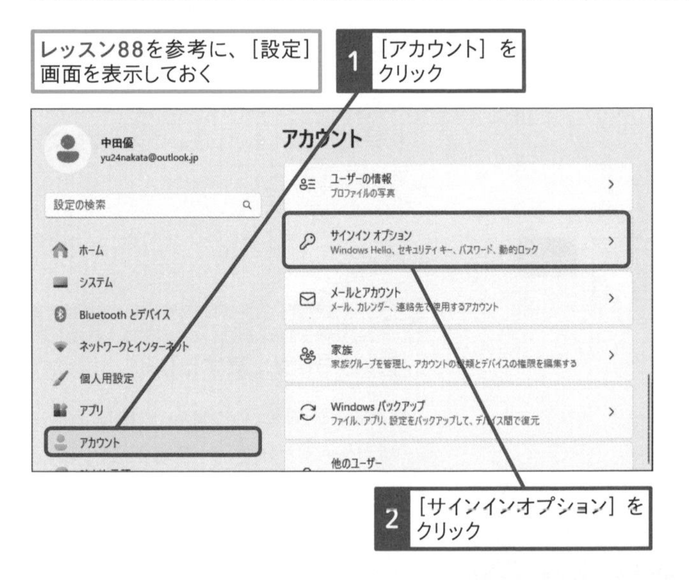

2 ［サインインオプション］をクリック

2 サインインの方法を選択する

ここでは指紋認証の設定をする

1 ［指紋認証］をクリック

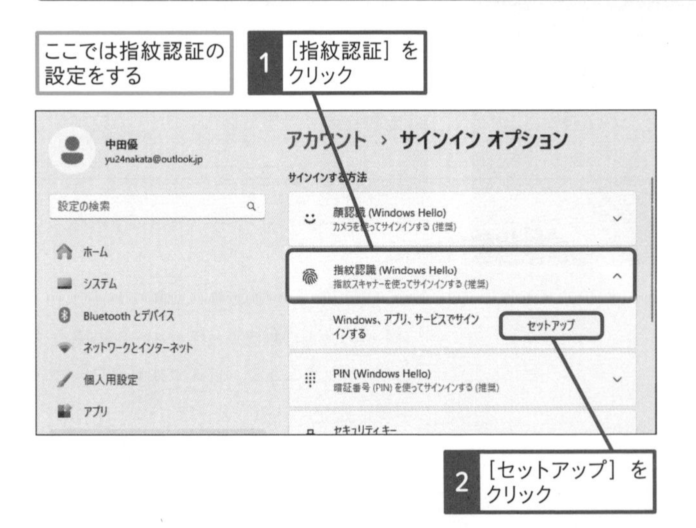

2 ［セットアップ］をクリック

キーワード

PIN	P.324
Windows Hello	P.325

使いこなしのヒント

Windows Hello対応の認証用機器が必要

生体認証を利用するには、指紋を読み取るための指紋センサーや顔を認識するためのカメラが必要です。いずれもWindows 11の生体認証の規格である「Windows Hello」に対応した機器が必要です。パソコンに搭載されていないときは、別途、USB接続の指紋センサーや顔認証用カメラを購入し、接続しておきましょう。

使いこなしのヒント

「パスキー」でパスワードレスサインインもできる

Windows 11では「パスキー」と呼ばれるパスワードレス認証の標準規格にも対応しています。マイクロソフトやGoogleなど、パスキーに対応したサイトであれば、Windows 11に保存された認証情報を使って、自動的にサインインできます。

ここに注意

手順2で、使いたいサインイン方法に［このオプションは現在利用できません］と表示されているときは、パソコンにWindows Helloに対応した指紋センサーなどの機器が搭載されていません。機器が搭載されているときは、正しく接続されているか、ドライバーがインストールされているかなどを確認してから設定しましょう。

スキルアップ

PINを変更するには

Windows 11の初期設定時などに設定したPINは、以下の手順で変更できます。英字や記号を組み合わせたより強力なPINも設定できるので、必要に応じて変更しておきましょう。

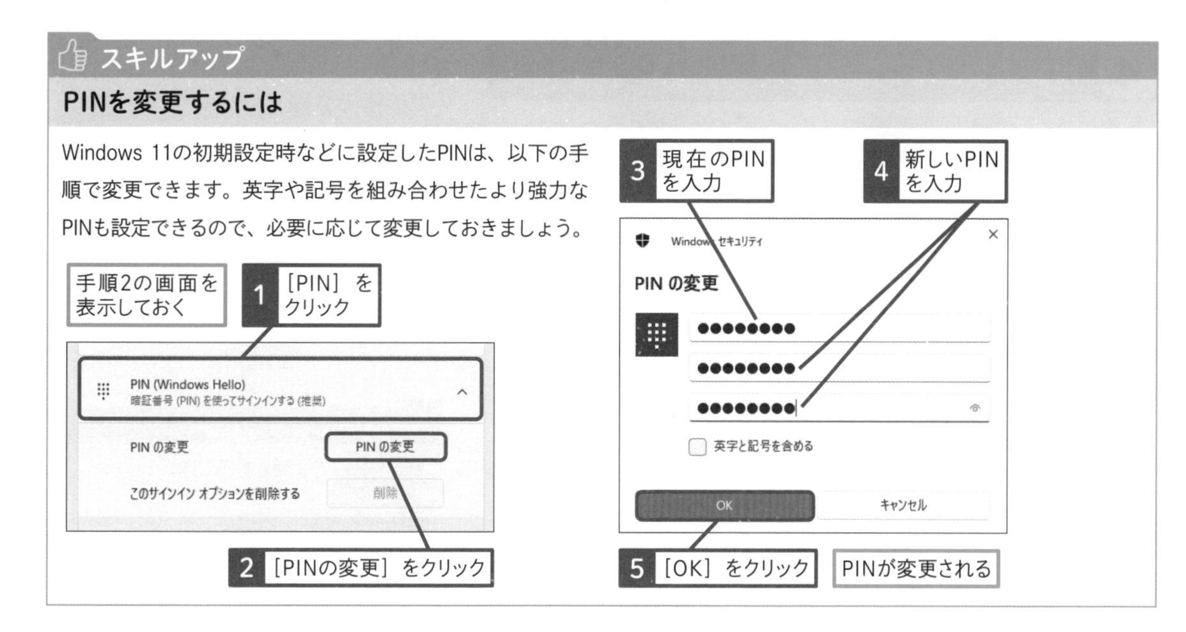

3 指紋認証のセットアップを開始する

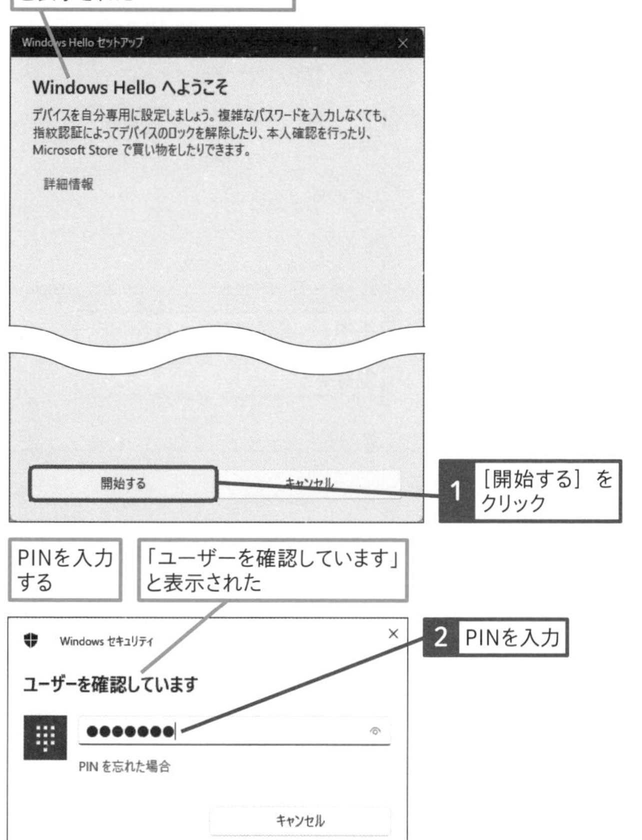

使いこなしのヒント

パスワードでのサインインを禁止できる

手順2で［セキュリティ向上のため、このデバイスではMicrosoftアカウント用にWindows Helloサインインのみを許可する］がオンになっている場合、指紋、顔認証、PINなどWindows Helloでのサインインのみが許可され、パスワードでのサインインはできなくなります。

用語解説

Windows Hello

Windows Helloは指紋や顔認識による生体認証、またはPINなど、従来のパスワードに変わる方法でWindowsにサインインする機能です。指紋や顔で、簡単にサインインできるだけでなく、パスワードと違って、盗用される心配がないため、安全にサインインできます。

次のページに続く

4 指紋の登録を開始する

「指紋センサーにタッチ」と表示された

1 指紋センサーに指をあてる

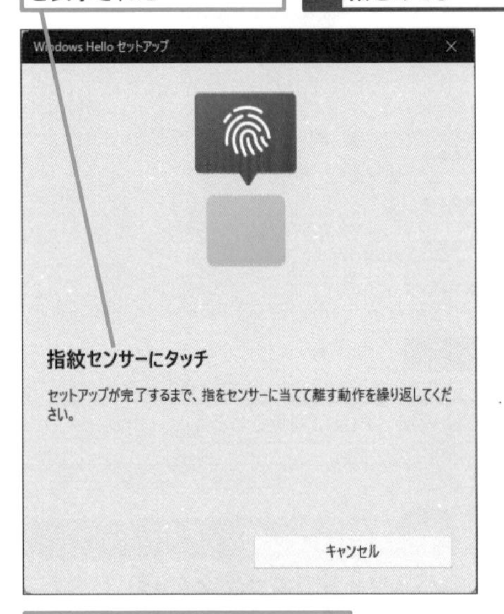

「センサーにもう一度タッチしてください」と表示された

2 もう一度、指紋センサーに指をあてる

画面の表示が変わるまで、何度かくり返す

使いこなしのヒント

どの指で登録すればいいの?

登録する指はどの指でもかまいません。ただし、サインイン時に毎回使う指になるため、パソコンの指紋センサーの位置を確認して、タッチしやすい指を選ぶといいでしょう。

使いこなしのヒント

別の指紋を登録するには

指紋の登録後、次のように［指の追加］をクリックすると、別の指紋を追加で登録できます。指をケガした場合などに備えて、別の指も登録しておくと安心です。

手順2の画面を表示しておく

1 ［指の追加］をクリック

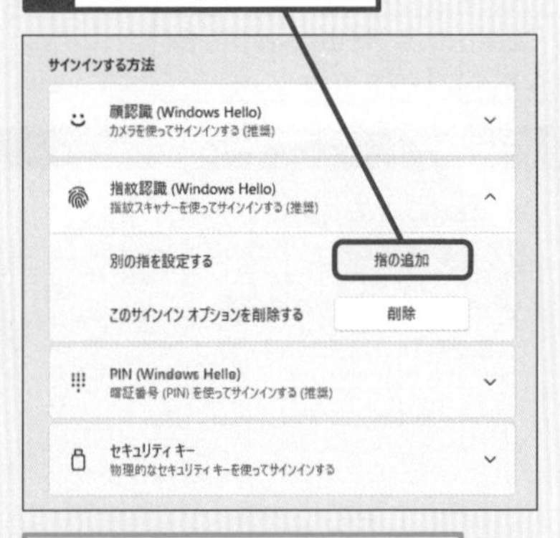

手順3の画面が表示されるので、レッスンと同様の手順で指紋を登録する

ここに注意

手順4で指の当て方が十分でないと、指紋が認識されないことがあります。ゆっくり、適度に力を入れて、しっかりと指紋を読み込ませましょう。

● 角度を変えて指紋の登録を続ける

「次は別の角度で行ってください」と表示された

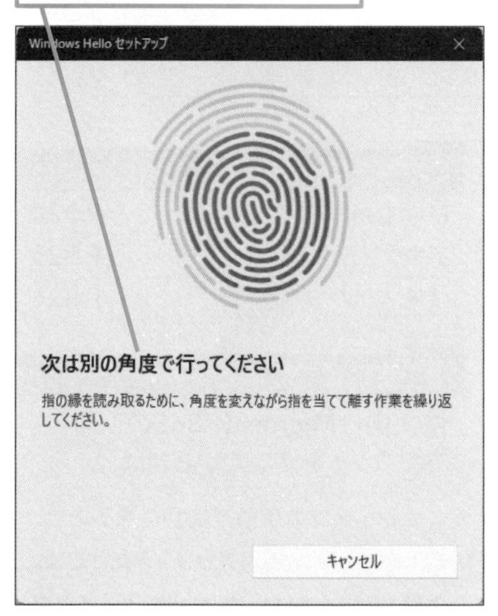

3 角度を変えて、指紋センサーに指をあてる

画面の表示が変わるまで、何度かくり返す

指紋の登録が完了した

「すべて完了しました。」と表示された

4 ［閉じる］をクリック

使いこなしのヒント

指紋認証でサインインするには

生体認証がオンの場合、サインイン画面で指紋や顔を読み込ませるだけで、自動的にサインインできます。指紋の場合は、本体の指紋センサーに指を当てたり、指をスライドして指紋を読み込ませます。顔の場合は、カメラに映るように顔の位置を調整します。もし、目的の方法でサインインできなかったときは、［サインインオプション］をクリックすることで、PINなど、別の方法でサインインできます。

スキルアップ

顔認証を使うには

顔認証を利用するには、パソコンにWindows Hello対応カメラが必要です。手順2で［顔認証］を選択し、カメラに顔を向けて、自分の顔を登録しましょう。メガネなどを装着した状態でも認証したいときは、顔認証を登録をした後、［認識精度を高める］をクリックします。［精度を高める］をクリックして、メガネをかけた状態などで、追加情報を登録します。

まとめ PINも入力しなくて済む

Windows 11はパスワードの代わりにPINを使って、簡単にサインインできますが、生体認証を使うと、指をタッチしたり、顔を写すだけで、もっと簡単にサインインできます。生体情報は自分しか持っていないものなので、第三者に悪用される心配なく、安全に利用できます。パソコンが対応している場合は、すみやかに生体認証に切り替えておきましょう。

レッスン

95 新しいアカウントを追加するには

その他のユーザーを追加する

自宅などで使っているパソコンを仕事でも使いたいときは、個人のアカウントと別に、仕事用のアカウントを追加することをおすすめします。設定やデータを分けて保存できるので安心です。

Microsoftアカウントを追加する

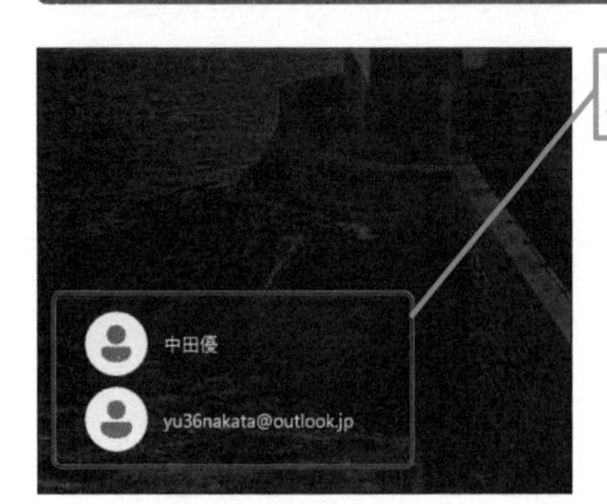

複数のアカウントを設定し、使い分けられる

1 アカウントの追加を開始する

レッスン94を参考に、[アカウント]の画面を表示しておく

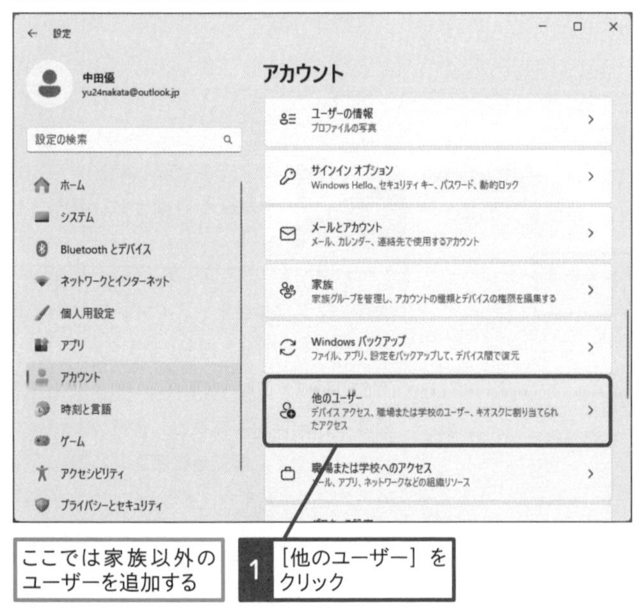

ここでは家族以外のユーザーを追加する

1 [他のユーザー]をクリック

キーワード

Microsoftアカウント	P.324
アカウント	P.325
サインイン	P.326

使いこなしのヒント

法人向けMicrosoft 365のアカウントを使いたいときは

このレッスンの手順で追加できるのは、個人向けのMicrosoftアカウントだけです。手順3で法人向けのMicrosoft 365アカウントを入力しても「Microsoftアカウントではないようです」と表示され、追加できません。法人向けMicrosoft 365アカウントを利用したいときは、一旦、このレッスンの手順の通りに個人用Microsoft 365アカウント（旧Office 365アカウント）を追加し、そのユーザーでサインインしてから、後で手順1の画面の［職場または学校へのアクセス］から法人向けMicrosoft 365アカウントを関連付けします。

ここに注意

手順1でほかの項目を選んでしまったときは、左上の［ホーム］や ← をクリックすると、手順1の画面に戻ります。もう一度、正しい項目をクリックしましょう。

● 追加するユーザーの種類を選択する

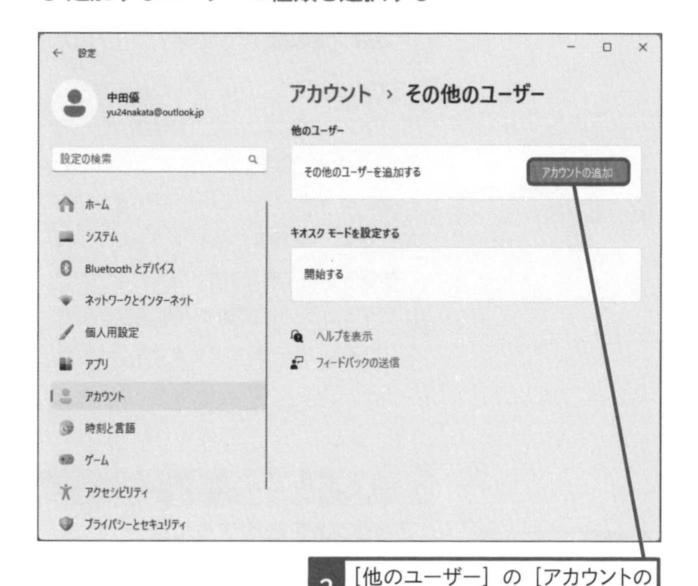

2 ［他のユーザー］の［アカウントの追加］をクリック

2 追加するアカウントのメールアドレスを入力する

Microsoftアカウントを取得していないときは、右のヒントを参考に、取得しておく

1 メールアドレスを入力

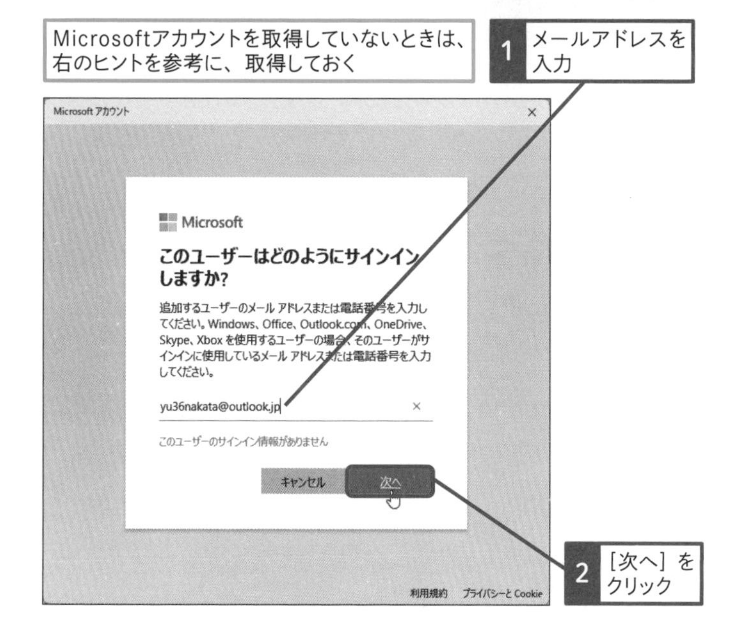

2 ［次へ］をクリック

使いこなしのヒント

家族と他のユーザーは何が違うの?

手順1で［家族］をクリックすると、1台のパソコンを家族と共有できます。共有できるだけでなく、「ファミリーセーフティー」という機能を使って、利用時間やアクセスできるWebサイトなどを制限することができます。

使いこなしのヒント

Microsoftアカウントを取得しておく

手順2ではMicrosoftアカウント以外のメールアドレスが追加できません。Microsoftアカウントを取得していないときは、以下の手順を参考に、Microsoftアカウントを取得し、手順3の画面に入力します。Microsoftアカウントは無料で取得することができます。

Microsoft Edgeで以下のURLのWebページを表示しておく

▼Microsoftアカウントの作成
https://account.microsoft.com/

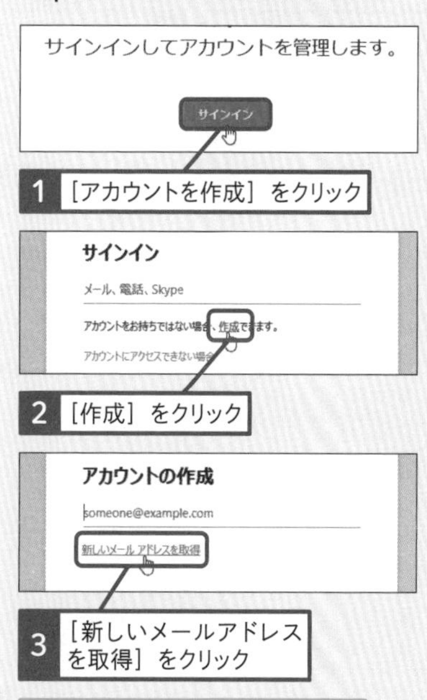

画面の指示に従って、Microsoftアカウントを取得しておく

次のページに続く

● アカウントの追加を完了する

アカウントが追加された

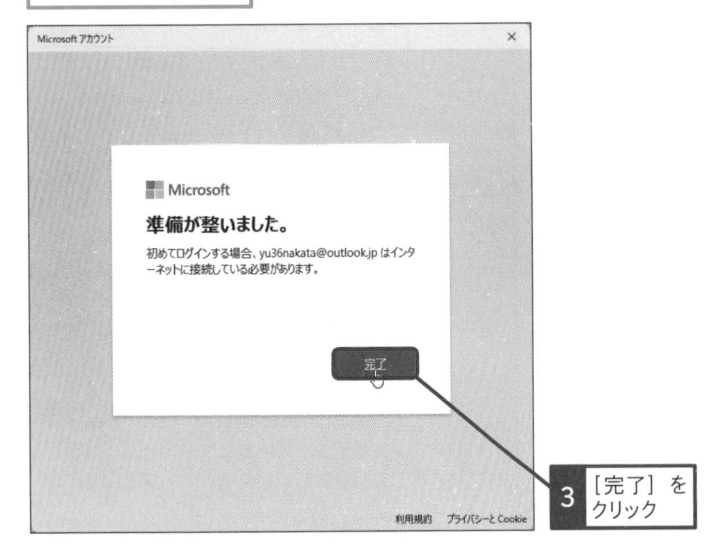

3 アカウントの種類を変更する

追加したアカウントが表示された

1 アカウント名をクリック

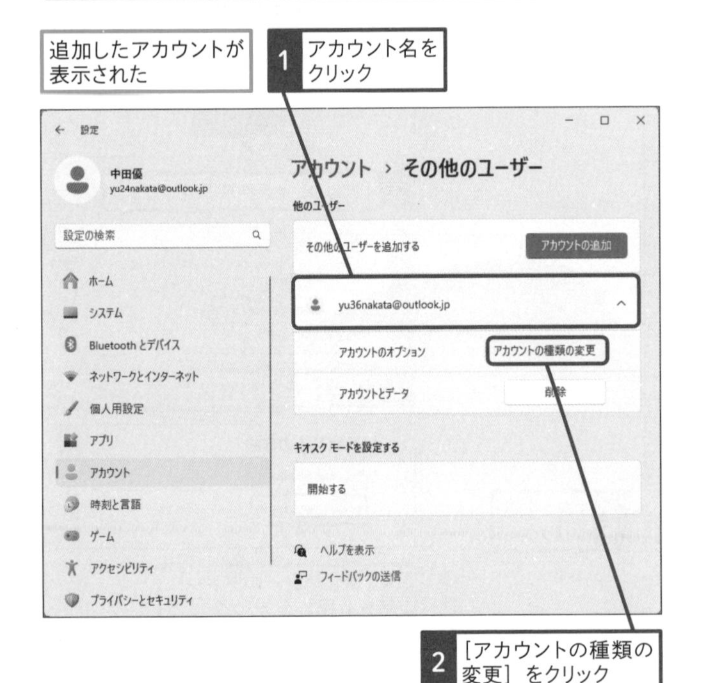

2 ［アカウントの種類の変更］をクリック

使いこなしのヒント

アカウントの種類って何?

手順3の操作3のように、Windows 11ではアカウントの種類として、［管理者］と［標準ユーザー］を設定できます。それぞれの違いは、操作できる機能や設定できる項目です。［管理者］はパソコンのすべての機能を利用できますが、［標準ユーザー］はセキュリティに関連する設定変更やアプリのインストールができません。

スキルアップ

アカウントを削除するには

追加したアカウントが不要になったときは、手順3の［アカウントとデータ］の［削除］をクリックすることで削除できます。ただし、削除すると、そのアカウントで作成したデータなどがパソコン上から削除されます。本当に削除してもいいかを確認して、慎重に操作しましょう。

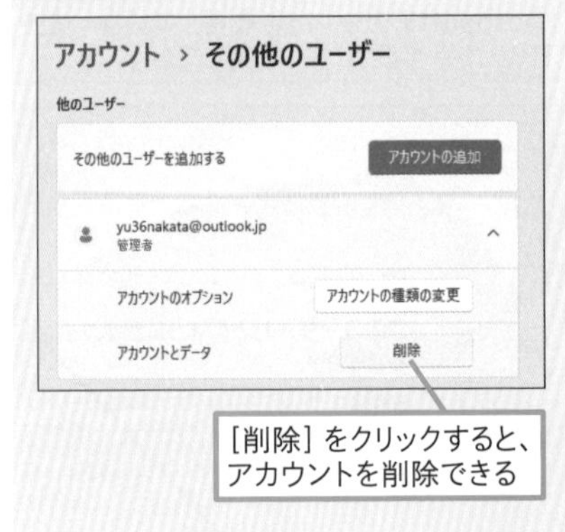

［削除］をクリックすると、アカウントを削除できる

ここに注意

［アカウントとデータを削除しますか?］と表示されたときは、手順3の操作を間違えています。［キャンセル］をクリックして、手順3から操作をやり直してください。

● アカウントの種類を選択する

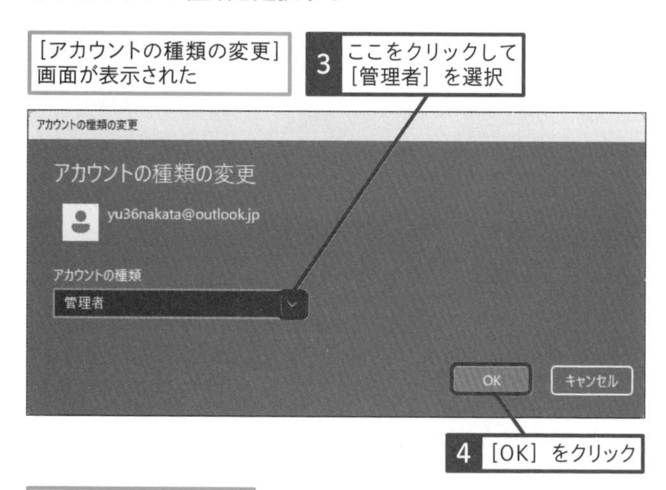

使いこなしのヒント

新しいアカウントでサインインするには

Windowsにアカウントを追加すると、Windowsを起動したときのロック画面に、元から設定してあったアカウントのほかに、新たに設定したアカウントが表示されます。利用したいアカウントを選んでサインインしましょう。また、スタートメニューのアカウントアイコンから、別のアカウントを選択することで、再起動しなくてもアカウントを切り替えて、使いはじめることができます。

使いこなしのヒント

ブラウザー環境のみ使い分けることもできる

ファイルなどは分けずに、ブラウザーの環境のみを使い分けることもできます。Edgeでプロファイルを作成すると、お気に入りや保存されるパスワードなど、ブラウザーの環境だけを個人用と仕事用などで分離することができます。

まとめ 用途によってアカウントを使い分けよう

家庭で共有しているパソコンをテレワークなどで使うと、仕事の文書やデータを家族が見てしまったり、誤った操作で外部に情報を公開したりするリスクがあります。そこで、おすすめしたいのがWindowsにアカウントを追加し、個人用と仕事用で使い分ける方法です。アカウントを区別することで、セキュリティに配慮できます。このアカウントを追加する方法は、仕事だけでなく、家族みんなで1台のパソコンを使い分けたり、リビングのパソコンに子ども用の環境を追加したりするときにも役立ちます。

レッスン

96 タスクバーのアイコンを設定するには

アイコンの左揃え

Windows 11のタスクバーをカスタマイズしてみましょう。ここでは、スタートボタンやタスクバーのアイコンを左端に寄せることで、従来のWindows 10に近い操作環境に変更します。

キーワード

ウィジェット	P.326
タスクバー	P.327

Before

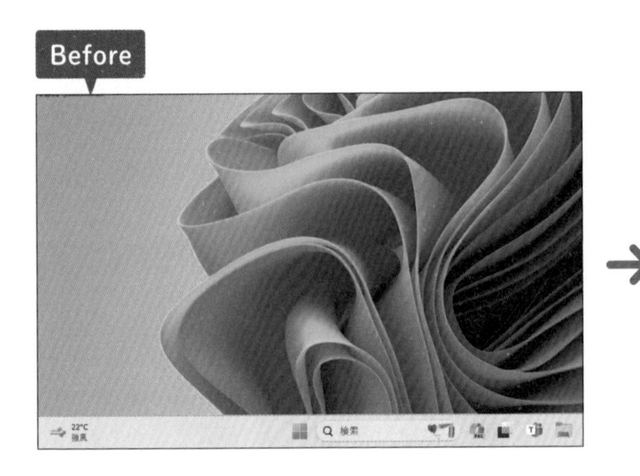

After

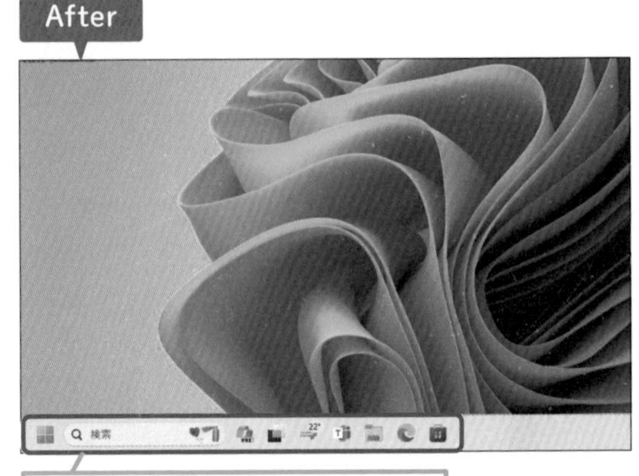

［スタート］ボタンなどをタスクバーの左に寄せて配置できる

1 ［タスクバー］画面を表示する

1 タスクバーの何もないところを右クリック

2 ［タスクバーの設定］をクリック

3 ［タスクバーの動作］をクリック

使いこなしのヒント

ウィジェットなどを非表示にできる

手順1に表示される［タスクバー項目］を利用すると、タスクバーに表示される項目の表示/非表示を切り替えられます。［検索］や［ウィジェット］など、好みに合わせて表示を切り替えましょう。

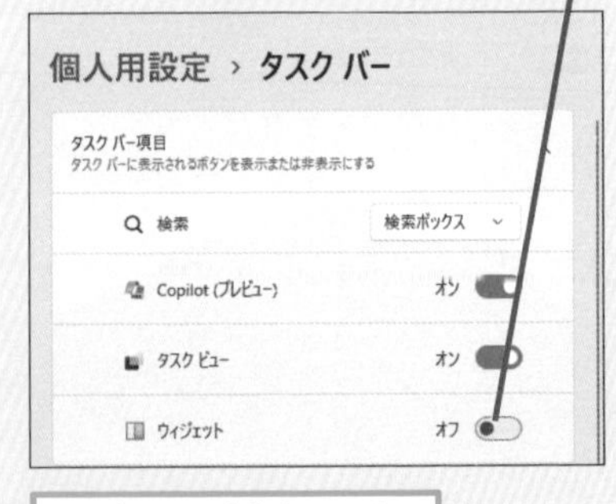

1 ［ウィジェット］のここをクリックしてオフにする

ウィジェットが非表示になる

活用編 第11章 もっと使いやすく設定しよう

スキルアップ

［スタート］メニューを細かく設定できる

タスクバーだけでなく、好みに合わせて［スタート］メニューもカスタマイズしてみましょう。以下のように設定することで、表示できるアイコンの数を増やしたり、電源ボタンの隣に設定やフォルダーのアイコンを表示したりできます。

レッスン92を参考に、［個人用設定］の画面を表示しておく

1 ［スタート］をクリック

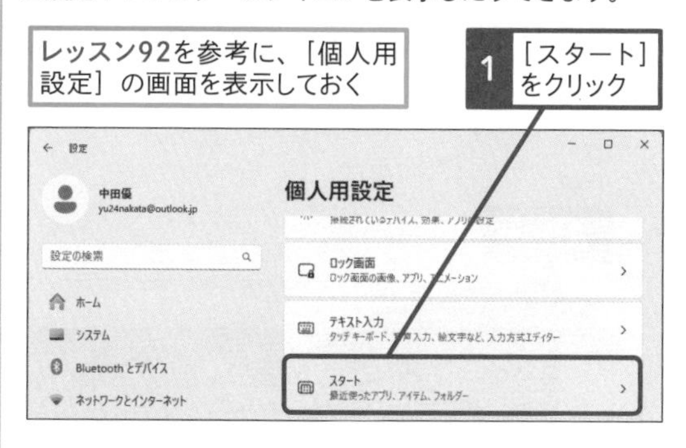

［スタート］メニューを細かく設定できる

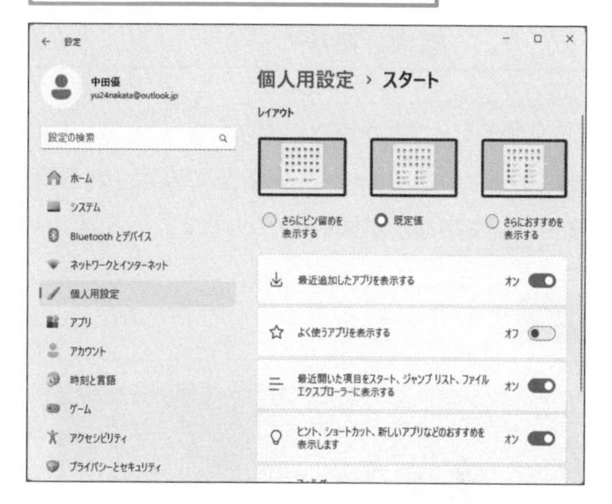

● 左揃えに設定する

4 ここをクリックして［左揃え］を選択

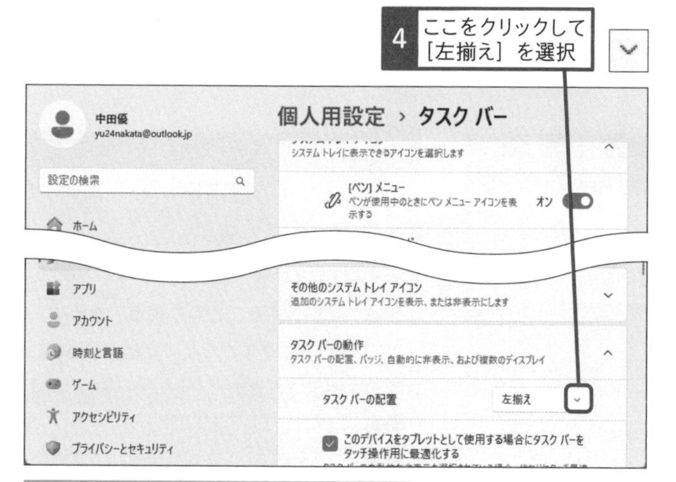

［閉じる］をクリックして、［タスクバー］の画面を閉じておく

タスクバーのアイコンが左に移動した

使いこなしのヒント

タスクバーを自動的に隠せる

操作4の画面で［タスクバーを自動的に隠す］にチェックマークを付けると、タスクバーが自動的に隠され、マウスを画面下部に移動したときだけ表示されるようにできます。アプリを最大化するときにタスクバーの領域も使えるようになるので、画面をなるべく広く使いたいときに便利です。

まとめ 使い慣れたタスクバーに変更できる

タスクバーはWinodwsの操作の中心になる機能です。そのため、使いやすくカスタマイズすることで、普段の操作が快適になります。特に、これまでWindows 10を使っていた人にとっては、Windows 11のスタートボタンの位置に違和感を覚えるかもしれません。このレッスンで説明したように、アイコンを左端に寄せることで慣れたWindows 10の操作感に近づけることができます。そのほかの設定も試しながら、自分の使いやすい環境を作り上げていくといいでしょう。

レッスン

97 文字やアプリが表示される大きさを設定するには

拡大／縮小

画面の文字やアイコンが小さくて見えにくいと感じるときは、画面を拡大してみるといいでしょう。一画面に表示される情報量は少なくなりますが、文字などが見やすくなります。

キーワード

デスクトップ　P.327

Before

After

1 文字やアプリの拡大率を設定する

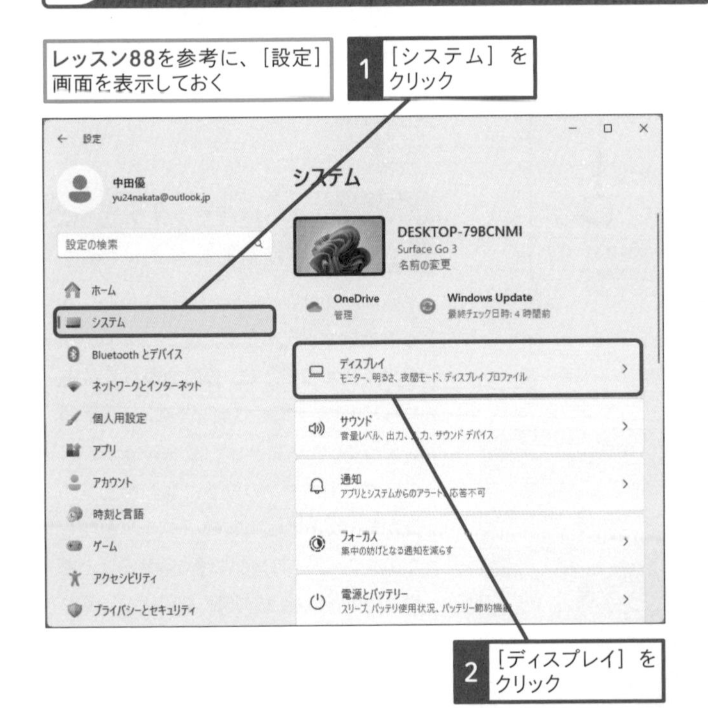

時短ワザ

ディスプレイの設定をすばやく表示する

ディスプレイの設定画面は、デスクトップを右クリックすることでも表示できます。以下のように操作すると、すばやく設定画面を表示できます。

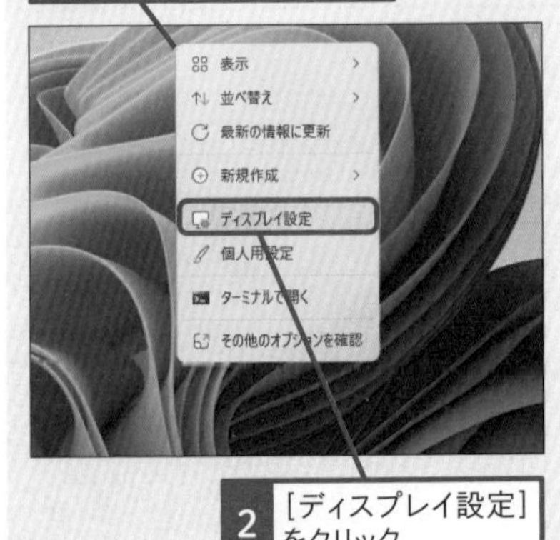

スキルアップ

ディスプレイの解像度を変更する

ディスプレイによっては、画面の解像度も変更できます。解像度を高くするほど、より多くの情報を1画面に表示できますが、文字やアイコンが小さくなります。

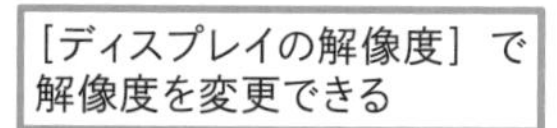

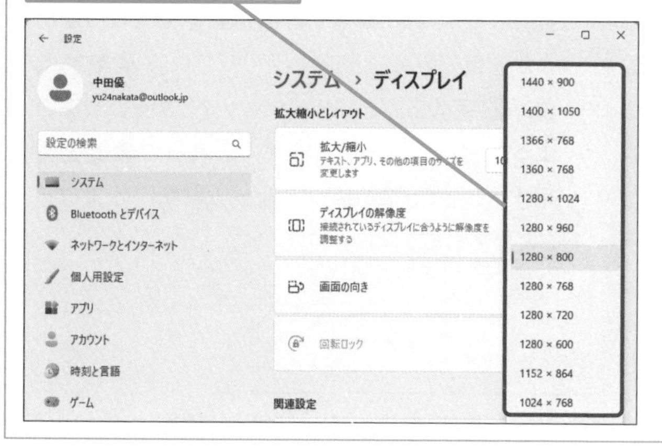

● 文字の拡大率を設定する

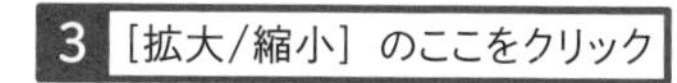

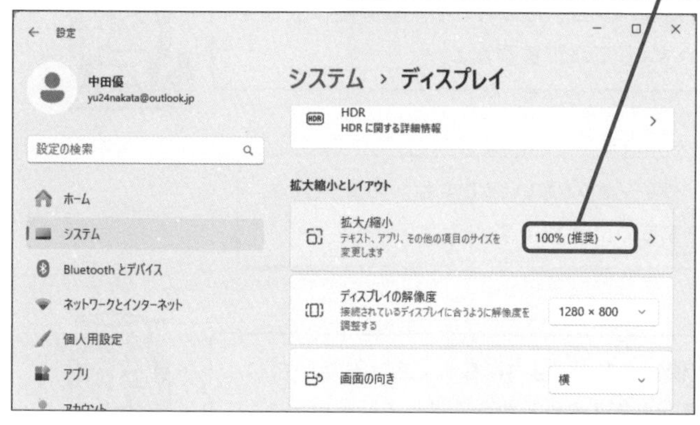

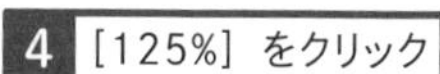

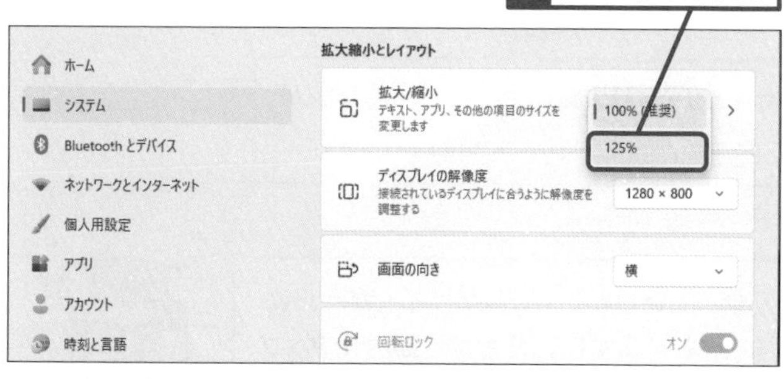

文字の拡大率が125%に設定される

使いこなしのヒント

［推奨］と表示されているときは

拡大/縮小の設定は、選択した倍率だけでなく、ディスプレイの解像度との組み合わせによって、最終的な見え方が決まります。たとえば、高い解像度で倍率が高い場合と低い解像度で倍率が低い場合で、同じくらいの文字の大きさの見え方になることがあります。このため、一般的によく使われる組み合わせには「(推奨)」と表示されます。よくわからないときは、推奨の値のまま利用するといいでしょう。

使いこなしのヒント

表示がおかしくなったときは

拡大/縮小の設定を変更すると、アプリによっては表示が乱れる場合があります。倍率を変更したときは、アプリを起動し直したり、画面の指示に従って一旦サインアウトして、サインインし直したりして、新しい表示設定を適用し直す必要があります。

まとめ　簡単に画面を見やすくできる

ディスプレイの拡大/縮小を変更すると、手軽に文字やアイコンを大きくして見やすくすることができます。特にWQHDや4Kなどの高解像度のディスプレイを利用している場合は、100%だと文字が小さくなりすぎてしまうので、拡大して使うのが一般的です。標準設定で推奨の拡大率が適用されていますが、好みに合わせて変更するといいでしょう。もちろん、縮小して、1画面に表示できる情報量を増やしたり、デスクトップを広く利用したりすることもできます。

この章のまとめ

自分好みの設定でパソコンを使おう

この章では、Windowsを最新の状態に更新したり、周辺機器を接続したり、アカウントの設定を変更したり、デスクトップやタスクバーをカスタマイズしたりする方法を説明しました。これらのうち、Windows Updateはすべての人に知っておいてほしい機能ですが、そのほかの機能については、環境や好みに合わせて使うかどうかを自分自身で判断してください。基本的に標準設定のままでもWindows 11は使いやすいように設計されていますが、これらの機能を活用することで、より自分に合った環境に仕上げることができます。

タスクバーの設定にデスクトップの背景、テーマなど、設定を試しながら、自分なりに使いやすいパソコンになってきた気がします！

いいね！　毎日使うパソコンだからこそ、自分用に設定を変えて、使いやすくしてのが重要だよ。

Windows 11で新しく加わったウィジェットもいいですね。ちょっとした空き時間に最新情報をチェックするのに便利です。

新しい機能をしっかりと使いこなせるようになってきたみたいだね。ウィジェットも表示する情報を変えられるから、試してみるといいよ！

指紋認証を使った生体認証はセキュリティ対策だけでなく、サインインが手軽になって一石二鳥です。

これでセキュリティ対策は万全、といいたいところだけど、Windows Updateで最新の状態にすることも忘れずに。普段は自動的にアップデートされるけど、再起動が必要なときもあるから、注意しよう。

Windows 11の疑問に答えるQ&A

ここではWindowsに関する素朴な疑問や操作に関する「困った！」を解決するための対処方法を解説します。つまずきやすい事柄をQ&A形式でまとめているので、困ったときの参考にしてください。

Q1 どのバージョンのWindowsからアップグレードできるの？

A Windows 10（バージョン2004以降）から可能です

Windows 11にアップグレードするには、現在使っているパソコンがWindows 10（バージョン2004以降）を実行している必要があります。これよりも古いバージョンからはアップグレードできません。条件を満たしている場合、基本的に今までのデータや設定、メール環境なども引き継いだ状態でアップグレードできます。ただし、一部、引き継がれないものや再設定が必要なものもあります。

データ	ドキュメントやピクチャなどのデータはそのまま引き継がれます
設定	基本的に以前の設定が引き継がれますが、既定のアプリなど一部の設定は変更されます
メール環境	[メール] アプリやOutlookなど今まで使っていたメールの設定やデータが引き継がれます
お気に入り	Microsoft Edgeに引き継がれます
アプリ	Windows 11に対応したアプリはそのまま引き継がれます
パスワード	メールのパスワードなど、一部の情報は引き継がれないため、再入力が必要なものがあります

Q2 マウスですぐにデバイスマネージャーやタスクマネージャーを表示するには

A コマンドのクイックリンクから項目を選びます

タスクバーの［スタート］ボタンを右クリック（タッチ操作の場合はロングタッチ）すると、コマンドのクイックリンクを表示できます。デバイスマネージャーなどの設定画面をすぐに表示したり、パソコンをシャットダウンしたり、再起動したりすることも簡単にできます。ちなみに、⊞+Xキーを押しても同じ画面を表示できます。

Q3 Microsoftアカウントのパスワードを忘れてしまったときは

A パスワードをリセットします

Microsoftアカウントのパスワードは、専用のWebページから再設定することができますが、再設定には本人確認の操作が必要です。Microsoftアカウントにひも付けられた携帯電話やスマートフォンのSMS、メールアドレス宛へのメール、電話での音声通話のいずれかで受け取った確認用のセキュリティコードを入力しましょう。ちなみに、ここではパソコンからパスワードをリセットしていますが、スマートフォンのブラウザーでも同様にパスワードをリセットすることができます。

▼アカウントの回復
https://account.live.com/ResetPassword.aspx

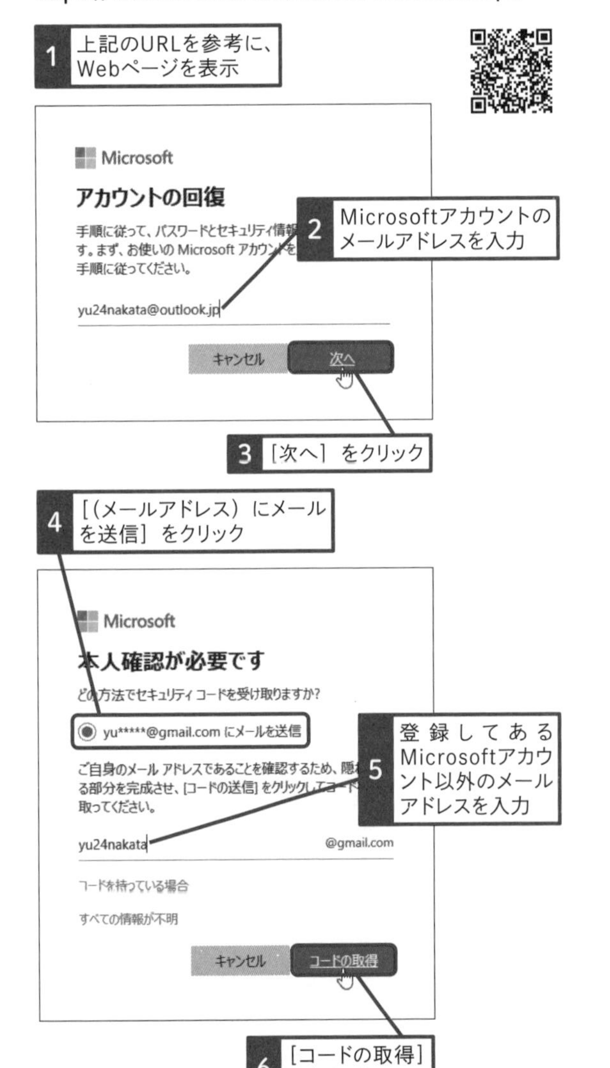

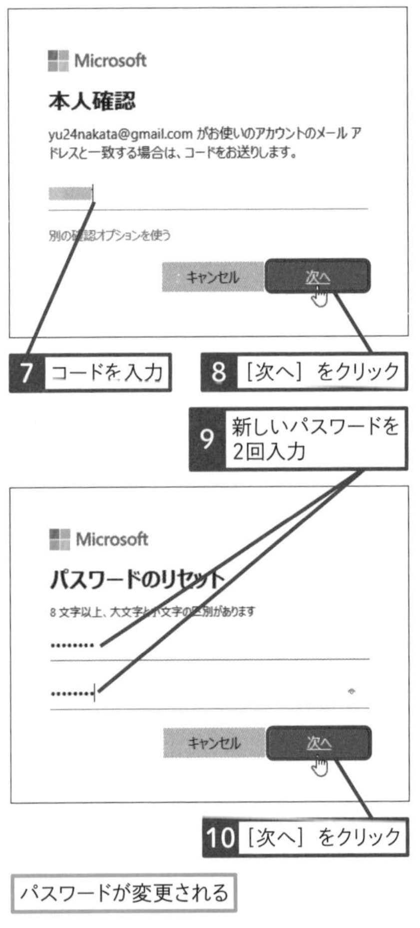

Q4 MicrosoftアカウントのPINを忘れてしまったときは

A サインイン画面からPINをリセットします

サインインするときの暗証番号となる「PIN」を忘れてしまったときは、以下のような手順でリセットできます。Microsoftアカウントでのサインイン、およびSMSなどでの本人確認をして、リセットしましょう。なお、PINは、パソコン本体に保存されてるため、スマートフォンなど、ほかの端末からリセットすることはできません。必ずPINを設定したパソコンで操作します。

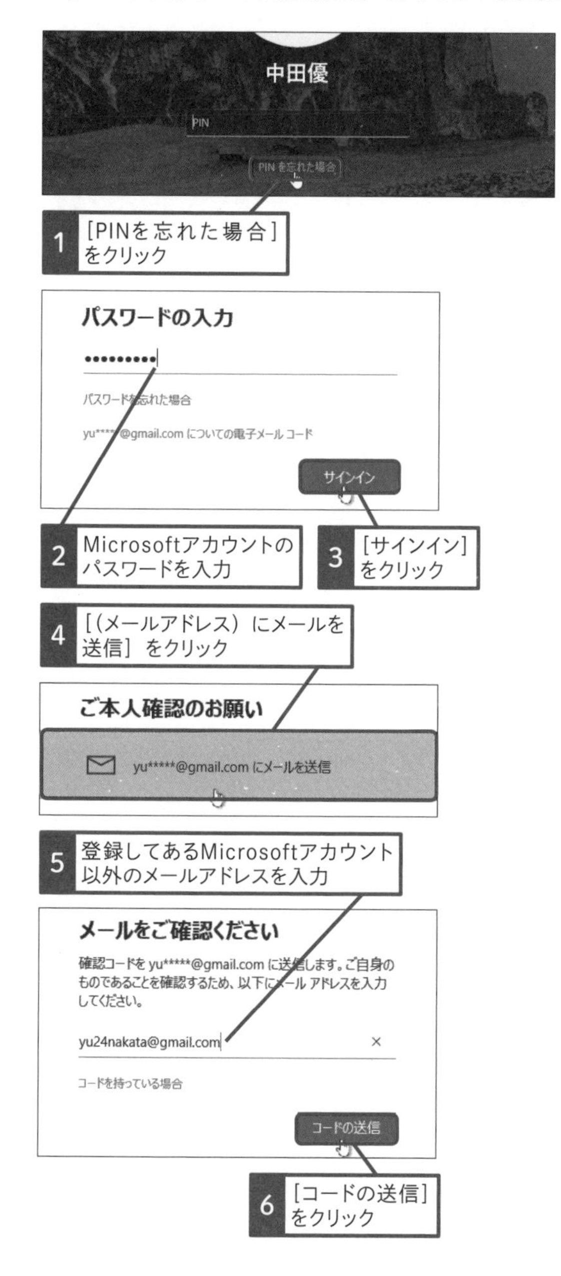

携帯電話に送信されたコードを確認しておく

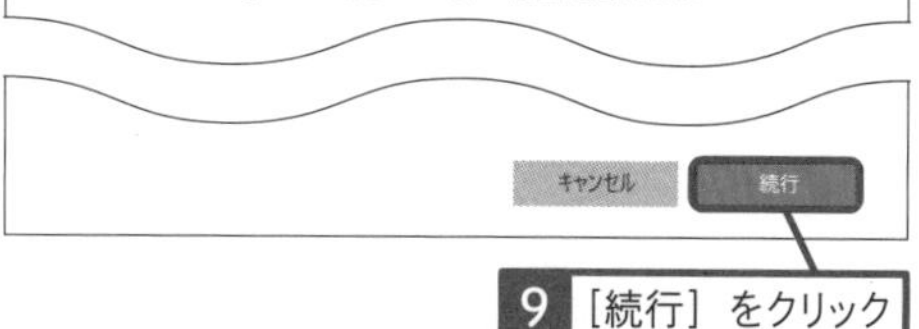

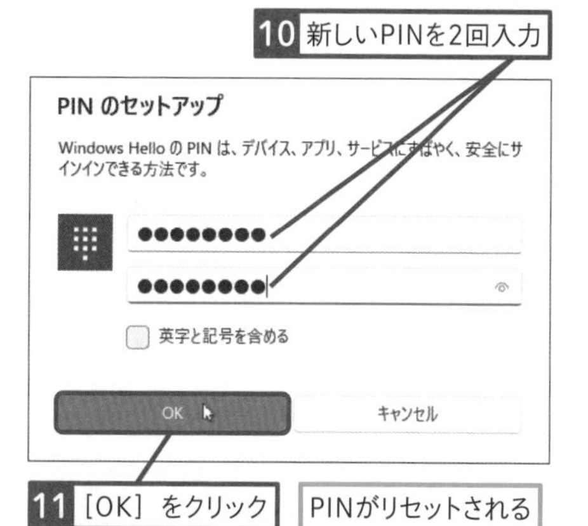

PINがリセットされる

Q5 ファイルをダブルクリックしたときに自動的に起動するアプリを変更したい

A 「関連付け」の設定を変更します

特定のファイルをダブルクリックしたとき、意図しないアプリが自動的に起動した場合は、既定のアプリを変更しましょう。たとえば、音楽データをダブルクリックすると、標準では［メディアプレーヤー］が起動します。iTunesなど、ほかのアプリを使いたいときは、以下のように［既定のアプリ］の設定を変更します。ファイル形式ごとに、自動的に起動したいアプリを設定し直しましょう。また、エクスプローラーでファイルを右クリックし、［プログラムから開く］-［別のプログラムを選択］を選択し、［常にこのアプリを使って.○○○ファイルを開く］にチェックマークを付けた状態でアプリを選択することでも既定のアプリを変更することができます。

レッスン88を参考に、［設定］画面を表示しておく

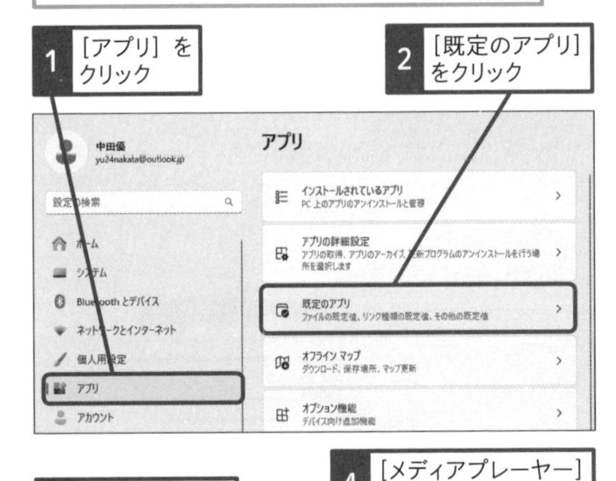

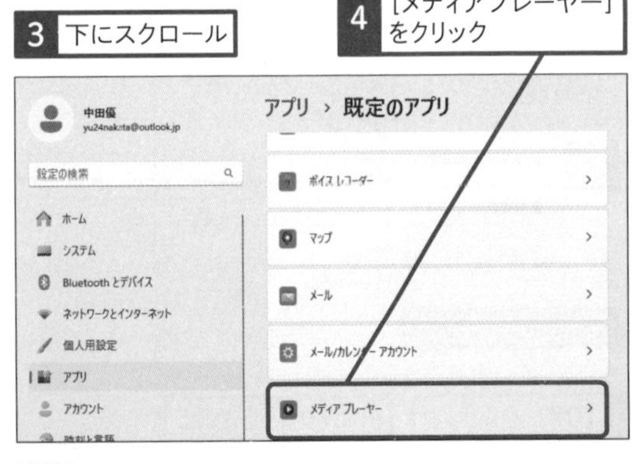

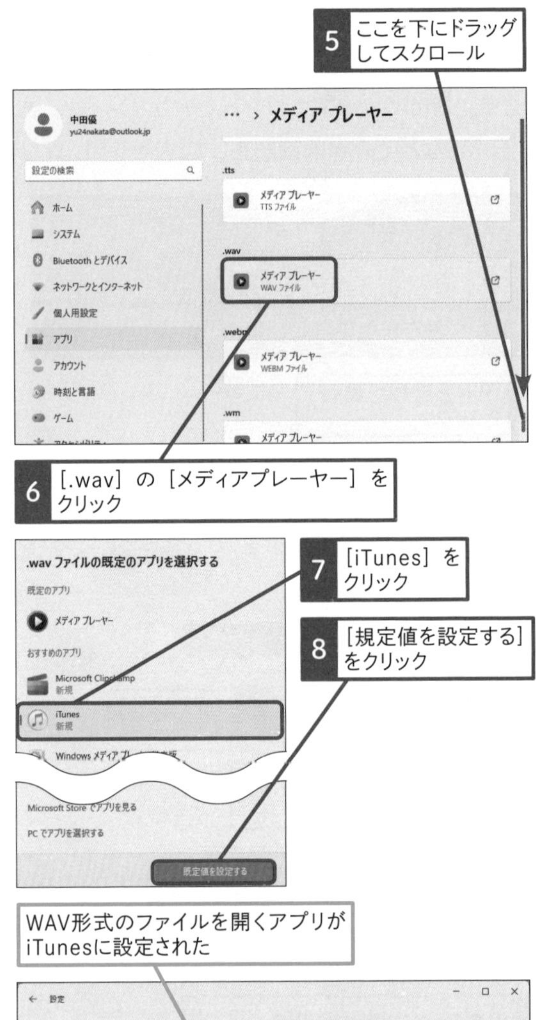

WAV形式のファイルを開くアプリがiTunesに設定された

Q6 タッチ操作で文字を入力するには

A 通知領域のボタンをクリックして、タッチキーボードを表示します

タッチパネルと通常のキーボードの両方が利用できるパソコンでは、文字の入力方法を切り替えることができます。文字入力時に、通知領域の［タッチキーボード］ボタンをクリックすると、画面にタッチでキーボードを表示できます。ちなみに、2in1パソコンで、キーボードを取り外しているときは、切り替え操作をしなくても画面上の入力欄をタップするだけで、自動的にタッチキーボードが表示されます。もし、［タッチキーボード］ボタンが表示されないときは、タスクバーを右クリックして［タスクバーの設定］を選択し、［タッチキーボード］を［常に表示する］で表示できます。

19:17
2023/10/23

1 ［タッチキーボード］をクリック

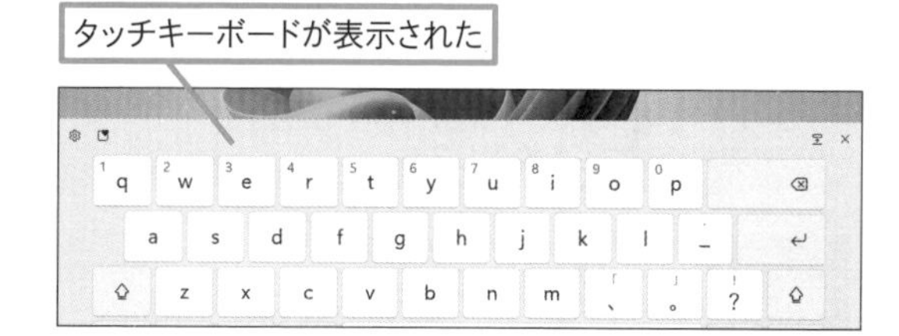

Q7 機器を接続したときの動作を設定するには

A ［自動再生の既定の選択］を設定し直します

パソコンにUSBメモリーなどのメディアやデジタルカメラなどの機器をセットしたとき、トースト（通知）の表示や非表示、どのアプリを起動して、どのような操作をするかを指定できるのが［自動再生］の設定です。このレッスンで説明したように、毎回、操作を選ぶようにできるほか、あらかじめ指定した特定のアプリや操作を自動的に実行させることもできます。メディアや機器ごとに個別の操作を選択できるので、自分の使い方に合わせて、設定しておきましょう。

レッスン90を参考に、［Bluetoothとデバイス］画面を表示しておく

1 ここを下にドラッグしてスクロール

Bluetooth とデバイス
中田優
yu24nakata@outlook.jp
設定の検索
アプリ
アカウント
時刻と言語
ペンと Windows Ink
右利きまたは左利き、ペン ボタンのショートカット、手書き
自動再生
既定のリムーバブル ドライブとメモリ カード

2 ［自動再生］をクリック

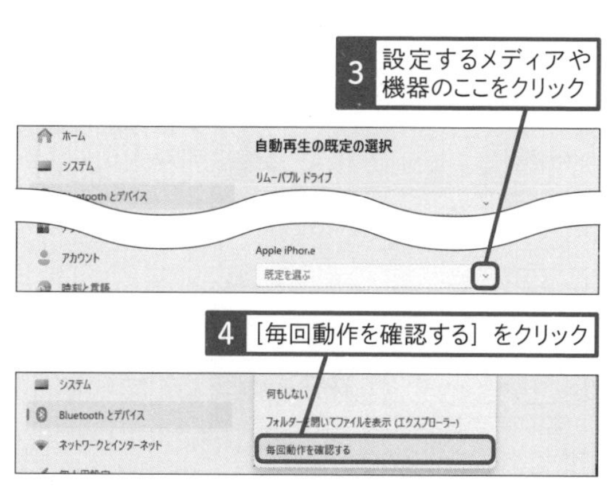

Q8 Microsoft Storeで有料のアプリを購入するには

A Microsoftアカウントでサインインし、支払い情報を入力します

Microsoft Storeでは無料のアプリに加え、有料のアプリが提供されています。これらのアプリを購入するには、Microsoftアカウントに決済情報を登録する必要があります。アプリの購入時に表示される画面で、クレジットカードやPayPalの情報を登録しておきましょう。最初に登録しておけば、以後はアプリの［(金額)］ボタンをクリックするだけで、自動的に決済されます。登録した支払い方法は、アプリだけでなく、音楽や映画の購入にも使うことができます。

レッスン73を参考に、［Microsoft Store］アプリで有料のアプリを検索しておく

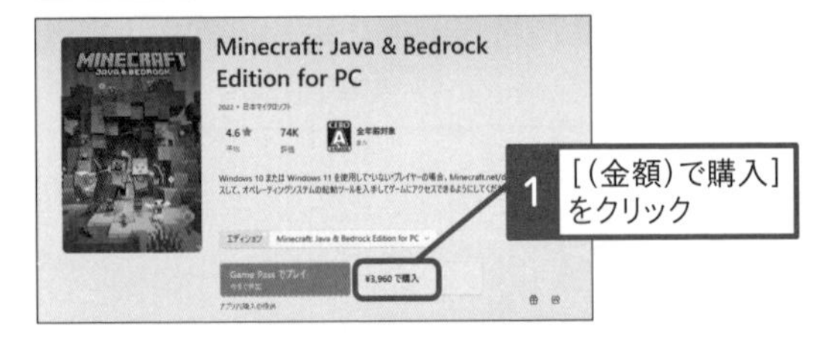

2 PINを入力して支払い方法を選ぶ

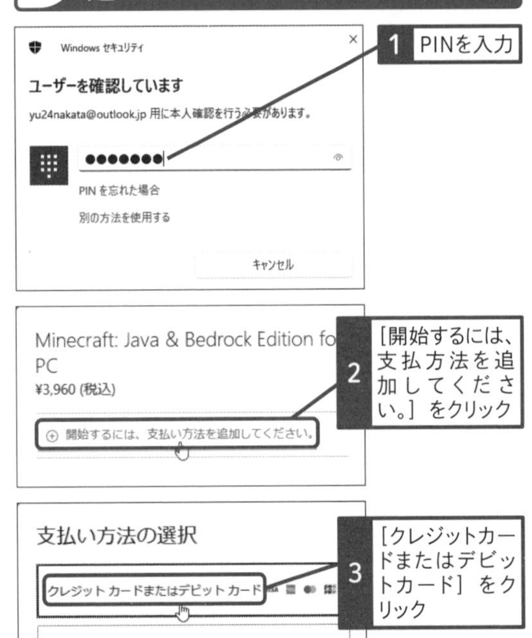

2 下にスクロール

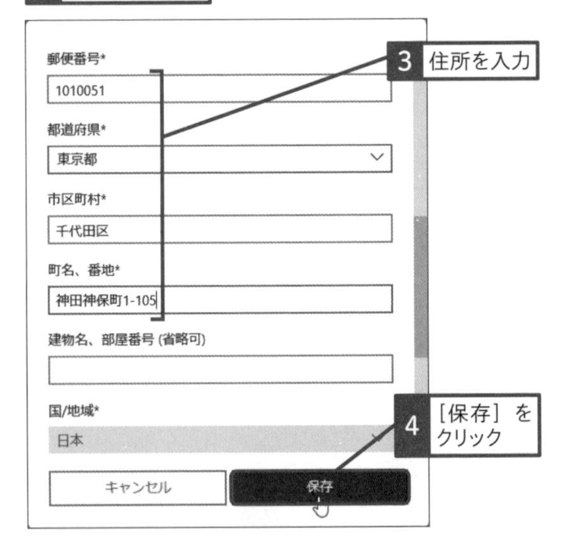

Q9 ファンクションキーを押しても正しく操作できない!?

A Fn キーを押しながらファンクションキーを操作します

パソコンによっては、キーボード上部に配置されているファンクションキーに、音量調整や明るさ調整などの特別な機能がいっしょに割り当てられていることがあります。もし、ファンクションキーを押しても意図した操作ができないときは、Fn キーを押しながらファンクションキーを操作しましょう。また、機種によっては、Fn キーを押したままの状態で固定することもできます。Fn キーの状態を固定したり、固定を解除したりする方法については、機種によって異なるので、自分が使っているパソコンの取扱説明書やメーカーのサポートページなどを参考に操作しましょう。

Q10 Microsoftアカウントに自分の使っているメールアドレスを使ってもいいの?

A プロバイダーのメールアドレスを使うこともできます

Microsoftアカウントは「○△×@outlook.jp」など、マイクロソフトが提供するメールアドレスだけでなく、Gmailやプロバイダーで取得したメールアドレスも設定できます。**レッスン04**でMicrosoftアカウントを設定するときに、普段使っているメールアドレスを入力して、登録しましょう。

Q11 最初に表示するWebページを変更するには

A Microsoft Edgeの設定画面で変更します

Microsoft Edgeを起動したとき、標準ではニュースなどのおすすめコンテンツが表示されます。別のページに表示したいときは、以下のように、Microsoft Edgeの設定画面で［Microsoft Edgeの起動時］の設定を変更します。［前のセッションからタブを開く］を選択すると、前回終了時に表示していたWebページが自動的に表示されます。また、［これらのページを開く］を選び、［新しいページを追加してください］からURLを指定すると、指定したURLのWebページを表示でき、［開いているすべてのタブを使用］を選択すると、現在開いているWebページを設定できます。

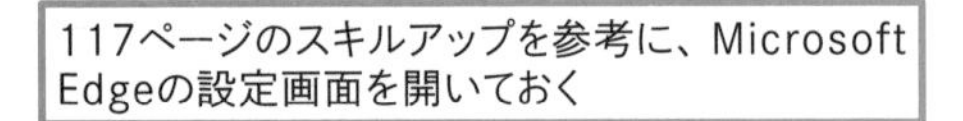

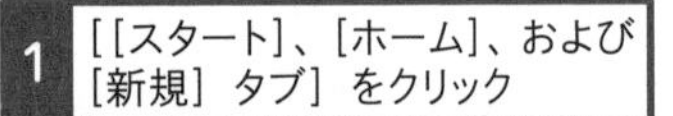

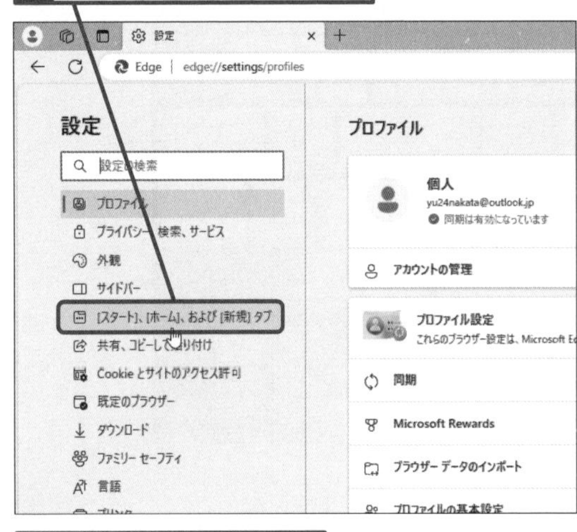

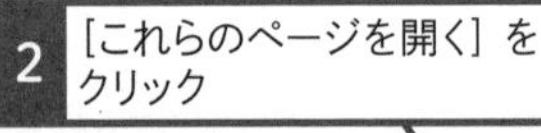

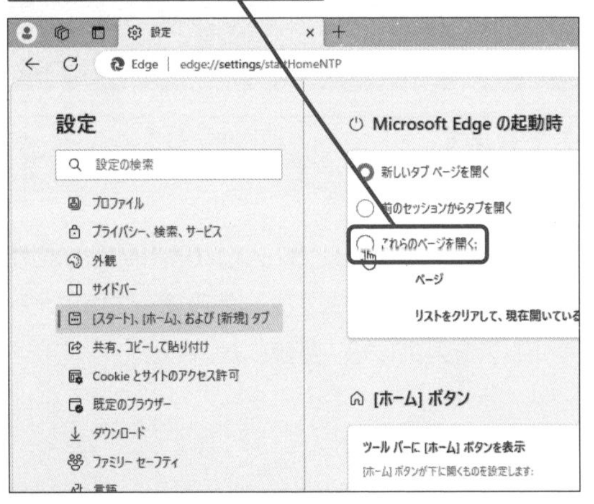

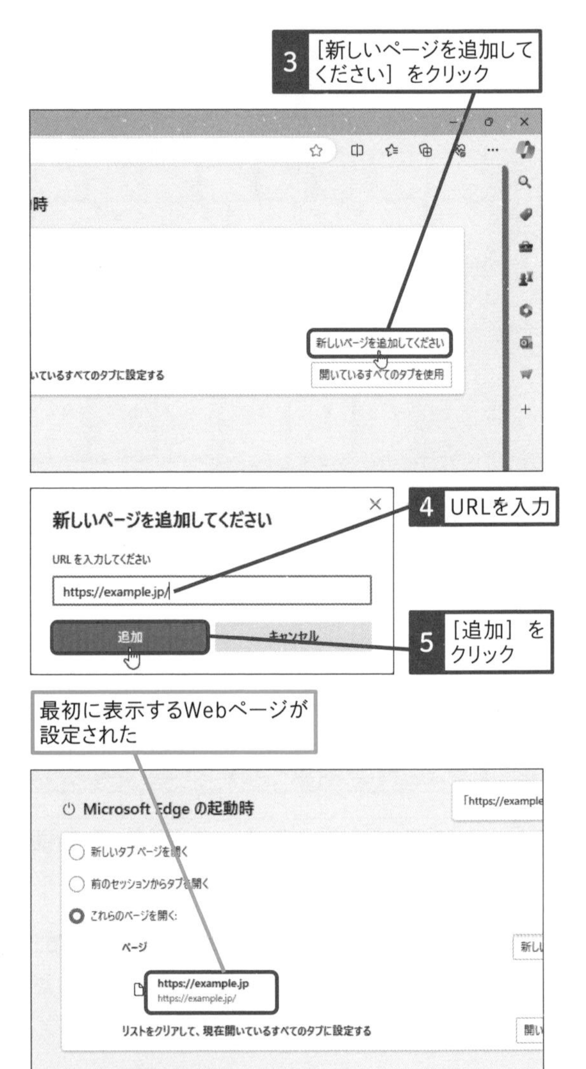

Q12 コントロールパネルはどこにいったの?

A エスプローラーからの移動で起動できます

従来のWindowsで設定に使っていた［コントロールパネル］は、Windows 11でも利用できます。コントロールパネルでしか設定できない項目を変更したいときに利用しましょう。以下のように、エクスプローラーからの移動で簡単に起動できるほか、［検索］から探すこともできます。

レッスン18を参考に、エクスプローラーを起動しておく

1 ["（移動先の名前）"へ］をクリック

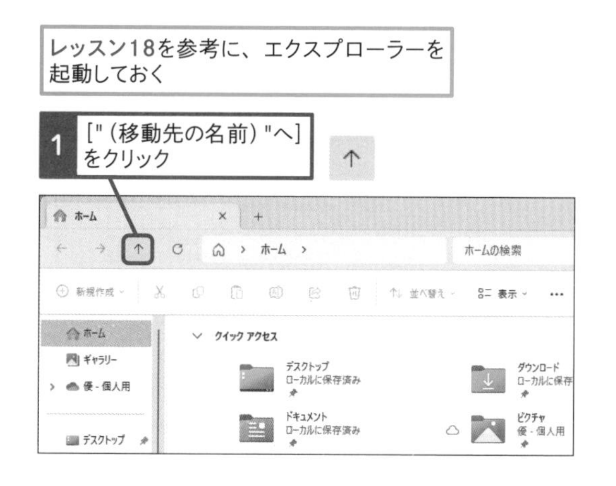

2 ［コントロールパネル］をダブルクリック

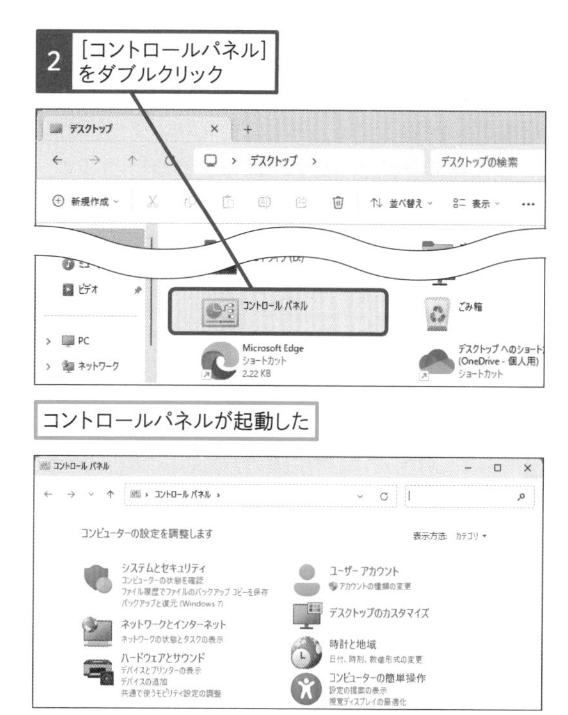

コントロールパネルが起動した

Q13 Windows 11のシステム要件にある「TPM」って何?

A パソコンに搭載されているセキュリティチップです

「TPM」は「Trusted Platform Module」の略で、パソコンに搭載されているセキュリティチップ（半導体）です。Windows 11のシステム要件に指定されたCPUでは、CPU内蔵のTPM機能が利用できます。TPMは主に暗号化に利用する鍵を保管するためのもので、身近な例としては、Windows 11にサインインするときに必要になる暗号鍵が保管されています。本書ではPINを入力してサインインしていますが、PINはTPMに保存されている鍵情報を取り出すための暗証番号に過ぎず、本当にサインインに必要な情報はTPMに保存されています。このほか、SSDやHDDを暗号化するBitLockerなどの機能でもTPMが利用されます。TPMはWindowsとは別のハードウェアとなるため、仮にWindowsにマルウェアが侵入してもTPM内の情報が攻撃される心配がありません。また、保存されている暗号鍵を無理に取り出そうとすると、破壊されるしくみになっています。TPMが搭載されているパソコンでは、ほとんどの場合、標準で有効になっているので、意識せずに利用できます。

Q&A

Q14 パソコンの空き容量がなくなってきた!

A ストレージセンサーを活用しましょう

Windows 11にはパソコンに搭載されているSSDやHDDの使用状況をチェックして、不要なファイルを自動的に削除できる［ストレージセンサー］という機能が搭載されています。標準でオンになっていますが、すぐに空き容量を増やしたいときは、手動でストレージセンサーを実行してみましょう。ごみ箱のファイルやWindows Updateの一時ファイルなどを簡単に削除できます。

● ストレージセンサーの設定

レッスン88を参考に、[設定]の画面を開いておく

1 ［システム］をクリック

2 ここをドラッグして、下にスクロール

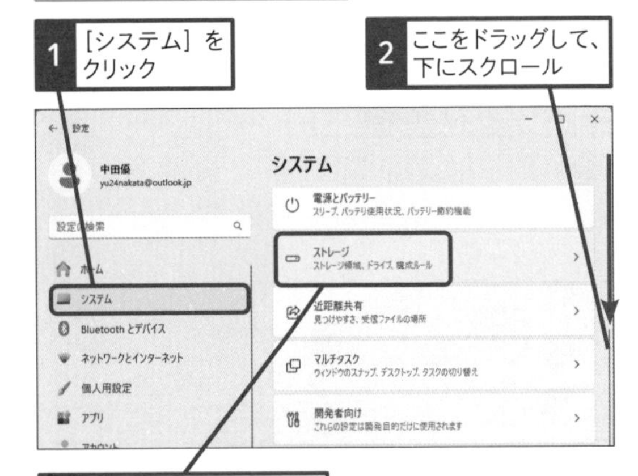

3 ［ストレージ］をクリック

［ストレージ］の画面が表示された

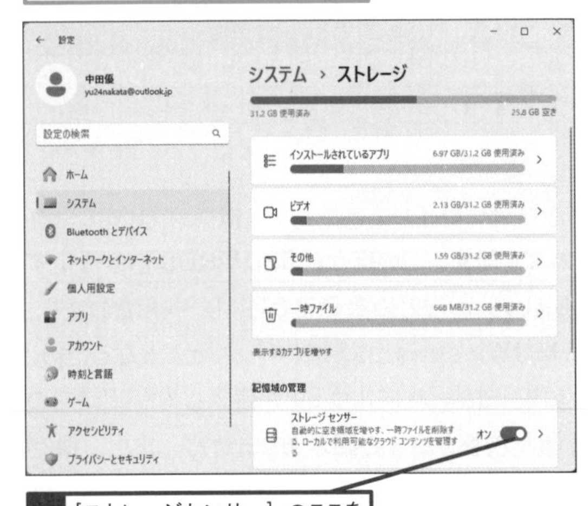

4 ［ストレージセンサー］のここをクリックして、オンにする

自動的に不要なファイルが削除されるように設定された

● 不要なファイルの削除

左の手順を参考に、［システム］の画面を表示しておく

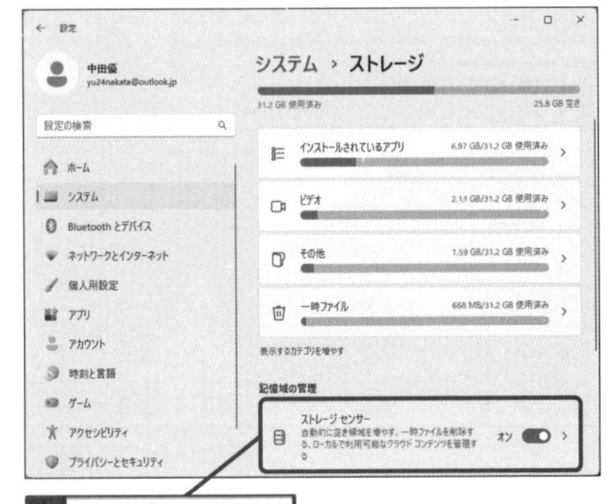

1 ［ストレージセンサー］をクリック

2 ここをドラッグして、下にスクロール

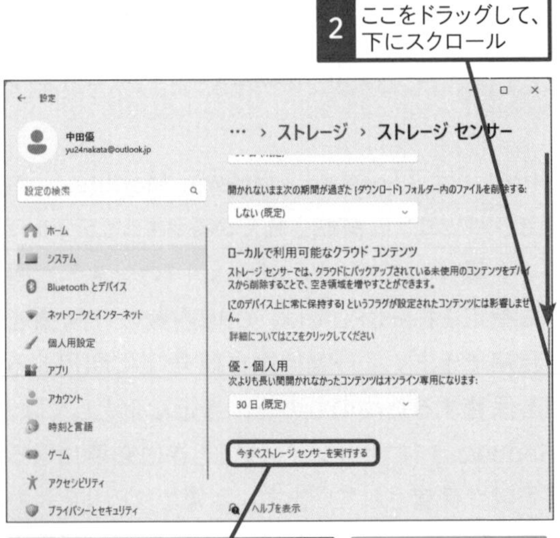

3 ［今すぐストレージセンサーを実行する］をクリック

不要なファイルの削除が開始される

Q15 ［BitLocker回復］という画面が表示された！

A 回復キーを入力します

ほとんどのパソコンでは、SSD/HDDを暗号化する「BitLocker」が標準で有効化されています。普段は意識することはありませんが、トラブルなどでパソコンが起動しないときに、セーフモードで起動しようとすると、以下のように暗号化を解除するための回復キーが求められます。回復キーは、Microsoftアカウントに紐づけられた状態でクラウド上に保管されているので、以下のアドレスからMicrosoftアカウントでサインインすることで確認できます。

回復キーを入力すると、パソコンの起動に進む

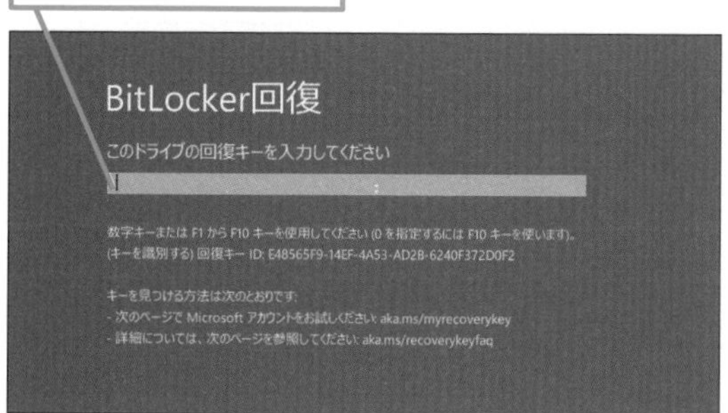

▼BitLocker回復キー
https://aka.ms/myrecoverykey/

BitLocerのセットアップで使ったMicrosoftアカウントでサインインすると、回復キーを確認できる

BitLocker 回復キー

デバイス名	キー ID	回復キー	(ドライブ)
TABLET-OOFJ68P7	F2CEF5BF	640299-333663-370359-068354-472879-032813-243188-344179	OSV
DESKTOP-6PM6EF9	F2CEF5BF	640299-333663-370359-068354-472879-032813-243188-344179	OSV
DESKTOP-79BCNMI	44C4CCA7	327261-109868-613822-136521-156354-442816-137280-634722	OSV

Q16 Windows 10に戻せないの?

A アップグレード後、一定期間内なら戻せます

Windows 10からWindows 11にアップグレードした場合は、アップグレードから10日以内なら、以下の手順でWindows 10に戻せます。10日を過ぎると、この方法では戻せないため、そのまま利用するか、メーカーのリカバリツールなどを使って、工場出荷時状態に戻すしかありません。

レッスン88を参考に、[設定]の画面を開いておく

1 ［回復］をクリック

2 ［復元］をクリック

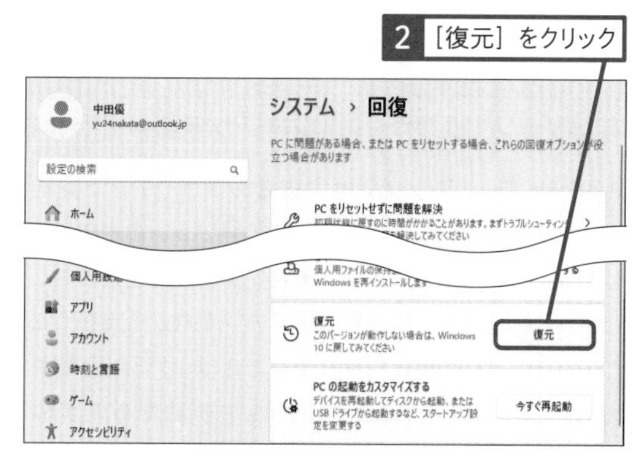

Q17 データやアプリ、設定をバックアップするには

A Windowsバックアップで手動でバックアップできます

Windows 11はMicrosoftアカウントとOneDriveを使って、文書や画像、Windowsの設定、パスワードなどの重要な情報を自動的に同期しています。[Windows バックアップ] アプリは、この機能を手動で任意のタイミングで実行するアプリです。パソコンを初期化する直前などに実行することで、バックアップを最新の状態にすることができます。バックアップしたデータは、Windowsの初期セットアップ画面で以前のバックアップを選択することで復元できます。

レッスン06を参考に、[すべてのアプリ] を表示しておく

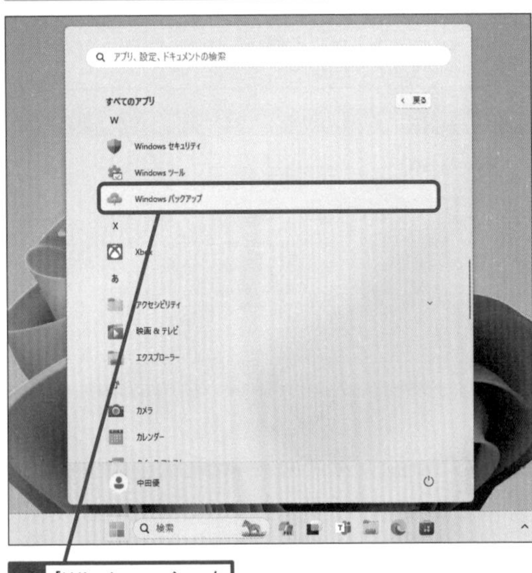

1 [Windowsバックアップ] をクリック

クリックしてバックアップする項目を細かく設定できる

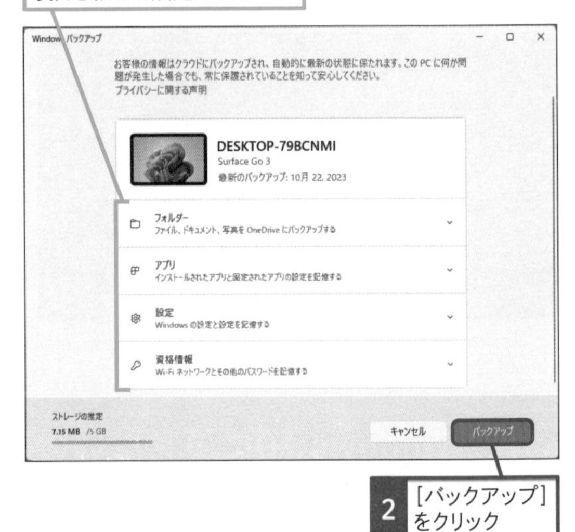

2 [バックアップ] をクリック

「準備が完了しました！」と表示され、バックアップが完了した

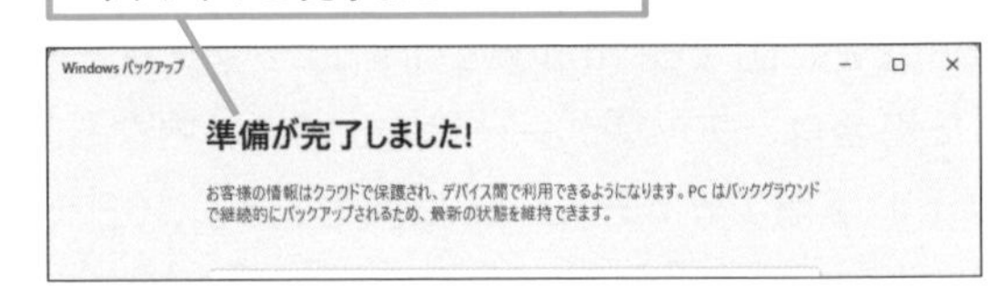

スキルアップ

有料プランでクラウドストレージの容量を増やしておこう

Windowsバックアップでは大容量のクラウドストレージサービスが必要です。OneDirveの無料プランの容量は5GBしかないので、容量の大きい有料プランの契約を検討しましょう。有料プランは月額と年額のいずれかで支払うことができます。Officeも利用したいときは、1TBの容量が使えるMicrosoft 365 Personal/Familyの契約がおすすめです。一方、パソコンに永続版のOfficeがプリインストールされている場合は、Microsoft 365 Basicを契約することで、OneDriveの容量を100GBにアップグレードできます。なお、価格は変動するので、マイクロソフトのサイトで確認してください。

Q18 ローカルアカウントから切り替えるには

A Microsoftアカウントを後から設定しましょう

サインインや各種オンラインサービスに使うMicrosoftアカウントは、初期設定のときだけでなく、後から設定することができます。Microsoft Storeからアプリをダウンロードしたり、OneDriveなどのサービスを利用するときに必要になるので、忘れずに設定しておきましょう。

レッスン86の手順1を参考に、[アカウント]の画面を表示しておく

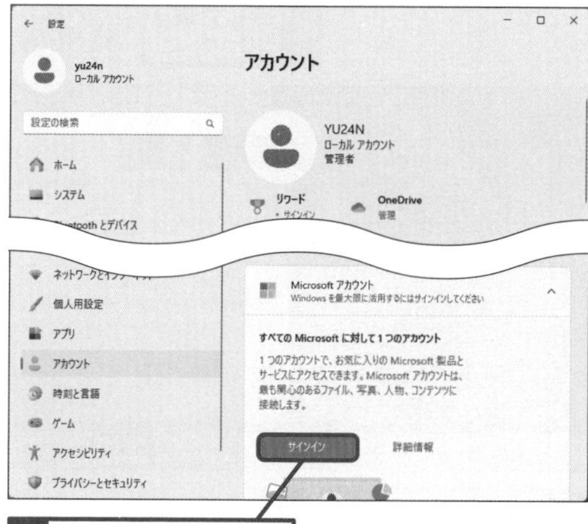

1 [サインイン]をクリック

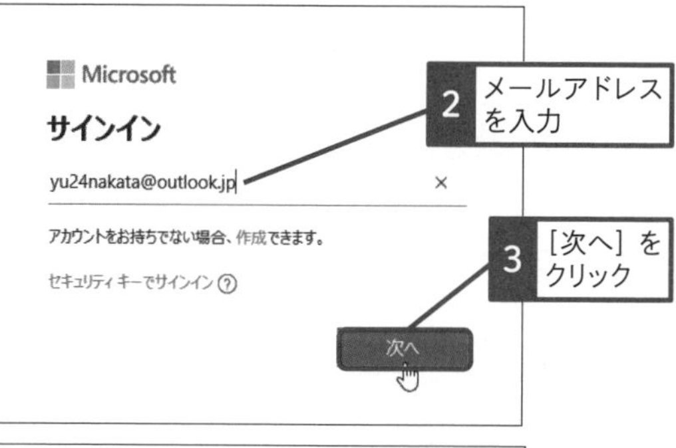

2 メールアドレスを入力

3 [次へ]をクリック

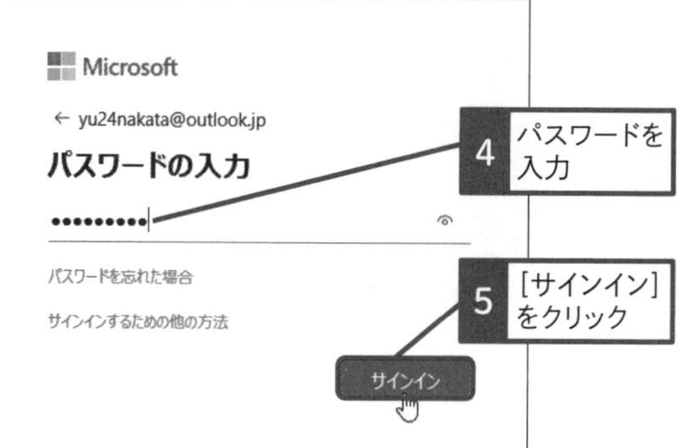

4 パスワードを入力

5 [サインイン]をクリック

Microsoftアカウントのパスワードではないので注意する

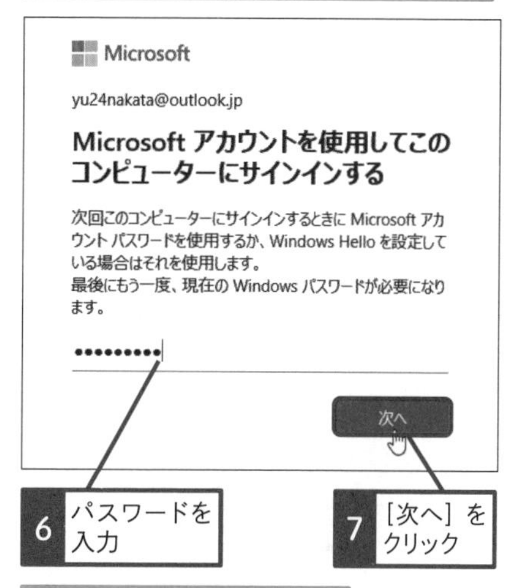

6 パスワードを入力

7 [次へ]をクリック

PINの設定画面が表示された

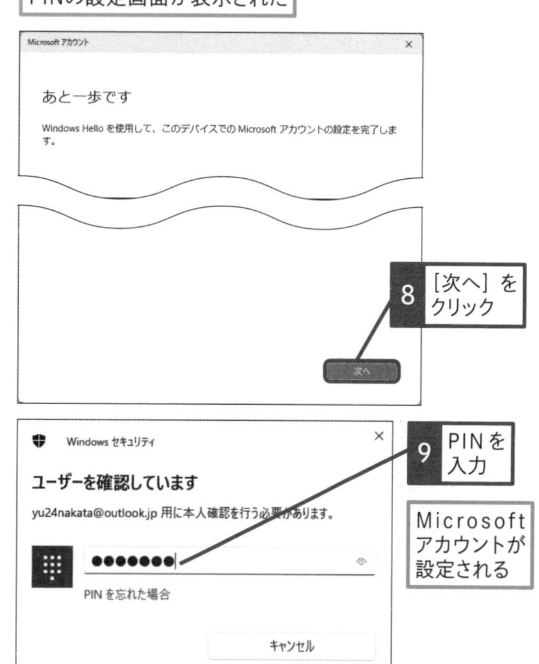

8 [次へ]をクリック

9 PINを入力

Microsoftアカウントが設定される

付録 1

無線LANアクセスポイントに接続するには

第1章ではWindows 11のセットアップで、無線LAN（Wi-Fi）に接続しています。初期設定時に無線LANに接続しなかったときは、以下の方法で無線LANに接続しましょう。無線LAN機器を買い換えたときや自宅以外の場所で接続したいときも同様に設定できます。

付録

1 無線LANの環境を確認する

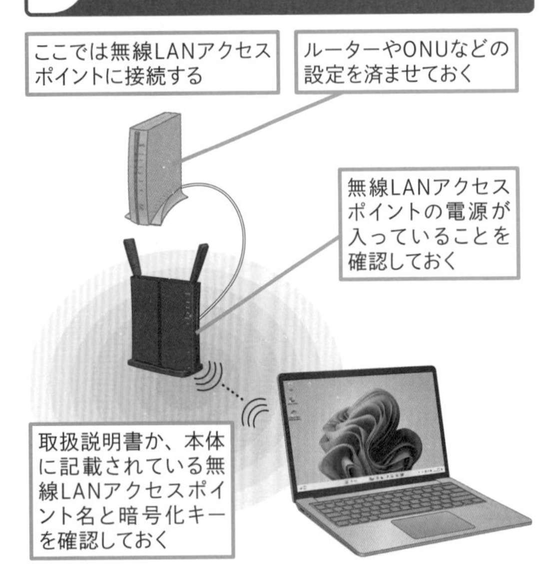

暗号化キーってどこに書いてあるの?

通常、暗号化キーは無線LANアクセスポイントの側面や背面のラベルに記載されています。暗号化キーが見つからないときは、取扱説明書を参照してください。

通常は無線LANアクセスポイントの側面や背面に明記されている

使いこなしのヒント

「ルーターのラベルに記載されているPIN」と表示されたときは

機器によっては、PINの入力を求められることがあります。ラベルや設定画面で確認できる場合はPINを、不明な場合は暗号化キーに切り替えて設定しましょう。

2 無線LANアクセスポイントの一覧を表示する

1 通知領域をクリック

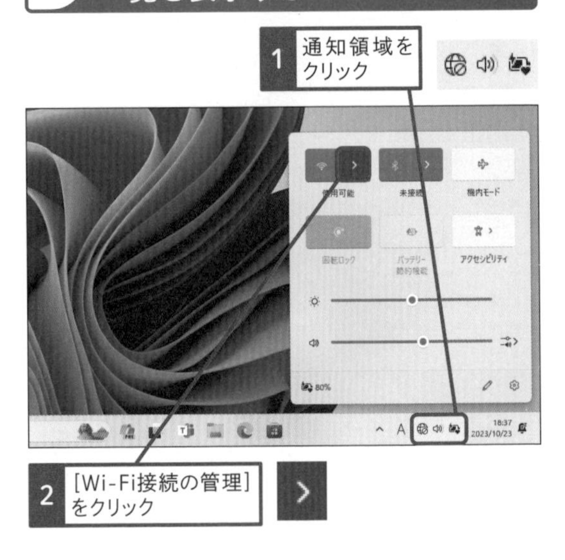

2 ［Wi-Fi接続の管理］をクリック

3 無線LANアクセスポイントに接続する

接続できる無線LANアクセスポイントの一覧が表示された

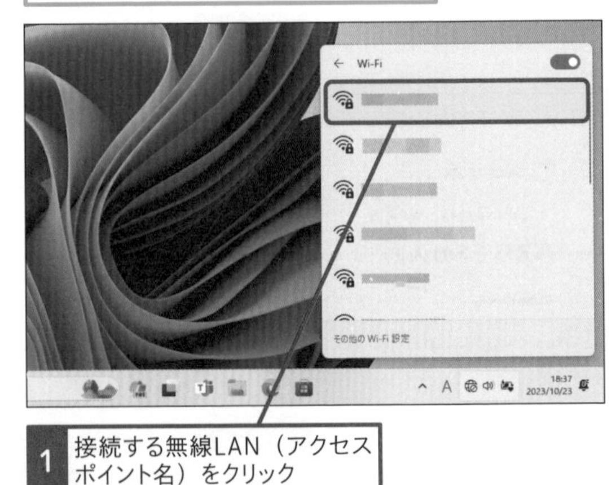

1 接続する無線LAN（アクセスポイント名）をクリック

● 選択した無線LANアクセスポイントに接続する

［接続］のボタンが表示された

2 ［接続］をクリック

使いこなしのヒント

自動的に接続するかどうかを設定できる

手順3の画面では、初期状態で［自動的に接続］にチェックマークが付いていますが、チェックマークが付いた接続先の電波が届く範囲にパソコンがあれば、スリープから復帰したときや再起動後にも自動的に同じ接続先に接続されます。通常は、チェックマークを付けたままでかまいませんが、接続先が公衆無線LANのときは、チェックマークを外しておくのも1つの選択です。場所によっては複数の接続先が選べたり、接続先の電波状況も違うため、状況に応じて、最適な接続先を自分で選べるからです。

使いこなしのヒント

ボタンで設定できる場合もある

手順4で「ルーターのボタンを押しても接続できます。」と表示されたときは、暗号化キーを入力しなくても無線LANアクセスポイントの設定ボタンを押して、無線LANの設定ができます。設定ボタンは無線LANアクセスポイントによって、「WPSボタン」「AOSSボタン」「らくらくスタートボタン」といった名前になっています。取扱説明書をよく確認してください。

「ルーターのボタンを押して接続することもできます。」と表示されていると、ルーター側のボタンを押して、設定を進められる

4 無線LANアクセスポイントの暗号化キーを入力する

暗号化キーの入力画面が表示された

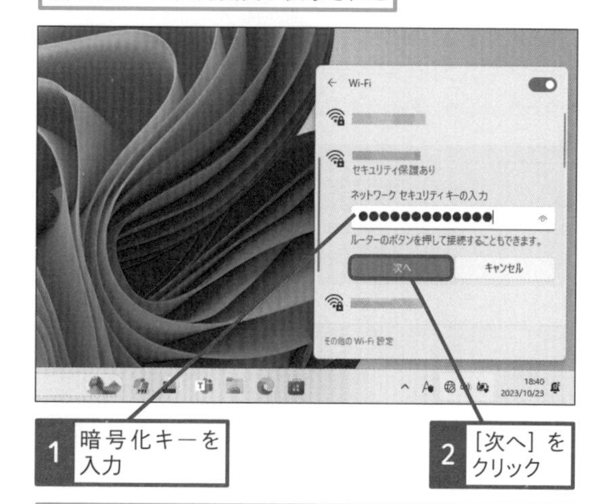

1 暗号化キーを入力

2 ［次へ］をクリック

「このネットワークに接続できません」と表示されたときは、［閉じる］をクリックし、手順2から操作をやり直す

自宅以外の無線LANで暗号化キーが変更されているときは、正しい暗号化キーを入力し直す

無線LANアクセスポイントに接続され、［接続済み］と表示される

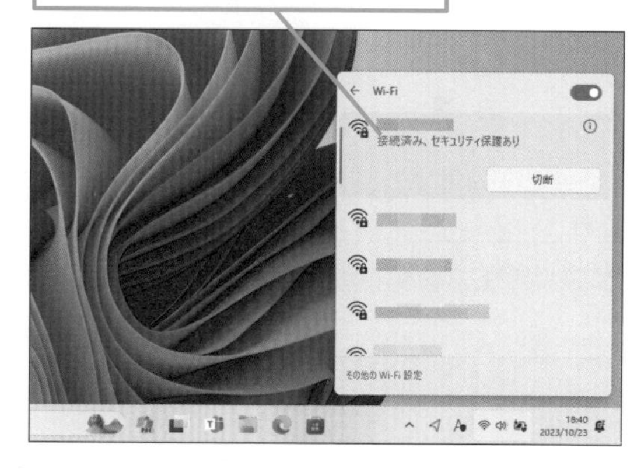

使いこなしのヒント

ネットワークセキュリティキーと暗号化キーって違うの？

無線LANに接続するときに入力する暗号化キーは、製品によって、呼び方が違います。本書では「暗号化キー」と表記していますが、Windowsでは同じものを「ネットワークセキュリティキー」と呼んでいます。また、「Wi-Fiパスワード」や単に「パスワード」と呼ぶこともあります。

付録

付録
2

ローマ字変換表

ローマ字入力で文字を入力するときに使うキーと読みがなの対応規則を表にしました。

あ行

あ	い	う	え	お
a	i	u	e	o
	yi	wu		
		whu		

ぁ	ぃ	ぅ	ぇ	ぉ
la	li	lu	le	lo
xa	xi	xu	xe	xo
	lyi		lye	
	xyi		xye	

	いぇ			
	ye			

うぁ	うぃ		うぇ	うぉ
wha	whi		whe	who

か行

か	き	く	け	こ
ka	ki	ku	ke	ko
ca		cu		co
		qu		

きゃ	きぃ	きゅ	きぇ	きょ
kya	kyi	kyu	kye	kyo

くゃ		くゅ		くょ
qya		qyu		qyo

くぁ	くぃ	くぅ	くぇ	くぉ
qwa	qwi	qwu	qwe	qwo
qa	qi		qe	qo
	qyi		qye	

が	ぎ	ぐ	げ	ご
ga	gi	gu	ge	go

ぎゃ	ぎぃ	ぎゅ	ぎぇ	ぎょ
gya	gyi	gyu	gye	gyo

ぐぁ	ぐぃ	ぐぅ	ぐぇ	ぐぉ
gwa	gwi	gwu	gwe	gwo

さ行

さ	し	す	せ	そ
sa	si	su	se	so
	ci		ce	
	shi			

しゃ	しぃ	しゅ	しぇ	しょ
sya	syi	syu	sye	syo
sha		shu	she	sho

すぁ	すぃ	すぅ	すぇ	すぉ
swa	swi	swu	swe	swo

ざ	じ	ず	ぜ	ぞ
za	zi	zu	ze	zo
	ji			

じゃ	じぃ	じゅ	じぇ	じょ
zya	zyi	zyu	zye	zyo
ja		ju	je	jo
jya	jyi	jyu	jye	jyo

た行

た	ち	つ	て	と
ta	ti	tu	te	to
	chi	tsu		

		っ		
		ltu		
		xtu		

ちゃ	ちぃ	ちゅ	ちぇ	ちょ
tya	tyi	tyu	tye	tyo
cha		chu	che	cho
cya	cyi	cyu	cye	cyo

つぁ	つぃ		つぇ	つぉ
tsa	tsi		tse	tso

てゃ	てぃ	てゅ	てぇ	てょ
tha	thi	thu	the	tho

だ	ぢ	づ	で	ど
da	di	du	de	do

とぁ	とぃ	とぅ	とぇ	とぉ
twa	twi	twu	twe	two
ぢゃ	**ぢぃ**	**ぢゅ**	**ぢぇ**	**ぢょ**
dya	dyi	dyu	dye	dyo
でゃ	**でぃ**	**でゅ**	**でぇ**	**でょ**
dha	dhi	dhu	dhe	dho
どぁ	**どぃ**	**どぅ**	**どぇ**	**どぉ**
dwa	dwi	dwu	dwe	dwo

な行

な	に	ぬ	ね	の
na	ni	nu	ne	no

にゃ	にぃ	にゅ	にぇ	にょ
nya	nyi	nyu	nye	nyo

は行

は	ひ	ふ	へ	ほ
ha	hi	hu	he	ho
		fu		

ひゃ	ひぃ	ひゅ	ひぇ	ひょ
hya	hyi	hyu	hye	hyo
ふゃ		**ふゅ**		**ふょ**
fya		fyu		fyo
ふぁ	**ふぃ**	**ふぅ**	**ふぇ**	**ふぉ**
fwa	fwi	fwu	fwe	fwo
fa	fi		fe	fo
	fyi		fye	

ば	び	ぶ	べ	ぼ
ba	bi	bu	be	bo

びゃ	びぃ	びゅ	びぇ	びょ
bya	byi	byu	bye	byo
ヴぁ	**ヴぃ**	**ヴ**	**ヴぇ**	**ヴぉ**
va	vi	vu	ve	vo
ヴゃ	**ヴぃ**	**ヴゅ**	**ヴぇ**	**ヴょ**
vya	vyi	vyu	vye	vyo

ぱ	ぴ	ぷ	ぺ	ぽ
pa	pi	pu	pe	po

ぴゃ	ぴぃ	ぴゅ	ぴぇ	ぴょ
pya	pyi	pyu	pye	pyo

ま行

ま	み	む	め	も
ma	mi	mu	me	mo

みゃ	みぃ	みゅ	みぇ	みょ
mya	myi	myu	mye	myo

や行

や		ゆ		よ
ya		yu		yo

ゃ		ゅ		ょ
lya		lyu		lyo
xya		xyu		xyo

ら行

ら	り	る	れ	ろ
ra	ri	ru	re	ro

りゃ	りぃ	りゅ	りぇ	りょ
rya	ryi	ryu	rye	ryo

わ行

わ	うぃ		うぇ	を
wa	wi		we	wo

ん	ん	ん		
nn	n'	xn		

っ：n 以外の子音の連続でも変換できる。　例：itta → いった
ん：子音の前のみ n でも変換できる。　例：panda → ぱんだ
ー：キーボードの キーで入力できる。　※「ヴ」のひらがなはありません。

付録

用語集

Bing（ビング）
マイクロソフトが提供している検索サービスの名称。Webページのほか、画像、動画、地図など、さまざまな情報を検索できる。
→Webページ

Bluetooth（ブルートゥース）
電波で周辺機器を接続する至近距離無線通信技術。スマートフォンなどで広く採用され、キーボードやマウス、ヘッドセットなどの接続に利用する。

Copilot（コパイロット）
マイクロソフトが提供するAIサービスの名称。大規模言語モデル（LLM）を利用したAIによって、コンピューターのさまざまな操作を支援する機能。Copilot in WindowsやCopilot in Wordなど製品ごとに最適化された機能として提供される。

Microsoft Edge（マイクロソフトエッジ）
Webページを表示するためのアプリ。Windowsの標準ブラウザーとして設定されている。過去のWindowsに搭載されていたInternet Explorer向けページを表示するためのInternet Explorerモードも使える。
→ブラウザー

Microsoft IME（マイクロソフトアイエムイー）
マイクロソフトが開発した文字入力システム（Input Method Editor）。ローマ字やかなで入力した言葉を漢字に変換するなど、言語の入力を補助する。

Microsoft Store（マイクロソフトストア）
マイクロソフトが提供するアプリやコンテンツの配信プラットフォーム。開発者が制作したアプリを登録したり、登録したアプリをユーザーがダウンロードしたり、その際に必要な決済を行なうことができる。
→ダウンロード

Microsoftアカウント（マイクロソフトアカウント）
マイクロソフトの各種サービスを利用するためのアカウント。Windowsのサインインに利用したり、Webメールの「Outlook.com」やオンラインストレージの「OneDrive」などを利用できる。
→OneDrive、Outlook.com、Webメール、アカウント、サインイン

OneDrive（ワンドライブ）
マイクロソフトが提供するクラウドストレージサービス。インターネット上のサーバーにファイルを保存したり、保存したファイルをほかの人と共有できる。またはこのサービスを利用するためのアプリ。

Outlook（アウトルック）
マイクロソフトが提供するメールアプリ。メールだけでなく、予定やTo Doの管理なども可能。従来の［メール］アプリの後継としてWindowsに標準搭載される。

Outlook.com（アウトルックドットコム）
マイクロソフトが提供しているWebメールサービスの名称。「□×△○@outlook.jp」や「○△×@outlook.com」などのメールアドレスを無料で取得でき、ブラウザーや［メール］アプリからメールを送受信できる。
→ブラウザー

PIN（ピン）
Windowsのサインインに使う4けた以上の暗証番号。設定したパソコンのみで利用するため、万が一、外部に漏えいしても遠隔地などからの不正なサインインに使うことができず、安全性が高いとされている。
→サインイン

Teams（チームズ）
マイクロソフトが提供するチームやグループで作業をするためのコラボレーションツール。チャット、音声通話などのコミュニケーションに加え、大人数でビデオ会議もできる。

URL（ユーアールエル）
「Uniform Resource Locator」の略。Webページにアクセスするときに指定するアドレスの表記形式。「https://www.impress.co.jp/」のように表記する。
→Webページ

Webページ（ウェブページ）
製品や企業の紹介、個人の趣味に関する情報など、インターネットを通じてサービス提供を目的として制作されたブラウザーで表示する文書のこと。一般的には「ホームページ」と同義で使われることも多い。
→ブラウザー

Webメール（ウェブメール）
クラウド上で管理されたメールをブラウザーを使って送受信できるサービス。インターネットとブラウザーが使える環境なら、どこからでも利用できる。
→ブラウザー

Windows Hello（ウィンドウズハロー）
顔や指紋などの生体認証、またはセキュリティハードウェアとPINを利用して、安全かつ簡単にユーザーを認証できる技術。Windowsへのサインインや Microsoftアカウントの Web認証などに使われる。
→ブラウザー

Windowsセキュリティ（ウィンドウズセキュリティ）
Windowsに標準搭載されている統合セキュリティ機能。ウイルスやスパイウェアなどのマルウェアを検知・駆除したり、外部からの不正アクセスを防いだり、不正サイトへのアクセスを防いだり、パソコンの状態をチェックしたりできる。
→サインイン

Windowsバックアップ（ウィンドウズバックアップ）
Windowsのデータや設定をクラウドにバックアップするツール。OneDriveを利用して、ファイルや設定を手動で同期することができる。
→OneDrive

ZIP（ジップ）
→圧縮形式

アカウント
Windowsへのサインインやインターネット上の各種サービスを利用するときに、利用者を特定するために入力する識別名（ID）とパスワードのこと。
→サインイン、パスワード

アクセスポイント
無線LANのネットワークを管理する親機のこと。SSIDと呼ばれる無線LANの識別子や無線LANに接続できる機器を制限するための暗号化設定などを管理する。
→無線LAN

圧縮形式
ファイルを圧縮する際に利用する形式のこと。アルゴリズム（計算方法）の違いによって、ZIPやオンラインソフトなどで使われるlzh、rar、gz、7zなどの種類がある。

アップロード
パソコンからインターネット上のサーバーへファイルを送る場合など、自分から相手側へとデータを送信すること。
→OneDrive

アドレスバー
ブラウザーでWebページにアクセスするときにURLを入力するための場所。入力した文字から、履歴やWebページも検索できる。
→URL、Webページ、ブラウザー

インストール
プログラムをパソコンで使えるようにする操作のこと。プログラムの実行に必要なファイルをコピーしたり、起動するためのアイコンを配置するなど、各種設定を実行する。

インポート
データをパソコンのアプリに取り込む操作のこと。たとえば、デジタルカメラやスマートフォンをUSBケーブルなどにつなぎ、撮影した写真をパソコンに取り込むこと。

ウィジェット
ニュースやアプリの最新情報をすばやく表示できるWindows 11の機能。タスクバーから起動できる。
→タスクバー

エクスプローラー
ファイルのコピーや削除など、パソコンに保存されているファイルを操作するためのアプリ。Windowsの機能の1つとして、OSに統合されている。

拡張子
ファイルの末尾に「.」に続けて付加される「txt」や「jpg」などの文字。作成元のアプリやファイルのデータ形式ごとに個別の拡張子が付く。Windowsの標準設定では、拡張子が表示されない状態になっている。

クイックアクセス
エクスプローラーに搭載されている機能の名称。よく使うフォルダーが自動で表示され、すばやくデータにアクセスすることができる。
→エクスプローラー

クラウドサービス
パソコン上のソフトウェアやハードウェアで実現していた機能をインターネット経由で利用できるようにしたり、そのしくみを利用して、これまでになかった新しい機能を提供すること。クラウドとも呼ばれる。

クリップボード
コピーした文字や画像などをほかの場所に貼り付けるとき、コピーしたデータを一時的に保管しておく場所のこと。

更新プログラム
プログラムに含まれる不具合や問題を改善するための新しいプログラムのこと。Windowsにセキュリティ上の欠点などが新たに発見された場合などに、その問題を含むプログラムを修正するためのプログラム（更新プログラム）がWindows Update経由で提供される。

コレクション
Webページやその一部をカテゴリごとに整理して収集できるMicrosoft Edgeの機能。旅行の計画やレポートなどのカテゴリを作成して関連する記事を集めたり、後で読みたいWebページを一時的に保管することができる。
→Microsoft Edge、Webページ

サインアウト
開いているウィンドウや起動中のアプリを終了させ、Windowsやアプリ、サービスの利用を終了する操作のこと。Windowsでは、サインアウトすることでパソコンの電源を切ったり、Windows自体を終了させることなく、ユーザーの操作環境だけを終了できる。

サインイン
ユーザー名やパスワードを指定して、ソフトウェアやサービスの利用を開始すること。ログインと呼ぶこともある。Windowsは起動時にサインインすることで、自分用の設定で利用を開始できる。
→パスワード

サムネイル
対象物の内容を縮小版の画像などで表示する機能。画像の内容をアイコンで表示したり、起動中のウィンドウの内容をタスクバー上の小さな画面で表示できる。
→タスクバー

自動再生
パソコンに装着されたメディアの内容を自動的に画面上に表示したり、アプリから開くための機能。音楽CDやDVD、USBメモリーを装着したときなどに画面右下に表示される通知で動作を選択したり、[設定] の [デバイス] にある [自動再生] で動作を設定できる。

シャットダウン
Windowsの終了処理のこと。パソコンの電源を切る前に実行する。Windowsの状態をストレージに保存したり、動作中のアプリを終了するなどの処理が行なわれる。

スクリーンショット
デスクトップ全体、もしくはアプリのウィンドウなど、画面に表示されている情報を画像ファイルとして保存すること。
→デスクトップ

［スタート］メニュー
Windowsでアプリを起動するときに利用する画面のこと。デスクトップ中央下の［スタート］ボタンをクリックすることで表示できる。ピン留め済みのアプリや検索ボックス、おすすめなどが表示されている。
→デスクトップ

スナップ
ウィンドウを整理するためのWindowsの機能。画面の左右、上下などにウィンドウを自動的に配置し、複数のウィンドウを見やすく並べることができる。

スリープ
Windowsの終了方法の1つ。実行中のアプリはそのままに、ディスプレイやほかの機器への電源供給を停止し、データの保持に必要な最低限の電力だけを使う待機状態でパソコンを休止させる。

セットアップ
ソフトウェアやハードウェアをパソコンで利用可能にすること。たとえば、ハードウェアをパソコンに接続したり、アプリの動作に必要なプログラムや設定ファイルを適切な場所にコピーしたり、ハードウェアやソフトウェアの動作に必要な情報を設定する作業を指す。

ダイアログボックス
操作の確認や動作の指定、設定の確認などを行なうときに表示されるウィンドウ。たとえば、メモ帳でファイルを保存するときには、保存場所やファイル名を指定するためのダイアログボックスが表示される。

タイトルバー
デスクトップでウィンドウ上部に表示される帯状の領域。プログラムの名称や開いているファイル名などがタイトルのように表示される。
→デスクトップ

ダウンロード
インターネット上など、離れた場所にあるファイルやプログラムをパソコンのハードディスクやSSDなどに転送し、保存すること。

タスクバー
デスクトップの一番下に表示される帯状の領域。アプリの起動や切り替え、サムネイル表示による内容確認、ウィンドウの切り替えに利用する。
→サムネイル

タスクビュー
起動中のアプリの一覧を表示したり、仮想デスクトップの作成や切り替えをするための画面。タスクバーに配置されている［タスクビュー］ボタンで表示できる。
→タスクバー、デスクトップ

通知領域
デスクトップの右下（タスクバーの右端）に表示されている領域のこと。接続している周辺機器のアイコンやメッセージなどが表示される。
→タスクバー、デスクトップ

テーマ
デスクトップでウィンドウの配色や背景画像、効果音などをまとめて設定できる機能。
→デスクトップ

デスクトップ
アプリを表示したり、ファイルを操作するためのウィンドウなどを表示するための作業領域のこと。アプリやフォルダーのウィンドウを同時に表示して作業できる。

ナビゲーションウィンドウ
フォルダーウィンドウの左側に表示される領域。［ホーム］やピン留めしたフォルダー、フォルダーの一覧などの項目が表示される。
→OneDrive、フォルダーウィンドウ

パスワード
メールやオンラインサービスなどで、利用者のアカウントを特定するためにIDと組み合わせて利用する文字列。アカウントの不正利用防止に利用される。
→アカウント

ファイルオンデマンド
OneDriveに搭載されているファイルの同期方式の1つ。ファイルの実体をクラウド上に保存し、パソコン上にはファイルを開くための情報のみを保持することで、ファイルが消費するパソコン上の記憶域を節約できる。
→OneDrive

フォルダーウィンドウ
パソコンのフォルダーやファイルの内容を表示し、操作するためのウィンドウ。ファイルやフォルダーの移動、コピー、削除などができる。

ブラウザー
インターネット上のサーバーからページを構成する文字や画像などのデータを読み込み、画面に表示するためのアプリ。「Webブラウザー」とも呼ばれる。Windowsにはブラウザーとして、Microsoft Edgeが搭載されている。
→Microsoft Edge

プレビューウィンドウ
フォルダーウィンドウで設定できる表示形式。フォルダーウィンドウの右側に表示でき、選択した画像やテキストなどの内容を確認できる。
→フォルダーウィンドウ

プロパティ
ファイルやプリンター、画面などに関する詳細な情報のこと。たとえば、画面のプロパティでは、解像度やアイコンの大きさ、背景、スクリーンセーバーなどの情報を表示したり、設定を変更したりできる。

マルウェア
ウイルスやスパイウェアなど、利用者に不利益を与えるような悪意を持って作られたプログラムの総称。

無線LAN（ムセンラン）
電波を利用した近距離通信技術。ワイヤレスでパソコンからインターネットに接続したり、パソコンやプリンターなどの周辺機器を接続できる。Wi-Fiとも呼ばれる。

メールサーバー
メールの送信や受信などの機能を提供するインターネット上のサーバーのこと。受信メールサーバー(IMAP/POPサーバー)、送信メールサーバー（SMTPサーバー）のように、機能ごとに用意されている場合もある。

メディアプレーヤー
Windowsに標準搭載されている音楽や動画などを再生するためのアプリ。

ユーザーアカウント制御
ウイルスやスパイウェアなどの悪意を持って開発されたプログラムによって、勝手にパソコンの設定が変更されてしまうことを防ぐためのセキュリティ機能。アプリによる重要な変更が行なわれるときにユーザーの承諾を求めて、ユーザーの意図しないシステム変更を防止する。

ロック画面
不正利用を防ぐために、サインインを実行するまで、パソコンを使えないようにする画面のこと。Windowsの起動後に最初に表示され、時計やメールの着信など、アプリの最新情報なども表示される。
→サインイン

索引

ア

カ

マ

ヤ

ラ

ワ

できるサポートのご案内

できるシリーズの書籍の記載内容に関する質問を下記の方法で受け付けております。

電話 **FAX** **インターネット** **封書によるお問い合わせ**

質問の際は以下の情報をお知らせください

①書籍名・ページ
②書籍の裏表紙にある**書籍サポート番号**
③お名前　④電話番号
⑤質問内容（なるべく詳細に）
⑥ご使用のパソコンメーカー、機種名、使用OS
⑦ご住所　⑧FAX番号　⑨メールアドレス

※電話の場合、上記の①～⑤をお聞きします。
FAXやインターネット、封書での問い合わせについては、各サポートの欄をご覧ください。

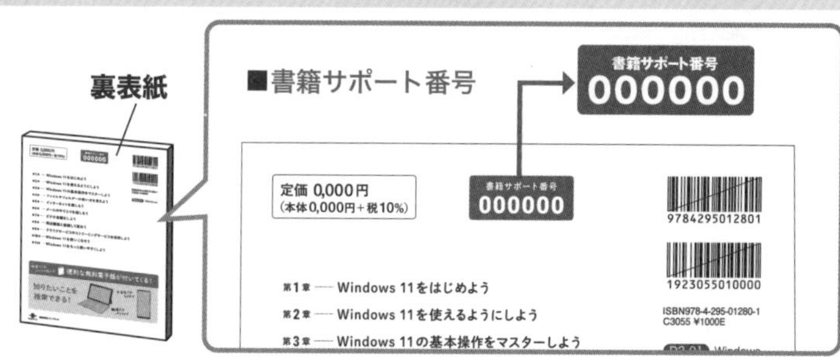

※裏表紙にサポート番号が記載されていない書籍は、サポート対象外です。なにとぞご了承ください。

回答ができないケースについて（下記のような質問にはお答えしかねますので、あらかじめご了承ください。）

- 書籍の記載内容の範囲を超える質問
  書籍に記載していない操作や機能、ご自分で作成されたデータの扱いなどについてはお答えできない場合があります。
- できるサポート対象外書籍に対する質問
- ハードウェアやソフトウェアの不具合に対する質問
  書籍に記載している動作環境と異なる場合、適切なサポートができない場合があります。
- インターネットやメールの接続設定に関する質問
  プロバイダーや通信事業者、サービスを提供している団体に問い合わせください。

サービスの範囲と内容の変更について

- 該当書籍の奥付に記載されている初版発行日から1年が経過した場合、もしくは該当書籍で紹介している製品やサービスについて提供会社によるサポートが終了した場合は、ご質問にお答えしかねる場合があります。
- なお、都合により「できるサポート」のサービス内容の変更や「できるサポート」のサービスを終了させていただく場合があります。あらかじめご了承ください。

電話サポート 0570-000-078（月～金 10:00～18:00、土・日・祝休み）

- **対象書籍をお手元に用意**いただき、**書籍名**と**書籍サポート番号**、**ページ数**、**レッスン番号**をオペレーターにお知らせください。確認のため、お客さまのお名前と電話番号も確認させていただく場合があります
- サポートセンターの対応品質向上のため、通話を録音させていただくことをご了承ください
- 多くの方からの質問を受け付けられるよう、1回の質問受付時間はおよそ15分までとさせていただきます
- 質問内容によっては、その場ですぐに回答できない場合があることをご了承ください
  ※本サービスは無料ですが、**通話料はお客さま負担**となります。あらかじめご了承ください
  ※午前中や休日明けは、お問い合わせが混み合う場合があります　※一部の携帯電話やIP電話からはご利用いただけません

FAXサポート 0570-000-079（24時間受付・回答は2営業日以内）

- 必ず上記①～⑧までの情報をご記入ください。メールアドレスをお持ちの場合は、メールアドレスも記入してください（A4の用紙サイズを推奨いたします。記入漏れがある場合、お答えしかねる場合がありますので、ご注意ください）
- 質問の内容によっては、折り返しオペレーターからご連絡をする場合もございます。あらかじめご了承ください
- FAX用質問用紙を用意しております。下記のWebページからダウンロードしてお使いください
  https://book.impress.co.jp/support/dekiru/

インターネットサポート https://book.impress.co.jp/support/dekiru/（24時間受付・回答は2営業日以内）

- 上記のWebページにある「できるサポートお問い合わせフォーム」に項目をご記入ください
- お問い合わせの返信メールが届かない場合、迷惑メールフォルダーに仕分けされていないかをご確認ください

封書によるお問い合わせ

（郵便事情によって、回答に数日かかる場合があります）

〒101-0051
東京都千代田区神田神保町一丁目105番地
株式会社インプレス できるサポート質問受付係

- 必ず上記①～⑦までの情報をご記入ください。FAXやメールアドレスをお持ちの場合は、ご記入をお願いいたします（記入漏れがある場合、お答えしかねる場合がありますので、ご注意ください）
- 質問の内容によっては、折り返しオペレーターからご連絡をする場合もございます。あらかじめご了承ください

本書を読み終えた方へ

できるシリーズのご案内

※1：当社調べ　※2：大手書店チェーン調べ

パソコン関連書籍

できるWord 2021

Office2021 & Microsoft 365両対応

田中亘&
できるシリーズ編集部
定価：1,298円
（本体1,180円＋税10%）

文書作成の基本から、見栄えのするデザイン、マクロを使った効率化までWordのすべてが1冊でわかる！ すぐに使える練習用ファイル付き。

できるExcel 2021

Office2021 & Microsoft 365両対応

羽毛田睦土&
できるシリーズ編集部
定価：1,298円
（本体1,180円＋税10%）

表計算の基本から、関数を使った作業効率アップ、データ集計の方法まで仕事に役立つExcelの使い方がわかる！ すぐに使える練習用ファイル付き。

できるPowerPoint 2021

Office2021 & Microsoft 365両対応

井上香緒里&
できるシリーズ編集部
定価：1,298円
（本体1,180円＋税10%）

PowerPointの基本操作から作業を効率化するテクニックまで、役立つノウハウが満載。この1冊でプレゼン資料の作成に必要な知識がしっかり身に付く！

読者アンケートにご協力ください！

https://book.impress.co.jp/books/1123101084

「できるシリーズ」では皆さまのご意見、ご感想を今後の企画に生かしていきたいと考えています。
お手数ですが以下の方法で読者アンケートにご協力ください。
ご協力いただいた方には抽選で毎月プレゼントをお送りします！

※プレゼントの内容については「CLUB Impress」のWebサイト（https://book.impress.co.jp/）をご確認ください。

1 URLを入力して Enter キーを押す

2 ［アンケートに答える］をクリック

※Webサイトのデザインやレイアウトは変更になる場合があります。

◆会員登録がお済みの方
会員IDと会員パスワードを入力して、［ログインする］をクリックする

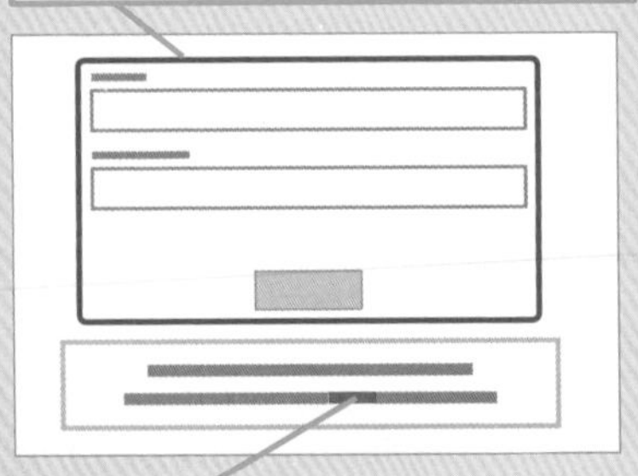

◆会員登録をされていない方
［こちら］をクリックして会員規約に同意してからメールアドレスや希望のパスワードを入力し、登録確認メールのURLをクリックする

■著者

法林岳之（ほうりん　たかゆき）info@hourin.com

1963年神奈川県出身。パソコンのビギナー向け解説記事からハードウェアのレビューまで、幅広いジャンルを手がけるフリーランスライター。特に、スマートフォンや携帯電話、モバイル、ブロードバンドなどの通信関連の記事を数多く執筆。「ケータイWatch」（インプレス）などのWeb媒体で連載するほか、ImpressWatch Videoでは動画コンテンツ「法林岳之のケータイしようぜ!!」も配信中。主な著書に『できるZoom ビデオ会議やオンライン授業、ウェビナーが使いこなせる本 最新改訂版』『できるChromebook 新しいGoogleのパソコンを使いこなす本』『できるWindows 11』『できるはんこレス入門PDFと電子署名の基本が身に付く本』『できるテレワーク入門 在宅勤務の基本が身に付く本』『できるゼロからはじめるパソコン超入門 ウィンドウズ11対応』『できるfitドコモのiPhone 14/Plus/Pro/Pro Max 基本＋活用ワザ』『できるfit auのiPhone 14/Plus/Pro/Pro Max 基本＋活用ワザ』『できるfit ソフトバンクのiPhone 14/Plus/Pro/Pro Max 基本＋活用ワザ』『できるゼロからはじめる Androidスマートフォン超入門 改訂3版』（共著）（インプレス）などがある。

URL：http://www.hourin.com/takayuki/

一ヶ谷兼乃（いちがや　けんの）ikenno@kanoya.net

1963年鹿児島県出身。ITアドバイザー。Windows環境構築、クラウド導入など幅広く対応する。単にエキスパートの視点からでなく、1ユーザーとしての立場からのモノの見方を大切にした内容を心がけている。PC本体からサーバー、ネットワーク、クラウド、セキュリティなどが専門分野。主な著書に『できるWindows 11 パーフェクトブック 困った！＆便利ワザ大全』（インプレス）などがある。

清水理史（しみず　まさし）shimizu@shimiz.org

1971年東京都出身のフリーライター。雑誌やWeb媒体を中心にOSやネットワーク、ブロードバンド関連の記事を数多く執筆。「INTERNET Watch」にて「イニシャルB」を連載中。主な著書に『できるZoom ビデオ会議やオンライン授業、ウェビナーが使いこなせる本 最新改訂版』『できるChromebook 新しいGoogleのパソコンを使いこなす本』『できるChatGPT』『できるはんこレス入門 PDFと電子署名の基本が身に付く本』『できる 超快適Windows 10 パソコン作業がグングンはかどる本』『できるテレワーク入門在宅勤務の基本が身に付く本』『できるゼロからはじめるパソコンお引っ越し Windows 8.1/10⇒11超入門』などがある。

協力　日本マイクロソフト株式会社

STAFF

シリーズロゴデザイン	山岡デザイン事務所<yamaoka@mail.yama.co.jp>
カバー・本文デザイン	伊藤忠インタラクティブ株式会社
カバーイラスト	こつじゆい
本文イメージイラスト	ケン・サイトー
本文イラスト	松原ふみこ・福地祐子
DTP制作	町田有美・田中麻衣子
編集制作	高木大地・今井　孝
デザイン制作室	今津幸弘<imazu@impress.co.jp> 鈴木　薫<suzu-kao@impress.co.jp>
制作担当デスク	柏倉真理子<kasiwa-m@impress.co.jp>
編集	小野孝行<ono-t@impress.co.jp>
編集長	藤原泰之<fujiwara@impress.co.jp>
オリジナルコンセプト	山下憲治

■商品に関する問い合わせ先

このたびは弊社商品をご購入いただきありがとうございます。本書の内容などに関するお問い合わせは、下記のURLまたは二次元バーコードにある問い合わせフォームからお送りください。

https://book.impress.co.jp/info/

上記フォームがご利用いただけない場合のメールでの問い合わせ先

info@impress.co.jp

※お問い合わせの際は、書名、ISBN、お名前、お電話番号、メールアドレス に加えて、「該当するページ」と「具体的なご質問内容」「お使いの動作環境」を必ずご明記ください。なお、本書の範囲を超えるご質問にはお答えできないのでご了承ください。

- 電話やFAXでのご質問は、333ページの「できるサポートのご案内」をご確認ください。また、封書でのお問い合わせは回答までに日数をいただく場合があります。あらかじめご了承ください。
- インプレスブックスの本書情報ページ https://book.impress.co.jp/books/1123101084 では、本書のサポート情報や正誤表・訂正情報などを提供しています。あわせてご確認ください。
- 本書の奥付に記載されている初版発行日から1年が経過した場合、もしくは本書で紹介している製品やサービスについて提供会社によるサポートが終了した場合はご質問にお答えできない場合があります。

■落丁・乱丁本などの問い合わせ先

FAX　03-6837-5023

service@impress.co.jp

※古書店で購入された商品はお取り替えできません。

できるWindows 11 2024年 改訂3版 Copilot対応

2023年12月11日　初版発行

著　者　法林岳之・一ケ谷兼乃・清水理史 & できるシリーズ編集部

発行人　高橋隆志

発行所　株式会社インプレス

〒101-0051　東京都千代田区神田神保町一丁目105番地

ホームページ　https://book.impress.co.jp/

印刷所　図書印刷株式会社

ISBN978-4-295-01804-9 C3055

Printed in Japan